Il mandato del cielo

Daniele L. R. Marini

Il mandato del cielo

L'astronomia nell'antica Cina

Daniele L. R. Marini
Dipartimento di Informatica
Università degli Studi di Milano
Milano, Italia

ISBN 978-3-031-86025-6   ISBN 978-3-031-86026-3 (eBook)
https://doi.org/10.1007/978-3-031-86026-3

© The Editor(s) (if applicable) and The Author(s), under exclusive license to Springer Nature Switzerland AG 2025

This work is subject to copyright. All rights are solely and exclusively licensed by the Publisher, whether the whole or part of the material is concerned, specifically the rights of translation, reprinting, reuse of illustrations, recitation, broadcasting, reproduction on microfilms or in any other physical way, and transmission or information storage and retrieval, electronic adaptation, computer software, or by similar or dissimilar methodology now known or hereafter developed.
The use of general descriptive names, registered names, trademarks, service marks, etc. in this publication does not imply, even in the absence of a specific statement, that such names are exempt from the relevant protective laws and regulations and therefore free for general use.
The publisher, the authors and the editors are safe to assume that the advice and information in this book are believed to be true and accurate at the date of publication. Neither the publisher nor the authors or the editors give a warranty, expressed or implied, with respect to the material contained herein or for any errors or omissions that may have been made.The publisher remains neutral with regard to jurisdictional claims in published maps and institutional affiliations.

This Springer imprint is published by the registered company Springer Nature Switzerland AG
The registered company address is: Gewerbestrasse 11, 6330 Cham, Switzerland

If disposing of this product, please recycle the paper.

Ad Antonio e Pietro, miei diletti nipoti

Prefazione di Maria Morigi

Alle origini dell'autorità imperiale: "Mandato del Cielo" e *Ming Tang* "Sala luminosa"
Avendo approfondito la mitologia e le tradizioni filosofico-religiose alle origini di cosmologia e astronomia cinesi, sono grata all'autore di questo lavoro rigoroso e impegnativo, per avermi consultato nel tracciare un quadro della civilizzazione cinese. Daniele Marini introduce il lettore nello spazio e nel tempo dell'antica Cina con immagini del territorio e un'accurata cronologia a partire dai 3 Sovrani e dai 5 imperatori mitologici per procedere dalla dinastia Xia (2100 a. C.) in poi. Parte importante del testo viene dedicata al fiorire delle Scuole filosofiche-religiose, soprattutto il Daoismo, il "Libro dei Mutamenti" *Yijing* (易经), testo di divinazione e più antico dei classici cinesi, e il Canone confuciano.

"*Durante la dinastia Zhou nacque il concetto di Tianxia* (天下), *'tutto è sotto il cielo', che costituisce la radice dell'autorità imperiale cinese. Questo concetto, profondamente filosofico e politico, definiva un ordine mondiale.*" Con queste parole è introdotto da Daniele Marini il tema del "Mandato del Cielo" da cui si comprende la stretta relazione tra osservazione del Cielo e antica religione agraria, oltre che il nesso tra divinazione, riti imperiali e culto degli Antenati. Infatti, fin dalle prime dinastie cinesi, funzioni primarie dell'imperatore furono: buon raccolto, divinazione, previsione e capacità di garantire l'ordine grazie all'interpretazione dei fenomeni celesti che consentivano la definizione del calendario destinato a regolare le fondamentali attività agricole della Terra di Mezzo (vedi § 5.2).

Mi soffermerò quindi sul "Mandato del Cielo" (*Tianming*, 天命) perché come ammonisce il *Tao Te Ching* (*Daodejing* 道德经), il potere imperiale contenuto nel "Vaso Sacro" è voluto dal Cielo ed è rappresentato dalle "Nove Urne" sulle cui pareti erano disegnate l'estensione e le ricchezze delle 9 regioni terrestri.

E qui occorre fare una breve precisazione sull'edificio sacro ovvero il *Ming Tang* 明堂 (Sala Luminosa, Casa del Calendario o Padiglione della Luce), sala del palazzo imperiale dove l'imperatore e i suoi funzionari sedevano per le consultazioni divinatorie, ma anche struttura-base dell'architettura sacra e metafora dell'impero. Il *Ming Tang* è una piattaforma quadrata divisa in 9 stanze, che rappresenta la Terra secondo la misurazione attribuita al Re sciamano Fu Yu fondatore della Dinastia Xia che, con il controllo delle acque, aveva diviso il territorio imperiale in 9 *zhou* (州) o province, come scritto nello *Shǐjì* (史记 Memorie storiche di Sīmǎ Qiān). Il capo della Casa del Calendario assicurava la giusta ripartizione delle stanze in modo che i loro numeri fossero correlati all'anno secondo i punti cardinali. Il centro del quadrato è occupato dal numero 5, centro del cosmo e centro della terra. I lati esterni del *Ming Tang* rappresentano i 4 pilastri corrispondenti alle 4 stagioni; sui lati sono situate 12 finestre ovvero i 12 mesi dell'anno rituale. Le 12 finestre moltiplicate per le 9 stanze, danno come risultato 108 (numero che ricorre anche nella tradizione buddhista in cui sono 108 i grani del rosario di preghiera e 108 i segni sacri sulle piante dei piedi del Buddha nel pre-Nirvana). La somma dei numeri lungo gli assi cartesiani e diagonali del quadrato dà 15, e 360 diviso 15 dà come risultato 24, cioè le fasi dell'anno solare chiamate *Jiéqì* 节气. La disposizione della Casa del Calendario è associata a *Luo Shu*, "Diagramma del fiume Luo o Decreto del Fiume", iscritta sul dorso di una tartaruga, che rappresenta l'elemento Acqua, la stagione invernale, il colore nero, lo Yīn (lato in ombra e femminile) e il punto cardinale Nord, come scritto nel *Yijīng* (易经) (vedi Fig. 4.1 destra).

La società umana era dunque protetta dal "Mandato Celeste", un potere universale imperituro e benefico. Una certezza consolidata fino all'ultima dinastia del Celeste Impero e in seguito sostituita con il "Mandato terrestre" (*Dìmìng* 地命) di Mao Zedong che non fece che confermare il pensiero cinese prevalentemente confuciano, legato ai riti e al concetto di "Armonia" (*Hé* 和) e finalizzato al benessere collettivo. La religione ufficiale si è in tal modo espressa attraverso rituali, culti 'amministrativi' e creazione di pantheon gerarchici con l'obiettivo unificante di consacrare il prestigio della dinastia al potere. Ampiamente praticati furono il culto dinastico degli Antenati imperiali, come testimoniato nelle stele dei complessi funerari e nei siti rupestri, e i culti discendenti dall'antica religione astronomico-agraria della Terra, del Cielo e della Fertilità agricola, che ebbero il compito di enfatizzare la centralità dell'Imperatore che, per decreto, dava corso al susseguirsi dei cicli stagionali attraverso il calendario, mettendo in atto la volontà del cielo.

Troviamo conferma di queste tradizioni al Tempio del Cielo (*Tiāntán* 天坛) di Beijing che, nel suo complesso (Tempio per la Preghiera del Buon Raccolto, Palazzo della Volta Celeste Imperiale e Altare del Cielo) rappresenta l'universo, il macrocosmo. L'Imperatore vi si recava due volte l'anno per adempiere ai due riti ufficiali più importanti del suo ruolo: il *Rito delle Quattro Periferie* al solstizio d'inverno e il *Rito del Buon Raccolto* all'equinozio di primavera.

Il primo rito prevedeva che l'imperatore, dopo tre giorni di digiuno, all'alba lasciasse la Città Proibita con un corteo solenne che percorreva l'asse nord-sud della città. Porte e finestre delle case sulla via della processione rimanevano chiuse: nessuno poteva assistere. Presso il *"Palazzo dell'Astinenza"* l'imperatore faceva sosta per una notte, poi raggiungeva le terrazze dell' *"Altare del Cielo"* alla cui sommità, assieme alle sacre Tavolette del Sole, della Luna, dei Pianeti, della Pioggia, del Tuono e di altri fenomeni naturali, veniva posto il trono vuoto del Puro Padre Cielo *(Tiān Gōng* 天宫*)*; di fronte ad esso l'imperatore – in quanto Figlio del Cielo – si inginocchiava offrendo incenso, dischi di giada blu, rotoli di seta. Le offerte erano ripetute anche davanti ad altri due troni vuoti degli antenati dinastici. Disceso dalle terrazze dell'Altare che riproducono in ogni particolare (ponti, pilastri, balaustre) il numero 9 quale simbolo dell'organizzazione dell'impero, l'imperatore faceva nove prosternazioni e assisteva alla cremazione delle offerte.

Il secondo rito avveniva all'equinozio di primavera, nel Tempio per la *"Preghiera del Buon Raccolto"* (comunemente chiamato *Tempio del Cielo*) e si svolgeva con la disposizione del trono vuoto del Padre Cielo e delle stesse tavolette usate al solstizio d'inverno sull'Altare del Cielo. L'imperatore porgeva al trono vuoto uno scritto con cui invocava la protezione della divinità per assicurare pioggia e sole indispensabili al buon raccolto; lo scritto veniva poi bruciato come offerta. Precedentemente, nella Sala dell'Armonia Suprema della Città Proibita, l'imperatore aveva steso i messaggi che sarebbero stati letti durante il rito dell'equinozio e aveva esaminato le sementi dei raccolti. Oggi nella Città Proibita, antistante alla Sala dell'Armonia Suprema, si trova un'edicola che è un'antica Misura del Grano, mentre a est si trova una meridiana: ambedue gli oggetti simboleggiano la giustizia e la rettitudine imperiali.

Dagli anni 2000, in un recupero di tradizioni neoconfuciane volute dalla dirigenza del Partito Comunista Cinese (PCC) il Tempio del Cielo è di nuovo luogo ufficialmente destinato ai sacrifici annuali al Cielo praticati dai confuciani che, anche se strettamente laici, sono equiparati a seguaci di religione riconosciuta dallo Stato cinese.

Tornando ai contenuti del libro desidero sottolineare alcune questioni cruciali che mi sembrano ben approfondite. Innanzitutto l'utilizzo da parte degli scienziati cinesi di varie matematiche *"profondamente diverse da quelle sviluppate in Occidente"*, tanto che l'autore si chiede se la matematica era *"una disciplina fondata sul ragionamento logico o una tecnica pratica di calcolo? Era semplicemente aritmetica o includeva una teoria dei numeri? E la geometria, era una disciplina autonoma o serviva principalmente come strumento per il rilievo topografico e, in generale, per le misurazioni?"*

Il tema del metodo osservativo è sviluppato in modo molto accurato e completo, registrando accuratamente cataloghi, mappe celesti, testimonianze, aggiornamenti, perfezionamenti e l'esperienza di macchine e osservatori astronomici istituiti in tutte le capitali e documentati negli annali imperiali.

Nel XVII secolo, tramite i Gesuiti, avvenne il contatto della scienza cinese con l'Occidente. La Nuova Scienza portò collaborazioni e sviluppi specie nelle tecniche e negli strumenti di misurazione e rappresentazione. Nel capitolo sugli osservatori astronomici di Beijing e di Nanjing, ad esempio viene citato il fatto che l'imperatore Kangxi incaricò il gesuita tedesco Kilian Strumpf (1655–1720) di realizzare uno strumento che unificasse le funzioni del quadrante e del cerchio azimutale, e che l'osservatorio di Beijing rimase in funzione per tutta la durata della dinastia Qing per il calcolo del calendario secondo i metodi rinnovati dei gesuiti ma continuando anche ad usare gli strumenti delle epoche precedenti.

Dopo aver trattato lo sviluppo dell'astronomia occidentale dalle origini al XVII secolo, il testo si conclude con il confronto tra le diverse concezioni del cosmo nell'astronomia occidentale e in quella cinese, proponendo una lettura della scienza astronomica differenziata per metodi e strumenti, ma soprattutto per gli scopi che si prefigge. Come scrive l'autore, caratteristica distintiva dell'astronomia occidentale è, a partire dal Rinascimento, *"il paradigma meccanicistico, influenzato dalla filosofia naturale greca e successivamente dalla rivoluzione scientifica. La scienza occidentale ha sempre enfatizzato l'importanza della verifica empirica delle osservazioni. Osservazioni precise e ripetibili sono alla base dell'invenzione del telescopio, insieme all'uso di strumenti di misurazione avanzati."* Secondo l'astronomia occidentale è imprescindibile "considerare *il cosmo come una macchina governata da leggi fisiche precise e prevedibili."*

L'astronomia cinese si caratterizza invece per una visione olistica del cosmo, incentrata sulla funzione politica del calendario e sul principio dell'armonia, dove le osservazioni celesti sono il prodotto del pensiero filosofico – religioso che connette Cielo e Terra. *"L'astronomia cinese, non aveva un interesse teorico, era utilizzata per scopi pratici, come la creazione di calendari agricoli e la previsione di eventi celesti significativi. Le eclissi e altri fenomeni eccezionali, come comete e asteroidi, erano interpretati come segnali che potevano influenzare il mandato celeste degli imperatori."* Questa affermazione dell'autore, che condivido pienamente e che conferma le tesi con cui ho aperto questa prefazione, mette in evidenza come, nella teoria dei flussi vitali ed energetici, la scienza cinese integri costantemente cosmologia e medicina, ma anche numerologia e musica. Il pensiero cinese, infatti, ha elaborato una concezione delle cose reali come stadi transitori del Dao, in un perenne fluire, mantenendo il focus sulle interrelazioni fra le cose piuttosto che sulla loro riduzione a una sostanza o a uno stato fondamentale.

Infine voglio sottolineare l'accuratezza e la precisione con cui Daniele Marini ha compilato glossari, indici e bibliografia degli scritti cinesi, oltre alla traduzione del testo inciso sulla stele di Suzhou (compreso il testo originale) e alla traduzione della lettera del gesuita Terrentius a Kepler e della risposta dello stesso Kepler.

Trieste   Maria Morigi
Gennaio 2025

Maria Morigi è archeologa e studiosa di religioni orientali. Ha collaborato con l'Ambasciata cinese di Roma e l'Accademia cinese di Scienze Sociali (CASS). Di argomento relativo alla cultura cinese ha pubblicato "*La Perla del Drago, Stato e Religioni in Cina*" (Anteo 2018), "*Xinjiang, Nuova Frontiera tra antiche e nuove Vie della Seta*" (Anteo 2019), "*Islam in Cina, Storia, etnie, tradizioni, questione dei Diritti Umani*" (LAD, 2023).

Prefazione dell'Autore

Il Mandato del Cielo, 天命 (*Tianming*)[1], è un concetto fondamentale nella storia e nella cultura cinese. Indica il patto sociale che il popolo stipula con il sovrano, il cui potere è concesso direttamente dal Cielo, e per questo motivo il sovrano è definito Figlio del Cielo. Il diritto di governare è strettamente legato alla capacità del sovrano di mantenere l'armonia tra la terra e il cielo, garantendo l'ordine e la prosperità del paese attraverso riti propiziatori e seguendo le indicazioni delle divinazioni. Questo principio è alla base dell'astronomia cinese, il cui scopo principale era quello di fornire un mezzo per confermare la legittimità della sovranità imperiale tramite l'osservazione del cielo. Essa comprendeva la definizione del calendario utilizzato per regolare i rituali e le attività agricole, la previsione degli eventi astronomici e la divinazione tramite l'interpretazione dei fenomeni celesti.

L'astronomia è forse la prima forma di conoscenza scientifica sviluppata dall'umanità e ci consente di comprendere il ruolo che il pensiero scientifico ha avuto nelle diverse epoche e tra i vari popoli. Alcuni aspetti del pensiero cinese, come la nozione di tempo e le forme con cui è avvenuto il progresso scientifico e tecnologico, sono molto diversi da quelli dell'Occidente e probabilmente hanno influito notevolmente sulla mancata partecipazione cinese alla Rivoluzione Scientifica post-rinascimentale, dopo l'incontro con i missionari Gesuiti. Questo tema solleva ancora oggi interrogativi: perché una civiltà che ha prodotto straordinarie innovazioni centinaia di anni prima dell'Occidente non è riuscita a sviluppare una scienza avanzata? Si tratta di una domanda che ha suscitato molte critiche, tra cui quella secondo cui essa rivela implicitamente una presunta superiorità del

---

[1] Il testo cinese del titolo di questo libro, in pinyin, è: Tiānmìng. Gǔdài Zhōngguó Tiānwénxué.

pensiero occidentale. Questo libro, oltre all'esposizione dei principi e dei risultati della scienza astronomica cinese, offre qualche indicazione sui fondamenti culturali e sociali che l'hanno prodotta, suggerendo possibili risposte a questa domanda.

I più significativi studi scientifici occidentali sulla civiltà cinese risalgono alla metà dell'Ottocento e nel corso del Novecento molti studiosi hanno compiuto grandi sforzi per rendere accessibili le scoperte di una civiltà che si esprime in una lingua da noi quasi sconosciuta. Marcel Granet, Ferdinand de Saussure, Joseph Needham, Nathan Sivin, Jean Claude Martzloff, Christopher Cullen sono solo alcuni dei ricercatori che hanno condotto questi studi. In questo lavoro, ho ampiamente beneficiato del contributo del loro lavoro, cercando di sintetizzarlo con un linguaggio divulgativo adatto a un pubblico italiano non necessariamente specializzato.

Scrivere dell'astronomia cinese pone anche problemi linguistici. Da un lato nella lingua cinese antica, è assente un linguaggio scientifico formalizzato, dall'altro ci sono i problemi intrinseci di una lingua la cui semantica è strettamente correlata al contesto del discorso e ricca di omofonie. I problemi di trascrizione dei sinogrammi cinesi classici e semplificati richiedono di riportare spesso i nomi e i termini cinesi nella loro rappresentazione originale. Nella trascrizione dei nomi cinesi mi sono attenuto il più possibile alla romanizzazione *pinyin,* tuttavia molte opere nelle lingue occidentali che ho consultato utilizzano la trascrizione Wade-Giles. Nel caso di nomi ormai ben conosciuti ho mantenuto questa trascrizione, per altri, compatibilmente con la mia men che elementare conoscenza della lingua cinese, ho cercato di trascrivere i nomi in pinyin. I simboli tonali della trascrizione pinyin, inoltre, sono riportati soltanto nel lessico finale. Mi sono avvalso in generale del Dizionario cinese di Giorgio Casacchia e Bai Yukun[2] e del Dizionario curato da Zhang Shihua.[3]

Ho consultato alcuni testi antichi avvalendomi del Chinese Text Project (https://ctext.org/zhs – © Copyright 2006–2024.). Si tratta di un archivio che mette a disposizione, in lingua originale e in traduzione inglese, testi digitalizzati per lo studio e la ricerca. Questi testi sono suddivisi tra i periodi pre-Qin e Han, post-Han, e comprendono i Classici Confuciani, opere riguardanti il Mohismo, il Daoismo, il Legismo, le Scuole Militari, la Matematica, gli scritti storici, la medicina e altro. I testi post-Han includono scritti delle dinastie Wei, Jin del Nord e del Sud, Sui, Tang, Song, Ming, Qing e anche del periodo Repubblicano.

Questo libro include, nelle appendici, un richiamo ai concetti fondamentali dell'astronomia posizionale, un glossario dei termini astronomici e alcune mappe

---

[2] (Casacchia & Bai, 2013).
[3] (Zhang Shihua, 2007).

stellari delle costellazioni cinesi, realizzate utilizzando il programma Stellarium, impostato sulla latitudine di Beijing. Inoltre, sono presenti: un glossario dei termini cinesi menzionati nel testo, forniti sia in trascrizione pinyin che con ordinamento alfabetico della traduzione italiana; un elenco dei nomi degli studiosi cinesi con il relativo contributo; e un elenco dei re e degli imperatori citati nel testo. La bibliografia include, in un elenco separato, gli scritti in lingua originale consultati e citati.

Nell'archivio https://github.com/danlr46/mandate_of_the_heaven sono raccolte alcune immagini in alta definizione della Cina e delle mappe celesti, nonché la traduzione in italiano dell'epistolario tra Johannes Terrentius e Johannes Kepler.

Durante la stesura di questo libro, ho utilizzato alcuni strumenti di intelligenza artificiale esclusivamente per la verifica puntuale dei dati e il supporto alla traduzione dal cinese, tra cui ChatGPT-4o (*OpenAI, 2024*, https://chat.openai.com), DeepL Write/Translate (*DeepL SE*, https://www.deepl.com) e DeepSeek-V3 (*DeepSeek*, 2024, https://deepseek.com). La concezione, la struttura argomentativa e l'elaborazione dei contenuti sono interamente frutto del lavoro dell'autore, che ha curato personalmente ogni interpretazione, adattamento e revisione, con l'obiettivo di garantirne l'accuratezza e la coerenza.

Milano, Gennaio 2025   Daniele L. R. Marini

Ringraziamenti

Il primo ringraziamento va a mia moglie Maria Cristina, che mi ha accompagnato in questi ultimi anni in una nuova passione e in tanti viaggi di esplorazione della cultura cinese e della storia della scienza, e per aver attentamente riletto il manoscritto trovando gli innumerevoli errori.

Ai miei figli Beniamino e Tommaso, e ai miei nipoti Antonio e al neonato Pietro che riempiono di gioia la mia vita, va l'augurio che possano tutti trarre dal mio lavoro ispirazione per formarsi a un pensiero critico. La mia gratitudine va anche ai miei ormai scomparsi genitori che mi hanno insegnato l'impegno e il rigore.

Voglio ricordare l'amico Roberto Moro, recentemente scomparso, consigliere critico che mi è stato compagno e sostegno nelle mie passioni di storico dilettante.

Ringrazio per gli aiuti, i consigli, le informazioni, le revisioni: Alberto Bardi, Clara Bulfoni, Lino De Martino, Yan Fang, Giulia Fossati, Maria Morigi, Gianfranco Prini, Marco Santambrogio, Giancarlo Truffa, Wang Zheran.

Infine, un ringraziamento speciale a Lisa Scalone, il mio punto di riferimento, il cui supporto costante ha reso possibile la pubblicazione dei miei studi.

L'autore

Daniele L.R. Marini si è laureato in Fisica all'Università degli Studi di Milano. Ha contribuito alla nascita del Dipartimento di Informatica "Giovanni degli Antoni", dove ha insegnato e condotto ricerca. È stato professore di Informatica al Politecnico di Milano contribuendo alla nascita della laurea in Disegno Industriale. Nel 1980 fondò una start-up per lo sviluppo di sistemi di animazione a computer, Eidos S.p.A., che ha diretto fino al 1989. Dal 2014 è in congedo.

I principali temi di ricerca e insegnamento, anche pionieristico, si sono svolti nel campo della *eidomatica* (computer graphics e digital imaging). Si è costantemente impegnato anche nella divulgazione e applicazione delle tecniche informatiche.

Dal 2016 coltiva interessi nella storia della tecnica e dell'astronomia.

Ha pubblicato più di 200 lavori scientifici e comunicazioni a conferenze nazionali e internazionali, tra cui diversi libri, tra i quali Marini D., Bertolo M., Rizzi A., *Comunicazione visiva digitale: fondamenti di Eidomatica*, Addison Wesley, Milano, (2001), Rasheed S., Marini D., Rizzi A. *Recognition of Colors in EEG: Planning Towards Brain-Computer Interface Applications*, LAP Lambert Academic Publishing, Germany (2012). Marini, D.L.R. *La Prima Macchina Astronomica: Antikythera*. La Voce di Hora, (2022). Marini D.L.R. *The Planetary machine designed by Johannes Kepler*, Il Giornale di Fisica, Vol. LXV (2024). Marini D.L.R. *Imago Cosmi: The Vision of the Cosmos and the History of Astronomical Machines*. Springer, 2023, pubblicato anche in italiano nel 2024.

L'autore è membro permanente della associazione IEEE, Fellow di IS&T, è stato membro della ACM, è membro della British Horological Society, della Antiquarian Horological Society, della Scientific Instruments Society e Scientific Instruments Commission.

Indice

1. **Introduzione** 1
2. **Una civiltà millenaria** 13
   - 2.1 Le pianure centrali 13
   - 2.2 Regni e dinastie 16
3. **Il pensiero filosofico e religioso** 41
   - 3.1 Le grandi scuole 41
   - 3.2 Il Canone Confuciano 68
   - 3.3 Il tempo e la sua misura 70
4. **La matematica** 83
   - 4.1 Gli scritti principali 86
   - 4.2 Gli autori 94
   - 4.3 I temi della matematica cinese 101
5. **L'astronomia** 123
   - 5.1 La cosmogonia e la cosmologia 123
   - 5.2 Un'astronomia di stato. 132
   - 5.3 Il metodo osservativo e l'organizzazione del cielo 134
   - 5.4 I cataloghi e le mappe celesti 145
   - 5.5 Il calendario 162
   - 5.6 L'astrologia e la divinazione 194
   - 5.7 La registrazione degli eventi: eclissi, nove e supernove, meteore e meteoriti, comete, pianeti 200
   - 5.8 L'arrivo dei Gesuiti e la Nuova Scienza 210
   - 5.9 Gli scritti e gli astronomi principali 218

6 Gli strumenti astronomici ... 237
6.1 La tecnica e gli strumenti ... 237
6.2 Gli osservatori astronomici ... 262

7 L'astronomia in Occidente ... 285
7.1 I metodi e le scoperte dalle origini al XVII secolo ... 285
7.2 Gli strumenti astronomici dell'Occidente ... 290

8 Conclusioni ... 307
8.1 Due concezioni del cosmo: organicismo e meccanicismo ... 307
8.2 La rivoluzione scientifica in Cina ... 319

A Richiami di astronomia, mappe celesti e cronologia ... 323

B Note lessicali e glossari cinesi ... 351

C Crediti delle immagini ... 385

D Scritti cinesi ... 389

Bibliografia ... 393

Indice generale ... 399

1

Introduzione

Il pensiero scientifico e filosofico dell'antica Cina si caratterizza per una visione profondamente unitaria, in cui si intrecciano elementi mitologici, pratici, cosmologici e artistici. Separare l'astronomia da questo sistema complesso risulterebbe artificioso, poiché essa non emerge come disciplina autonoma, ma come parte integrante di un quadro più ampio che abbraccia dimensioni sociali, religiose e politiche. Questa interconnessione è evidente nella relazione tra riti, cicli celesti e dinamiche del potere imperiale.

In questo libro, per esigenze di chiarezza espositiva, le tematiche sono state organizzate in modo sistematico. Ciò ha richiesto l'inclusione di argomenti che, a prima vista, potrebbero sembrare distanti, come una sintesi della storia e del pensiero filosofico-religioso, o aspetti apparentemente marginali, come le caratteristiche principali della matematica cinese. Tuttavia, ciascun elemento contribuisce a delineare un quadro organico e completo, evidenziando i profondi legami tra astronomia, cosmologia, vita sociale e potere politico. Questi aspetti, infatti, sono strettamente interconnessi nella cultura e nella visione del mondo dell'antica Cina.

Solo attraverso una prospettiva integrata è possibile comprendere appieno il ruolo centrale dell'astronomia, non solo come scienza, ma anche come strumento essenziale per la legittimazione del potere imperiale, la regolazione della vita quotidiana e l'organizzazione dei riti collettivi.

L'astronomia cinese iniziò a svilupparsi più di duemila anni prima dell'era attuale. I dati documentali sono molti, e le prime testimonianze appaiono su ossa oracolari che dimostrano l'uso divinatorio dell'osservazione del cielo.[1] La documentazione scritta, anche se raramente in forma originale, è successiva al

---

[1] La scrittura su ossa oracolari viene chiamata *Jiaguwen* 甲骨文.

−1600 circa.² La grandissima parte degli scritti di astronomia è in lingua cinese, pochi tradotti in inglese o in altre lingue europee. Solo dall'inizio del XVII secolo i missionari gesuiti hanno iniziato a diffondere alcuni elementi dell'astronomia cinese in lingua latina. Gli studiosi della cultura cinese che hanno avuto accesso ai documenti originali hanno ricavato un quadro molto dettagliato delle visioni cosmologiche che si sono evolute fino al periodo finale della dinastia Ming (1368−1644), allorché la scienza astronomica cinese incontra quella occidentale grazie all'opera dei missionari gesuiti. Tuttavia la conoscenza della astronomia cinese in Occidente rimase quasi sconosciuta ancora all'inizio dell'800, come testimonia Giacomo Leopardi nella sua Storia dell'astronomia: *"... che la sì decantata astronomia de' Cinesi non è in realtà che una chimera, il che sembra certamente assai probabile."*³

Agli studi storici basati su opere scritte si aggiungono gli studi archeologici che in Cina ebbero inizio alla fine del XIX secolo e continuarono fino agli anni '30 del XX secolo, ma subirono un rallentamento a causa della guerra cino-giapponese e della successiva guerra civile. A partire dalla fine degli anni '70, l'archeologia ha conosciuto un nuovo sviluppo, guadagnando sempre più importanza e portando a scoperte di grande rilievo, inclusi, come vedremo, importanti contributi nel campo della storia dell'astronomia.

In tutte le civiltà l'osservazione del cielo nasce con scopi divinatori, ma mentre in Occidente presto si impone un desiderio di comprendere i fenomeni e di ricercare le loro cause, in Cina lo studio del cielo si limita alla sola osservazione cui si affiancano metodi matematici di tipo algebrico per determinare e prevedere le eclissi e le posizioni degli astri. In Occidente, dopo la fine delle civiltà egizia e babilonese, che avevano obiettivi e metodi simili, con l'emergere della scienza greca l'astronomia passò da una fase aritmetico-algebrica a una basata principalmente sulla geometria. Mentre nella scienza ellenistica l'aspirazione al progresso della conoscenza portava alla ricerca delle forme e delle cause dei movimenti celesti, in Cina, come vedremo, il progresso nella conoscenza astronomica fu limitato al miglioramento dei metodi di calcolo calendariali e alle misure delle coordinate celesti. L'assenza di un modello geometrico come quello ellenistico infatti comportava una rilevante approssimazione nei calcoli, che imponeva frequenti aggiornamenti e la revisione dei metodi stessi.

L'osservazione astronomica era riservata a funzionari al servizio esclusivo dell'imperatore, un incarico che limitava l'autonomia di studio. La struttura del potere imperiale si fondava su riti da svolgere in occasioni precise nel corso dell'anno, e la funzione divinatoria dell'osservazione del cielo costituiva la base per il suo riconoscimento e mantenimento. Si sviluppò così una astronomia calendaristica

---

[2] Nella indicazione delle date ho fatto uso di numeri relativi come d'uso negli studi di astronomia. Per indicare i secoli ho adottato le sigle AEC (prima dell'era comune) e EC (era comune).
[3] (Leopardi, 1813) p. 55−58.

che organizzava la vita sociale, principalmente legata all'agricoltura, che ha sempre svolto un ruolo fondamentale nella civiltà cinese. La funzione divinatoria era anche cruciale per cercare di prevedere calamità naturali, come le inondazioni dei grandi fiumi, i terremoti e le carestie causate da siccità o piogge eccessive, che hanno costantemente minacciato la vita del popolo cinese, influenzando la natura del pensiero filosofico, i cui principi si intrecciano con la visione del cosmo.

Riti e divinazione richiedevano una scansione precisa del tempo, che veniva realizzata attraverso la costruzione dei calendari. La misurazione del tempo non si basava sulla suddivisione settimanale dei mesi, ma su cicli sessagenari che venivano utilizzati per denotare i giorni, i mesi e gli anni. La calendaristica era quindi una disciplina complessa, in cui i calendari dovevano essere frequentemente aggiornati, spesso in corrispondenza di eventi rilevanti, come l'ascesa al trono di un nuovo imperatore o l'inizio di una nuova dinastia.

Nella lingua cinese antica non esisteva una parola per descrivere il cosmo come un universo ordinato e armonioso, che è il significato etimologico del termine greco κόσμος. La visione cosmologica cinese nei tempi protostorici e fin verso l'inizio dell'era comune (EC) si basava sull'idea di una terra piatta coperta dal cielo come un baldacchino. Noi siamo abituati a concepire i moti celesti come rotazioni che si svolgono in un cielo sferico e sopra una terra anch'essa sferica. Dobbiamo fare uno sforzo di immaginazione per calarci nei panni degli antichi cinesi, che osservavano il movimento celeste del sole di giorno, delle stelle e della luna di notte, come una rotazione simile a quella di un ombrello attorno al proprio manico. La visione cosmologica primitiva, tuttavia, si modificò e, con l'inizio del I sec. EC, emerse la concezione di un cielo sferico che circonda la Terra, concezione che, però, prima di consolidarsi, fu soggetta a un lungo dibattito. L'affermazione di questa visione fu agevolata dall'adozione di nuovi strumenti di misura. Gli strumenti principali del passato erano lo gnomone e il tubo di osservazione, mentre con la nuova concezione del cielo si diffuse l'uso della sfera armillare.

Sebbene la Cina abbia avuto relazioni commerciali e culturali con i paesi dell'Europa occidentale fin dall'antichità, soprattutto attorno al Mediterraneo orientale e all'Asia Minore, l'astronomia cinese si è sviluppata in modo autonomo e indipendente. Nonostante i contatti con il mondo ellenistico, non si è diffusa la conoscenza matematica greca, inclusa la geometria di Euclide. Rapporti significativi con il mondo arabo sono avvenuti solo molto tardi, soprattutto a partire dal XIV secolo, durante l'impero mongolo. Questi contatti non hanno avuto un impatto sulla tecnica osservativa. Alcuni studiosi hanno ritenuto che la cosmologia cinese avesse elementi comuni a quella indiana, anche a causa della diffusione del Buddhismo fin dal I sec. EC. In particolare la nozione di *nakshatra,* le "27 case lunari" indiane e i "28 *xiu* cinesi" presentano somiglianze, ma una indagine approfondita mette in luce le notevoli differenze. La tecnica osservativa cinese e gli obiettivi dello studio del cielo conservano una piena originalità.

Un punto di svolta, come vedremo, è l'incontro della cultura scientifica cinese e quella occidentale portata dai missionari gesuiti alla fine del '500. Benché accolta come *nuova scienza*, l'astronomia copernicana e galileiana non produrrà una rivoluzione scientifica comparabile con quella dell'Europa. Si dovrà attendere l'epoca successiva alla nascita della Repubblica nel 1912 e dopo la Seconda Guerra mondiale, per vedere un pieno sviluppo scientifico secondo i nostri canoni.

Un'altra differenza fondamentale con l'astronomia occidentale riguarda i metodi per individuare le posizioni dei corpi celesti. Mentre gli astronomi occidentali utilizzavano un sistema di coordinate eclittiche per collocare nel cielo le posizioni degli astri, i cinesi preferivano un sistema di coordinate equatoriali. A differenza della pratica occidentale, dove le costellazioni sono associate principalmente alle posizioni del Sole lungo l'eclittica, nella tradizione cinese le costellazioni erano associate alla posizione della Luna rispetto all'equatore celeste. Ricordiamo che la Luna, durante il suo ciclo orbitale, non segue esattamente l'eclittica (il piano dell'orbita terrestre intorno al Sole), ma si svolge su un piano inclinato di circa 5° rispetto a quello dell'eclittica. Questo ha come effetto che la declinazione della Luna può arrivare fino a ± 28° rispetto all'equatore celeste. Tutto ciò ha portato gli astronomi cinesi a individuare le case lunari, 28 gruppi di stelle in cui la luna si trova approssimativamente nel corso del suo moto mensile. Per quanto riguarda le posizioni del sole, ovviamente anche gli astronomi cinesi si resero conto che il moto del sole si svolgeva lungo l'eclittica e questo moto era correlato all'andamento delle stagioni. Il riconoscimento di due distinti moti celesti, quello solare e quello lunare portò gli astronomi cinesi a sviluppare un calendario lunisolare, come quello dell'antica Babilonia. I mesi sono scanditi dalla luna e il sole scandisce il susseguirsi delle stagioni.

Un altro aspetto specifico dell'astronomia cinese riguarda il metodo osservativo. Gli astronomi cinesi utilizzavano come riferimento le stelle circumpolari, sempre visibili durante la notte. Le posizioni degli astri mobili venivano determinate per "opposizione" rispetto alle stelle circumpolari. Con questo metodo si osserva l'istante del passaggio al meridiano di una stella vicina al polo, che in quel momento si trova in posizione opposta rispetto, ad esempio, al Sole. In termini moderni, diremmo che il Sole è agli antipodi e in quell'istante si trova a mezzogiorno. L'astronomia occidentale antica, invece, determinava la posizione del Sole rispetto alle costellazioni zodiacali utilizzando il metodo del sorgere eliaco e del tramonto eliaco delle stelle di ciascuna costellazione.[4]

La cosmologia e l'astronomia cinesi, come in ogni altra parte del mondo, sono fortemente influenzate dalla cultura, dall'organizzazione sociale e politica, dalle concezioni filosofiche e dalle condizioni di vita delle popolazioni. È quindi fondamentale comprendere questi fattori per analizzare gli obiettivi, i principi, le

---

[4] Con l'espressione "sorgere o levata eliaca" e "tramonto eliaco" si indica rispettivamente il giorno in cui una stella diventa visibile appena prima del sorgere del Sole e il fenomeno opposto, ovvero il giorno in cui una stella tramonta poco dopo il tramonto del Sole.

tecniche e gli strumenti dell'antica astronomia cinese. Per comprendere appieno le caratteristiche dell'astronomia cinese, è necessario un breve inquadramento storico, soprattutto considerando la scarsa familiarità del mondo occidentale con la storia della Cina. Ci limiteremo a tracciare una periodizzazione molto sintetica di una storia che abbraccia oltre cinquemila anni.

Un altro aspetto peculiare della Cina, che ha profondamente influenzato la cultura e lo sviluppo dell'astronomia, è rappresentato dalla sua orografia (Fig. 1.1),

Fig. 1.1 Orografia. Una versione ad alta risoluzione si può scaricare da qui: https://github.com/user-attachments/assets/1b66a67b-5737-43ac-a83c-70fff5b09a4e

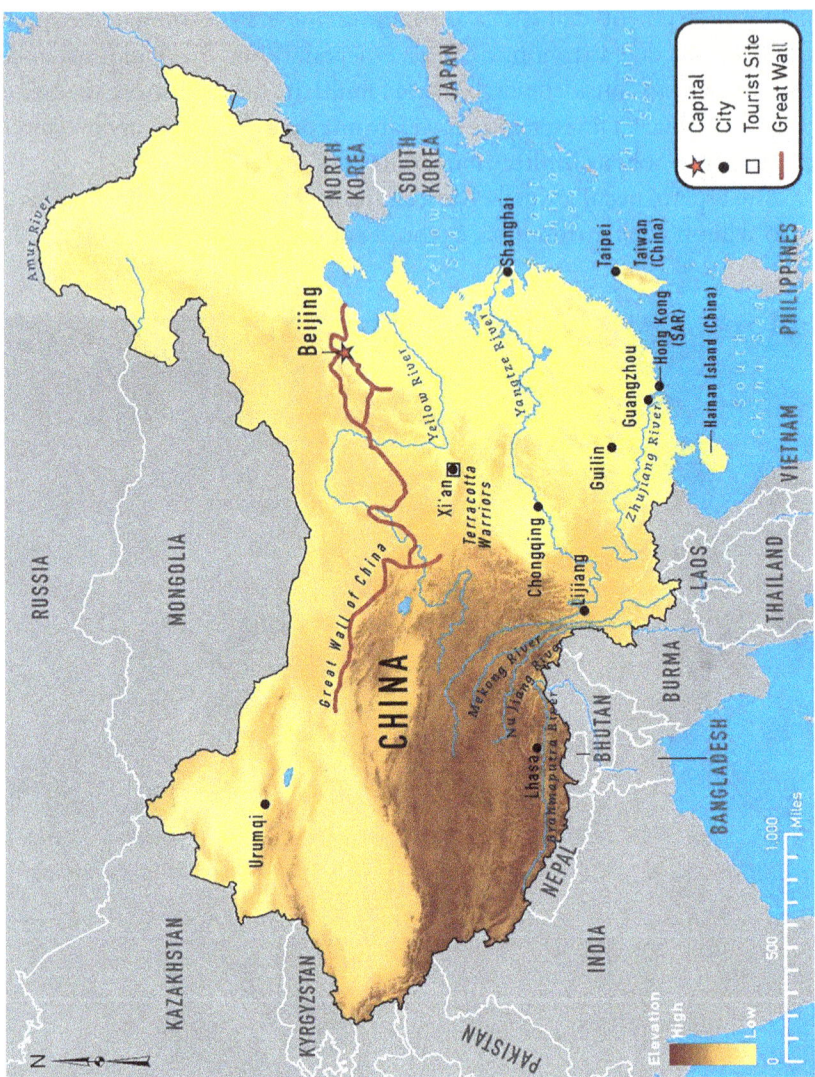

Fig. 1.2 Fiumi principali. Una versione ad alta risoluzione si può scaricare da qui:
https://github.com/user-attachments/assets/ffc4381f-ffeb-458c-b55e-abc6ed2bd4cf

dall'idrografia (Fig. 1.2) e dalla complessa suddivisione amministrativa (Fig. 1.3), caratterizzata anche dal frequente spostamento delle capitali dell'impero.

La preistoria cinese precede di alcuni millenni la storia documentale, in cui emerge il tema del mandato celeste, che pure risale ai periodi protostorici. Durante questi periodi si sviluppa una narrazione che, nel linguaggio della semiotica occidentale, ha le caratteristiche della fiaba: un'entità superiore, il Cielo, incarica l'Eroe, l'imperatore Figlio del Cielo 天子 (*Tianzi*), di governare il popolo e

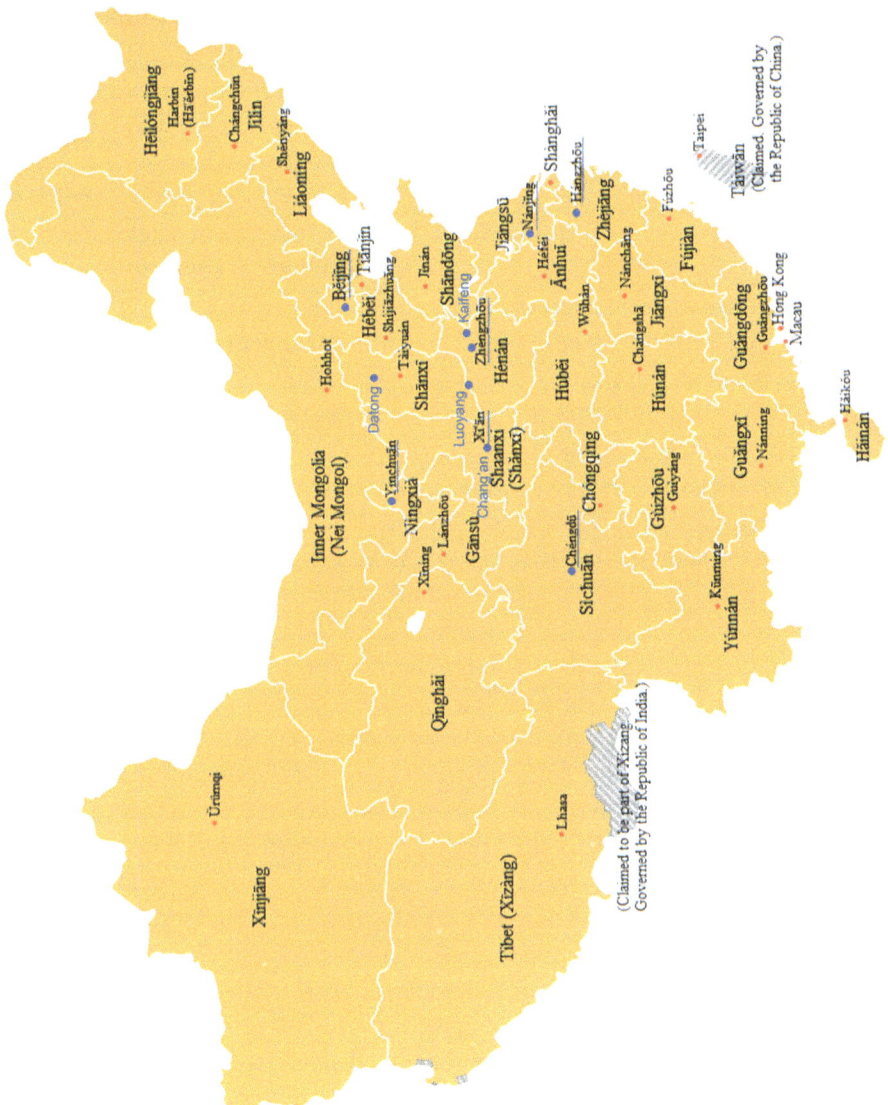

Fig. 1.3 Province e capitali cinesi. Una versione ad alta risoluzione si può scaricare da qui: https://github.com/user-attachments/assets/20817c9f-206e-48ee-8ee9-15b6aca1bbc8

affrontare le sfide che si presenteranno, dalle guerre ai disastri naturali. L'Eroe si avvale di mentori (i suoi maestri) e di aiutanti (mandarini, generali, ecc.), e il successo della sua impresa lo renderà onorato per sempre. Questa impresa sancisce il contratto sociale tra il popolo e l'imperatore, supportato dalla sua complessa burocrazia. Una narrazione di tipo fiabesco permea la storia, i miti e le leggende, offrendo innumerevoli spunti per la letteratura, sia erudita che popolare.

La storia cinese, che richiamiamo sinteticamente nel secondo capitolo, è caratterizzata da un'alternanza tra fasi di frammentazione statale, causate da frequenti guerre, e periodi di unificazione. Nella (Tab. 1.1) è riportata una cronologia sintetica che copre dalla protostoria alla nascita della Repubblica. Le fasi di frammentazione hanno spesso coinciso con periodi di grande crescita culturale e sviluppo tecnico e scientifico. Un esempio emblematico è il periodo degli Stati Combattenti (−476 −256), durante il quale nacquero le grandi scuole filosofiche confuciane, daoiste, dello Yin e Yang e venne elaborato il concetto di *qi* 气, il soffio vitale, che viene anche tradotto oggi come "pneuma", "gas", "vapore."

Poiché molti concetti di cosmologia derivano da un pensiero filosofico ricco e variegato, nel terzo capitolo ho sintetizzato brevemente i fondamenti del confucianesimo, del daoismo, dei principi dello yin e yang e di altre scuole filosofiche. Inoltre, ho considerato alcune idee fondamentali del buddhismo e della religiosità popolare che hanno contribuito a plasmare la cosmogonia e la cosmologia cinese.

Nel quarto capitolo, presento i fondamenti della matematica antica, indispensabili per comprendere a fondo l'originalità dell'astronomia e dei suoi metodi.

Gli aspetti fondamentali dell'astronomia cinese sono descritti nel quinto capitolo, passando dalle tecniche di osservazione alla rappresentazione della volta celeste, dal calendario alla divinazione. Ho ritenuto utile offrire una sintesi che contestualizzi nel tempo gli eventi, le scoperte e gli studiosi che hanno contribuito alla costruzione della conoscenza astronomica fino all'arrivo dei missionari gesuiti alla fine del XVI secolo. In quel momento, l'astronomia cinese si aprì alle conoscenze occidentali, perdendo in parte il suo carattere di originalità.

Il sesto capitolo è dedicato agli strumenti astronomici cinesi. Ben pochi di essi sono sopravvissuti fino ai giorni nostri, ad eccezione di alcune spettacolari armille e gnomoni. Verranno confrontati con gli strumenti creati in Occidente per evidenziarne le differenze. Esaminerò inoltre la poco nota storia degli osservatori astronomici cinesi, che hanno preceduto quelli occidentali di almeno tre secoli.

Il settimo capitolo è dedicato al confronto tra l'astronomia cinese e quella occidentale, con un'analisi delle somiglianze e delle differenze nelle teorie, negli strumenti e nei principi che hanno guidato le due tradizioni. Le considerazioni conclusive affrontano le differenze tra i sistemi astronomici cinesi e occidentali da un punto di vista epistemologico. Infine, nelle appendici sono raccolte le nozioni essenziali di astronomia, alcune tavole astronomiche e glossari.

Tabella 1.1 Cronologia storica

Epoca antico	Epoca dei 3 Sovrani Sānhuáng 三皇: Fuxi 伏羲, Sui Ren 燧人, Shennong 神農 e dei 5 imperatori Wǔdì 五帝: Huang Di 黃帝, Zhuan Xu 顓頊, Di Ku 帝嚳, Yao Di 堯帝, ShunDi 舜帝		−2600 ca.
	Dinastia Xia 夏	−2100ca. −1600ca.	
	Dinastia Shang Cháo 商朝 o Yin Cháo 殷朝	−1600ca. −1100ca.	−2100 ca.
	Dinastia Zhou Cháo 周朝	−1100ca. −221	
		Zhou Occidentali 西周	−1000ca. −770
		Zhou Orientali 东周	−770 −256
		Periodo delle Primavere e Autunni Chūnqiū 春秋	−770 −476
		Stati Combattenti Zhànguó 战国 (prima parte qiánqī 前期)	−476 −256
		Stati Combattenti Zhànguó 战国 (seconda parte hòuqī 后期)	−256 −221
Epoca Imperiale	***Pima unificazione***		
	Dinastia Qin Cháo 秦朝	−221 −206	
	Dinastia Hàn Cháo 汉朝	−206 +220	
		Han Occidentali 西汉	−202 +9
		Han Orientali 东汉	+25 +220
	Prima partizione		
	Tre Regni Sān Guó Shí Qī 三国时期	220−265	
		Wei 魏	220−265
		Shu 蜀	221−263
		Wu 吳	222−280
	Seconda unificazione		
	Dinastia Jìn Cháo 晋朝	265−479	
		Jin Occidentali Xī Jìn 西晋	265−317
		Jin Orientali Dōng Jìn 东晋	317−420
	Sedici Regni Shíliù Guó 十六國		
		Dinastia Hàn 汉	304−329
		Cheng Hàn 成汉	304−347
		Liang Anteriori Qian Liáng 前梁	317−376
		Zhao Posteriori Hòu Zhao 后赵	319−351
		Yan Anteriori Qiān Yàn 前燕	337−370

Tabella 1.1 Cronologia storica (*Continua*)

		Qin Anteriori Qián Qín 前秦	350–394
		Qin Posteriori Hòu Qín 后秦	384–417
		Yan Posteriori Hòu Yàn 后前	384–407
		Qin Occidentali Xī Qín 西秦	385–431
		Liang Posteriori Hòu Liáng 后梁	386–403
		Liang Meridionali Nán Liáng 南梁	397–414
		Yan Meridionali Nán Yàn 南燕	398–410
		Liang Occidentali Xī Liáng 西梁	400–421
		Dinastia Xià 夏	407–431
		Yan Settentrionali BěiYan 北燕	420–479
		Liang Settentrionali Běi Liáng 北梁	304–439
Seconda partizione			
Dinastie del Nord e del Sud Běi Nán Cháo 南北朝	420–589	Wei Settentrionale 北魏	386–534
		Wei Occidentale 西魏	535–557
		Wei Orientale 東魏	534–550
		Qi Settentrionale 北齊	550–577
		Qi Meridionali 齊朝	479–502
		Zhou Settentrionale 北周	557–581
		Chen Meridionale 陳朝	557–589
		Liang Meridionale 南宋	502–557
Terza unificazione			
Dinastia Sui Cháo 隋朝	581–618	–	–
Dinastia Tang Cháo 唐朝	618–907	Interregno Zhou Imperatrice *Wu Zeitan*	690–705

Tabella 1.1 Cronologia storica (Continua)

Epoca			
Imperiale	**Terza partizione**		
	Periodo delle Cinque Dinastie e dieci Regni Wǔdài Shí Guó 五代十国	907–960	
		Liáng Posteriori Hòu Liáng 后梁	907–923
		Táng Posteriori Hòu Táng 后唐	923–936
		Jìn Posteriori Hòu Jìn 后晋	936–946
		Hàn Posteriori Hòu Hàn 后汉	947–950
		Zhōu Posteriori Hòu Zhōu 后周	951–850
		Stato di Wu 吴	902–937
		Stato dei Tang Meridionali Nán Tang 陳唐	937–975
		Stato di Wuyue 吴越	907–978
		Stato di Chu 楚	907–951
		Stato di Min 闽	909–945
		Han meridionali Nán Hàn 南汉	917–971
		Stato di Shu Anteriore Qián Shǔ 前蜀	933–965
		Stato di Jingnan (Nanpin) Jīngnán 荆南	924–963
		Stato degli Han Settentrionali Běi Hàn 北汉	951–979
	Quarta unificazione		
	Dinastia Song Cháo 宋朝	960–1279	
		Song del Nord Běi Song 北宋	960–1127
		Song del Sud Nán Song 梁宋	1127–1279
		Impero Liáo 辽	916–1125
		Impero Xī Xià 西夏	1032–1227
		Impero Jīn 金	1115–1234
	Dinastia Yuan Cháo 元朝	1271–1368	
	Dinastia Ming Cháo 明朝	1368–1644	
	Dinastia Qing Cháo 清朝	1644–1911	
Ecpoca Moderno	**Periodo Repubblicano**		
	Repubblica di Cina Zhōnghuá Miínguó 中华民国	1912–1949	
	Epoca contemporanea		
	Repubblica di Cina (Taiwan) Zhōnghuá Miínguó 中华民国	1949–oggi	
	Repubblica Popolare di Cina Zhōnghuá Rénmín Gònghéguó 中华人民共和国	1949–oggi	

2

Una civiltà millenaria

2.1 Le pianure centrali

Si usa datare l'origine dei periodi storici cinesi intorno al −2000, quando si formano le prime organizzazioni sociali caratterizzate da regni dotati di un'amministrazione centrale e dalla raccolta di documentazione delle vicende principali dei vari regnanti.[1] Tuttavia, reperti archeologici più antichi, risalenti al −20.000, documentano la presenza di raggruppamenti umani distribuiti in tutte le regioni Cinesi.

La scoperta dell'Uomo di Pechino (*Sinanthropus pekinensis*) nel 1927 ha permesso di collocare l'epoca paleolitica tra il primo e il medio Pleistocene, circa 900.000–130.000 anni fa, precedendo cronologicamente l'Homo neanderthalensis. Recenti scavi archeologici, inoltre, hanno confermato la presenza di insediamenti umani risalenti al Neolitico, databili tra 10.000 e 4.000 anni prima dell'era attuale.

Dopo il Paleolitico si registra una discontinuità nello sviluppo della popolazione, probabilmente dovuta a un lungo periodo di siccità che favorì la formazione di depositi di löss[2], originati dall'erosione dei grandi fiumi. Questo evento consentì l'insediamento di nuove popolazioni, come dimostrano i numerosi villaggi dediti all'agricoltura cerealicola e alla pastorizia. Le alte pareti di löss venivano spesso scavate per ricavare caverne, utilizzate come rifugi dalle popolazioni antiche.

Analogamente ad altre grandi civiltà antiche, come quelle della Fertile Mezzaluna, dell'Egitto e della valle dell'Indo, anche in Cina la presenza di tre grandi

---

[1] Sulla storia Cinese si veda (Vogelsang, 2014; Needham, 1958; Sima, 2018; Wood, 2021; AAVV, 2020).
[2] Il löss è un tipo di deposito sedimentario costituito prevalentemente da particelle di silt molto fini, con una granulometria compresa tra sabbia e argilla. Si tratta di un materiale di origine eolica, trasportato e depositato dal vento in epoche geologiche passate, spesso in regioni semiaride o durante le fasi glaciali.

fiumi – il Fiume Giallo 黄河 (*Huang He*) a nord, il Fiume Azzurro 长江 (*Chang Jiang* o *Yangtzi*) al centro e il Fiume delle Perle 珠江 (*Zhu Jiang*) a sud – ha favorito lo sviluppo di un'intensa attività agricola e di una civiltà fiorente, grazie alla fertilità delle terre circostanti.

La culla della civiltà cinese è identificata nelle Pianure Centrali 中原 (*Zhongyuan*), un'area situata a est ella grande ansa del Fiume Giallo, lungo una latitudine compresa tra i 33° e i 36°. Questa regione comprende la parte meridionale dell'attuale Hebei a nord, la provincia di Shandong a est, la parte settentrionale del Anhui a sud, e si estende verso ovest includendo Henan (considerata il nucleo centrale della regione) (vedi Fig. 1.3).

La particolare fertilità delle Pianure Centrali ha favorito lo sviluppo di una civiltà agricola. Secondo il filosofo Zhao Tingyang, in questa regione non si sono formate soltanto una civiltà basata sull'agricoltura e sull'allevamento, ma anche, e forse in misura ancora più significativa, i fondamenti spirituali e culturali della civiltà cinese. Questi elementi hanno esercitato una forte attrazione sui popoli confinanti, in particolare quelli provenienti da nord e ovest, dando luogo a continue contese per il controllo della regione e contribuendo alla complessa mescolanza etnica della Cina. Le popolazioni esterne furono attratte non solo dalla fertilità dei terreni e dall'avanzamento agricolo, ma anche dai principi filosofici e morali che caratterizzavano l'organizzazione sociale di questa civiltà nascente.[3]

Proprio in questa regione gli antichi astronomi cinesi collocarono il centro della Terra, *Dizhong* (地中), facendone la sede delle antiche capitali. Dal punto di vista filosofico, durante la dinastia Zhou nacque qui il concetto di *Tianxia* (天下), 'tutto è sotto il cielo', che costituisce la radice dell'autorità imperiale cinese. Questo concetto, profondamente filosofico e politico, definiva un ordine mondiale con la Cina al centro, governata dall'imperatore, il 'Figlio del Cielo'. Sviluppatosi nelle dinastie antiche, *Tianxia* presupponeva una gerarchia in cui le altre nazioni erano considerate periferiche e subordinate alla civiltà cinese, vista come la più avanzata e incaricata di guidare il resto del mondo.

Il *Tianxia* non si basava su confini politici rigidi, ma su un sistema di relazioni in cui i popoli riconoscevano l'autorità morale dell'imperatore e il primato della cultura cinese. Attraverso il sistema tributario, paesi come Corea, Vietnam e Giappone inviavano regolarmente omaggi all'imperatore, riconoscendo simbolicamente la sua supremazia. L'inclusività del *Tianxia* consentiva a chiunque di entrare a far parte di questo ordine adottando i valori culturali cinesi. Questo approccio favoriva l'armonia tra diverse culture non attraverso la coercizione, ma grazie all'influenza morale e culturale della Cina.

La Cina è tradizionalmente suddivisa in due grandi regioni geografiche: la regione settentrionale, delimitata approssimativamente dal bacino del Fiume Giallo, e

---

[3] (Zhao, 2016).

2 Una civiltà millenaria 15

Fig. 2.1 Tubo rituale Cong in giada. Epoca neolitica. (© Museo Nazionale di Nanjing)

la regione meridionale, che comprende i bacini del Fiume Azzurro e del Fiume delle Perle (Fig. 1.2). I grandi fiumi cinesi traggono origine dal massiccio himalayano, a nord del quale si estendono i vasti deserti del Taklamakan e del Gobi (Fig. 1.1).

Le civiltà cinesi antiche si differenziano in base alle regioni per tecniche di costruzione di vasellame, invenzioni come la ruota e diverse pratiche di allevamento. Nel bacino del Fiume Giallo sono stati scoperti numerosi centri che hanno permesso agli archeologi di identificare culture significative del tardo Neolitico e della prima Età del Bronzo. Tra queste spicca la cultura Hongshan (红山), sviluppatasi tra il −4700 e il −2900. nelle regioni nord-orientali, quali le attuali province di Liaoning e Hebei, nella Mongolia interna.

Nella regione delle Pianure Centrali sono state identificate culture come Longshan (龙山文化, *Longshan Wenhua*, circa −3000 −2000), Erlitou (二里头, circa 1900–1500 a. C.) ed Erligang (二里岗, circa −1600 −1450). Questi centri rivelano l'emergere di strutture sociali organizzate e diverse forme di agricoltura. I manufatti in bronzo, prevalentemente usati per scopi rituali, testimoniano lo sviluppo di una civiltà urbana avanzata. Tra i reperti più raffinati vi sono opere d'arte in giada (*yu*, 玉), come il Cong (琮) di grande eleganza, visibile in Fig. 2.1.

Tra le antiche popolazioni cinesi sono stati identificati diversi gruppi etnici che hanno contribuito alla ricca diversità culturale del Paese. Tra questi si annoverano: i Turkic[4], provenienti dall'Asia Centrale e insediati nelle regioni nord-occidentali; i

---

[4] Le popolazioni Turkic sono gruppi etnici dell'Eurasia e dell'Asia centrale e settentrionale inclusa la Siberia, che parlano una famiglia di linguaggi originatisi nelle regioni dell'Asia Orientale, dalla Mongolia alla Cina nord-occidentale, diffusisi nell'Asia Centrale nel corso del primo millennio PEC.

Tungusi[5], originari delle regioni siberiane e stanziati nel Nord; i Tibetani, presenti nelle regioni occidentali; e le popolazioni complessivamente raggruppate come Tai[6], diffuse nelle regioni meridionali e costiere. L'apporto culturale di queste etnie ha arricchito la Cina con un vasto patrimonio di oggetti, tradizioni e rituali.

Archi e frecce, tatuaggi, la mitologia del drago, le festività di primavera e l'uso dei tamburi erano elementi comuni a molte di queste popolazioni. Inoltre, la pratica delle corde con nodi per contare, simile al quipu dell'America Meridionale, era diffusa anche tra questi gruppi, riflettendo una sorprendente convergenza culturale.

2.2 Regni e dinastie

Nella storiografia cinese si individuano regni e dinastie che si sono succeduti a partire dal periodo protostorico, che comprende le culture neolitiche e i primi sviluppi delle società organizzate, culminando con la dinastia Shang, la prima a lasciare testimonianze scritte. L'alternanza tra periodi di unificazione sotto un unico governo centrale e fasi dominate da regni o feudi autonomi in conflitto caratterizza l'intera storia della Cina fino all'inizio del XIII secolo, quando il Paese fu unificato sotto la dinastia Mongola, come verrà approfondito più avanti.

La tradizione narra dei Tre Sovrani (三皇, *sanhuang*) e dei Cinque Imperatori (五帝, *wudi*), figure mitiche che, secondo la leggenda, organizzarono e governarono il popolo prima dell'avvento delle grandi dinastie. Queste leggende sono riportate da Sima Qian (司马迁, 145–86 a. C.) nella sua opera *Shiji* (史记, *Registro storico*).

I Tre Sovrani sono Fuxi (伏羲), a cui è attribuita l'introduzione della pesca e della caccia; Nüwa (女娲), che, secondo la leggenda, avrebbe creato l'umanità dalla terra. Nüwa riparò anche i danni causati da una terribile inondazione dovuta a una frattura nel cielo, utilizzando un impasto ottenuto fondendo rocce di cinque colori. Il terzo sovrano, Shennong (神農), noto come l'Agricoltore Divino, è venerato per aver introdotto l'agricoltura, la medicina erboristica e l'addomesticamento degli animali. In alcune fonti, al posto di Fuxi compare Suiren (燧人), figura leggendaria che insegnò l'uso del fuoco.

I Cinque Imperatori includono Huang Di (黃帝), noto come l'Imperatore Giallo. Huang Di, il cui nome era Gongsun Xuanyuan (公孙轩辕), secondo le leggende avrebbe regnato tra il −2700 e il −2600 circa. A lui si attribuiscono importanti innovazioni, tra cui l'invenzione del calendario e delle case in legno. Considerato una delle figure più significative della storia cinese, Huang Di è cele-

---

[5] I Tungusi sono un gruppo etnico-linguistico indigeno dell'Asia settentrionale e nord-orientale, appartenente alla famiglia linguistica tungusa (o mancese-tungusa). Si trovano principalmente in Siberia orientale, nella Manciuria (oggi parte della Cina nord-orientale) e in alcune regioni confinanti della Mongolia.

[6] I Tai sono un gruppo etnico e linguistico appartenente alla più ampia famiglia linguistica Tai-Kadai, diffusa principalmente nel Sud-est asiatico e nelle regioni meridionali della Cina. Questo gruppo è all'origine di molte popolazioni moderne, come i Thailandesi, i Lao e i Shan, ma anche di comunità minori presenti in Vietnam, Myanmar, India nord-orientale e nella provincia dello Yunnan in Cina.

brato per aver guidato la transizione verso una società organizzata, introducendo la scrittura, la medicina, l'osservazione del cielo e i primi strumenti agricoli.[7]

Il secondo imperatore, Zhuan Xu Di (顓頊帝), organizzò il primo sistema di governo e introdusse la regolamentazione del calendario. Secondo la leggenda, chiese agli dèi di separare il cielo dalla terra per impedire la comunicazione con gli spiriti.

Il terzo imperatore, Di Ku (帝嚳), noto anche come Gaoxin (高辛), è accreditato dell'invenzione degli strumenti musicali. Considerato un saggio benevolo e profondamente religioso, introdusse i riti in onore degli dèi e promosse le arti e le scienze, contribuendo significativamente alla crescita culturale.

Il quarto imperatore, Yao Di (堯帝), è venerato per la sua rettitudine e saggezza. Creò il calendario lunisolare, che prevedeva un anno di 366 giorni con l'aggiunta di un mese intercalare (闰月, *runyue*), e introdusse i Riti a corte. Scelse come suo successore Shun (舜), l'ultimo dei Cinque Imperatori, affidandogli il compito di risolvere una grande inondazione. Yao è ricordato come un modello di governo saggio ed equilibrato.

Shun (舜), il quinto e ultimo imperatore, era di umili origini contadine ed è venerato per la sua saggezza e giustizia. Tuttavia, non riuscì a risolvere il problema delle grandi inondazioni del Fiume Giallo e nominò come suo successore Dayu (大禹), detto 'il Grande'. Dayu mise in atto un piano ambizioso per la costruzione di grandi dighe e sistemi di canalizzazione, guadagnandosi un posto di rilievo nella storia come il primo re della protostoria cinese.

I Tre Sovrani e i Cinque Imperatori simboleggiano i miti fondativi più antichi della civiltà cinese. I primi tre sono associati alla creazione e alla origine della civiltà, mentre i successivi cinque incarnano i principi cosmologici dei cinque elementi e delle cinque direzioni dello spazio, pilastri dell'organizzazione dell'universo secondo la tradizione cinese. Queste figure mitologiche, considerate progenitori, assumono il ruolo di divinità dopo la loro morte.

Una differenza di grande rilievo rispetto alla mitologia greca, in cui eroi e dèi sono spesso in conflitto, si osserva, ad esempio, nella leggenda di Prometeo, il Titano che rubò il fuoco a Zeus per donarlo agli uomini e fu punito con il tormento eterno di un'aquila che gli divorava il fegato, rigenerato ogni notte.

Dinastia Xia 夏朝 (Xia Chao) (−2000 ca. −1600 ca.). La documentazione storica relativa a questa epoca è molto scarsa, motivo per cui viene spesso considerata leggendaria. Si narra che il re Yu, dopo aver risolto i danni causati da una devastante inondazione del Fiume Giallo, abbia ricevuto il Mandato del Cielo come riconoscimento per il suo coraggio e le sue imprese. Recentemente, scoperte archeologiche hanno identificato tracce di una grande inondazione, confermando

---

[7] È in questa epoca che alla figura del sovrano viene associato il titolo di Sovrano massimo, o Imperatore, 上帝 *Shang Di*. Questa denominazione venne ripresa dai Gesuiti per tradurre la nozione di Dio. (Cheng, 2000) p. 36.

Fig. 2.2 Vaso in bronzo, epoca Shang, realizzato con tecniche di fusione e incisione. (© Museo Nazionale di Nanjing)

in parte le narrazioni tradizionali. Durante questo periodo si consolidò una prima struttura sociale basata sul potere regale, sufficientemente articolata da consentire espressioni artistiche significative, come testimoniano i raffinati manufatti in bronzo.

Dinastia Shang 商朝 (ShangChao) (−1675 −1046 ca.). Durante questa dinastia, la lavorazione del bronzo raggiunse livelli di altissima qualità estetica e tecnica. Venivano prodotti armi da guerra, componenti per le ruote dei carri, vasi cerimoniali, campane e oggetti di lusso (Fig. 2.2). È in questo periodo che iniziò la coltivazione del grano in Cina. Studi recenti sulle varietà di grano rinvenute lungo le rotte commerciali suggeriscono che questa coltura sia stata introdotta dal Medio Oriente.

Le prime forme di scrittura compaiono su ossa di animali e gusci di tartaruga, conosciuti come "ossa di drago", o "ossa oracolari".[8] Questi reperti, utilizzati per antiche pratiche divinatorie basate sull'osservazione celeste, rappresentano una delle prime applicazioni del calendario. La loro scoperta risale al 1899, quando alcuni studiosi li trovarono in vendita nelle farmacie tradizionali, dove venivano utilizzati per la preparazione di rimedi medicinali (Fig. 2.3).

Intorno al 1100 a. C. si verificò un significativo calo delle temperature, che provocò carestie e spinse le popolazioni nomadi del nord a migrare verso sud,

---

[8] Le ossa oracolari sono denominate bǔ gǔ 卜骨. L'attività di divinazione con ossa oracolari era denominata shì gǔ 筮骨.

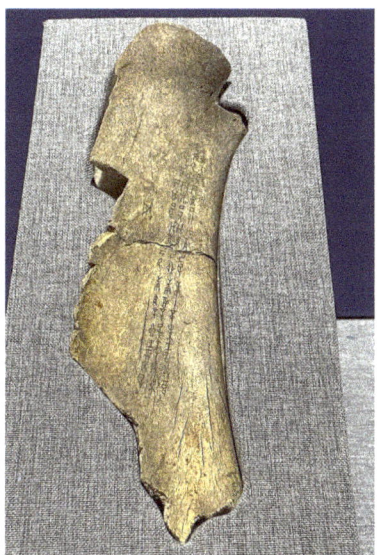

Fig. 2.3 Osso oracolare. (© Museo Nazionale, Beijing)

causando l'espulsione degli agricoltori locali. Dopo anni di instabilità, l'ultimo re della dinastia Shang, Di Xin (帝辛), fu deposto da Ji Fa (姬发), noto come re Wu, durante la battaglia di Muye (牧野). Questo evento segnò l'instaurazione della nuova dinastia Zhou. La data della battaglia è stata confermata grazie alla registrazione di eventi astronomici, come lunazioni e posizioni planetarie, verificate tramite metodi computazionali.[9]

Dinastia Zhou 周朝 (Zhou Chao) (−1045 ca. −256). È considerata il periodo feudale della civiltà cinese. Il primo re Zhou, Wu Wang (周武王), si appellò al principio del Mandato del Cielo (*Tianming*, 天命) per legittimare il proprio diritto a governare. Questo concetto sanciva che il potere dei sovrani derivava dalla loro virtù e dalla capacità di mantenere l'armonia nel regno. Tale principio permise a Wu Wang di giustificare la deposizione e l'esecuzione del re Di Xin per la sua empietà.

Un ruolo cruciale fu svolto da suo fratello, il Duca di Zhou (周公, *Zhou Gong*), che governò come reggente per il giovane erede al trono, contribuendo a consolidare la dinastia. Il Duca di Zhou è celebrato per aver formalizzato e codificato il concetto del Mandato del Cielo, gettando le basi dell'ideologia politica cinese per i secoli a venire. La sua figura, simbolo di saggezza e integrità morale nella tradizione confuciana, fu determinante nel rafforzare la legittimità della dinastia Zhou e nel definire i principi etici del governo cinese.

---

[9] (Li & Chen, 2002).

I popoli dell'epoca Zhou erano una mescolanza di vari gruppi etnici originari della valle del fiume Wei (渭河, *Wei He*), situata nell'attuale Shaanxi. Da qui si diffusero nell'intera valle del Fiume Giallo e nelle pianure settentrionali. Durante questo periodo si sviluppò una struttura feudale che raggiunse un livello di organizzazione paragonabile a quello dell'Europa medievale, con l'imperatore al vertice e una burocrazia centralizzata a supporto.

L'economia rimaneva prevalentemente agricola, e la raccolta dei tributi costituiva il fondamento della gerarchia sociale. Questa struttura vedeva una rete di obblighi che dalla nobiltà locale risaliva fino al livello imperiale. Alla nobiltà era richiesto di dimostrare periodicamente la propria devozione al sovrano visitando la capitale per rinnovare la fedeltà all'imperatore, consolidando così il legame tra i vari livelli del sistema feudale.

La dinastia Zhou si suddivide in due periodi: *Zhou occidentale* 西周, noto anche come Anteriore (−1045 −771) e *Zhou Orientale* 东周 o Posteriore (−770 −256). La seconda fase, quella dello Zhou Orientale, viene ulteriormente suddivisa in due periodi distinti: il periodo delle Primavere e degli Autunni 春秋 (*Chunqiu*), che si estende fino al −481, e il periodo degli Stati Combattenti 战国 (*Zhanguo*), che prosegue fino alla fine della dinastia nel −256.

Fu un'epoca di guerre continue, con numerosi conflitti sia contro i tentativi di invasione da parte di popolazioni 'barbare', sia tra gli stessi feudatari. Nel −771 il re Zhou You Wang 周幽王 fu assassinato dagli armigeri di un feudatario minore alleatisi con i barbari. Il successore fu costretto ad abbandonare la capitale nei pressi dell'attuale Xi'an, e i vari feudatari consolidarono i loro domini, costituendo piccoli regni indipendenti. Questo ridusse l'impero Zhou a un territorio molto limitato, noto come Zhou Orientale, con la nuova capitale a Luoyang (le posizioni delle principali capitali antiche sono riportate in Fig. 1.3).

In epoca Zhou, la struttura feudale si articolava in cinque livelli gerarchici, con titoli nobiliari solitamente tradotti come Duca (公爵, *Gongjue*), Marchese (侯爵, *Houjue*), Conte (伯爵, *Bojue*), Visconte (子爵, *Zijue*) e Barone (男爵, *Nanjue*). Anche la popolazione era organizzata in diverse classi: piccola nobiltà, cavalieri, studiosi, contadini e allevatori, artigiani e mercanti. È probabile che la piccola nobiltà dell'epoca feudale precedente si sia riciclata nei ranghi del cavalierato, dello studio e del commercio, evitando così di decadere ai livelli considerati infimi di coltivatori o allevatori.

La comunità degli studiosi acquisì progressivamente maggiore rilevanza, candidandosi a ruoli di consiglieri presso i Principi e contribuendo a plasmare il pensiero politico e sociale dell'epoca.

È durante quest'epoca che si inizia ad associare agli scritti il nome dell'autore, segnando una svolta nella trasmissione del sapere. In questo contesto emerge la figura di Confucio (−551 −479), considerato l'ideatore e promotore dei principi di buon governo. Confucio pose le basi per la creazione di una burocrazia di governo guidata da principi morali e selezionata esclusivamente su base meritocratica attraverso lo studio.

Nel −318 venne fondata la prima Accademia 稷下 (Jixia), nella capitale Linzi dello stato di Qi 齐国, che attirò studiosi da ogni regione. In questa istituzione insegnavano maestri appartenenti a diverse scuole filosofiche, promuovendo un ambiente intellettuale vivace e pluralistico. È interessante notare che il massimo sviluppo del pensiero filosofico cinese in questo periodo è coevo alla fondazione dell'Accademia di Platone, pur senza relazioni dirette tra i due mondi.

Parallelamente, fiorirono studi e innovazioni tecniche, consolidando questo periodo come l'epoca 'classica' della Cina, in analogia con la periodizzazione della civiltà greca.

Tra il −480 e il −221, durante il periodo degli Stati Combattenti (Fig. 2.4), si susseguirono conflitti che portarono a una crescente frammentazione dello Stato feudale. Già nell'epoca Shang era iniziato l'uso del ferro, in gran parte pro-

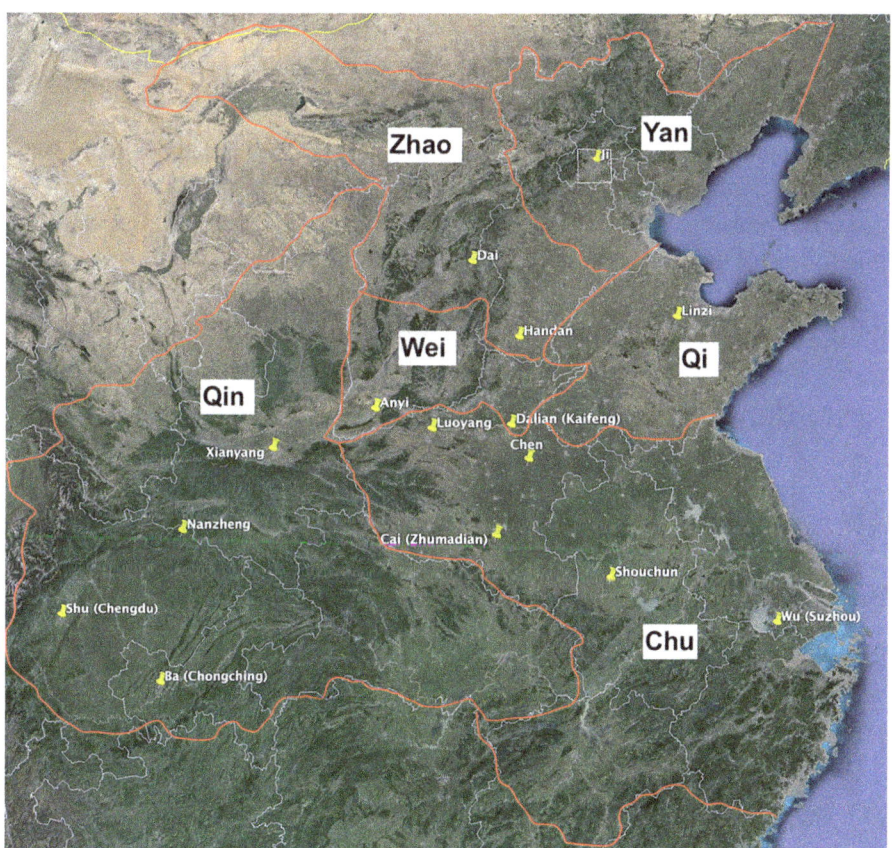

Fig. 2.4 Gli stati Combattenti

veniente da rocce meteoriche. Le esigenze belliche favorirono il miglioramento delle tecniche di lavorazione del ferro, permettendo la produzione di nuove armi.

La complessa organizzazione sociale richiedeva che una grande parte della popolazione fosse distolta dal lavoro agricolo per diventare soldati, funzionari, mercanti e artigiani. I continui conflitti, tuttavia, entrarono presto in contrasto con le necessità primarie del popolo e dello stato, come la manutenzione dei sistemi di irrigazione e di regimentazione delle acque, indispensabili per alimentare una popolazione in crescita. Queste esigenze contrastavano con la tendenza alla frammentazione, favorendo un progressivo rafforzamento dello stato centrale. La dinastia Qín, che emergerà alla fine di questo periodo, consolidò il proprio potere rispetto ai poteri feudali, ormai indeboliti.

I grandiosi progetti per la costruzione di sistemi di canali, utilizzati sia per l'irrigazione agricola sia per il trasporto, divennero un fattore chiave per il rafforzamento del potere centrale, spingendo verso l'unificazione politica e ponendo le basi per il successivo sviluppo della civiltà cinese.

Dinastia Qin 秦朝 (Qin Chao) (−221 −206). Il periodo degli Stati Combattenti si concluse nel −221 con la Prima Unificazione della Cina sotto la guida della dinastia Qin. Qin Shi Huang Di 秦始皇帝 divenne il Primo Imperatore della Cina (Fig. 2.5 a destra). Con questa dinastia venne istituito un sistema di gestione statale centralizzato, basato su una burocrazia altamente organizzata, sebbene più influenzata dai principi del Legalismo che da quelli Confuciani.

I feudi vennero espropriati e la nobiltà obbligata a risiedere nella capitale, eliminando così il potere delle autonomie feudali e rafforzando l'autorità centrale.

Durante la dinastia Qin, i poteri dei principi locali furono drasticamente ridotti, e vennero rigidamente unificati i sistemi di misura, le regole per il com-

Fig. 2.5 Sinistra e centro: Esercito di Terracotta. (© Museo del Mausoleo dell'imperatore Qin Shi Huang Di) Destra: L'Imperatore Qin Shi Huang Di

mercio e le leggi, valide su tutto il territorio dell'Impero. La Grande Muraglia 长城 (*Changcheng*), la cui costruzione era iniziata in epoca Zhou, venne estesa e rafforzata, sia per proteggere lo stato dalle incursioni delle popolazioni nomadi confinanti, sia per trattenere all'interno le popolazioni agricole. L'imperatore Shi Huang fece costruire un sistema di strade per collegare le diverse regioni, fino alla Grande Muraglia, e insediò 30.000 famiglie per sostenere le forze militari stanziate lungo le sue fortificazioni.

Nel −213 ordinò di bruciare i classici confuciani, salvando soltanto le opere relative alla medicina, all'agricoltura e alla divinazione. Insieme a questo, fece giustiziare numerosi studiosi confuciani, rafforzando così il controllo ideologico basato sui principi del Legalismo.

La capitale dell'Impero era Xianyang, vicino all'attuale Xi'An. Qui, nei pressi della capitale, fu costruita una ricchissima tomba per l'imperatore, celebre per il rinomato Esercito di Terracotta 兵马俑 (*Bingmayong*) (Fig. 2.5 a sinistra e al centro). la morte di Qin Shi Huang, chiamato 'il Grande Unificatore', suo figlio non fu in grado di mantenere la stabilità politica, e l'Impero fu sconvolto da rivolte.

Due ufficiali dell'esercito, Xiang Yu 项羽 e Liu Bang 刘邦, si allearono inizialmente per affrontare le altre fazioni ribelli, ma presto la loro rivalità degenerò in un nuovo conflitto. Questo si concluse nel −202, quando Liu Bang sconfisse Xiang Yu nella battaglia di Gaixia (垓下之战) e fondò la prima dinastia Han.

Dinastia Han 汉朝 (Han Chao) (−206 +220). Liu Bang assunse il nome di Gao Zu 高祖 (Fig. 2.6 a sinistra) e trasferì la capitale a Chang'an (l'attuale Xi'an), che divenne presto un importante centro commerciale lungo la Via della Seta. Gli storici suddividono questo periodo in tre fasi principali: Han Occidentali o Anteriori (−206 +9), il breve interregno della dinastia Xin (+9 +23) e Han Orientali o Posteriori (+25 +220).

Il periodo iniziale del regno di Gao Zu fu segnato da frequenti conflitti con i nomadi Xiongnu[10] 匈奴, un potente popolo delle steppe. Dopo aver subito una sconfitta militare, Gao Zu cercò di stabilire relazioni diplomatiche: diede in sposa una principessa cinese al capo degli Xiongnu e accettò di pagare annualmente tributi in riso e seta per garantire la pace.

Durante la dinastia Han, il confucianesimo tornò in vigore, e gli studiosi si impegnarono a recuperare gli scritti fatti distruggere da Shi Huangdi. Il periodo Han fu contrassegnato da un parziale ritorno del potere feudale, che però dovette convivere con uno stato centrale ormai consolidato e una burocrazia adattata alla nuova realtà. Gli abusi degli ufficiali e della nobiltà feudale portarono a un rinnovato interesse per i principi confuciani, che proponevano metodi di governo ispirati a comportamenti etici e contrari agli eccessi autoritari.

---

[10] Si tratta di popoli nomadi dell'Asia centrale probabilmente con origini comuni agli Unni.

In questo contesto emerse l'ortodossia burocratica conosciuta come Confucianesimo Han, che avrebbe influenzato la Cina per secoli. Gli imperatori Han compresero che, per essere indipendenti dalle congiure e dalle alleanze della nobiltà feudale ostile al trono, per difendere i confini e portare avanti grandi opere pubbliche, era necessario costituire un governo centrale basato su una burocrazia competente. Si istituì una carriera pubblica aperta ai talenti, selezionati sulla base del merito piuttosto che della nascita nobiliare. Per formare questi funzionari fu creata l'Accademia Imperiale, *Tai Xue* 太學, dove venivano educati ai principi confuciani.

Un'altra misura per prevenire il riformarsi di strutture feudali basate sull'ereditarietà dei titoli e delle terre fu l'affidamento della protezione dell'imperatore agli eunuchi, che, non avendo eredi, non potevano costituire dinastie proprie. Tuttavia, gli eunuchi acquisirono presto grande potere e ricchezze, tanto che molte famiglie offrirono volontariamente un figlio evirato alla Corte Imperiale, sperando di ottenere favori e benefici per l'intera famiglia.

La riforma del sistema di potere avvenne sotto l'impulso dell'imperatore Han Wu Di 汉武帝 (Fig. 2.6 al centro), considerato uno dei più grandi imperatori della storia cinese. Durante il suo regno, l'impero dovette affrontare gravi crisi economiche, dovute da un lato all'aumento dei prezzi imposto dai mercanti, che erano soggetti a tassazioni e regole vessatorie, e dall'altro ai costi delle guerre contro gli Xiongnu. Per far fronte a queste difficoltà, venne avviata una sperimentazione con l'introduzione della moneta cartacea, riducendo la dipendenza dai metalli preziosi, in particolare dall'argento, che scarseggiava.

Fig. 2.6 Sinistra: Han Gao Zu. Centro: L'imperatore Han Wu Di. Destra: Zhang Qian. (© Shaanxi History Museum)

Fig. 2.7 Sinistra: sudario in giada e oro, Han Occidentali. Destra: lampada in bronzo a forma di bue, Han Orientali. (© Museo Nazionale di Nanjing)

Durante questo periodo si svilupparono anche nuove comunicazioni e rapporti con l'Asia Centrale e l'Occidente. L'ufficiale Zhang Qian 张骞 (−164 −113) (Fig. 2.6 a destra) fu inviato in missione diplomatica in Bactria nel −138 e dopo una prigionia di dieci anni presso gli Xiongnu, poté esplorare l'occidente fino al Golfo Persico. Al suo ritorno in Cina portò con sé grandi varietà di piante e altri prodotti naturali. Il percorso tracciato da Zhang Qian determinò il primo itinerario dell'antica Via della Seta.

In questo periodo si diffuse tra i nobili l'usanza di seppellire i morti con sudari composti da piccoli blocchi di giada legati con oro. Vennero prodotti manufatti in bronzo di uso quotidiano di altissima qualità (Fig. 2.7).

L'ultimo periodo della dinastia Han è particolarmente interessante per lo sviluppo delle scienze cinesi, tra cui l'astronomia, che portò a una precisa definizione del calendario, e discipline come zoologia, botanica e scienze della terra. Sul piano tecnico, a quest'epoca risalgono l'invenzione della carta, miglioramenti nella tecnica ceramica, le prime creazioni in porcellana e avanzamenti nelle tecniche tessili, che in Europa sarebbero stati raggiunti solo oltre mille anni dopo.

Verso la fine della dinastia, lo stato centrale iniziò a indebolirsi. Le rivolte di palazzo e le insurrezioni degli agricoltori, come quelle dei Turbanti Gialli 黄巾 (Huangjin) contro la povertà e l'eccesso di tasse, rafforzarono il potere dei generali, i quali tentarono di reintrodurre i feudi. Tra le cause di questo declino si annovera il crescente potere degli eunuchi di palazzo, che soppiantarono gli studiosi confuciani[11] e gli ufficiali. Molti di questi ultimi, disgustati dal governo, si ritirarono a una vita da eremiti.

---

[11] In Inglese queste persone vengono denominate *literati*. In Cina nel periodo medioevale ed imperiale questo termine denota le persone colte.

Tre Regni 三国 (San Guo) (220–265). La Prima Unificazione Han durò circa 400 anni e si concluse con la Prima Partizione conosciuta come l'epoca dei Tre Regni: Wei 魏 a nord, Shu 蜀 a sud-ovest e Wu 吳 a est (Fig. 2.8 a sinistra). nel 184, il regno Han era in declino: inondazioni, epidemie e carestie convinsero il popolo che l'imperatore aveva perso il Mandato del Cielo. La ribellione popolare fu guidata dai Turbanti Gialli 黄巾 (*Huangjin*), ma fu sconfitta nel 205, dopo sanguinosi scontri, dal generale Cao Cao 曹操. Cao Cao, consolidato il suo potere nel regno Wei, si scontrò con Liu Bei 刘备 e Sun Quan 孙权. Tuttavia, fu sconfitto nella celebre battaglia navale sul fiume Azzurro. In seguito, Liu Bei divenne re di Shu, mentre Sun Quan assunse il titolo di sovrano di Wu. Il figlio di Cao Cao, Cao Pi 曹丕 (e non Cao Huan 曹奂, che fu l'ultimo imperatore Wei), costrinse l'ultimo imperatore Han all'abdicazione e instaurò la propria dinastia Wei.

Queste vicende storiche sono narrate nel celebre *Romanzo dei Tre Regni* (*San Guo Yan Yi*), scritto in epoca Ming, che ne mitizza i protagonisti e i conflitti.

La divisione di questi regni rifletteva la divisione delle principali aree agricole della Cina. Ciascuno dei regni proteggeva la propria area di influenza che forniva le risorse finanziarie e alimentari essenziali per mantenere il potere e gestire lo Stato. Inizialmente l'agricoltura si sviluppò nelle regioni settentrionali lungo la valle del Fiume Giallo, in seguito si estese anche nelle regioni centrali lungo il fiume Azzurro. Lo sviluppo agricolo del sud raggiunse un livello tale da consentire l'indipendenza dallo Stato centrale.

Da quel momento in poi, periodi di frammentazione si alternarono a periodi di unificazione, in parte sovrapposti, quando diversi regni si unirono o si divisero.

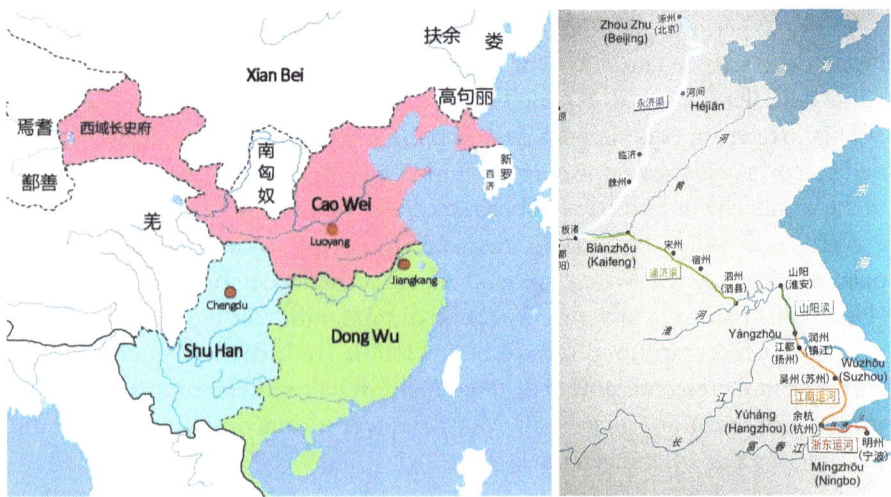

Fig. 2.8 Sinistra: I Tre Regni. Destra: il Gran Canale. (© Museo del Gran Canale di Hangzhou)

Epoca Jin 晋 **e Qin** 秦 (265–479). La Prima Partizione dei Tre Regni ebbe vita breve, durando dal 220 al 265. La Seconda Unificazione fu realizzata dalla dinastia Jin, sotto la guida di Sima Yan 司马炎, che sottomise le regioni occidentali a partire dal 265, sconfiggendo Cao Huan. Nel 279 venne sconfitto anche l'ultimo regno indipendente, Wu. Sima Yan assunse il titolo imperiale di Jin Wu Di 晋武帝, segnando l'inizio di un nuovo periodo di centralizzazione sotto la dinastia Jin.

Gli anni di guerre ininterrotte avevano indebolito il paese, la cui popolazione era scesa a circa 16 milioni, contro i più di 50 dell'epoca precedente. Il degrado aveva colpito l'economia, che aveva abbandonato gli scambi in moneta a favore del baratto.

Nelle regioni settentrionali frequenti conflitti locali portarono ad alleanze con tribù di Mongoli, Xiongnu e turco tartari che conquistarono il potere in alcune città, costringendo la corte imperiale dei Jin Occidentali a trasferirsi nel 317 a Jiankang 建康, l'attuale Nanjing. Nel nord i mongoli, gli Xiongnu e le popolazioni turco-tartare si contendevano la supremazia, creando stati temporanei noti con il nome dei Sedici Regni. Nel 440 il clan di popolazione turco-tatara riuscì a sconfiggere ogni opposizione e istituì il regno Wei Settentrionale.

Tutti questi invasori furono assimilati nella società e nella cultura cinese molto più di quanto i cinesi abbiano assimilato la cultura dei "barbari." I continui conflitti portarono parte della popolazione a trovare conforto nella religione buddhista, che iniziò a diffondersi in tutto il Paese. Allo stesso tempo, la cultura daoista, orientata alla speculazione sulla natura e alla scienza, si rafforzò e diede impulso agli studi scientifici.

Dinastie del Sud e del Nord 南北朝 (Nanbei Chao) (420–589). Questo periodo, noto come Seconda Partizione, vide la formazione di diversi regni sia nelle regioni settentrionali sia in quelle meridionali. Nel Nord si susseguirono le dinastie Wei Settentrionale, Wei Occidentale, Wei Orientale, Qi Settentrionale e Zhou Settentrionale. Nel Sud, invece, si formarono le dinastie Liu Song, Qi Meridionale, Liang Meridionale e Chen Meridionale. Questo periodo fu caratterizzato da una frammentazione politica, ma anche da importanti scambi culturali e sviluppi nelle arti e nella religione, con la diffusione del Buddismo che si diffuse nelle due aree del Paese.

L'invasione dei popoli del nord aveva provocato la fuga vero sud al di là dello Yangzi di moltissimi cinesi di etnia Han. La dinastia dei Jin Orientali riuscì a preservare le regioni sotto il suo dominio per circa un secolo, ma la difesa dei confini rafforzò i generali che nel 420 crearono i diversi regni Wei, Qi e Zhou, senza tuttavia riuscire a conservare il potere e riunificare il paese.

I regni meridionali riuscirono a sviluppare l'economia, avviando un processo che fece delle regioni meridionali le più popolose e floride dell'antica Cina.

Fig. 2.9 Sinistra: L'Imperatore Sui Wendì. Centro: l'imperatore Tang Gaozu. Destra: Tang Wuzong

Dinastia Sui 隋朝 (Sui Chao), la Terza Unificazione (581–618). Nel 581 Yang Jian 杨坚 succedette agli Zhou Settentrionali e fondò la dinastia Sui, prendendo il nome Sui Wen Di 隋文帝 (Fig. 2.9 a sinistra). Per superare le divisioni tra le regioni che avevano portato a secoli di conflitti, l'imperatore dedicò grandi risorse alla costruzione di un sistema di canali per facilitare le comunicazioni. Nella Fig. 2.8 a destra è rappresentato il percorso del Gran Canale 大运河 (*Da Yunhe*), lungo 2700 km, progettato per il trasporto di merci e persone, evitando i lunghi viaggi via terra e la rischiosa navigazione costiera.

Questi grandi lavori furono accompagnati da una riforma agraria che suddivideva la proprietà dei terreni in modo uniforme tra gli agricoltori, eliminando così la base economica per la formazione di feudi e regni contrapposti. Wen Di trasferì la capitale a Chang'an 长安 e vi concentrò tutti i funzionari, neutralizzando le minacce provenienti dal Sud. Promulgò inoltre un nuovo codice di leggi, il *Kaihuang* 开皇律[12], che aboliva numerosi reati, fissava pene precise e definiva le Dieci Malvagità [imperdonabili] 十恶 [不赦] (*shi e [bu she]*), reati così gravi da non poter essere perdonati neppure dall'imperatore.

Il figlio e successore, Yang Guang 杨广, noto come Sui Yang Di 隋炀帝, proseguì la costruzione del Gran Canale e restaurò ed estese la Grande Muraglia. Tuttavia, le pesanti tasse imposte per finanziare questi progetti causarono diffuse rivolte popolari, contribuendo al rapido declino della dinastia Sui.

---

[12] Il Codice Kaihuang fu promulgato nell'anno 581. Questo codice è stato uno dei primi e più importanti tentativi di riforma legale nella storia della Cina imperiale.

Dinastia Tang 唐朝 (Tang Chao) (618–907). Le rivolte contro le tasse e una spedizione fallimentare contro la Corea portarono a una rivoluzione guidata da Li Yuan 李渊, che assunse il titolo imperiale di Tang Gao Zu Di 唐高祖帝. Appartenente a una famiglia legata alla dinastia Sui, Gao Zu Di salì al trono nel 618, diventando il primo imperatore della dinastia Tang (Fig. 2.9 al centro).

Durante il periodo Tang, intorno al 750, la Cina raggiunse la sua massima espansione territoriale, includendo la Manciuria, la Corea e lo Xinjiang. Tuttavia, da quel momento iniziò un lento declino, aggravato dalla sconfitta dell'esercito cinese da parte delle forze arabe nella battaglia del Talas nel 751, che portò alla perdita del controllo sullo Xinjiang. Questa regione, precedentemente una barriera religiosa buddhista contro l'espansione dell'islam, passò sotto l'influenza musulmana.

Anche la Mongolia e la regione degli Uiguri conquistarono l'indipendenza, così come i principati delle regioni meridionali, tra cui la Thailandia, che presero il controllo dell'attuale Yunnan. Questi eventi segnarono un progressivo ridimensionamento dell'influenza cinese, preludio alla crisi che avrebbe colpito l'Impero Tang nei secoli successivi.

Nel Nord-Est, i Tartari, che in seguito fondarono la dinastia Liao 辽朝 (907–1125), conquistarono la Manciuria e la Corea, che in precedenza facevano parte dell'Impero cinese. Nel frattempo, le relazioni con i popoli tibetani si deteriorarono al punto che, nel 787, venne conclusa un'alleanza arabo-cinese, promossa da un inviato del califfo Harun al-Rashid (763–809), per contrastare la minaccia mongola che incombeva sia sul Califfato sia sull'Asia centrale musulmana.

Nonostante l'instabilità militare, la Cina dell'epoca Tang divenne un centro cosmopolita, aperto alla presenza di stranieri, tra cui studiosi e mercanti arabi, siriani e persiani. L'apertura alle culture dell'Asia centrale contribuì a una straordinaria fioritura culturale, che ebbe riflessi anche sulla condizione femminile nelle classi nobili. Molte mogli e concubine influenzavano il potere politico.

Tra queste, Wu Zetian 武則天 è la figura più celebre. Originariamente concubina, divenne la seconda moglie di Gaozong Di 唐高宗帝, salito al trono nel 649. A causa della malattia dell'imperatore, Wu Zetian assunse i compiti di governo tra il 690 e il 705, un periodo noto come interregno Zhou. Alla morte di Gaozong nel 683, Wu Zetian prese il titolo di imperatrice, diventando l'unica donna a governare la Cina come sovrana ufficiale (Fig. 3.7).

Tutto ciò favorì l'espansione del buddhismo, che divenne una componente importante della società cinese. Tuttavia, nel corso dell'845, la burocrazia confuciana, che considerava il buddhismo una minaccia, accusandolo di creare uno 'Stato nello Stato', persuase l'imperatore Wu Zong Di 武宗帝 (Fig. 2.9 a destra) a lanciare una campagna di persecuzione su larga scala. Durante questa repressione, furono distrutti 4600 templi buddhisti, costretti alla secolarizzazione

Fig. 2.10 Sinistra: Ceramica vetrificata. Destra: Figurina di danzatrice. Epoca Tang. (© Museo Nazionale di Nanjing)

Fig. 2.11 Concerto a Palazzo. Epoca Tang. (© National Palace Museum, Taipei)

260.000 monaci, aboliti 40.000 santuari e ridotti in schiavitù 150.000 seguaci buddhisti.

La capitale del regno Tang, Chang'an, divenne una città densamente popolata e un importante centro dei commerci lungo la Via della Seta. In questo periodo, le arti conobbero un notevole sviluppo: iniziò la produzione di ceramiche vetrificate dai colori vivaci (Fig. 2.10 a sinistra), e vennero coltivate con grande successo la danza (Fig. 2.10 a destra) e la musica (Fig. 2.11).[13]

Durante la dinastia Tang venne rafforzato il sistema scolastico per la formazione della classe burocratica e fu codificato il sistema di leggi. Furono istituite due importanti accademie: l'Accademia degli Studiosi Meritevoli (*Jixian Yuan*, 集賢院) nel 725 e l'Accademia Hanlin (*Hanlin Yuan*, 翰林院) nell'VIII secolo durante il regno dell'imperatore Xuanzong (712–756)[14], entrambe destinate alla formazione e al supporto intellettuale del governo imperiale.

Cinque Dinastie e Dieci Regni 五代十国 (Wudai Shiguo) (907–960). Verso la fine della dinastia Tang, la Cina si frammentò nuovamente, entrando in un periodo noto come la Terza Partizione. Nel Nord emersero cinque dinastie, guidate dai generali dell'impero Tang, che avevano raggiunto l'apice del potere militare. Queste dinastie sono conosciute come le Cinque Dinastie: Liang Posteriori (*Hou Liang*, 後梁), Tang Posteriori (*Hou Tang*, 後唐), Jin Posteriori (*Hou Jin*, 後晉), Han Posteriori (*Hou Han*, 後漢) e Zhou Posteriori (*Hou Zhou*, 後周).

Furono tutti regni di breve durata. Nel Sud, intanto, si formarono dieci regni, costantemente in conflitto tra loro nel tentativo di prevalere gli uni sugli altri. Questo periodo di frequenti cambiamenti politici e instabilità si concluse nel 960, quando il generale Zhao Kuangyin 趙匡胤, proclamato imperatore dal suo esercito, assunse il nome di Song Taizu Di 宋太祖帝 e fondò la dinastia Song, riunificando gran parte delle province.

Dinastia Liao 遼朝 (Liao Chao) (937–1211). La caduta dell'impero Tang permise alle tribù Kitan di formare un regno sotto la guida del capo clan Abaoji 阿保機, il quale, nominando erede il figlio primogenito, trasformò il sistema di governo da tribale a dinastico, adottando il nome di dinastia Liao. Per integrarsi con la maggioranza Han che popolava le regioni amministrate, Abaoji adottò forme di governo locali ispirate alla tradizione cinese.

Negli anni successivi, i Liao tentarono di espandere i loro territori verso sud, entrando in conflitto con i Song. Dopo numerosi scontri, venne infine stipulato un trattato di pace con l'imperatore Song Zhenzong Di 真宗帝, sancendo una fragile convivenza tra i due regni.

Dinastia Song 宋朝 (Song Chao) (960–1279). Dal punto di vista dello sviluppo scientifico, quest'epoca è considerata la più importante nella storia cinese. La

---

[13] Il dipinto (al centro) raffigura dodici musiciste, dieci delle quali sedute intorno a un tavolo, quattro suonano lo sheng, lo xiao, il guzheng e la pipa. Uno dei due uomini del pubblico tiene un ritmo mentre gli altri siedono e ascoltano, in modo disinvolto. Questo dipinto è stato originariamente etichettato come un dipinto Yuan di Shiqu Baoji, ma i personaggi sono corposi, con volti aperti e tre facce bianche; i capelli, l'acconciatura, l'abbigliamento, la colorazione e il metodo di pittura sono tutti nello stile della tarda dinastia Tang (Descrizione del Museo Nazionale del Palazzo, Taipei).

[14] L'Accademia Hanlin venne incendiata il 23 giugno 1900 durante la rivolta dei Boxer.

Fig. 2.12 Sinistra: L'imperatore Song Taizu. Centro: L'Imperatore Kublai Khan. Destra: Il fondatore della dinastia Ming, Zhu Yuanzhang. Dipinto su seta. (© Mausoleo Ming Xiaoling, Nanjing)

dinastia Song, fondata nel 960 dall'imperatore Song Taizu Di (Fig. 2.12 sinistra) avviò la riunificazione dopo il periodo di frammentazione delle Cinque Dinastie. Taizu riformò il sistema di selezione dei funzionari imperiali, rilanciando gli esami e imponendo criteri basati esclusivamente sul merito, indebolendo così il potere dell'aristocrazia.

Nonostante la dinastia Song fosse militarmente debole, è considerata il punto più alto della civiltà cinese, una vera e propria età dell'oro. L'economia, sostenuta da grandi innovazioni tecnologiche, raggiunse un livello di sofisticazione senza precedenti. La popolazione superava i 100 milioni di abitanti, la cui prosperità era garantita dalla diffusa coltivazione del riso e dall'uso del carbone per riscaldare le case, produrre manufatti in bronzo e argilla, e migliorare la lavorazione del ferro.

Un sistema avanzato di ingegneria idraulica collegava i principali fiumi attraverso una fitta rete di canali, facilitando i trasporti interni. Inoltre, navi di dimensioni straordinarie per l'epoca, soprattutto se paragonate a quelle occidentali, consentivano il trasporto marittimo, favorendo un commercio vivace e contribuendo alla prosperità dell'impero.

La capitale della dinastia Song fu inizialmente Kaifeng, nello Henan. Tuttavia, dopo l'invasione degli Jurchen, la corte imperiale si trasferì a Hangzhou 杭州, nello Zhejiang, punto di partenza del Gran Canale, segnando l'inizio del periodo dei Song Meridionali. La città prosperò, con una classe dirigente composta dalla burocrazia statale e da una vivace classe media che potremmo definire una borghesia commerciale e artigianale.

Durante questo periodo, la Cina divenne il primo paese al mondo a emettere carta moneta per facilitare i commerci. Inoltre, nacquero corporazioni di commercianti, che regolamentavano i prezzi dei prodotti e i salari, contribuendo a una gestione più organizzata e stabile dell'economia.

Tra i principali scienziati e intellettuali dell'epoca vi furono Su Song 苏颂 (1020–1101) e Shen Kuo 沈括 (1031–1095) sui quali torneremo più avanti. In questo periodo si fa risalire la rinascita confuciana, con il consolidamento della classe dei Mandarini, provenienti dalle grandi famiglie con proprietà terriere, che divennero funzionari superando gli esami imperiali.

La polvere da sparo, inventata durante la dinastia Tang, fu utilizzata sistematicamente nei conflitti contro i Jin. Le nuove armi da fuoco in ferro furono montate anche sulle imponenti navi da guerra, che giocarono un ruolo decisivo nelle grandi battaglie sul fiume Azzurro.

Questo grande sviluppo si concluse con la sconfitta da parte dei Mongoli guidati da Gengis Khan (1162–1227). Dalla fine del 1100, le tribù Jurchen della Manciuria avevano iniziato a nutrire ambizioni espansionistiche, costituendo la dinastia Jin all'inizio del XII secolo. I Jin conquistarono Beijing, dove trasferirono la loro capitale, e nel 1127 occuparono Kaifeng 开封, trasferendo nuovamente la capitale nel 1161.

I Jurchen della dinastia Jin si assimilarono rapidamente all'etnia Han, adottandone i metodi di governo e affidandosi a una burocrazia confuciana selezionata attraverso gli esami imperiali. Tuttavia, all'inizio del XIII secolo, i Mongoli di Gengis Khan attaccarono e saccheggiarono i loro territori. I Jin tentarono di resistere, ma nel 1233 Kaifeng cadde.

Le forze militari dell'Impero Song riuscirono a contrastare l'avanzata mongola per circa trent'anni, ma nel 1276 la capitale meridionale Hangzhou cadde. La resistenza finale della dinastia Song si concluse nel 1279, con la distruzione della flotta nella battaglia di Yamen 崖门战役 (*Yámén Zhànyì*).

Dinastia Yuan 元朝 (Yuan Chao) (1271–1368). Kublai Khan 忽必烈 (1215–1294) (Fig. 2.12 al centro), nipote di Gengis Khan, si proclamò imperatore della Cina nel 1271 inaugurando L'epoca della Dinastia *Yuan* durante la quale la Cina raggiunse la massima espansione.

L'Impero Mongolo si estendeva verso ovest fino all'Asia centrale e all'Europa, raggiungendo Polonia, Ungheria e Bulgaria. La conquista di Baghdad nel 1258 fu un disastro anche culturale: moschee, chiese, ospedali e la Casa della Sapienza, allora la biblioteca più ricca del mondo, furono distrutti. Secondo la tradizione, l'inchiostro dei libri gettati nel fiume Tigri avrebbe colorato di nero le sue acque.

Kublai Khan, ammiratore della cultura cinese, si circondò di consiglieri Han e trasferì la capitale a Khanbalik 汗八里, nota anche come Dadu 大都, l'attuale Beijing, dove avviò la costruzione della città imperiale. Per rafforzare il Mandato del Cielo, promosse un nuovo calendario, che introdusse importanti innovazioni nei metodi osservativi e di calcolo astronomico. Riaprì inoltre la Via della Seta, ampliò il Gran Canale e patrocinò le arti, portando la Cina a una posizione di grande potenza mondiale.

In questi anni si colloca il viaggio di Marco Polo, che arrivò in Cina nel 1275 e divenne consigliere di Kublai Khan. Ritornò a Venezia nel 1295. Dopo la morte di Kublai nel 1294, gli imperatori successivi persero progressivamente il controllo sulla Cina. Alla fine degli anni '40 del XIV secolo, una serie di catastrofi naturali venne interpretata dal popolo come la perdita del Mandato del Cielo. Inoltre, i funzionari di etnia Han furono gradualmente epurati a favore dei mongoli, provocando malcontento. Nelle province meridionali si formarono gruppi di rivoltosi, noti come Turbanti Rossi 红巾 (Hongjin), che iniziarono a opporsi al dominio mongolo.

Dinastia Ming 明朝 (Ming Chao) (1368–1644). Il fondatore di questa dinastia, Zhu Yuanzhang 朱元璋 (Fig. 2.12 a destra), di origini umilissime, guidò la rivolta dei Turbanti Rossi e, dopo aver sconfitto la dinastia Yuan, si proclamò imperatore, assumendo il nome di Ming Taizu 明太祖. Durante la dinastia Ming, l'impero si rafforzò, espandendo il proprio dominio e intensificando i commerci attraverso esplorazioni e viaggi.

Il terzo imperatore della dinastia, Yongle Di 明永樂帝, conquistò il trono dopo una guerra civile. Yongle è ricordato sia per la sua grande crudeltà sia per la determinazione e l'efficacia del suo governo. Per garantire l'approvvigionamento della capitale, restaurò il Gran Canale, un'opera che impiegò 165.000 uomini per tre anni, esempio significativo delle corvée obbligatorie a cui i cittadini cinesi erano sottoposti.

Fig. 2.13   I viaggi dell'ammiraglio Zheng He

Nel 1403, Yongle ordinò la costruzione di una flotta imponente di gigantesche giunche, che affidò all'ammiraglio Zheng He 郑和 (1371–1433), un eunuco di fede islamica. Zheng He intraprese sette viaggi nell'Oceano Indiano, spingendosi fino alle coste dell'Africa e riportando in Cina animali e prodotti sconosciuti (Fig. 2.13). Questo programma esplorativo rientrava nella politica imperiale di espansione commerciale e consolidamento del potere, basata sul riconoscimento del dominio dell'imperatore e sulla consegna di tributi da parte dei paesi confinanti.

Yongle cercò anche di estendere il dominio a sud, nel Vietnam, e a ovest, verso il deserto dei Gobi, ma senza successo. Morì nel 1424 durante una campagna militare nei Gobi, lasciando un'eredità di grandi progetti e ambizioni espansionistiche.

I successori di Yongle abbandonarono le ambizioni espansionistiche, ridussero le spese militari e, di conseguenza, le tasse. Nel 1433, la flotta venne sciolta dopo l'ultimo viaggio di Zheng He, a causa dei costi eccessivi. Pochi anni dopo sarebbe iniziata l'esplorazione del mondo da parte dei Paesi occidentali.

L'impero Ming adottò una politica di isolamento, chiudendosi verso l'esterno e limitando i commerci. La Grande Muraglia fu restaurata ed estesa, raggiungendo una lunghezza complessiva di 8.500 km. Il controllo delle frontiere marine rimase critico, e il governo impose severe restrizioni sui commerci marittimi e sui contatti con l'estero, consentendo l'accesso attraverso un solo porto, Quanzhou, nel Fujian. Questa politica provocò un aumento del contrabbando e della pirateria. Sebbene i commerci continuassero a fiorire, il governo non ne traeva vantaggio a causa dell'evasione delle tasse doganali.

Durante questo periodo, la produzione di porcellane raggiunse livelli di eccellenza senza precedenti, diventando, insieme alla seta, uno dei prodotti più ricercati dall'Occidente. Tuttavia, la politica di isolamento limitò gli scambi culturali e tecnologici con altre civiltà. Contemporaneamente, la burocrazia imperiale divenne sempre più potente e conservatrice, privilegiando gli studi classici confuciani a scapito dell'innovazione scientifica e tecnologica. Questa tendenza soffocò lo sviluppo scientifico e tecnologico della Cina.

La combinazione di isolamento politico e conservatorismo burocratico contribuì a una stagnazione scientifica durante la tarda epoca Ming, segnando un periodo di ridotto dinamismo rispetto ai secoli precedenti.

L'attenzione rivolta alla vita interna durante la dinastia Ming portò alla costruzione di numerosi templi e monumenti, caratterizzati da un'architettura che sviluppò tratti distintivi. Questa architettura si basava principalmente su una sofisticata tecnica di incastro del legno (*Dougong* 斗拱), visibile, ad esempio, nella complessa struttura del tetto della moschea di Xi'an (Fig. 3.8). La Città Imperiale, la cui costruzione fu avviata durante il regno dell'imperatore Yongle, venne completata nel 1420, rappresentando uno dei capolavori architettonici e simbolo del potere della dinastia Ming.

Fig. 2.14 Sinistra: Matteo Ricci, ritratto di Manuel Pereira, 1610. Destra: Ferdinand Verbiest

Nel 1557 i Portoghesi ottennero la concessione di Macao, che rimase sotto il loro controllo fino al 1999, diventando la base per i missionari, tra cui i Gesuiti, impegnati nell'evangelizzazione della Cina. Tra il 1587 e il 1610, Matteo Ricci (1552–1610)[15], noto ai cinesi come Li Madou 利玛窦 (Fig. 2.14 a sinistra), soggiornò nel Celeste Impero. Per guadagnare l'accettazione della comunità dei letterati cinesi, adottò i loro usi e abbigliamento, scrivendo opuscoli morali e collaborando con il matematico convertito Xu Guangqi 徐光啟 (battezzato Paolo) per tradurre gli *Elementi* di Euclide. Questa impresa gli conferì il rispetto riservato agli intellettuali.

La sua fama crebbe ulteriormente quando portò in Cina orologi meccanici, donandoli ai Mandarini e all'imperatore come prova concreta della qualità tecnica occidentale. Questi doni suscitarono ammirazione e contribuirono all'apertura della Cina verso le conoscenze scientifiche e tecniche introdotte dai Gesuiti.

Ricci consolidò la sua reputazione disegnando un mappamondo (Fig. 2.15) con la Cina al centro, rispettando la tradizione cinese. Questo gli permise di mostrare all'imperatore e ai suoi ministri la vastità del mondo e la posizione dell'Impero nel contesto globale, rafforzando così il dialogo culturale tra Oriente e Occidente.

---

[15] Il libro di Michela Fontana, dedicato alla biografia di Matteo Ricci, presenta un quadro molto ricco della vita cinese a cavallo del '500 e del '60. (Fontana, 1996).

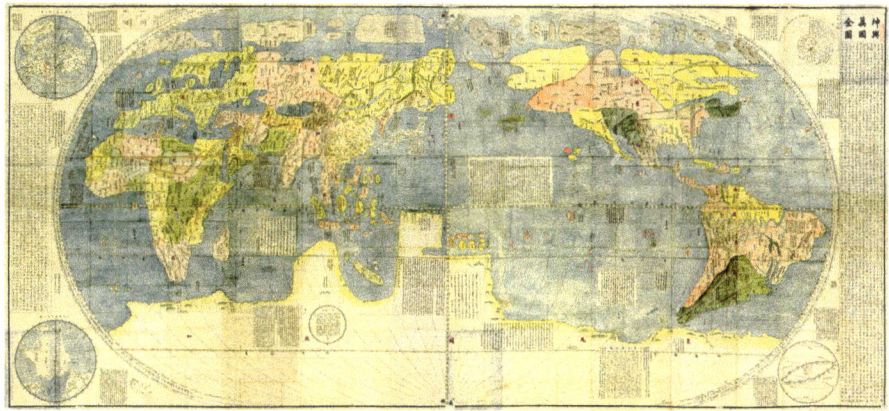

Fig. 2.15 Mappa di Matteo Ricci. Edizione anonima probabilmente del 1604

Il successo culturale dei missionari in Cina raggiunse il suo apice con il gesuita Ferdinand Verbiest (1623–1688) (Fig. 2.14 a destra), chiamato Nan Huairen 南怀仁, l'Uomo Gentile del Sud. Nel 1668 fu nominato dall'imperatore Kangxi Di 康熙帝 (1654–1722) direttore dell'Ufficio di Astronomia. Verbiest contribuì significativamente all'ammodernamento dell'astronomia cinese e svolse un ruolo importante come interprete nelle trattative con la Russia, che era in conflitto con l'Europa occidentale. Egli intuì che i commerci con la Cina avrebbero potuto facilitare la risoluzione dei conflitti e aprire una via di comunicazione attraverso la Russia verso l'Europa, favorendo le missioni cristiane. Questi sforzi portarono alla firma di un trattato di pace nel 1688, l'anno successivo alla sua morte.

Nel frattempo, la Cina fu colpita da gravi crisi interne. Tra il 1615 e il 1616 una drammatica carestia colpì il paese, aggravata dalla corruzione dilagante e dall'accresciuto potere degli eunuchi imperiali. L'argento, moneta di scambio principale, divenne scarso a causa del contrabbando e della pirateria, mentre nuove tasse furono imposte per finanziare la difesa delle frontiere.

In questo contesto, il capo degli Jurchen, Nurhaci 努尔哈赤 (1559–1626), guidò una popolazione agricola al di là delle frontiere settentrionali, amministrandola con metodi ispirati alla burocrazia Ming. Nel 1618 avviò una campagna di conquista, armando il suo esercito con armi e armature prodotte da artigiani cinesi, e conquistò il Liaodong, presso la Corea del Nord. Morì nel 1626 per le ferite riportate in battaglia, lasciando il potere a Huang Taiji 皇太極 (1592–1643), che adottò il nome etnico di "Manciù." Alla sua morte nel 1643, il figlio di cinque anni, Shunzhi Di 順治, divenne imperatore, inaugurando la dinastia Qing, con il fratello di Huang come reggente per risolvere i conflitti dinastici.

La Cina soffrì ulteriormente a causa della piccola glaciazione del XVII secolo, che provocò carestie e danneggiò la produzione agricola. I militari non pagati formarono eserciti ribelli, conquistando territori come lo Shaanxi e il Sichuan, riducendo le tasse e distribuendo la terra per guadagnare il sostegno dei contadini. Nel febbraio del 1644, il generale ribelle Li Zicheng 李自成 (1606-1645) conquistò Xi'an e ad aprile entrò a Beijing, evento che portò l'imperatore Ming Chengzhen Di 崇祯帝 (1611-1644) a togliersi la vita. Tuttavia, Li non riuscì a consolidare il potere.

Il generale Wu Sangui 吴三桂 (1612-1678), preferendo il governo organizzato dei Manciù, permise loro di superare la Grande Muraglia e scacciare i ribelli da Beijing. I Qing, tuttavia, dovettero affrontare la resistenza dei principi Ming che cercavano di reclamare il trono. Spingendosi verso sud, conquistarono Nanjing e sconfissero l'ultimo pretendente Ming, il principe Gui Wang 桂王, nel 1662. Le rivolte, però, continuarono fino al 1684, concludendo un periodo di grande instabilità.

Fu l'ultima dinastia che governò la Cina, estendendo il proprio dominio dal 1644 fino ai tempi moderni.

Uno degli imperatori più importanti della dinastia fu Qianlong Di 乾隆帝, che regnò dal 18 ottobre 1735 al 9 febbraio 1796. Fu il quarto imperatore Qing a governare l'intera Cina, e il suo regno, durato 60 anni, è uno dei più lunghi nella storia cinese. Dopo aver abdicato in favore del figlio Jiaqing 嘉庆, mantenne una notevole influenza fino alla sua morte nel 1799.

A partire dal XVI secolo, i Paesi europei iniziarono a cercare opportunità per colonizzare la Cina. Inghilterra, Francia, Germania, Italia e Stati Uniti tentarono di aprire legazioni commerciali, incontrando spesso resistenza. Tra gli episodi più drammatici ci furono le Guerre dell'Oppio 鸦片战争 (*Yapian Zhanzheng*), combattute tra il 1839 e il 1860. L'Inghilterra, per finanziare l'acquisto del tè cinese, decise di introdurre l'oppio sul mercato cinese, causando l'opposizione dell'imperatore Daoguang Di 道光帝. La guerra si concluse con il Trattato di Nanchino nel 1842, che concesse all'Inghilterra il controllo su Hong Kong.

Dopo la morte dell'imperatore Daoguang nel 1850, la dinastia Qing affrontò molteplici crisi interne ed esterne. Tra queste, la Rivolta dei Taiping 太平 (Regno Celeste della Grande Pace), guidata da Hong Xiuquan 洪秀全 tra il 1850 e il 1864, rappresentò una grave minaccia al controllo Qing sul territorio cinese, portando a uno dei conflitti interni più devastanti della storia dell'Impero.

Durante i regni degli imperatori Xianfeng Di 宪丰帝 (1850-1861) e Tongzhi Di 同治帝 (1861-1875), la Cina fu coinvolta in numerosi conflitti con le potenze straniere. Tra questi spicca la Seconda Guerra dell'Oppio, conclusasi nel 1860 con il saccheggio e la distruzione del Palazzo d'Estate (*Yuanmingyuan*, 圆明园) per ordine di James Bruce, VIII conte di Elgin (1811-1863), allora inviato britannico. Il saccheggio fu compiuto da soldati francesi e inglesi come atto di rappresaglia contro l'esecuzione di inviati occidentali da parte delle autorità Qing. La Cina fu costretta a firmare un trattato che legalizzava il commercio dell'oppio e concedeva esenzioni doganali per le merci straniere. Questi eventi

Fig. 2.16 Fotografia di Sun Yat-sen nel 1917. (© Casa di Sun Yat-sen a Shanghai)

segnarono una serie di sconfitte militari che obbligarono la dinastia Qing a firmare trattati umilianti, aumentando la penetrazione straniera nel paese.

Dopo la morte dell'imperatore Tongzhi nel 1875, l'imperatrice vedova Cixi 慈禧太后 assunse il controllo effettivo del governo durante il regno del giovane imperatore Guangxu Di 光绪帝. Sotto il loro governo, la Cina affrontò ulteriori sfide interne ed esterne, come la Rivolta dei Boxer 义和团运动 (*Yihetuan Yundong*) (1899–1901), repressa brutalmente dalle potenze straniere che distrussero nuovamente il Palazzo d'Estate. La sconfitta nella guerra sino-giapponese (1894–1895) aggravò ulteriormente la crisi dell'Impero Qing, che perse il controllo della Corea e di Taiwan, indebolendo la sua posizione internazionale.

Alla morte dell'Imperatrice vedova Cixi nel 1908, salì al trono Puyi, 爱新觉罗溥仪 (*Àixīn Juéluó Pǔyí*), ancora bambino, il quale regnò formalmente fino al 1912, quando la dinastia Qing fu rovesciata e la Cina divenne una repubblica. Anni dopo, Puyi fu nominato imperatore del regno fantoccio di Manzhouguo 满洲国, creato dagli occupanti giapponesi in Manciuria tra il 1932 e il 1945, evento che rappresentò una fase di forte strumentalizzazione politica e di subordinazione al dominio giapponese nella regione.

Nel 1912 l'impero crollò e venne fondata la Repubblica di Cina su spinta del dott. Sun Yat-sen[16] 孙中山 (Fig. 2.16) che fondò il partito Guomindang 国民党. Le condizioni di estrema miseria delle popolazioni agricole e l'influenza dei giovani intellettuali formati all'estero costituirono il terreno fertile per il rafforzamento e la diffusione del Partito Comunista Cinese 中国共产党 (*Zhongguo Gongchandang*), fondato nel 1921. Il conflitto tra il Guomindang e il Partito

---

[16] La trascrizione pinyin del nome è: Sūn Zhōngshān.

Comunista si protrasse anche durante la guerra Cino-Giapponese e riprese con maggiore intensità dopo la fine della Seconda Guerra Mondiale. La guerra civile terminò il 1° ottobre 1949, con la proclamazione della Repubblica Popolare Cinese, mentre gli esponenti principali del Guomindang si rifugiarono a Taiwan, dove fondarono la Repubblica di Cina, che esiste tuttora come entità separata.

3
Il pensiero filosofico e religioso

Le scuole filosofiche dell'antica Cina si svilupparono tra il −700 e il −200, durante i periodi delle Primavere e degli Autunni e degli Stati Combattenti. Tra le principali correnti vi furono il Confucianesimo, il Daoismo, il Mohismo, la scuola dei Logici e quella dei Legisti.[1]

Il Confucianesimo, pur essendo dominante nel pensiero cinese, non diede contributi significativi alla conoscenza scientifica. Al contrario, il Daoismo, i cui seguaci erano considerati avversari dai Confuciani, mostrò un interesse più profondo per lo studio della natura. In alcuni aspetti, il Daoismo presenta analogie con la filosofia pre-aristotelica e gettò le basi della scienza cinese. Sul piano politico, i Confuciani accettavano la società feudale, mentre i Daoisti vi si opponevano con forza.

I Legisti, invece, si dedicarono alla codifica delle leggi, contribuendo in modo determinante al passaggio dal puro feudalesimo alla forma tipicamente cinese dello Stato feudale-burocratico. Tuttavia, l'ideologia dello Stato burocratico risultò essere una sintesi tra i principi Confuciani e Legisti.

La scuola Mohista si concentrava sulle problematiche tecniche, mostrando un approccio pratico, mentre il pensiero dei Logici aveva un carattere speculativo e filosofico, spesso paragonato a quello dei sofisti greci.[2]

3.1 Le grandi scuole

Confucio. La scuola filosofica Confuciana viene chiamata *Rujia* 儒家 (*ru* 儒, secondo i filologi, identifica una persona dotta, capace di mediare i conflitti, di convincere altri ad assumere un comportamento decente e rispettoso; l'ideo-

---
[1] (Needham 1958) p. 1.
[2] Vedi anche (Cheng, 2000; Granet, 1971; Needham, 1956).

Fig. 3.1 Ritratto di Confucio. (© Tempio di Confucio, Nanjing)

gramma *jia* 家 significa famiglia, casa e anche scuola o comunità). Il termine è anche correlato, negli scritti antichi, allo svolgimento dei riti. Rujia era una scuola filosofica che poneva tutta la sua attenzione ai rapporti sociali, e al mantenimento di un equilibrio sociale attraverso un sistema rituale.

Confucio (−552 −479) (Fig. 3.1) nacque nello stato di Lu, l'attuale Shandong, dalla famiglia Kong che discendeva dalla casa imperiale Shang dello stato di Song. Venne chiamato Kong Fuzi 孔夫子 cioè Maestro Kong, latinizzato come Confucius. Egli ha dedicato la sua vita allo sviluppo e alla diffusione di una filosofia che sottolineava l'importanza di relazioni sociali armoniose. Cercò a lungo di ricoprire incarichi ufficiali che gli permettessero di mettere in atto le sue idee. Nel −496 fu esiliato e viaggiò tra i diversi Stati con i suoi discepoli, incontrando i principi feudali cui esponeva i princìpi della sua scuola. Gli ultimi tre anni della sua vita li dedicò alla scrittura e all'istruzione dei suoi allievi.

Nei dialoghi, o analecta, *Lunyu* 论语, Confucio espone in prima persona il suo pensiero. La prima considerazione nel testo riguarda il tema dell'apprendimento:

> "Il Maestro disse: Studiare e ripassare ciò che si è appreso, non è forse una gioia? Avere amici che vengono da lontano, non è forse un piacere? Non essere irritati se gli altri non ci conoscono, non è forse questo il comportamento di un vero gentiluomo?"[3]

---

[3] Lúnyǔ I:1. https://ctext.org/analects/zhs Ultimo accesso aprile 2024.

L'apprendimento si pratica e si ottiene con gli altri, è fonte di gioia e l'uomo nobile non si risente dall'essere ignorato. L'uomo nobile, *junzi* 君子, nel linguaggio di Confucio assume il significato di gentiluomo, il cui valore non è dato dalla nascita ma dalle qualità che ha acquisito, dal valore morale, in contrapposizione con *xiaoren* 小人 uomo meschino. Apprendere quindi è fare di sé un essere umano. La condotta umana deve essere guidata dalla mansuetudine, la compassione, denotata col sinogramma associativo 恕 *shu*, che è composto dal carattere *ru* 如 (che può significare simile a, indica una analogia con qualcosa) sovrapposto al simbolo del cuore *xin* 心. Nel versetto in cui introduce il concetto di compassione Confucio introduce un principio universale: *"Sii compassionevole: non fare agli altri ciò che non vorresti fosse fatto a te."*[4] Questo porta al principio del giusto mezzo *zhongyong* 中庸, equilibrio, sobrietà che devono guidare l'azione dell'uomo.

Il senso di uomo è contenuto nel suo stesso carattere *ren* 仁, composto dal radicale 人 (anch'esso *ren*) e dal simbolo del numero due *er* 二; indica quindi che uomo non è il singolo, ma l'uno in relazione con l'altro. La prima relazione è quella tra padre *baba* 爸爸 e figlio *erzi* 儿子 o figlia *nü'er* 女儿, che si riproduce nel rapporto suddito-sovrano (*chen* 臣 – *jun* 君), e all'interno della famiglia tra fratello maggiore *gege* 哥哥 o minore *didi* 弟弟 e sorella maggiore *jiejie* 姐姐 e minore *meimei* 妹妹 e tra padre e madre *mama* 妈妈[5] e infine nel rapporto tra amici *pengyou* 朋友. La sintesi di questi rapporti è espressa nel concetto di pietà filiale *xiaoshun* 孝顺, un carattere in cui si riconosce il simbolo *zi* 子 che in questo contesto significa figlio. La pietà filiale viene ritualizzata nel culto degli antenati, e permea le relazioni umane. La formazione di un uomo buono e compassionevole avviene all'interno di relazioni rituali, che in questo brano è tradotto con *cerimoniale*:

> "Yan Yuan chiese riguardo alla virtù. Confucio disse: "La virtù è guidare con una volontà ferma e uno spirito tenace, sostenendo la giustizia, difendendo la moralità e preservando la pace. Una volta che ciò è raggiunto, le persone di tutto il mondo ti rispetteranno, ti seguiranno e impareranno da te. Per lottare per ideali nobili, devi fare affidamento su te stesso, puoi ancora contare sugli altri?" Yan Yuan disse: "Posso chiedere ulteriori dettagli?" Confucio disse: "Non guardare ciò che è contrario al cerimoniale, non ascoltare ciò che è contrario al cerimoniale, non dire ciò che è contrario al cerimoniale, non fare ciò che è contrario al cerimoniale." Yan Yuan disse: "Anche se non sono molto capace, seguirò queste istruzioni."[6]

Compare qui il principio che i riti, il cerimoniale, governano le relazioni sociali, umanità e riti sono indissociabili. I riti hanno un valore religioso, espresso da un simbolo che comprende il sacro e il vaso rituale, *li* 禮, ma Confucio rafforza l'atteggiamento di chi li compie. Un atteggiamento prima interiore e che si esprime

---

[4] Ivi XV:24.
[5] I caratteri che esprimono le figure dei componenti della famiglia solitamente vengono ripetuti come ad esempio *baba* 爸爸 o *mama* 妈妈.
[6] Lúnyǔ XII:1. https://ctext.org/analects/zhs Ultimo accesso aprile 2024.

poi nella eleganza e nella bellezza dei gesti, creando una armonia completa che descrive: *"un uomo si desta con la lettura delle Odi, si consolida con la pratica del rituale e si perfeziona con l'armonia della musica".*[7]

I princìpi sopra esposti sono alla base della formazione del Sovrano e ne costituiscono gli attributi, da essi deriva la dottrina politica confuciana.

Il pensiero confuciano si sviluppò durante un'epoca caotica, segnata da conflitti violenti. Gli Stati minori divennero terreno di battaglia per quelli più potenti, e la popolazione subiva le conseguenze devastanti delle guerre. Il *Chunqiu jing*春秋经 (*Classico delle Primavere e degli Autunni*), attribuito a Confucio, è un libro di cronache che racconta gli eventi dal −770 al −481, diventato uno dei classici della letteratura cinese.

In quell'epoca, non esistevano leggi definite e l'ordine sociale dipendeva dalla forza e dall'arbitrio dei nobili, che trascorrevano il loro tempo tra caccia e piaceri, scaricando il peso della loro vita agiata sul popolo. La vita umana era considerata priva di valore. In questo contesto, la dottrina predicata da Confucio appariva rivoluzionaria, ponendo le basi per un sistema morale e sociale che mirava a ristabilire l'armonia nella società.

Secondo Confucio, il governo ha la responsabilità di promuovere il benessere e la felicità dei cittadini, seguendo un comportamento etico basato su valori morali. Il sistema di gestione del potere, che iniziò a svilupparsi alla fine dell'era feudale, trovava le sue radici in questi princìpi. Una burocrazia istruita, formata attraverso lo studio e la discussione dei testi classici nelle scuole, e selezionata per merito mediante concorsi ufficiali, affiancava il sovrano nello svolgimento delle funzioni di governo, operando in conformità con la legge naturale e i valori confuciani.

Nella filosofia occidentale, etica e politica sono tradizionalmente considerate ambiti distinti; in Confucio, invece, queste due dimensioni sono strettamente intrecciate. Tuttavia, nel pensiero confuciano manca la nozione di diritto positivo, che sarà invece centrale nella Scuola dei Legisti.

Un aspetto fondamentale dell'insegnamento di Confucio è il principio secondo cui il potere del sovrano, e successivamente dell'imperatore, deriva dalla volontà del popolo, che riflette il Mandato del Cielo. Questo concetto stabilisce una relazione morale tra il governante e i suoi sudditi, rendendo il sovrano responsabile del benessere e della giustizia nella società.

Il confucianesimo non mostrava un particolare interesse per lo studio della natura. Il fulcro del pensiero confuciano risiedeva nella società e nel ruolo dell'individuo al suo interno, promuovendo una dottrina basata sulla cooperazione sociale, in cui gli interessi dei singoli si armonizzano e si completano con quelli della collettività. Questo disinteresse per la natura portava i seguaci dei princìpi confuciani a ritenere che lo Stato non fosse fondato su leggi naturali, ma piuttosto su norme emergenti dalla tradizione e dallo studio della storia.

---

[7] (Cheng, 2000) p. 59.

Fig. 3.2 Sinistra: Scene della vita di Confucio. Opera contemporanea. (© Tempio di Confucio, Nanjing). Destra: Ricostruzione della segregazione dei candidati agli Esami Imperiali. (© Tempio di Confucio, Pingyao)

Durante la dinastia Song si sviluppò il neo-confucianesimo, una sintesi di elementi buddhisti e daoisti con il pensiero confuciano classico. Il principale esponente di questa corrente fu Zhu Xi 朱熹 (1130–1200), il quale, nei suoi scritti, esortava non solo a rispettare i princìpi confuciani nei riti familiari, ma anche a comportarsi secondo i valori morali promossi dal Buddhismo.[8]

Il confucianesimo non si affermò come religione vera e propria; tuttavia, nei secoli successivi nacque un culto del Maestro, con la costruzione di numerosi templi dedicati a Confucio, dove venivano celebrati rituali in suo onore. Questi templi divennero presto centri educativi, preparatori per l'esame imperiale *keju* 科举, noto per la sua estrema severità e temuto da molti candidati[9] (Fig. 3.2 a destra). Nonostante il principio teorico dell'accesso meritocratico, la corruzione favoriva spesso i membri delle classi più abbienti. Inoltre, non mancavano tentativi e stratagemmi per superare l'esame con metodi illeciti, come testimoniano esempi storici di ingegnose astuzie (Fig. 3.4 a sinistra).

La grandezza di Confucio risiede soprattutto nell'aver istituito scuole in un'epoca in cui l'unica formazione disponibile era quella militare. La qualità del suo insegnamento è testimoniata da uno dei suoi più illustri allievi, Zengzi 曾子

---

[8] Durante il periodo repubblicano moderno ci fu un risveglio del neo-confucianesimo che venne ripreso anche nella Cina post maoista. Ha le caratteristiche di un sincretismo che unisce la religiosità tradizionale con principi delle filosofie occidentali derivanti dall'illuminismo e dal razionalismo.

[9] Ricordiamo che la burocrazia cinese ha sempre costituito la struttura portante del potere statale, articolata su più livelli gerarchici; in essa si entrava dopo aver superato un percorso di studio scandito da tre severissimi esami, il primo e il secondo si svolgevano presso il capoluogo della prefettura e il terzo era svolto nella capitale dell'Impero.

(−505 −435), il quale sintetizzò tre princìpi fondamentali: eliminare ogni traccia di violenza nel proprio atteggiamento, esprimere serenità sul volto, ed evitare ogni volgarità nel linguaggio.

In un altro passo, il Maestro definisce l'amore perfetto: "Comportatevi con gli altri come se fossero vostri ospiti, riconoscete il sacrificio di chi lavora per voi, non date motivo di risentimento e non fate agli altri ciò che non vorreste fosse fatto a voi stessi."[10]

A differenza delle religioni rivelate, in cui è Dio a imporre questo principio, nel pensiero confuciano esso scaturisce dalla coerenza intrinseca dell'intero sistema etico, fondato sull'armonia e sulla reciprocità nei rapporti umani.

Daoismo. Questa scuola di pensiero, conosciuta come Daojia 道家, ha origini duplici. Una prima radice è costituita dai letterati dell'epoca degli Stati Combattenti che, disillusi dalla vita sociale e dall'instabilità politica, si astenevano dal partecipare alla vita di corte. Essi preferivano ritirarsi nella natura selvaggia di monti e boschi, dedicandosi alla meditazione e all'osservazione dei continui cambiamenti della natura. Condividevano la convinzione che l'ordine sociale non potesse essere recuperato con gli insegnamenti confuciani, ma che fosse necessario comprendere la natura, andando oltre la società umana.

Il concetto di natura umana nel Daoismo si può in parte comprendere attraverso il carattere *xing* 性, composto dal radicale di cuore *xin* 心, che denota anche mente, e dal carattere *sheng* 生, che significa nascere o vivere. Questa combinazione riflette una concezione olistica, in cui l'uomo è visto come parte integrante della natura. Non esiste una separazione netta tra il soggetto umano e l'ambiente naturale: l'uomo è al contempo osservatore e partecipante dei processi naturali. Questo approccio si contrappone al pensiero greco, che tende a distinguere tra soggetto e oggetto, ponendo l'uomo come osservatore distaccato della natura.[11]

La seconda radice del Daoismo proveniva dalle tradizioni sciamaniche e magiche, che godevano di grande favore presso il popolo. Questo aspetto si contrapponeva alla religiosità terrena e pragmatica di ispirazione confuciana, sostenuta dallo Stato, che poneva l'accento sulla moralità, i riti e le relazioni umane come base dell'ordine sociale. Al contrario, il Daoismo abbracciava una dimensione più mistica e spirituale, cercando di comprendere e dominare le forze naturali attraverso pratiche che combinavano filosofia, meditazione e rituali magici.

Questa seconda matrice portò alla convinzione che la natura potesse essere controllata mediante interventi materiali e simbolici su di essa. In ciò, i Daoisti si opponevano ai Confuciani, che consideravano il "lavoro manuale" e il contatto diretto con la materia indegni di un gentiluomo. L'azione del Daoista sulla na-

---

[10] (Needham 1958) p. 7.
[11] (Cheng, 2000) p. 15–17. L'autrice fa notare l'assenza del verbo *essere* in quanto l'identità nel cinese antico era indicata dalla semplice giustapposizione.

tura, carica di un significato magico e trasformativo, rappresentava un approccio radicalmente diverso, una nozione che, del resto, era presente anche nella tradizione culturale occidentale, seppur declinata in forme diverse.

Il concetto principale alla base del Daoismo è il *dao* 道, che può essere tradotto come "via", "dottrina", "metodo" o "insegnamento." I Daoisti ritenevano che la base fondamentale dell'universo, il dao, fosse un vuoto primordiale che influenza tutto ciò che accade sulla terra e nel cosmo. Questa visione cosmologica si rifletteva nella vita sociale, dove persino i problemi più complessi e difficili potevano essere risolti attraverso la debolezza e la morbidezza del dao.

Secondo il Daoismo, il debole e il soffice prevalgono sul forte, un principio che ispira una concezione politica basata sul metodo della non-azione, o *wu wei* 无为. Questa espressione è forse meglio tradotta come "non agire contro natura", sottolineando l'idea di un governo che opera in armonia con le leggi naturali, evitando interventi forzati. L'obiettivo è mantenere un perfetto equilibrio e armonia con il dao e con la natura stessa (Fig. 3.3).

L'origine della scuola daoista è attribuita a Laozi 老子 (−570 −?). Il dao, nella visione di Laozi, è al contempo il principio metafisico che sottende l'intero universo e la forza creatrice attraverso cui vengono generate le "diecimila cose" (*wanwu* 万物). Non si tratta di un'entità concreta o materiale, ma di un principio universale, invisibile e indefinibile, che rappresenta la base ultima della realtà. Laozi descrive il processo cosmologico dicendo: "Il dao produce l'uno [la materia], l'uno produce il due [Yin e Yang], il due produce il tre [Cielo, Terra e Uomo], e il tre produce le miriadi di cose [*wanwu* 万物]."

Fig. 3.3 Il cartello con la scritta *Wu Wei* in caratteri classici 無為 questo cartello in un luogo così centrale simboleggiava l'importanza di governare con saggezza e umiltà, seguendo il dao 道, la via universale, piuttosto che forzare gli eventi o imporre un controllo eccessivo. (© Palazzo della Purezza Celeste 乾清宮 *Qianqinggong*, Beijing)

Il dao è presente in ogni cosa, influenzandola, ma non ha una forma o una estensione tangibile. È descritto come il vuoto (*xu* 虚), una potenzialità creativa infinita che non coincide con il nulla (*wu* 无). Questo vuoto, pur non essendo materiale, è il fondamento da cui scaturisce tutta la realtà.

Laozi sottolineava che la forza principale del dao risiede nella sua capacità di influenzare il cambiamento, dando forma a un universo in continua trasformazione. Nulla è stabile: l'intera natura e l'esistenza umana sono soggette a processi incessanti di mutamento e di nuove creazioni. Questa visione introduce una concezione dinamica dell'universo, dove tutto evolve in armonia con il dao, un principio che regola e interconnette l'intera esistenza.

In ciò si riscontra una marcata differenza rispetto al pensiero confuciano. I Daoisti, infatti, elaborano una sorta di embrione di cosmogonia, ponendo attenzione al problema delle origini e al rapporto tra il vuoto primordiale e le manifestazioni dell'universo. Al contrario, i Confuciani non si interessavano al tema delle origini, focalizzandosi piuttosto sull'ordine sociale e morale come fondamento del loro pensiero.

Non c'è un unico *dao*, i *dao* sono molteplici, le differenti vie sono tecniche diverse, sono parti di discorso, sezioni. Qui troviamo il tema della argomentazione e della discussione che vedremo nel pensiero Mohista e che si svilupperà nella scuola dei Logici. Nel pensiero daoista, in particolare quello di Zhuangzi 庄子 (−369 −286 ca.) viene sostenuto un principio di relatività del linguaggio. Nello scritto *Qi Wu Lun* 齐物论 che si può tradurre come "risoluzione delle controversie", incontriamo brani che cercano di chiarire i limiti del linguaggio e i limiti della conoscenza umana e della capacità di scambiarla:

> … Dal momento che mi hai coinvolto in questa discussione con te, se hai avuto la meglio su di me e non io su di te, hai davvero ragione e io davvero torto? Se ho avuto la meglio su di te e non tu su di me, ho davvero ragione io e hai davvero torto tu? È uno di noi nel giusto e l'altro nel torto? Siamo entrambi nel giusto o entrambi nel torto? Dal momento che non possiamo giungere a una comprensione reciproca e comune, gli uomini continueranno certamente a rimanere nell'oscurità su questo argomento. Chi dovrei impiegare per giudicare la questione? Se impiego uno che è d'accordo con te, come può, essendo d'accordo con te, farlo correttamente? Se impiego uno che è d'accordo con me, come può, essendo d'accordo con me, farlo correttamente? Se impiego uno che non è d'accordo né con te né con me, come può, non essendo d'accordo né con te né con me, farlo correttamente? Se impiego uno che è d'accordo sia con te che con me, come può, essendo d'accordo sia con te che con me, farlo correttamente? In questo modo né io, né te, né gli altri potremmo giungere a una comprensione reciproca; e allora dovremmo aspettare quel [grande saggio]? [Non è necessario farlo.] Aspettare che altri ci insegnino come cambiare opinioni contrastanti è semplicemente come non aspettare affatto. L'armonizzazione di esse si trova nell'operazione invisibile del Cielo, e seguendo questa nell'infinito passato. È con questo metodo

che possiamo completare i nostri anni [senza che le nostre menti siano disturbate]. Cosa si intende per armonizzare [opinioni contrastanti] nell'operazione invisibile del Cielo? C'è l'affermazione e la negazione di essa; e c'è l'asserzione di un'opinione e il suo rifiuto. Se l'affermazione è conforme alla realtà del fatto, è certamente diversa dalla sua negazione – su questo non ci può essere disputa. Se l'asserzione di un'opinione è corretta, è certamente diversa dal suo rifiuto – neanche su questo ci può essere disputa. Dimentichiamo il trascorrere del tempo; dimentichiamo il conflitto delle opinioni. Facciamo appello all'Infinito, e prendiamo la nostra posizione lì.[12]

La consapevolezza dell'universalità del cambiamento e della trasformazione è forse una delle intuizioni più profonde della scuola daoista.[13] Questa visione si collega al concetto di Yin e Yang, che spesso viene descritto in modo semplificato come la relazione tra femminile e maschile, ma che rappresenta in realtà una dinamica più complessa di forze opposte e complementari, come verrà esposto in dettaglio più avanti.

Nel pensiero daoista, la trasformazione avviene spesso attraverso opposizioni, in una logica quasi dialettica, in cui vecchi fattori decadenti e nuovi fattori emergenti si alternano e si rinnovano continuamente. Questa concezione del cambiamento, così radicata nel Daoismo, non solo descrive i processi naturali, ma si applica anche al pensiero daoista stesso, che subì numerose trasformazioni nel corso del tempo. In particolare, il Daoismo mutò da un naturalismo agnostico a una forma di misticismo religioso, fino a diventare un sistema articolato che includeva (1) la trasformazione dello sperimentalismo proto-daoista in una pratica magica orientata alla divinazione; (2) il passaggio dal comunitarismo primitivo a una via di salvezza personale; (3) l'anti-feudalesimo originale che si tradusse nella creazione di società segrete egalitarie, spesso con tendenze anti-stranieri e anti-dinastiche.[14]

La scuola daoista contribuì significativamente agli studi di chimica, mineralogia, botanica, zoologia e farmaceutica, sviluppando un approccio empirico e orientato all'osservazione della natura. Il pensiero scientifico daoista presenta analogie con quello dei presocratici e degli epicurei greci; ad esempio, il concetto di wu wei può essere paragonato all'atarassia, poiché entrambi enfatizzano un'armonia con il corso naturale delle cose e il distacco da interventi inutili o forzati.

L'osservazione della natura nel Daoismo era guidata da un metodo empirico e esperienziale, ma privo di un sistema classificatorio simile a quello di Aristotele o di una terminologia scientifica sistematizzata. Nonostante questa assenza di formalizzazione, i Daoisti mostrarono un forte interesse per la comprensione delle cause dei fenomeni naturali.

---

[12] Zhuangzi, Qí Wù Lùn par. 12 https://ctext.org/zhuangzi/adjustment-of-controversies/zhs Ultimo accesso maggio 2024.
[13] Needham nota l'analogia con il pensiero di Lucrezio. (Needham, 1958) p. 75.
[14] (Needham, 1958).

Non fu il Confucianesimo a ostacolare il pensiero daoista o lo sviluppo della scienza, ma piuttosto il sistema economico e sociale del feudalesimo, caratterizzato da una burocrazia pervasiva che limitava l'autonomia intellettuale e tecnologica.[15] Tra il II e il XIII secolo, i Daoisti sottolinearono l'importanza dell'esperienza empirica nelle conquiste tecnologiche, contribuendo significativamente a diversi campi del sapere pratico. Tuttavia, la diffusione del Buddhismo, con il suo orientamento spirituale e la centralità del distacco dal mondo materiale, inibì l'ulteriore sviluppo del pensiero filosofico daoista, spingendolo verso un misticismo religioso che ne limitò l'approccio scientifico.

Una differenza importante tra il pensiero confuciano e quello daoista viene sottolineata da Needham[16]:

"... essi intuitivamente andarono alla radice della Scienza e della democrazia. Il pensiero socio-etico confuciano [e come vedremo anche quello] legalista è maschio, manipolativo, duro, razionale, propositivo, il pensiero daoista rompe nettamente e completamente enfatizzando ciò che è femminile, tollerante, cedevole, permissivo, arrendevole, mistico e ricettivo."

Queste caratteristiche possono essere meglio comprese confrontandole con le scuole filosofiche greche. Il Confucianesimo, con la sua enfasi sulla virtù, l'autodisciplina e l'ordine sociale, può essere accostato allo stoicismo, in quanto entrambe le tradizioni pongono al centro del loro pensiero il miglioramento morale dell'individuo e il suo ruolo all'interno di una comunità ordinata.

Il Daoismo, invece, con la sua promozione della serenità interiore attraverso il *wu sei* (non agire contro natura) e la riduzione dei desideri, presenta analogie con l'epicureismo, in particolare per il suo richiamo all'atarassia, uno stato di calma e distacco che si raggiunge vivendo in armonia con il corso naturale delle cose. Entrambe le scuole incoraggiano una vita semplice e contemplativa come via per ottenere la pace interiore e l'equilibrio con l'ambiente circostante.

Mohisti. La scuola Mohista, *Mojia* 墨家, rappresentava la componente pacifica del feudalesimo cinese, interessata ai metodi scientifici e agli esperimenti derivati dalle tecniche di guerra. Il loro principio morale guida, il *jian'ai* 兼爱 ("amore universale"), promuoveva il rispetto per i più deboli e trovava applicazione sia nella politica tra gli stati sia nel comportamento degli individui. Gli studi per la difesa militare portarono i Mohisti a sviluppare conoscenze avanzate in meccanica, architettura e ingegneria idraulica, spingendoli a interessarsi ai metodi scientifici di base. I loro studi di meccanica e ottica sono considerati tra i primi documenti della scienza nell'antica Cina.

---

[15] Ivi p. 162.
[16] Ivi, p. 59.

Fig. 3.4 Sinistra: Gli appunti sulle calze e piccoli libri per superare gli esami imperiali. (© Tempio Confuciano, Nanjing. Destra: Mozi)

Il fondatore di questa scuola di pensiero, Mo Di, chiamato Maestro Mo, Mozi 墨子 (Fig. 3.4 a destra) visse tra il −470 e il −380 era dunque un contemporaneo di Democrito, Ippocrate ed Erodoto. La sua vita si svolge a cavallo tra l'epoca delle Primavere e degli Autunni e quella degli Stati Combattenti.

Probabilmente Mo apparteneva all'ambiente degli artigiani, e si racconta che venne a sapere di una città assediata da un famoso carpentiere che stava costruendo una scala per assaltare le mura. Decise quindi viaggiare notte e giorno per raggiungere il re Hui del regno Chu, per sconsigliarlo dall'incominciare una guerra di conquista contro Song. Presentò un memoriale al re ma rifiutò il compenso. Questo racconto sintetizza l'essenza del pensiero etico Mohista: non intraprendere guerre di conquista e asteniti dal lusso. I seguaci di questa scuola provenivano dalle classi inferiori della società cinese, persone che lavoravano per vivere, ma in generale non erano agricoltori.

La scuola da lui fondata si divise in vari filoni e molti rivolsero il loro interesse speculativo a problemi etici. Ciò è evidente nell'espressione Grande Unione, usata per caratterizzare il periodo storico in cui il governo era guidato da uomini saggi e tutti esercitavano il rispetto per gli altri, praticavano la virtù, non accaparravano cose di valore e non c'erano furti o tradimenti. Era una sorta di età dell'oro, dopo la quale il dao si è eclissato.[17] Il tramonto del principio del dao fece sì che l'impero diventasse una questione di eredità familiare, che l'amore

---

[17] Needham osserva che l'espressione Grande Unione è il titolo di un famoso libro sul socialismo di *Kang Youwei* (1858–1927) ed è stata utilizzata anche da *Mao Zedong*, diventando così una parola d'ordine del comunismo cinese. Ivi p. 168.

degli uomini fosse riservato solo a genitori e figli e che le cose di valore venissero accaparrate a beneficio privato: veniva chiamato il periodo della Piccola Tranquillità.

Il contributo del pensiero mohista allo sviluppo della scienza è significativo. Introdussero una pratica di discussione razionale, in contrasto col confucianesimo che richiamava al rispetto del principio di autorità. Compare negli scritti il termine *bian* 辯, discutere, argomentare, apparentato all'omofono *bian* 辨 che significa distinguere, discernere.[18] Si tratta di termini che verranno fatti proprî dalla scuola dei logici.

Il carattere pratico dei membri della scuola li portò a definire molti termini scientifici, relativi ai campi di loro maggiore interesse in meccanica e ottica. Svilupparono anche una visione dei processi cognitivi che si attivavano a partire dagli occhi e dalle orecchie, ciò che si percepisce esiste nella realtà, ma poiché anche gli spiriti si sentono e si odono, anch'essi sono reali. Il rifiuto della vita lussuosa li portò a sottolineare l'eguaglianza degli uomini e ad aspirare a un amore universale, in netto contrasto con il confucianesimo che sosteneva la visione gerarchica della società. L'amore universale e il rifiuto della guerra di conquista portano armonia nella società e impediscono che il forte sovrasti il debole e il ricco sfrutti il povero.

Il disinteresse dei mohisti dalle questioni amate e praticate dai confuciani è ben esemplificato da questo dialogo:

> Mozi chiese a un seguace del Confucianesimo: "Perché ti dedichi alla musica?" Il seguace del Confucianesimo rispose: "Per divertimento." Mozi disse: "Non hai risposto alla mia domanda. Ora chiedo: 'Perché costruire delle case?' La risposta è: 'Per proteggersi dal freddo in inverno, dal caldo in estate e per separare uomini e donne.' Quindi, hai appena dato la ragione per la costruzione delle case. Ora chiedo: 'Perché dedicarsi alla musica?' La risposta è: 'Per divertimento.' È come chiedere: 'Perché costruire delle case?' e ricevere la risposta: 'Perché costruire delle case.'"[19]

Si gioca in questo dialogo un elemento di ambiguità tra i due termini usati per musica *yinyue* 音乐 e piacere o divertimento *yule* 娱乐 che presentano entrambi il carattere *le* 乐, che può essere tradotto come gioia, felicità o godimento.[20]

---

[18] I due sinogrammi 辯 e 辨 differiscono nel simbolo intermedio: nel primo troviamo il radicale 言 (*yan*, parola o linguaggio) che sottolinea il legame con il parlare, il confronto verbale e l'arte dell'argomentazione. Nel secondo il componente centrale è il radicale 辛 (*xin*) che originariamente rappresentava un coltello o uno strumento affilato, ma nel tempo ha assunto significati legati alla fatica, al lavoro duro o alla precisione. Questo esprime la capacità di analizzare e discernere con precisione tra concetti o oggetti, riflettendo un processo analitico e metodico. Questo carattere è più associato alla logica e all'analisi critica rispetto alla comunicazione argomentativa.

[19] Mozi, GongMen Vol. 12:13 https://ctext.org/mozi/gong-meng/zhs Ultimo accesso maggio 2024.

[20] (Cheng, 2000) p. 87. Notare che il sinogramma 乐 ha due pronunce distinte, yue e le, con due diversi significati, il primo riferito a musica e il secondo al divertimento e piacere.

Il rifiuto di alcuni aspetti del confucianesimo non si spinge certo fino ad annullarne i principi etici. Infatti Mozi sostiene l'interesse generale non tanto sulla gerarchia degli affetti incorporata nella ritualità che procede per cerchi concentrici dalla famiglia al corpo sociale, quanto invece su un principio razionale di bene comune, indipendente da un principio di bontà innata. Ha tuttavia bisogno di sostenere il fine del bene comune con la minaccia della punizione celeste, e immagina un cielo popolato di spiriti e demoni per punire i malvagi e che tutto vede e diviene il principio universale del comportamento corretto. Questa razionalità per Mozi è alla base del principio del Mandato del cielo che esprime la propria volontà:

> Mozi disse: "Una volta che abbiamo la volontà del cielo, è come se chi fabbrica ruote avesse un compasso e chi lavora il legno avesse una squadra. Ruote e falegnami usano il loro compasso e la loro squadra per misurare il quadrato e il cerchio del mondo, dicendo: 'Ciò che corrisponde è giusto, ciò che non corrisponde è sbagliato'. Ora, i libri degli studiosi e dei gentiluomini del mondo sono così numerosi da non poter essere completamente letti, e le loro parole così numerose da non poter essere completamente contate. Parlano con i sovrani, parlano con i notabili, ma per quanto riguarda la bontà e la giustizia, sono molto lontani. Come lo so? Rispondo: ho acquisito la chiarezza delle leggi del mondo per giudicarli."[21]

Anche se la scuola Mohista non esiste più come tradizione attiva, alcuni aspetti del suo pensiero sopravvivono nella cultura cinese contemporanea. Il *jian'ai*, con il suo richiamo all'uguaglianza e alla solidarietà, ha influenzato discussioni moderne sui diritti sociali e sull'etica collettiva. L'interesse razionale e pragmatico dei Mohisti per la logica e la scienza continua a essere valorizzato in ambito accademico, dove la scuola è studiata come un esempio di razionalismo precoce nella storia del pensiero cinese.

Inoltre, la loro attenzione alla sperimentazione e alla tecnologia è spesso citata come precursore di approcci scientifici che possono ispirare il progresso moderno. Pur non essendo più una corrente viva, il Mohismo rimane un elemento rilevante del patrimonio culturale e filosofico cinese, rivalutato soprattutto in ambito storico e intellettuale.

Logici. La scuola dei logici o dei nomi *Mingjia* 名家 era un ramo della scuola Mohista che si interessava di argomenti diversi, simili a quelli dei sofisti greci. Il periodo di maggiore attività si colloca tra il –IV e il –III secolo, dopo di che la scuola dei Logici si estinse. I principali esponenti furono Hui Shi 惠施 e Gongsun Long 公孙龙.

---

[21] Mozi, Tianzhi shang Vol. 7:26 https://ctext.org/mozi/will-of-heaven-i/zhs par. 7 Ultimo accesso maggio 2024.

Abbiamo già accennato alle parole omofone che denotano l'argomentare *bian* 辩 e il distinguere *bian* 辨, in cui la differenza sta nel componente centrale che distingue i due caratteri, nel primo il simbolo *yan* 言 che significa parola, linguaggio e il secondo 刀 *dao* che ricorda la lama affilata di un coltello, evoca la precisione e la capacità analitica necessaria per discernere e separare concetti.

Gli studiosi della scuola di Logica si concentravano quindi sull'analisi del linguaggio e sull'elaborazione di argomentazioni razionali, sviluppando un approccio unico alla riflessione filosofica. Le loro indagini riguardavano problemi come le relazioni tra nomi e realtà, paradossi logici e la costruzione di un pensiero rigoroso e coerente, anticipando per certi versi le preoccupazioni della logica formale sviluppata in Occidente.

L'opera di Gongsun Long ha la forma di un dialogo; tra i pochi frammenti superstiti si riconosce il tema degli universali contrapposti agli oggetti concreti, trattato in termini che potremmo considerare vicini a una teoria del linguaggio. Come abbiamo visto, i limiti del linguaggio sono strettamente legati ai limiti della coscienza umana. In questa prospettiva, il linguaggio non è semplicemente un'espressione semantica di un contenuto, ma un generatore di comportamenti e di relazioni sociali.

Un esempio illuminante è fornito da un autore del I secolo, il quale racconta come Confucio rifiutasse di bere l'acqua della *Fonte dei Ladri* (盗泉, *dào quán*) o di attraversare il villaggio *Vittoria sulla Madre* (胜母, *shèng mǔ*). Entrambi questi luoghi portavano nomi che evocavano concetti malvagi o impuri, contrari ai principi morali che Confucio sosteneva.

Secondo una visione nominalistica, il linguaggio non è un creatore di concetti, ma uno strumento per esprimere il rapporto tra i nomi e le cose. Questo principio è alla base della filosofia confuciana della rettificazione dei nomi (正名, *zhèngmíng*), secondo cui le parole e i nomi devono corrispondere alla realtà e riflettere valori morali. La denominazione, quindi, non è neutra: porta con sé un giudizio di valore, essenziale per mantenere l'armonia e l'equilibrio nelle relazioni sociali.

Nel pensiero di Gongsun Long, i nomi non si limitano a descrivere, ma incidono sulla percezione e sull'ordine sociale. Un esempio interessante è la distinzione tra "nomi-massa" e "nomi numerabili": ad esempio, "pollame" è un nome-massa, che può essere quantificato solo in termini di molto o poco, mentre "pollo" è un nome numerabile e può essere quantificato con precisione, ad esempio, 5 o 10 polli. Tuttavia, i nomi-massa non costituiscono delle classi definite e non seguono un approccio classificatorio simile a quello Aristotelico.

Queste osservazioni offrono una chiave di lettura per interpretare il famoso paradosso di Gongsun Long: *il paradosso del cavallo bianco*, conosciuto come *bei ma fei ma* 白马非马 (un cavallo bianco non è un cavallo). Nel ragionamento di Gongsun Long, il tutto non coincide con le sue parti, come appare evidente nella frase: "la zampa del cavallo non è il cavallo." Allo stesso modo, un "cavallo bianco" è una categoria specifica che non può essere ridotta alla categoria generale di "cavallo." Questa distinzione riflette una riflessione profonda sul rapporto tra linguaggio, logica e realtà.

I Logici si interessavano profondamente ai modi argomentativi, sviluppando una sorta di dialettica oratoria articolata in diversi momenti fondamentali: l'esposizione del concetto, l'argomentazione, la conclusione e il dibattito con le contro argomentazioni. Questo approccio strutturato alla logica è descritto nei tre distinti capitoli del Canone Mohista (*Mo Jing*, 墨经), che affrontano vari aspetti del ragionamento: (1) la descrizione dei termini concettuali, ovvero l'analisi delle parole e dei concetti utilizzati; (2) i termini di definizione e conclusione, relativi alla costruzione di proposizioni logiche e alla formulazione di conclusioni; (3) l'esposizione del ragionamento, che include l'argomentazione vera e propria, l'uso di comparazioni e il confronto con idee contrarie.

Nello stesso periodo, i Logici si confrontarono anche con problemi teorici complessi, come il concetto di infinito, che era stato esplorato anche dai filosofi greci. Un esempio significativo è l'affermazione che, se un bastone lungo 30 centimetri viene tagliato a metà ogni giorno, nonostante il processo continui per diecimila generazioni, rimarrà sempre qualcosa. Questo paradosso mostra l'interesse dei Logici per questioni astratte e la loro capacità di formulare problemi che anticipano temi della logica e della matematica moderna, come la divisibilità infinita e i limiti.

Legisti, scuola *Fajia* 法家. Le prime formulazioni di codici criminali risalgono al VI sec. AEC, periodo in cui si sviluppò anche la scuola legista. Questa scuola di pensiero nacque originariamente nello stato di Qi, situato nel Nord-est della Cina, per poi diffondersi nei tre stati di Han, Wei e Zhao, che si formarono nel III secolo a. C. dopo la frammentazione dello stato di Jin. Il contesto storico è quello del periodo degli Stati Combattenti (−453 −221), che si conclude con l'unificazione della Cina sotto il primo imperatore Qin Shi Huang Di, fondatore della dinastia Qin.

Il legismo, insieme al confucianesimo, costituì uno dei pilastri dell'amministrazione statale cinese e mantenne la sua influenza fino alla caduta della dinastia Qing nel 1912.

L'idea fondamentale dei legisti era che il complesso di costumi, usanze, cerimonie e compromessi amministrati in modo paternalistico secondo i principi confuciani fosse inadeguato per un governo forte e autoritario. La parola chiave per i legisti era legge (法, *Fa*), intesa come norma positiva fissata a priori, alla quale ogni individuo nello Stato, dal governante fino al più umile schiavo, doveva sottostare, pena severe e spesso crudeli sanzioni.

Gli scritti più significativi della scuola legista portano i titoli di celebri ministri. L'esponente più filosofico dei legisti fu Han Feizi (韩非子), morto nel −233, i cui scritti sono giunti fino a noi. Egli elaborò e sviluppò il pensiero di Shang Yang (商鞅), un influente ministro del regno di Qin, che promuoveva una rigorosa regolamentazione della produzione e del commercio privato, attribuendo all'agricoltura un ruolo centrale. Shang Yang riteneva inoltre che per preservare l'apparato statale fosse indispensabile mantenere un esercito forte e ben organizzato.

La legge, secondo Han Feizi, è il principio di autorità per il popolo e la base su cui si fonda il governo; è ciò che plasma e disciplina il popolo. "Se la legge è forte, il paese sarà forte; se la legge è debole, il paese sarà debole", scrive Han Feizi. Questo principio comporta la punizione severa di ogni infrazione, anche la più piccola, senza eccezioni.

Nell'ambito militare, tuttavia, la responsabilità non ricadeva solo sull'individuo che avesse violato la legge o commesso un errore. Le armate erano organizzate in squadre di cinque soldati, e se uno di essi veniva ucciso, anche gli altri quattro venivano condannati a morte tramite decapitazione per aver permesso che ciò accadesse. Questo sistema instaurava un clima di delazione e denunce reciproche: la mancata denuncia di una trasgressione era considerata un reato grave e punita con severità, spesso con torture.

Un aneddoto significativo illustra le dure conseguenze riservate a chi non rispettava i propri compiti, riflettendo la rigida applicazione della legge tipica del pensiero legista.

> Quando un sovrano vuole prevenire la corruzione, deve esaminare attentamente i nomi e le pene. Se un ministro propone una questione, il sovrano affida al ministro la responsabilità dell'affare in base alle sue parole e valuta i risultati ottenuti. Se il risultato corrisponde alla responsabilità assegnata e alla proposta del ministro, viene ricompensato; altrimenti, viene punito. Pertanto, se i risultati di un ministro sono inferiori alle sue parole, viene punito non per i piccoli risultati ottenuti, ma perché i risultati non corrispondono alle sue parole. Allo stesso modo, se i risultati di un ministro superano le sue parole, viene punito non perché il sovrano disapprovi grandi risultati, ma perché il danno di non corrispondere alle parole è maggiore.
> Così, nel passato, quando il signore Zhao di Han era ubriaco e dormiva, il responsabile dei cappelli vide che il sovrano aveva freddo e gli mise una coperta addosso. Quando il signore si svegliò e fu felice, chiese chi avesse messo la coperta. I cortigiani risposero che era stato il responsabile dei cappelli. Il sovrano allora punì sia il responsabile degli abiti che il responsabile dei cappelli. Punì il responsabile degli abiti perché non aveva svolto il suo compito, e punì il responsabile dei cappelli perché aveva superato i suoi compiti. Non che il sovrano non volesse evitare il freddo, ma perché considerava l'invasione delle responsabilità più dannosa del freddo. Pertanto, un sovrano illuminato mantiene i ministri in modo che essi non possano superare le proprie responsabilità o fare proposte inappropriate. Se superano i propri compiti, vengono giustiziati; se fanno proposte inappropriate, vengono puniti. Coloro che

adempiono ai loro compiti secondo le proprie responsabilità e parole sono considerati fedeli, e così i ministri non possono formare fazioni o agire in modo scorretto.[22]

Questo rigore colpì anche gli stessi promotori del legismo, molti dei quali finirono per essere giustiziati. Tra questi vi fu Shang Yang, che nel −338 venne condannato a una morte atroce per squartamento. Nonostante ciò, i principi legisti furono adottati durante la dinastia Qin, diventando le fondamenta del potere centralizzato e contribuendo in modo determinante alla prima unificazione della Cina sotto Qin Shi Huang Di.

I legisti erano pienamente consapevoli del conflitto intrinseco tra una legge positiva, teoricamente ben strutturata, e altri valori quali l'etica, l'equità e persino il comune sentire. Questa tensione rappresentava uno dei principali limiti del sistema legista, che puntava tutto sull'applicazione rigida e impersonale delle norme, spesso a scapito dell'umanità e della flessibilità.

Il conflitto tra il rigore della legge dei Legisti e l'etica dei Confuciani è ben rappresentato dal dibattito su una questione morale cruciale: un figlio dovrebbe nascondere il crimine del padre o denunciarlo, fornendo prove contro di lui? Confucio aveva già stabilito che la pietà filiale (*xiao*, 孝) deve prevalere sulla legge dello Stato, poiché il legame familiare è considerato il fondamento dell'armonia sociale.

Han Feizi, rappresentante della scuola legista, sostenne con forza la posizione opposta, argomentando che la legge deve essere universale e applicata senza eccezioni, anche quando si tratta di relazioni familiari. Tuttavia, la prospettiva confuciana riuscì a contrastare il rigore legista, influenzando profondamente la cultura cinese e trasmettendo i propri principi attraverso opere come il *Trattato della Pietà Filiale* (*Xiaojing*, 孝经), che divenne un classico del pensiero etico e morale.

Durante la dinastia Qin, le attività dei mercanti erano disprezzate e gravate da tasse elevate, in netto contrasto con l'alta considerazione riservata alla guerra e all'agricoltura. Lo sforzo dei legisti di regolamentare ogni aspetto della vita sociale mediante la legge si spinse fino alla standardizzazione delle unità di misura e della distanza assiale delle ruote dei carri. Ogni ambito era tradotto in numeri, utilizzati sia per controllare la produzione agricola sia per determinare le pene.

Il principio filosofico dei legisti si basava su un materialismo meccanicista, che mirava a semplificare il complesso riducendolo a numeri e misure. Tuttavia, questa prospettiva mostrava i suoi limiti, fallendo nel riconoscere i diversi livelli di organizzazione e interconnessione presenti nell'universo. In contrasto, i confuciani, influenzati anche da elementi del pensiero daoista, intuivano la natura organica dell'essere umano e della società, adottando una visione più integrativa e armoniosa.

Nel corso di due secoli, il rigore autoritario del legismo venne gradualmente superato. La legalità fu reintegrata all'interno di un'etica confuciana più equilibrata, e i successivi imperatori mitigarono il proprio potere accogliendo i prin-

---
[22] Han Feizi 7:2 https://ctext.org/hanfeizi/zhs. Ultimo accesso maggio 2024.

cipi della legge naturale, intesi come norme comportamentali universalmente considerate morali. Tuttavia, questa transizione ebbe come effetto collaterale l'abbandono delle rigorose normative legate a misure e standard, dando origine a un sistema caotico che perdurò fino agli inizi delle epoche imperiali.

Yin-Yang *yin yang jia* 阴阳家   La scuola nasce nel periodo degli Stati Combattenti tra gli astronomi che osservavano il sole, la luna e cercavano di predire il futuro dai movimenti del cielo stellato.

Il termine *yin* 阴 inizialmente denotava il lato nord, all'ombra, di una collina e *yang* 阳 il lato a sud illuminato. Nel linguaggio astronomico *yin* denotava la luna nuova e *yang* la luna piena, ma *yin* denota anche la luna stessa e *yang* denota il sole. Nel campo della meteorologia, yin è associato all'inverno e ai suoi effetti, come le piante e i piccoli animali che si nascondono sotto la terra. Durante l'inverno, anche l'energia yang si nasconde sotto la terra tra le radici delle piante, cominciando a crescere in primavera. Rimpiazza l'energia yin durante l'estate, raggiungendo il suo apice con l'inizio dell'autunno. *Yin* e *yang* sono soggetti a cicli regolari. In caratteri classici Yin e Yang è scritto come 陰 e 陽 e nel primo si riconosce il radicale di nuvola *yun* 云 che evoca l'ombra e il freddo, e nel secondo quello di sole *ri* 日 che evoca luce e calore.

Una nozione che emerge in questo periodo, adottata anche dal daoismo, e ampliata dalle scuole naturaliste Yin-Yang è il *qi*. Il *qi* non riguarda solo la vita umana, secondo cui quando il *qi* si condensa permane la vita e quando si disperde c'è la morte. Il *qi* dà forma e trasforma come un vasaio, avendo le connotazioni di una potenzialità universale. Il ritmo ciclico dello Yin-Yang anima il principio vitale del *qi*.

Tra i pensatori di questa scuola si svilupparono due tradizioni: una era legata alla ciclicità dei "cinque agenti", *wuxing* 五行 (vedi Tab. 3.1) (spiegando il cambiamento delle stagioni e dando supporto alle attività agricole). La seconda tradizione, di ispirazione astrologica e divinatoria, era focalizzata sui pianeti Mercurio

Tabella 3.1   Cinque agenti, estratto dal classico medico "La verità dalla camera d'oro"

Agente					
–	Legno	Fuoco	Terra	Metallo	Acqua
Direzione	Est	Sud	Centro	Ovest	Nord
Stagione	Primavera	Estate	Tarda estate	Autunno	Inverno
Colore	Verde	Rosso	Giallo	Bianco	Nero
Clima	Vento	Caldo	Umido	Secco	Freddo
Pianeta	Giove	Marte	Saturno	Venere	Mercurio
Animale	Pollo	Capra	Vacca	Cavallo	Maiale
Controllo	Vita	Calore	Agente del Cielo	Esecuzione	Freddo
Ministero	Agricoltura	Guerra	Sovrano	Educazione	Giustizia

shuixing 水星, Venere *taibai* 太白, Marte *huoxing* 火星, Giove *muxing* 木星 e Saturno *tuxing* 土星, che erano il corrispondente astronomico dei cinque agenti.

Le teorie di Yin e Yang erano presenti, come abbiamo visto, anche nella filosofia daoista, mentre nel confucianesimo giocarono un ruolo importante in un testo classico scritto in epoca Zhou, *Zhou Yi* 周易, il Libro dei Mutamenti, che conosciamo anche come *Yijing* 易经 o *I-Ching*, nella trascrizione Wade-Giles.

Durante l'epoca Han la teoria *wuxing* era molto popolare, si riteneva che tutte le cose sulla terra fossero influenzate da un cambiamento permanente ma irregolare dei cinque agenti. Un cambiamento appariva con evidenza quando accadevano eventi strani sulla terra, come l'apparizione di una fenice, di nuvole colorate ed altro. La fenice (凤 *feng* o 凤凰 *fenghuang*) è un simbolo mitologico molto importante, rappresenta grazia e virtù, associata al drago 龙 (*long*) costituiscono una coppia yin e yang, è simbolo di rinascita, pace, prosperità e rappresenta l'Imperatrice.

Il cambiamento di agente veniva descritto come parte di un ciclo, ad esempio il ciclo produttivo o un ciclo vittorioso seguito da un ciclo distruttivo. I metodi divinatori cercavano di predire i cambiamenti. Ciascuno dei cinque agenti era caratterizzato da un elemento che possedeva una forza effettiva sulla terra, ed erano anche chiamati le cinque forze: acqua, fuoco, legno, metallo e terra.

Durante il regno Shu (epoca dei Tre Regni) emerse una teoria di un ciclo di trasformazione tra gli agenti: il legno sconfigge la terra, la terra sconfigge l'acqua, l'acqua sconfigge il fuoco che a sua volta sconfigge il metallo che infine sconfigge il legno. Si tratta di una descrizione immaginifica dei processi di trasformazione naturale, che può anche svolgersi con un ciclo opposto (il fuoco produce cenere e quindi terra, dalla quale si estrae il metallo ecc.). I Mohisti interpretarono questi cicli ipotizzando che il passaggio da un agente all'altro potesse avvenire solo se veniva superata una quantità, una massa sufficiente a far prevalere uno di essi. Questa visione era pienamente coerente con il pensiero pratico ingegneristico dei Mohisti.

La teoria dei cinque elementi poteva anche spiegare i cambiamenti storici e vennero associati a diverse epoche caratterizzandole anche con un colore. La terra era l'epoca dell'imperatore Giallo e giallo era il suo colore. Il verde del legno era la dinastia Xia e il metallo, bianco, la dinastia Shang, il fuoco, rosso, era associato alla dinastia Zhou e infine l'acqua, colore nero, era la dinastia Qin. Questa visione si radicò nel pensiero pubblico contribuendo a costruire una architettura gerarchica nello stesso apparato statale. La Tab. 3.1 riassume alcune delle funzioni associate ai vari agenti.

Yin e Yang e teoria dei cinque agenti costituivano il fondamento della divinazione e dell'astrologia, affiancata dallo studio delle costellazioni e dall'osservazione dei moti celesti.

Fig. 3.5 Gli otto trigrammi (八卦, *ba gua*) disposti intorno a un simbolo yin-yang e i 64 esagrammi. La sequenza del Bagua è una rappresentazione simbolica delle otto forze naturali. Ogni trigramma è composto da tre linee, che possono essere intere (Yang) o spezzate (Yin). Ogni trigramma ha una posizione specifica e un significato correlato alle dinamiche naturali e alle forze cosmiche. In senso orario dall'alto i simboli più esterni: 天 (*tian*) – Cielo, 风 (*feng*) – Vento, 水 (*shui*) – Acqua, 山 (*shan*) – Montagna, 地 (*di*) – Terra, 雷 (*lei*) – Tuono, 火 (*huo*) – Fuoco, 泽 (*ze*) – Lago. Nella serie più interna i simboli connotano gli aspetti filosofici e divinatori: 乾 (*qian*) – potenza creativa, 巽 (*xun*) – adattabilità, 坎 (*kan*) – fluidità, 艮 (*gen*) – solidità, introspezione, 坤 (*kun*) – apertura, ricettività, 震 (*zhen*) – tuono, cambiamento, 离 (*li*) – illuminare, trasformare, 兌 (*dui*) – gioia, comunicazione. Al centro il diagramma *taiji tu* 太极图 che rappresenta l'unità primordiale

La connessione del pensiero Yin-Yang con la cosmologia si articola nella simbologia e nel valore magico dei numeri. Nel trattato *Yi Jīng* troviamo le disposizioni dei 64 esagrammi che hanno un valore divinatorio. Nella Fig. 3.5 vediamo i 64 esagrammi e gli 8 trigrammi che compongono la figura chiamata *bagua* 八卦.

Buddhismo. Ci limitiamo qui a un breve cenno del Buddhismo cinese e alla sua diffusione.

L'introduzione del Buddhismo in Cina fu agevolata dalla crisi seguita alla caduta della dinastia Han Orientale, che determinò anche una perdita di fiducia nei princìpi del Canone Confuciano. Questa crisi fu aggravata dal rifiuto di molti letterati di servire l'imperatore. Intorno al +150 un principe persiano buddhista, An Shigao 安世高, venne preso in ostaggio. An Shigao svolse un ruolo fondamentale nella diffusione del Buddhismo in Cina, traducendo testi sanscriti appartenenti alle scuole buddhiste sorte nei primi secoli dopo la morte del Buddha Śākyamuny 释迦牟尼 (Fig. 3.6 a sinistra).

L'insieme di queste scuole è oggi conosciuto come il *Buddhismo dei Nikāya*, tra cui spicca il Theravāda, la più antica e conservatrice. Il Theravāda si focalizza sulla preservazione dei testi originali e sulla pratica monastica, essendo prevalente

Fig. 3.6 Sinistra: Shakyamuny Buddha. (© Palazzo Usnisa, Niushu, Nanjing. Destra: Statua di Buddha). (© Grotte di Yungang)

nel Sud-est asiatico. Altre scuole appartengono invece al Mahāyāna, noto come il "Grande Veicolo", che enfatizza l'illuminazione per il beneficio di tutti gli esseri senzienti. Il Mahāyāna comprende diverse tradizioni, tra cui la Madhyamaka e lo Zen, diffuse principalmente in Cina, Giappone e Corea.

Ancora oggi, gli studiosi dibattono su quali siano gli scritti canonici del Buddhismo cinese e su quando essi siano stati introdotti o definiti come tali.

Il Buddhismo si diffuse rapidamente in Cina grazie ai nuovi testi introdotti e tradotti da monaci missionari che percorrevano l'antica Via della Seta. Il lavoro di traduzione si basava su termini cinesi mutuati dalla tradizione daoista, considerata la più vicina a esprimere concetti complessi come il nirvana, che veniva inizialmente tradotto con *wu wei* (无为). Tuttavia, questa traduzione tradiva in parte il significato originario del nirvana, inteso come estinzione e liberazione dal desiderio.

Il Buddhismo offriva risposte a domande che né il Confucianesimo né il Taoismo avevano affrontato, sviluppando un pensiero metafisico che metteva in discussione concetti fondamentali come l'essere e il non essere, l'origine delle cose, e la natura della realtà stessa. Ad esempio, temi come il ciclo Yin-Yang furono reinterpretati alla luce delle nuove prospettive buddhiste, aprendo orizzonti che il Taoismo non aveva esplorato.

Inoltre, il Buddhismo fornì un sostegno spirituale alla popolazione, offrendo consolazione di fronte alla tragicità dell'esistenza e una via per trascendere la sofferenza, rispondendo così al bisogno di significato e speranza in un contesto storico spesso segnato dall'instabilità e dal dolore.

Nella religiosità buddhista è centrale la credenza nella reincarnazione, una concezione ciclica della natura e del tempo che offre, anche a una vita segnata dalla sofferenza, la speranza di un futuro migliore o persino della liberazione dal ciclo delle rinascite (*samsara*).

Durante il regno della dinastia Jin Orientale il monaco cinese Faxian 法显 (340–418) intraprese una missione durata 14 anni in India e Sri Lanka per raccogliere gli scritti buddhisti e tradurli. Nel VI secolo la Dinastia Liang sostenne attivamente il Buddhismo.

Il destino del Buddhismo fu però diverso nei regni settentrionali. Durante la dinastia Wei Settentrionale, l'imperatore Wei Taiwu 太武 ordinò una violenta persecuzione contro il Buddhismo, ufficialmente motivata dalla scoperta di un deposito di armi nascosto nei sotterranei di un monastero. Tra il 446 e il 452, tutti i monasteri buddhisti furono dati alle fiamme, e molti seguaci subirono pesanti repressioni. Tuttavia, nel 453, il successore di Wei Taiwu riabilitò il culto buddhista e avviò la costruzione delle Grotte di Yungang. Questo straordinario complesso, composto da oltre 250 grotte, ospita circa 51.000 statue, tra cui rappresentazioni del Buddha, dei Bodhisattva, dei Cinque Imperatori e altre figure simboliche (Fig. 3.6 a destra).

Ancora nel 574, sotto il regno dei Zhou Settentrionali, l'imperatore Wu Di (武帝) ordinò la distruzione non solo dei templi buddhisti, ma anche di quelli daoisti, in un tentativo di consolidare il potere statale e ridurre l'influenza delle religioni organizzate. Dopo la sua morte nel 578, la nuova dinastia Sui, fondata nel 581 da Yang Jian (imperatore Wen dei Sui), pose fine a questa persecuzione, ripristinando la tolleranza religiosa e favorendo la rinascita del buddhismo e del daoismo. Gli imperatori Sui sostennero il buddhismo mentre la successiva dinastia Tang, che si riteneva discendente di Laozi, promosse il daoismo, limitando l'influenza del buddhismo. Durante il regno dell'imperatrice Wu Zetian 武则天 (Fig. 3.7), la prima e unica donna a governare come imperatore nella storia cinese, il Buddhismo ricevette un nuovo impulso. Wu Zetian si appoggiò al Buddhismo per legittimare il proprio diritto a regnare, in contrasto con il Confucianesimo, che tradizionalmente negava alle donne la possibilità di esercitare il potere politico. Anche nel corso delle dinastie Sui e Tang, numerosi testi buddhisti giunsero in Cina e furono tradotti dai monaci, ampliando ulteriormente la diffusione della dottrina.

Abbiamo già ricordato la grande persecuzione del Buddhismo ordinata dall'imperatore Wuzong nell'846, che segnò la fine del Buddhismo dottrinario come istituzione influente nella società cinese. Da quel momento in poi, il Buddhismo trovò una nuova dimensione, diffondendosi principalmente nelle campagne, dove offriva un conforto spirituale alla vita durissima degli agricoltori, assumendo un ruolo profondamente consolatorio per la popolazione rurale.

Durante la dinastia mongola Yuan, il Buddhismo tibetano ricevette il sostegno ufficiale, e un Lama venne incaricato di gestire gli affari religiosi. Tuttavia, questa scelta provocò scontento e diffidenza sia tra i monaci buddhisti di altre tradizioni

Fig. 3.7 L'imperatrice Wu Zetian

sia tra la popolazione, il che impedì una diffusione significativa del pensiero tibetano buddhista in Cina.

La religione buddhista proseguì anche sotto le dinastie Ming e Qing, ma senza significativi arricchimenti filosofici originali. Molti imperatori di queste due ultime dinastie coltivarono la fede buddhista, pur mantenendola saldamente integrata nel più ampio quadro del Confucianesimo, che rimase il sistema di riferimento principale per l'amministrazione e l'etica statale.

Islamismo. L'islamismo incominciò a diffondersi in Cina al tempo della dinastia Tang, portato dai mercanti arabi e persiani che percorrevano la Via della Seta.[23] Si diffuse in prevalenza nelle regioni di frontiera occidentali e del nord e nelle regioni meridionali, terminali degli itinerari navali con i paesi dell'Oceano Indiano e del golfo Persico. La prima moschea sembra sia stata costruita a metà del VII sec. a Guangzhou. Nel 751 si svolse una importante battaglia tra le armate Cinesi e quelle mussulmane guidate dal Governatore di Samarcanda, presso il fiume Talas (tra il Kazakhstan e Kyrgyzstan). La vittoria mussulmana bloccò l'espansione cinese verso Occidente e favorì l'insediamento di ampie comunità Mussulmane anche nella capitale dell'epoca Chang'an.

Le comunità mussulmane erano autorizzate dall'Impero a riscuotere tasse e a gestire il culto e seguire le proprie tradizioni. Durante la dinastia Song le conversioni, frutto del proselitismo, aumentarono e gli Han convertiti venivano registrati come Hui. Essi dominavano il mercato dei traffici con l'Occidente.

---

[23] (Morigi, 2023).

Fig. 3.8 Sinistra: la tipica costruzione di epoca Ming in legno ad incastri (tenone e mortasa) nella moschea di Xi'an, fondata nel 742. Destra: l'interno della Moschea, si noti il miḥrāb sullo sfondo

Durante la dinastia Yuan gli Hui ebbero maggiori privilegi che in precedenza; molti Mongoli si convertirono all'Islam che, insieme al Buddhismo, riscuoteva l'interesse di Kublai.

Durante la dinastia Ming la comunità islamica era completamente integrata con quella Han e l'unica significativa differenza nei comportamenti pratici riguardava il divieto di cibarsi di carne di maiale e di alcuni altri animali, e la tradizione delle preghiere quotidiane.

Dal punto di vista filosofico, l'Islam non portò contributi significativi alla Cina, sebbene molti funzionari di fede islamica ricoprissero ruoli di rilievo, ad esempio come generali o astronomi. La tradizione scientifica araba, che tanto influenzò l'Occidente, penetrò in Cina in misura molto limitata, e comunque in misura inferiore rispetto agli apporti introdotti dai missionari gesuiti alla fine del XVI secolo.

Un esempio di questa integrazione parziale si può osservare nella Moschea di Xi'an (Fig. 3.8) la cui architettura riflette la tecnica costruttiva della dinastia Ming ed è priva di minareti, caratteristica distintiva dell'architettura islamica tradizionale. Gli unici elementi autenticamente islamici sono le iscrizioni religiose e la presenza del miḥrāb, l'alcova orientata verso la Mecca.

Animismo, spiriti e sciamanismo. Nel corso della sua storia, il popolo cinese ha sempre coltivato credenze in divinità e spiriti, ritenuti responsabili dei fenomeni naturali e dell'ordine cosmico. Alcune di queste divinità erano figure leggendarie o eroiche, il cui contributo allo sviluppo del mondo cinese le rese degne di essere venerate attraverso sacrifici.

Gli spiriti venivano spesso concepiti in forme animali[24], e la loro descrizione e classificazione si trova anche nel classico *Zhou li* (周禮, Riti di Zhou). Tra le creature mitologiche più importanti della tradizione cinese troviamo quattro animali dotati di poteri magici: il drago, la tartaruga, la fenice e l'unicorno (o la tigre), figure costantemente presenti nell'iconografia cinese.

Il drago (龙, *Long*), forse ispirato al coccodrillo, era considerato un portatore di pioggia e quindi simbolo di fortuna e prosperità. Si credeva che potesse ascendere al cielo, manifestandosi sotto forma di nubi e temporali. Il drago veniva spesso raffigurato in sculture di giada utilizzate durante le preghiere contro la siccità, una tradizione che si rinnova ancora oggi nelle celebrazioni con draghi di cartapesta durante le feste.

La fenice, probabilmente ispirata al fagiano, rappresentava la controparte del drago. Anch'essa era associata alla felicità e ai fenomeni atmosferici, ed era simbolo dell'imperatrice, mentre il drago era riservato all'imperatore. Nei Riti di Zhou si fa menzione dell'utilizzo di penne di fenice nei rituali, suggerendo che potesse trattarsi di un animale reale anziché di pura fantasia.

La tartaruga (龟, *Gui*), strettamente legata ai riti divinatori, era considerata un simbolo di stabilità e sostegno per la terra, i cui terremoti erano interpretati come i suoi movimenti. I gusci di tartaruga venivano spesso utilizzati come supporti per incisioni oracolari.

Infine, l'unicorno (麒麟, *Qilin*), probabilmente ispirato a un animale non originario della Cina, o una renna o un cervo, aveva una funzione protettiva. Secondo la tradizione, il nome sarebbe stato attribuito da Confucio, al quale venne portato un esemplare catturato. In alternativa, la tigre poteva assumere lo stesso ruolo. Entrambi, unicorno e tigre, venivano spesso raffigurati in sculture di giada ed erano utilizzati nei riti magici per proteggere dagli spiriti maligni.

La religiosità spontanea del popolo cinese ha un carattere fortemente animista, centrato sul culto degli antenati e arricchito dalla presenza di innumerevoli spiriti, sia benevoli che malevoli. Secondo queste credenze popolari, vivere una vita giusta e rispettosa dell'armonia cosmica era considerato essenziale per evitare le terribili torture dell'inferno (Fig. 3.9). Il timore degli spiriti si riflette anche nell'architettura tradizionale cinese. Le porte delle case e dei templi, ad esempio, sono sempre dotate di una barriera o un gradino, progettato per impedire agli spiriti maligni di entrare nell'edificio, poiché si riteneva che questi non fossero in grado di superare tali ostacoli.

Lo sciamanismo ha origini antichissime ed è fondato sulla credenza che forze invisibili influenzino la natura e l'uomo e che sia necessario controllarle attraverso

---

[24] (Erkes, 1958) *JSTOR*, http://www.jstor.org/stable/40855259. Ultima consultazione dicembre 2023 In quest'opera vengono approfondite le credenze religiose della Cina antica.

Fig. 3.9 Spiriti diabolici e torture infernali. Sculture e affreschi. (© Tempio del Dio della Città. Pingyao)

rituali.[25] Questa pratica era spesso svolta da donne, le quali agivano come intermediari tra il mondo umano e quello degli spiriti, mettendo queste forze al servizio degli uomini. Anche il culto degli antenati sembra avere radici sciamaniche, con rituali volti a entrare in contatto con i defunti.

Molti riti sciamanici sono stati integrati nelle celebrazioni dei riti calendaristici tradizionali, e lo sciamanismo continua a sopravvivere in alcune forme anche nell'epoca moderna.

Da questa religiosità popolare, caratterizzata da una visione animistica della natura e da un'armonica unione tra uomo e natura, e dal pensiero filosofico daoista, derivano molte pratiche della medicina cinese tradizionale. Tecniche come l'agopuntura, l'esame del polso e la farmacopea – basata principalmente sulla preparazione di estratti vegetali – trovano le loro radici in questa antica concezione spirituale e naturalistica.

L'aspetto più importante che caratterizza tutte queste scuole è un pensiero filosofico in cui la metafisica, salvo nel caso del Buddhismo, è quasi del tutto assente. Ad esempio, la nozione di tempo e spazio nel pensiero cinese non possiede nulla dell'astrazione che caratterizza gli stessi concetti nel pensiero occidentale. Marcel Granet chiarisce come questi due concetti siano profondamente radicati nella concretezza, rappresentazioni mentali di luoghi specifici e periodi storici, piuttosto che astrazioni universali. Anche la nozione di Yin e Yang non ha nulla di metafisico, sempre Granet chiarisce che:

---

[25] (Erkes, 1958).

"Yin e Yang non possono essere definiti né come pure entità logiche né come semplici principi cosmogonici. Non sono né sostanze, né generi. ... Il pensiero cinese, dominato completamente dall'idea di efficienza, si muove in un mondo di simboli fatto di corrispondenze e di opposizioni che occorre solo mettere in moto, quando si voglia agire o comprendere. ... La categoria del sesso dimostra la sua efficacia nel collegamento dei gruppi umani. Essa si impone dunque come principio di una classificazione d'insieme. Allora la totalità degli aspetti contrastanti che costituiscono la società formata dagli uomini e dalle cose, si dispone in due bande opposte di peculiarità maschili o femminili. Simboli delle opposizioni e delle comunioni sessuali, lo Yin e lo Yang sembrano condurre la gara concertante in cui questi aspetti si chiamano e si rispondono come altrettanti emblemi e segnali. ... I Cinesi non amano affatto classificare per generi e per specie. Evitano di pensare per mezzo di concetti che collocati in un Tempo e in uno Spazio astratti, definiscono l'idea senza evocare il reale. Ai concetti definiti preferiscono i simboli ricchi di affinità; invece di distinguere nel Tempo e nello Spazio due entità indipendenti, collocano i giochi dei loro emblemi in un ambito concreto costituito dalla loro interazione: non staccano lo Yin e lo Yang dalle realtà sociali di cui questi simboli evocano l'ordine ritmico."[26]

La concretezza del pensiero filosofico confuciano si radica nella società stessa ed è di natura fortemente pragmatica. Esso codifica un'etica sociale non basata su principi religiosi o metafisici, ma sul concreto obiettivo del benessere della comunità attraverso comportamenti orientati permanentemente al bene.

Anche la filosofia naturale, intesa come lo studio scientifico della natura che si sviluppa in Europa con il Rinascimento, è assente nel pensiero cinese. Come sottolinea Marcel Granet, la scienza cinese non formula il concetto di genere/specie caro ad Aristotele, che costituisce il fondamento di un approccio classificatorio alla conoscenza scientifica. Gli scritti cinesi di botanica o zoologia non si basano su un metodo scientifico in senso moderno, ma seguono un approccio eminentemente pratico. Ad esempio, piante ed erbe sono descritte soprattutto in relazione al loro utilizzo, alimentare o medico, mentre le caratteristiche morfologiche sono trattate solo in modo secondario.

Tuttavia, nel pensiero confuciano si può rintracciare un principio classificatorio nel concetto di "Scala delle Anime", che assume quasi una valenza cosmologica. Aristotele, ad esempio, attribuisce alle piante uno spirito vegetativo, agli animali uno spirito vegetativo e sensoriale, e agli uomini uno spirito razionale, creando così una gerarchia tra gli esseri viventi.

Analogamente, lo studioso confuciano Xunzi (荀子, −305 −235) espone una graduatoria che riflette la visione confuciana della natura. Al livello più basso colloca l'acqua e il fuoco, che possiedono uno "spirito sottile" (una concezione vicina al pneuma greco); seguono le piante, dotate di vita ma prive di percezione;

---

[26] (Granet, 1971) p. 109.

poi gli animali, che hanno percezione ma non il senso della giustizia, una qualità che, secondo Xunzi, è esclusiva dell'essere umano.[27]

3.2 Il Canone Confuciano

Nel corso della dinastia Han il pensiero filosofico cinese è ormai pienamente definito e strutturato; l'epoca degli Han è il periodo in cui si forma la consapevolezza di una società unitaria, con istituzioni consolidate, una sorta di identità nazionale che caratterizza quella che verrà chiamata etnia Han.

La scrittura dei testi canonici confuciani ebbe luogo durante la dinastia Zhou. Tuttavia, la distruzione voluta dall'imperatore Qin Shi Huang Di causò la perdita di molti di questi testi, rendendo necessaria, in epoca successiva, una ricerca sistematica per recuperarli e riscriverli. Durante la dinastia Han, si assistette a un processo di consolidamento, catalogazione e diffusione degli scritti principali, che culminò nella definizione di un corpus ufficiale, conosciuto come *canone confuciano*. Questo processo di sistematizzazione permise di stabilire i testi fondamentali del Confucianesimo, assegnando loro un ruolo centrale nella cultura e nell'educazione cinese.

Il canone confuciano è costituito dai Cinque Classici (五经, *wǔ jīng*), chiamati anche Cinque Libri o Cinque Canoni, e dai Quattro Libri (四书, *sì shū*).

I Cinque Classici (五经, *wǔ jīng*) Le opere dei *Wu Jing* risalgono principalmente all'epoca Zhou e includono:

- **Classico dei Documenti** (書經, *Shū jīng*): una raccolta di discorsi e documenti storici.
- **Classico delle Odi** (詩經, *Shī jīng*): una raccolta di poesie e canti popolari.
- **Libro dei Riti** (礼记, *Lǐjì*): un testo che descrive rituali, cerimonie e norme sociali.
- **Classico dei Mutamenti** (易经, *Yì jīng*): un'opera divinatoria e filosofica.
- **Classico delle Primavere e Autunni** (春秋经, *Chūnqiū jīng*): una cronaca storica dello Stato di Lu, tradizionalmente attribuita a Confucio.

I Quattro Libri (四书, *sì shū*) I *Sishu* sono testi fondamentali della filosofia confuciana e includono: **Il Grande Studio** (大学, *Dàxué*): un trattato sull'auto-coltivazione e la governance.

- **La Dottrina della Via di Mezzo** (中庸, *Zhōngyōng*): attribuita al nipote di Confucio, Zisi (子思, –481 ca. -402), espone il concetto di equilibrio e armonia
- **I Dialoghi di Confucio** (论语, *Lúnyǔ*): una raccolta di detti e insegnamenti di Confucio.

---

[27] (Needham, 1956) p. 23.

- **I Dialoghi di Mencio** (孟子, *Mèngzǐ*): opere del filosofo Mencio, che sviluppa e difende il pensiero confuciano.

Ampliamento del Canone in epoca Song Durante la dinastia Song, il canone fu ampliato con l'aggiunta di altre quattro opere:
- **Il Libro della Eleganza** (尔雅, *Ěryǎ*): il primo dizionario cinese, che spiega termini antichi e classici.
- **I Riti di Zhou** (周禮, *Zhōu lǐ*): un testo che descrive l'organizzazione rituale e amministrativa della dinastia Zhou.
- **Il Classico della Pietà Filiale** (孝经, *Xiàojīng*): un'opera che esalta la virtù della pietà filiale.
- **Il Libro delle Cerimonie** (仪礼, *Yílǐ*): un manuale dettagliato di rituali e cerimonie.

Altri scritti raccolgono le storie delle dinastie Han, Song, Jin, delle dinastie Meridionali e della dinastia Yuan. I classici e gli scritti storici sono stati copiati numerose volte, spesso introducendo modifiche anche involontarie. Molte trascrizioni o riscritture comprendono commenti introdotti dagli studiosi nel corso del tempo. La conoscenza di queste opere costituiva il bagaglio di conoscenze per poter superare l'esame imperiale. L'insegnamento era in primo luogo mnemonico e in secondo luogo interpretativo. In particolare, lo studio degli scritti storici era finalizzato a preparare i futuri funzionari, fornendo loro una comprensione dei successi e degli errori compiuti dagli antenati. Questo approccio mirava a formare amministratori capaci di trarre insegnamenti dal passato per governare con saggezza e prudenza.

Il consolidamento filosofico nell'epoca Han influisce sul pensiero politico; il lungo periodo di conflitti che precede la breve unificazione Qin anziché portare a una definitiva frammentazione spinge all'unificazione. L'unico mezzo per garantire l'armonia è accogliere la visione confuciana e daoista di un governo centrale, gerarchizzato *"come i monti sono in alto e le valli sono in basso, come lo Yang sta in alto e lo Yin sta in basso";* un governo rispettoso dei riti, e delle leggi che accordano nomi e forme. Oltre ai modelli intellettuali dei letterati si impongono anche le idee emerse da astronomi, indovini, medici.

L'importanza dei riti. La ritualità riguardava ogni aspetto della vita sociale, a partire da quella famigliare, a quella delle comunità dei villaggi fino a giungere al massimo livello dei riti Imperiali. La celebrazione delle cerimonie doveva seguire una procedura rigida. Un esempio ci è offerto dal Libro dei Tang *Xin Tang Shu* 新唐书, dove leggiamo lo svolgimento di un rito sacrificale svolto dall'imperatore. "Il giorno del sacrificio, tre quarti d'ora prima dell'alba, i responsabili del tempio e dei sacrifici guidano i loro subordinati a preparare le offerte nei recipienti e nei vasi rituali. Due quarti d'ora prima dell'alba, l'Ufficiale cerimoniale guida gli assistenti a prendere posizione. Gli assistenti guidano il Censore Imperiale, i dottori, i sacerdoti principali e gli altri funzionari a entrare dal cancello orientale del recinto sacro ... L'Ufficiale cerimoniale dice: "Tutti i funzionari si inchinino due volte." Gli assistenti trasmettono l'ordine, e tutti dall'Ufficiale di censura in giù fanno due inchini."

> "Un quarto d'ora prima dell'alba, i messaggeri guidano tutti i Ministri alle loro posizioni fuori dal cancello. Il capo della musica di corte guida i musicisti e i due gruppi di danzatori a entrare ... Il capo delle scuderie presenta la carrozza di giada fuori dal cancello sud della residenza imperiale, rivolta a sud. L'Imperatore, indossando il suo abito cerimoniale e il copricapo, esce verso la carrozza e sale.
> All'alba, l'Imperatore, guidato dal Ministro dei Riti, raggiunge la posizione cerimoniale, rivolto a ovest. L'Ufficiale cerimoniale dice: "Tutti i funzionari fanno due inchini." Tutti si inchinano due volte. Il Maestro della Musica avvia musica e danza cerimoniale ... Il Ministro dei Riti annuncia: "I funzionari sono pronti, chiediamo di procedere con la cerimonia."
> L'Imperatore sale sul palco e riceve le offerte di giada, inginocchiandosi e inchinandosi profondamente per presentarle all'Imperatore Celeste e agli antenati. Le giade rituali vengono distribuite nei rispettivi luoghi sacri dagli assistenti cerimoniali. Gli ufficiali cerimoniali offrono ciotole con peli e sangue, completando il rito con inchini e preghiere ..."[28]

3.3 Il tempo e la sua misura

In Occidente il tempo viene considerato fin dall'epoca dei filosofi Greci come un continuo che procede implacabilmente. Nel pensiero Greco, dopo il V sec. AEC, la nozione di tempo diviene più complessa e si affermano due nozioni distinte. *Kairos* (καιρός) è il momento giusto, il momento opportuno in cui le cose sono possibili ed è un tempo qualitativo, che viene divinizzato e raffigurato con una bilancia con cui valutare, in modo soggettivo, l'opportunità del momento (Fig. 3.10 a sinistra). *Chronos* (χρόνος) è il tempo quantitativo, il tempo sequenziale, cronologico (Fig. 3.10 al centro).

Il tempo occidentale è lineare, c'è un prima e un dopo, Aristotele nel trattato Fisica lo definiva come "il numero del movimento secondo il prima e il dopo".[29] Nel pensiero cristiano di Agostino c'è anche un tempo interiore, un movimento dell'anima. Agostino porta l'esempio di Giosuè che ferma il sole e con questo dovrebbe fermare il tempo, ma il combattimento prosegue appunto come movimento dell'anima. In ciò vediamo una distinzione tra una idea di tempo oggettiva e una idea soggettiva, individuale. Il tempo oggettivo tuttavia non è una grandezza indipendente misurabile in sé; per misurarlo occorre costruire una

---

[28] *Xin Tang Shu*, Libro dei Tang. Cap. 11: 26 https://ctext.org/wiki.pl?if=gb&res=182378&remap=gb. Ultimo accesso maggio 2024.
[29] (Eco, 2020).

Fig. 3.10 Sinistra: Kairos, affresco di Francesco Salviati (1543-1545), Firenze. Centro: Chronos, raffigurato anche come Saturno che tarpa le ali a Hermes per esprimere la distruzione dei giorni che passano, Pierre Mignard. 1695, Denver. Destra: Una porcellana di epoca Ming con il simbolo benaugurante di longevità. (© Museo Nazionale, Beijing)

relazione con un'altra grandezza che viene posta in rapporto al tempo ed è legata al movimento. In tutte le civiltà il tempo è stato ricavato dall'osservazione del moto solare, misurando una grandezza spaziale, lo spazio percorso dal Sole.

La visione del tempo si incarna nella storiografia, che per Erodoto doveva conservare la memoria degli avvenimenti e individuarne le cause. Da allora, la storiografia occidentale ha seguito le orme di Erodoto, assumendo un carattere scientifico nella ricerca di fonti scritte e differenziandosi dalla mescolanza di etnografia, geografia e letteratura narrativa che in Erodoto erano compresenti.

Per quanto riguarda la Cina, iscrizioni su bronzo nel secolo VIII AEC contengono riferimenti al tempo in relazione alla vita umana, compaiono espressioni come "lunga vita", "ritardare la vecchiaia", "non morire." In epoca pre-imperiale compare la nozione di longevità[30] *shou* 寿 (in caratteri classici 壽) (Fig. 3.10 a destra). Si tratta di elementi linguistici che mettono in luce come la nozione di tempo sia intrecciata con la scansione dei momenti della vita umana che, a sua volta, viene vista in modo ciclico nell'idea di reincarnazione. Riscontriamo questa concezione ciclica anche nei principi di yin e yang, nel daoismo e nel Confucianesimo. La filosofia cinese considerava il tempo come parte integrante di un processo naturale costante di crescita, declino e rinascita, ma non concepiva il tempo come un parametro indipendente.

Nel pensiero daoista il concetto di tempo è intrecciato con la natura ciclica del Dao, il principio fondamentale che sottende l'universo. Il tempo non è visto come

---

[30] (Lippiello, 2014).

una semplice successione lineare di eventi, ma come parte di un ciclo naturale in costante cambiamento. Al centro c'è l'armonizzazione con i ritmi naturali anziché una divisione precisa del tempo in passato, presente e futuro. Si incoraggia a vivere nel momento presente, abbracciando il flusso del tempo anziché resistervi. Si promuove l'idea di *wu wei*, il non-agire o agire secondo natura e senza sforzo in sintonia con il Dao, che implica una sorta di consapevolezza del tempo in quanto parte del movimento naturale dell'universo anziché come entità separata.

Per Confucio, il tempo è un'opportunità preziosa che deve essere impiegata saggiamente per coltivare virtù, apprendere e contribuire alla società. Il concetto di tempo è spesso associato alla nozione di "via di mezzo" *Zhongyong* che suggerisce l'equilibrio e l'armonia nella vita quotidiana. Confucio sottolinea l'importanza di rispettare il tempo e i suoi cicli, riconoscendo i momenti propizi per agire, imparare e adempiere ai propri doveri. La sua filosofia incoraggia una consapevolezza del tempo presente e la responsabilità nel prendere decisioni che influenzino il futuro. Inoltre, Confucio ha promosso la nozione di continuità tra passato, presente e futuro attraverso l'idea di "ritorno al passato per comprendere il futuro." Questo significa che il tempo è visto come un continuum in cui l'apprendimento dalle esperienze passate è cruciale per guidare le azioni presenti e plasmare il futuro. Nel pensiero di Confucio, il concetto di tempo è legato strettamente all'etica, alla moralità e alla saggezza nell'agire umano. Confucio ha enfatizzato l'importanza del tempo nel contesto delle relazioni umane, dell'ordine sociale e dell'auto-miglioramento.

Il concetto di eternità nel pensiero cinese spesso si riferisce più a un ciclo ripetuto infinite volte come una spirale, piuttosto che a un concetto lineare di tempo senza fine. Il concetto di "tempo" poteva essere compreso attraverso il concetto di "tempo opportuno" o "tempo giusto", dove l'accento era posto sull'armonizzazione con i cicli naturali e sull'azione appropriata nel momento giusto. Huang Junjie[31] sostiene che il tempo nell'antica Cina aveva maggiore somiglianza con kairos che con chronos. In ogni caso, esistono espressioni distinte: "momento chiave" o "momento opportuno" che si traduce con 关键时刻 (*guanjian shike*), oppure 时刻 (*shike*), che si può tradurre come istante, 次 (*ci*) che si può tradurre come tappa, il concetto di kairos. Il concetto di chronos, a sua volta, viene espresso in cinese come 时间 (*shijian*), un tempo continuo e misurabile.

I testi e le pratiche divinatorie mostrano l'interconnessione tra il tempo e lo spazio influenzati da forze naturali. Le pratiche di meditazione venivano spesso utilizzate per connettersi con il flusso del tempo e con l'armonia universale.

La ciclicità del tempo si incarna nelle stagioni tramite il calendario. Approfondendo il concetto di calendario, emergerà come il tempo possa essere considerato una sorta di prerogativa dell'imperatore. L'obbligo imposto dall'imperatore di

---

[31] (Huang, 2006).

partecipare ai lavori sociali, come la costruzione di canali o mura difensive, sottrae il tempo dal possesso delle persone.

Questa nozione di tempo impregna anche la storiografia cinese, la prima opera storiografica di Sima Qian, Memorie Storiche scritto al tempo della dinastia Han Occidentale (−206 −9), si configura come biografie di re, generali e imperatori, protagonisti dei grandi eventi dalla preistoria al suo tempo. Lo storico Sima Qian non indaga le cause; piuttosto, come Erodoto, il suo scopo è quello di conservare la memoria degli eventi e delle persone. C'è d'altra parte un contributo prettamente confuciano: lo studio delle memorie degli antichi educa il re a comportarsi secondo i principi etici che hanno decretato il successo degli antenati, quindi il fine del ricordare è educare. In seguito, per tutto il corso della storia cinese la storia viene scritta nella forma di annali, senza che vi sia la ricerca di cause degli eventi narrati. I testi storici diventano un veicolo di continuità morale e sociale, favorendo la stabilità e l'ordine nel corso delle generazioni.

Contare gli anni. Nell'antico Egitto e in Mesopotamia il conteggio degli anni era associato alla dinastia regnante. Anche gli indiani prendevano come riferimento l'ascesa al trono dei re, oltre a questo calcolavano la durata dell'Universo, pari a una *kalpa*, a sua volta composta da mille *mahayug*, ciascuno di 4.320.000 anni, un periodo ancora suddiviso in quattro *yuga*. La tradizione ebraica misura gli anni a partire dalla Creazione, che corrisponde al −3760, interpretando le età dei Patriarchi riportate nella Bibbia. In Grecia gli anni venivano indicati con i magistrati in carica o ancora facendo riferimento a determinati avvenimenti come la firma di un trattato o la data di fondazione di una città, come nella tradizione Romana.

Anche in Cina prima della dinastia Han le date erano riferite alle dinastie, ma a partire dal −163 l'imperatore Han Wu Di introdusse l'uso di indicare gli anni con il nome del regno, quindi le date cambiavano con l'ascesa al trono di un nuovo imperatore. Lo storico deve quindi tenere traccia del susseguirsi delle dinastie, dei regni e delle loro durate.

La suddivisione degli anni in un ciclo di 60 anni risale alla dinastia Shang cui è attribuita una tabella completa del ciclo sessagenario, ritrovata nell'incisione su un osso oracolare scoperto dagli archeologi (Fig. 2.3 a sinistra). Ogni anno del ciclo era denominato da una coppia di nomi che corrispondevano a una particolare disposizione di elementi cosmologici: i *tronchi celesti* e i *rami terreni*. Il ciclo di 60 anni si ottiene combinando due cicli più brevi: il ciclo dei Dieci Tronchi Celesti *Tiangan* 天干 e il ciclo dei Dodici Rami Terreni *Dizhi* 地支, abbreviato *Ganzhi* 干支. Il *ganzhi* è utilizzato principalmente per assegnare un simbolo a ciascun anno e per determinare le caratteristiche astrologiche e la fortuna associata a quell'anno.

Per costruire il ciclo di 60 anni si inizia dal primo tronco celeste e lo si abbina col primo ramo terreno (vedi Tab. 3.2):

Tabella 3.2 Tronchi Celesti, Rami Terreni e ore

Tronchi celesti				Rami terreni					Ore corrispondenti
–		Yin/Yang		–			Segno Zodiacale		
1	甲	jiǎ	yang	Legno 木mù	A	子	zǐ	鼠 shǔ	Ratto	da 11 p. m. a 1 a.m.
2	乙	yǐ	yin		B	丑	chǒu	牛 niú	Bue	da 1 a 3 a.m.
3	丙	bǐng	yang	Fuoco	C	寅	yín	虎 hǔ	Tigre	da 3 a 5 a.m.
4	丁	dīng	yin	火huǒ	D	卯	mǎo	兔 tù	Coniglio	da 5 a 7 a.m.
5	戊	wù	yang	Terra	E	辰	chén	龙 lóng	Drago	da 7 a 9 a.m.
6	己	jǐ	yin	土tǔ	F	巳	sì	蛇 shé	Serpente	da 9 a 11 a.m.
7	庚	gēng	yang	Metallo 金jīn	G	午	wǔ	马 mǎ	Cavallo	da 11 a.m. a 1 p. m.
8	辛	xīn	yin		H	未	wèi	羊 yáng	Pecora	da 1 a 3 p. m.
9	壬	rén	yang	Acqua	I	申	shēn	猴 hóu	Scimmia	da 3 a 5 p. m.
10	癸	guǐ	yin	水shuǐ	J	酉	yǒu	鸡 jī	Gallo	da 5 a 7 p. m.
					K	戌	xū	狗 gǒu	Cane	da 7 a 9 p. m.
					L	亥	hài	猪 zhū	Maiale	da 9 a 11 p. m.

1. 1A *jia-zi*, si prosegue con la coppia successiva 2B *yi-chou* fino a 10J *gui-you* e si riprende con 1K *jia-xu* e 2L *yi-hai*. A questo punto viene esaurita la prima serie di 12 coppie e quindi di 12 anni.
2. La seconda serie di coppie parte da 3A *bing-zi* fino a 4L *ding-hai*, completando 24 anni.
3. La terza serie di coppie parte da 5A *wu-zi* fino a 6L *ji-hai*, e arriviamo a 36 anni.
4. La quarta serie parte da 7A *geng-zi* fino a 8L *xin-hai*, 48 anni.
5. Infine l'ultima serie di 12 coppie parte da 19A *ren-zi* fino a 10L *gui-hai* completando 60 anni. Dopodiché il ciclo ricomincia.

Il ciclo sessagenario degli anni viene solitamente raffigurato tramite anelli come in Fig. 3.11. Questo ciclo è in uso ancora oggi, e il periodo dal 1984 al 2043 corrisponde al ciclo LXXIX, facendo risalire l'inizio dei cicli all'anno −2697.

Il ciclo sessagenario veniva usato per denominare anni, mesi, giorni e ore; tuttavia il ciclo per i mesi, i giorni e le ore non è più in uso nella Cina moderna. Per un anno del calendario gregoriano y si può calcolare il tronco celeste e il ramo terreno con una semplice operazione basata sui resti. Con una notazione simbolica: *tronco_anno* $(y) = 1 + \mod(y + 6, 10)$ e il *ramo_anno* $(y) = 1 + \mod(y + 8, 12)$.[32] Ogni anno inoltre viene denotato con la coppia *ganzhi*. Ad esempio l'anno 1984 aveva come coppia sessagenaria *jiazi*, mentre il 2018 aveva *wuxu*.

---

[32] $\mod(X.Y)$ è il resto della divisione X/Y. Questo calcolo mette in evidenza l'interesse per il calcolo dei resti nella matematica cinese antica.

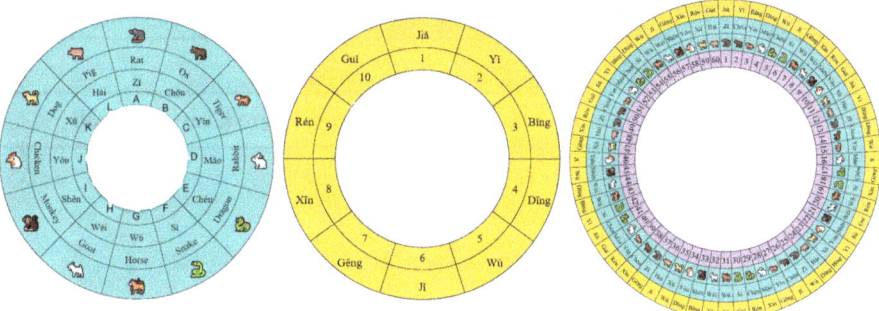

Fig. 3.11 Sinistra Rami Terreni, centro Tronchi Celesti, destra Ciclo Sessagesimale (Una versione in alta risoluzione si può trovare qui: https://ytliu0.github.io/ChineseCalendar/sexagenary.html)

I rami terreni e i tronchi celesti non hanno solo una funzione calendaristica, ma incarnano concetti profondi della filosofia cinese antica. Nella concezione yin-yang, i tronchi celesti si alternano secondo la coppia yang e yin e rappresentano anche i cinque elementi. A questi si aggiungono i dodici animali dello zodiaco cinese[33], evidenziando la loro complessa simbologia. Inoltre, i rami terreni sono correlati al ciclo delle ore della giornata (Tab. 3.2) e svolgono un ruolo importante nelle pratiche divinatorie, che ancora oggi ritroviamo in Vietnam, Giappone e Corea.

I rami terreni sono associati anche alle direzioni cardinali: dividono l'orizzonte in 12 intervalli uguali, partendo da nord con il ramo *zi* (Tab. 3.3). Questa suddivisione non è solo pratica ma riflette una visione simbolica dell'ordine cosmico.

Infine, l'idea di rappresentare il rapporto cielo-terra attraverso l'immagine dei tronchi e dei rami rivela la profondità della concezione cosmologica cinese. Il Cielo, fonte di nutrimento ideale, trasmette la sua energia attraverso radici e tronchi fino alle fronde, che si sviluppano e prosperano sulla Terra. Questo simbolismo intreccia armoniosamente l'interazione tra i due poli fondamentali dell'universo.[34]

La suddivisione dell'anno. Durante la dinastia Xia l'anno, chiamato *nian* 年, iniziava con il primo giorno del primo mese lunare. Con la dinastia Shang l'inizio

---

[33] Secondo la leggenda Buddha avrebbe convocato tutti gli animali ma se ne presentarono solo dodici. Decise quindi di denominare gli anni con questi nomi secondo l'ordine con cui si erano presentati: topo, bue, tigre, coniglio, drago, serpente, cavallo, capra, scimmia, gallo, cane, maiale. Questi animali costituiscono lo zodiaco cinese, ei nati nell'anno avrebbero il carattere determinato dal segno zodiacale.
[34] "Negli scritti sul calendario cinese, i due enigmatici appellativi 'tronchi celesti' e 'rami terrestri' vengono generalmente lasciati senza spiegazione. Fortunatamente, tuttavia, un ricercatore dell'Università di Bonn, Jörg Bäcker, ha recentemente stabilito che questi termini non sono anteriori alla dinastia Han e che sono collegati a idee cosmologiche indiane e a una serie di altre antiche tradizioni. Più precisamente, evocano l'immagine di un albero invertito il cui tronco (o fusto, comprese le radici) 'sprofonda' nel cielo, mentre i suoi rami 'si innalzano' verso la terra. Siamo quindi di fronte alla forma più arcaica dell'albero cosmico, un simbolo onnipresente nella filosofia indiana fin dal periodo vedico. Più in generale, questa *arbor inversa* è documentata anche nelle tradizioni arabe, ebraiche, islandesi, finlandesi e siberiane. Una nuova comprensione di un problema apparentemente irrisolvibile è stata così ottenuta grazie a una visione ampia di questioni non cinesi." (Martzloff, 2016) p. 82–83.

Tabella 3.3 I rami terrestri e le direzioni

Rami terrestri e direzioni		
Ramo del mese	Nome	Direzione in gradi sessagesimali
子	zǐ	0°
丑	chǒu	30°
寅	yín	60°
卯	mǎo	90°
辰	chén	120°
巳	sì	160°
午	wǔ	190°
未	wèi	210°
申	shēn	240°
酉	yǒu	270°
戌	xū	300°
亥	hài	330°

dell'anno fu spostato al primo giorno del dodicesimo mese lunare, mentre sotto la dinastia Zhou coincideva con il primo giorno dell'undicesimo mese lunare. Successivamente, con la dinastia Han, nel −104, l'inizio dell'anno venne fissato al capodanno lunare, che cade nel secondo novilunio dopo il solstizio d'inverno (冬至, *dōngzhi*).

La suddivisione dell'anno si basa su due schemi: quello per i mesi e quello stagionale dei termini solari. I 12 mesi sono scanditi dal ciclo lunare e hanno inizio il giorno della luna nuova, e corrispondono ai 12 rami terrestri. I mesi potevano essere di 29 o 30 giorni. I 12 mesi lunari sono chiamati *yuejian* 月建, ovvero mesi guida, e ciascun mese è associato al segno zodiacale del ramo terrestre corrispondente. Il ciclo lunare veniva suddiviso in 8 fasi: luna nuova 新月 *xin yue*, luna crescente 蛾眉月 *e mei yue*, luna al primo quarto 上弦月 *shang xian yue*, lun gibbosa crescente 盈凸月 *ying tu yue*, luna piena 满月 *man yue*, luna gibbosa calante 亏凸月 *kui tu yue*, luna all'ultimo quarto 下弦月 *xia xian yue*, luna calante 残月 *can yue*.

Poiché 12 mesi di 30 giorni non coprono l'intero anno solare, per compensare i giorni mancanti l'anno poteva essere composto da 12 o 13 mesi. Il mese intercalare, quando necessario, non aveva il nome di un ramo terrestre. Questo sistema permetteva di mantenere l'allineamento tra il calendario lunare e l'anno solare. Il mese *ziyue* (子月) comprende il solstizio di inverno, ed è quindi il primo mese del calendario tradizionale, mentre oggi è il mese undicesimo.

Questo ordinamento ha subito numerose modifiche nel corso dei secoli. In particolare, durante il periodo degli Stati Combattenti, ogni stato considerava in modo differente il primo mese dell'anno. A partire dalla dinastia Qin, si adottò

Tabella 3.4   I mesi

Mesi secondo i Termini solari						
Ramo del mese	Segno		Termini solari		Mese cinese appros-simato	Data Gregoriana approssimata
Yín yuè (寅月)	Tigre	J1–J2	Lìchūn – jīngzhé	立春-驚蟄	Mese 3	Feb. 4 – Mar. 5
Mǎo yuè (卯月)	Coniglio	J2–J3	Jīngzhé – qīngmíng	驚蟄-清明	Mese 4	Mar. 6 – Apr. 4
Chén yuè (辰月)	Drago	J3–J4	Qīngmíng – lìxià	清明-立夏	Mese 5	Apr. 5 – Mag. 5
Sì yuè (巳月)	Serpente	J4–J5	Lìxià – mángzhǒng	立夏-芒種	Mese 6	Mag. 6 – Giu. 5
Wǔ yuè (午月)	Cavallo	J5–J6	Mángzhǒng – xiǎoshǔ	芒種-小暑	Mese 7	Giu. 6 – Lug. 6
Wèi yuè (未月)	Pecora	J6–J7	Xiǎoshǔ – lìqiū	小暑-立秋	Mese 8	Lug. 7 – Ago. 7
Shēn yuè (申月)	Scimmia	J7–J8	Lìqiū – báilù	立秋-白露	Mese 9	Ago. 8 – Set. 7
Yǒu yuè (酉月)	Gallo	J8–J9	Báilù – hánlù	白露-寒露	Mese 10	Set. 8 – Ott. 7
Xū yuè (戌月)	Cane	J9–J10	Hánlù – lìdōng	寒露-立冬	Mese 11	Ott. 8 – Nov. 6
Hài yuè (亥月)	Maiale	J10–J11	Lìdōng – dàxuě	立冬-大雪	Mese 12	Nov. 7 – Dic. 6
Zǐ yuè (子月)	Ratto	J11–J12	Dàxuě – xiǎohán	大雪-小寒	Mese 1	Dic. 7 – Gen. 5
Chǒu yuè (丑月)	Bue	J12–J1	Xiǎohán – lìchūn	小寒-立春	Mese 2	Gen. 6 – Feb. 3

una numerazione che iniziava con il ramo Hai (亥); tuttavia, con la dinastia Han, si tornò a considerare il ramo Zi (子) come il primo mese.

Nel paragrafo dedicato all'astrologia vedremo quale ruolo abbiano giocato i rami terrestri e i tronchi celesti nella divinazione. La suddivisione dei mesi (Tab. 3.4) tiene conto anche dei termini solari, fondamentali per armonizzare il calendario con i cicli stagionali.

Il concetto di settimana era assente, e quindi non esisteva una suddivisione settimanale dell'anno. Questo poneva il problema di come denominare i giorni, che avrebbero potuto essere indicati numericamente a partire dal primo giorno dell'anno. Tuttavia, si scelse di suddividere i giorni dell'anno seguendo il ciclo sessagenario (*ganzhi*, 干支), un sistema basato sulla combinazione di dieci tronchi celesti (*tiangan*, 天干) e dodici rami terrestri (*dizhi*, 地支).

Termini solari. I 24 Termini Solari, *jieqi* 节气[35] sono basati sull'osservazione della posizione del sole lungo l'eclittica e segnano momenti specifici durante l'anno, come solstizi, equinozi e altri cambiamenti stagionali. Questa suddivisione è utilizzata principalmente per guidare le attività agricole, determinare il momento migliore per la semina, il raccolto e altre pratiche fondamentali, nonché per organizzare feste e celebrazioni culturali. I 24 Termini Solari suddividono l'anno in periodi di circa due settimane ciascuno e sono strettamente legati agli aspetti meteorologici e climatici delle stagioni (Tab. 3.6).

La suddivisione del giorno. I Babilonesi e gli Egizi misuravano la giornata in 12 ore diurne e 12 ore notturne. Questa suddivisione del tempo è rimasta costante fino al medioevo quando la misura del tempo era correlata più ai riti religiosi che ad esigenze civili o scientifiche. Pur restando sempre di 24 ore, l'inizio o la fine della giornata non era uniforme in tutta Europa. Fino alla fine del '700 in Italia vigeva l'ora *Italica* contrapposta all'ora *oltremontana* della Francia. In Italia la ventiquattresima ora coincideva con il tramonto del Sole, variava quindi di circa 3 ore tra l'estate e l'inverno. L'ora oltremontana viceversa identificava il mezzogiorno con il passaggio del Sole al meridiano e la mezzanotte con la dodicesima ora successiva.

Anche in Cina il tempo veniva suddiviso in ore, a loro volta suddivise in tre modi: una suddivisione duodecimale, una suddivisione centesimale e una suddivisione notturna per i turni di guardia. Durante le dinastie Han e Liang Meridionale, la suddivisione del tempo cambiò.

All'epoca della dinastia Han, fu stabilito un ciclo di 12 coppie di ore (vedi Tab. 3.5). Il giorno e la notte erano divisi in 12 ore doppie, chiamate *shi* 时, con il giorno che iniziava alle 11 e continuava con l'1, le 3, le 5 e così via fino all'intervallo 9–11 del pomeriggio. Ci troviamo quindi di fronte a un ciclo identico alle nostre 24 ore, aggregate in coppie.

Il giorno, da mezzanotte a mezzanotte, era diviso in 100 parti, chiamate *ke* 课, corrispondenti a un intervallo di 14 minuti e 24 secondi. Questa divisione subì numerose riforme. L'imperatore Han Gao Zu ordinò una prima riforma e la divisione fu portata a 120 unità per adattarla alle 12 ore. Dopo la sua morte si tornò a 100 unità, e la riforma dell'imperatore Liang Wu Di 梁武帝 ne ridusse il numero a 96. Intorno al 560 si tornò alla divisione in 100 parti.

La divisione della guardia notturna, *geng dian* 更点, era diversa in ogni regione e dipendeva dal ciclo giorno-notte locale. Si tratta di una variante della suddi-

---

[35] Molto poeticamente Martzloff usa la traduzione "respiri del sole", che esprime liricamente il senso di questa suddivisione del tempo dell'anno (Martzloff, 2016) p. 64.

3 Il pensiero filosofico e religioso

Tabella 3.5 Le ore

Pinyin	Cinese	dalle ore	alle ore	Animale
Zishi	子时	23:00	1:00	Ratto
Choushi	丑时	1:00	3:00	Bue
Yinshi	寅时	3:00	5:00	Tigre
Maoshi	卯时	5:00	7:00	Coniglio
Chenshi	辰时	7:00	9:00	Drago
Sishi	巳时	9:00	11:00	Serpente
Wushi	午时	11:00	13:00	Cavallo
Weishi	未时	13:00	15:00	Capra
Shenshi	申时	15:00	17:00	Scimmia
Youshi	酉时	17:00	19:00	Gallo
Xushi	戌时	19:00	21:00	Cane
Haishi	亥时	21:00	23:00	Maiale

Tabella 3.6 Termini solari

Termine	Evento	Mese lunare	Periodo
Lìchūn 立春	Arrivo della primavera	Yi Yue	4–5 febbraio
Yǔshuǐ 雨水	Acqua piovana	一月	18–19 febbraio
Jīngzhé 惊蛰	Risveglio degli insetti	Er Yue	5–6 marzo
Chūnfēn 春分	Equinozio di Primavera	二月	20–21 marzo
Qīngmíng 清明	Giorno chiaro	San Yue	4–5 aprile
Gǔyǔ 谷雨	Piogge sui semi	三月	20–21 aprile
Lìxià 立夏	Arrivo dell'estate	Si Yue	5–6 maggio
Xiǎomǎn 小满	Si formano le spighe	四月	21–22 maggio
Mángzhòng 芒种	Spighe in grappolo	Wu Yue	5–6 giugno
Xiàzhì 夏至	Solstizio d'estate	五月	21–22 giugno
Xiǎoshǔ 小暑	Piccola calura	Liu Yue	7–8 luglio
Dàshǔ 大暑	Grande calura	六月	22–23 luglio
Lìqiū 立秋	Arrivo dell'autunno	Qi Yue	7–8 agosto
Chǔshǔ 处暑	Fine della calura	七月	23–24 agosto
Báilù 白露	Rugiada bianca	Ba Yue	7–8 settembre
Qiufēn 秋分	Equinozio di autunno	八月	23–24 settembre
Hánlù 寒露	Rugiada fredda	Jiu Yue	8–9 ottobre
Shuāngjiàng 霜降	Gelo	九月	23–24 ottobre
Lìdōng 立冬	Inizio dell'inverno	Shi Yue	7–8 novembre
Xiǎoxuě 小雪	Piccola neve	十月	22–23 novembre
Dàxuě 大雪	Grande neve	Shiyi Yue	7–8 dicembre
Dōngzhì 冬至	Solstizio di inverno	十一月	22–23 dicembre
Xiǎohán 小寒	Piccolo freddo	Shier Yue	5–6 gennaio
Dàhán 大寒	Grande freddo	十二月	20–21 gennaio

Fig. 3.12 La Torre della Campana a Beijing. Sinistra una fotografia del 1906. Destra: la campana attuale, ricostruita nel 1747, dinastia Qing

visione centesimale. Il ciclo inizia al tramonto e termina all'alba ed è diviso in cinque parti *wu geng* 五更. La durata di ogni intervallo non era uniforme, data la diversa durata della notte tra estate e inverno.

Nelle antiche città cinesi la scansione delle ore era curata da un servizio collocato nelle due torri principali: la Torre del Tamburo e la Torre della Campana. Nella città di Beijing (Fig. 3.12) la Torre della Campana scandiva il ciclo notturno nel seguente modo: il primo geng, *xu shi* 戌时 (ora del cane o crepuscolo) era l'intervallo 19:00–21:00, le ore del tramonto; l'intervallo del secondo geng, il tempo in cui il popolo andava a dormire, 21:00–23:00, era chiamato *hai shi* 亥时 (ora del maiale); il terzo geng dalle 23:00 alla 1:00 era chiamato *zi shi* 子时 (ora del topo). Il quarto geng andava dalle 1:00 alle 3:00, ed era chiamato *chou shi* 丑时 (ora del bue), il tempo del canto del gallo. Infine il quinto geng, chiamato *yin shi* 寅时 (ora della tigre) segnalava l'arrivo dell'alba (3:00–5:00). Il primo e l'ultimo *geng* erano annunciati dal suono del tamburo, proveniente dalla torre designata, mentre gli altri *geng* venivano segnalati esclusivamente dalla campana. Quando la campana suonava all'inizio del primo *geng*, le porte della città venivano chiuse, i trasporti si fermavano e le strade si svuotavano.

In epoca Song la suddivisione tra ore diurne e notturne teneva conto dei periodi intermedi del crepuscolo. Dal tramonto al crepuscolo venivano contate 2,5 *ke*, dal crepuscolo all'inizio delle ore notturne venivano contati 10 *ke*, seguivano quindi i 5 *geng* notturni; in attesa dell'alba si contavano poi altri 10 *ke* e tra l'aurora e l'inizio del conteggio delle ore diurne trascorrevano altri 2,5 *ke*. La complessità di questa suddivisione sollevava non pochi problemi nella costruzione delle clessidre ad acqua.

Gli storici ritengono che la suddivisione duodecimale e la suddivisione notturna siano di origine babilonese e che, di fatto, abbiano avuto origine nello stesso periodo. La suddivisione centesimale, invece, è tipicamente cinese e corrisponde alla numerazione decimale tipica della matematica cinese.

Ricordiamo che la Cina si estende per circa 5 fusi orari da 73° est a 135° est circa, mentre oggi l'orario in Cina ufficiale assegna l'ora UTC+8 ed è uniforme in tutto il paese, nelle epoche antiche ogni luogo aveva un orario differente, legato strettamente all'ora locale.

4

La matematica

Fin dai tempi più antichi, lo studio dell'astronomia ha assunto un carattere matematico, con l'obiettivo di fornire un fondamento certo alle previsioni indispensabili per la divinazione. Attraverso la divinazione, le culture antiche cercavano di dare un senso al cielo e ai fenomeni naturali. In questo contesto, è indispensabile dedicare qualche pagina a riassumere le caratteristiche della matematica cinese, profondamente diversa da quella sviluppata in Occidente.[1]

Nel nostro immaginario, la matematica cinese è spesso associata alla figura di un mercante che, con straordinaria rapidità, esegue calcoli usando l'abaco. Tuttavia, le tecniche di conteggio e calcolo rappresentano solo un aspetto di questa tradizione matematica. Dal suo studio emergono alcune questioni di particolare rilievo: era una disciplina fondata sul ragionamento logico o una tecnica pratica di calcolo? Era semplicemente aritmetica o includeva una teoria dei numeri? E la geometria, era una disciplina autonoma o serviva principalmente come strumento per il rilievo topografico e, in generale, per le misurazioni?

Dobbiamo ricordare che esistono numerosi testi antichi di matematica, alcuni dei quali possono essere considerati come testi teorici e di ricerca, altri come manuali e altri ancora come formulari. Trascurare queste diverse tipologie porta a considerare la matematica cinese come una semplice tecnica mnemonica. Il fatto che i manuali non contengano dimostrazioni o che i testi teorici le presentino solo come abbozzi e non nella forma assiomatico-deduttiva a noi usuale, non implica che gli autori non conoscessero le dimostrazioni o non sapessero esporle in forma completa. Infatti, la tradizione orale ha sempre avuto un ruolo importantissimo nel pensiero cinese, e ad essa era riservata gran parte dell'insegnamento. Riguardo

---

[1] Per una esposizione approfondita della matematica Cinese si veda (Needham, 1959; Granet, 1971; Martzloff, 1997).

all'inclusione di elementi occidentali estranei alla cultura cinese, se ne trovano tracce in molti concetti che incontreremo nel seguito.

I primi documenti di matematica cinese sono molto successivi alla comparsa della matematica in Egitto o Babilonia, si collocano infatti nel periodo degli Stati Combattenti che si conclude attorno al −200, quando la matematica Greca, in particolare la geometria, ha già acquisito i suoi più importanti risultati. La presenza di elementi della matematica occidentale nei testi cinesi, tuttavia, è una conferma delle continue relazioni culturali tra Oriente e Occidente.

Nella lingua cinese contemporanea matematica è *shuxue* 数学, *shu* significa numero o conteggio e *xue* significa studio o apprendimento. Ma questo termine venne adottato solo a metà del XIX secolo. Qin Jiushao (1202–1261) nell'introduzione al suo trattato *Shu Shu Jiuzhang* (Il Libro dei Numeri in Nove Capitoli) classifica la matematica in "matematica esoterica (riservata agli iniziati)" *neisuan* 内算 e "matematica essoterica (per chiunque anche i non iniziati)" *waisuan* 外算. Ciò che Qin chiama matematica esoterica è più spesso indicata come *shushu* 数术, un termine generico che include non solo la matematica, ma anche l'astronomia, chiamata 天文学 *tianwen xue*, l'astrologia, la musica e la divinazione.

La matematica essoterica è ciò che intendiamo comunemente con la parola "matematica." Il termine usato per definire il calcolo, infine, era *ji suan* 计算.

Qin Jiushao si lamentava dell'ignoranza che si era diffusa tra gli studiosi e persino tra i calendaristi, i quali non solo avevano perso la capacità di svolgere i calcoli più complessi, ma avevano anche perso la connessione tra la matematica, l'astronomia, la divinazione e la comprensione dell'armonia cosmica che queste conoscenze permettevano.

> L'insegnamento delle sei arti nella dottrina Zhou è sempre stato rispettato dai letterati e dai funzionari. Ha origine dal Vuoto Supremo che genera l'Uno e scorre eternamente senza fine. Da una prospettiva vasta, può comunicare con la divinità e seguire la natura del destino; da una prospettiva minuta, può gestire le questioni del mondo e classificare tutte le cose. Come potrebbe essere compreso superficialmente?
>
> In passato, si usavano i calcoli (计算 jisuan) per stabilire leggi precise e comprendere le energie e le forme del mondo, misurando la terra e il cielo. Anche se non potevano cogliere appieno i dettagli, tramite la disposizione delle stelle e dei fiumi, e la consultazione del diagramma del Fiume Luo (洛书, Luo Shu)[2] [vedi Fig. 4.1], si riuscivano a scoprire profondi segreti. Gli otto trigrammi (八卦, Bagua) e le nove categorie (九畴, jiu chou) erano intricati, ma attraverso la loro complessità si giungeva all'uso del Dayan li (大衍历) e del Huangji li (皇极历).[3] Ogni cam-

---

[2] Secondo la leggenda, mentre il re Yu stava cercando di controllare le acque del fiume Luo (un affluente del Fiume Giallo), vide emergere dalle acque una tartaruga. Sulla sua corazza apparivano segni o numeri che formavano una disposizione particolare, il quadrato magico. Questa configurazione, nota come Luo Shu, è considerata il simbolo di un equilibrio perfetto e dell'ordine cosmico (vedi Fig. 4.1).

[3] Son due calendari che esamineremo in seguito.

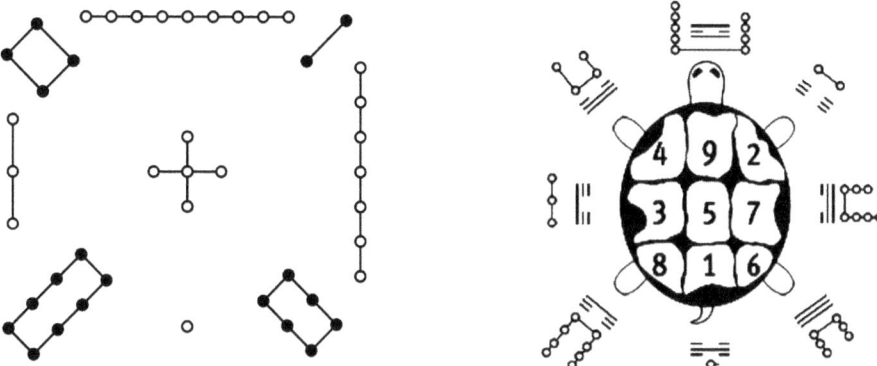

Fig. 4.1 Sinistra: quadrato magico. I gruppi di punti bianche e neri raffigurano i numeri. Destra. una raffigurazione del quadrato magico, ritrovato su un guscio di tartaruga, insieme ai trigrammi bagua (che si possono osservare lungo il contorno). Ogni numero è in relazione a un trigramma. Questi due diagrammi derivano da due miti associati al fiume Luo: a sinistra la disposizione di gocce osservate su un guscio di tartaruga da Fuxi, a destra la relazione tra bagua e numeri della tartaruga mitica

biamento umano e divino era incluso, e gli spiriti si affidavano alla loro capacità di nascondersi. I saggi parlavano del divino, ma alla fine si riducevano alle cose ordinarie. La gente comune non ne percepiva la profondità, e non ne coglieva l'essenza. In sintesi, la matematica e il Dao sono inseparabili.

La dinastia Han non è molto lontana dai tempi antichi. Vi furono 张苍 (Zhang Cang), 许商 (Xu Shang), 乘马 (Cheng Ma), 延年 (Yan Nian), 耿寿昌 (Geng Shouchang), 郑理 (Zheng Li), 张衡 (Zhang Heng), 刘洪 (Liu Hong) e altri che studiarono il Dao celeste e tramandarono le loro conoscenze ai posteri, o che analizzarono le opere e verificarono i risultati al loro tempo. I successivi studiosi, con il loro orgoglio e disprezzo, non si interessarono a questa conoscenza che quasi si estinse. Coloro che si occupano di calendari e di organizzare il sapere non sanno effettuare operazioni di addizione e sottrazione, né comprendono la radice quadrata e le trasformazioni derivate. Quando gli ufficiali governativi si riuniscono per discutere di affari, i funzionari si disinteressano di queste questioni. Coloro che si occupano di calcoli non conoscono nemmeno le basi, e i superiori li trascurano e non li ascoltano. Chi porta avanti i calcoli viene disprezzato dagli altri, e giustamente.

Ahimè, nella musica vi è solo la nota "*Zhi*" (徵) che si ricorda con un suono metallico, e si afferma che armonizza con il cielo e la terra, dimenticando tutto il resto. È possibile fermarsi a questo? Oggi ci sono ancora circa dieci famiglie che possiedono libri sulle tecniche numeriche, come l'osservazione dei fenomeni celesti e la geomanzia, chiamati "*Zhuishu*" (缀术), e *Taiyi* (太乙) e *Renjia* (壬甲), e tutti discutono della fortuna nei discorsi quotidiani.

I Nove Capitoli descrivono i nove numeri utilizzati dai giudici, legati a forme quadrate e circolari, come un'arte del calcolo, e vengono applicati alla matematica esoterica (内算, *nei suan*) e alla matematica essoterica (外算, *wai suan*). Il loro utilizzo è interconnesso e non può essere separato. I calcoli del *Dayan li* non sono riportati nei Nove Capitoli, e nessuno ha ancora potuto spiegarli. Alcuni studiosi hanno sviluppato una metodologia che utilizza erroneamente questo calendario come un manuale di equazioni.

Inoltre, le cose del mondo sono molte. Gli antichi prima pianificavano, poi agivano, osservando attentamente il cielo e la terra, e non trascuravano nulla nella loro meticolosità. Pertanto, non fallivano nei loro obiettivi. I testi antichi sono confusi e incompleti, non dovremmo quindi cercarne la ragione? Non avendo sentito parlare delle nove melodie (九韶, *jiushao*), non mi sono dedicato alle arti, ma nei primi anni ho servito presso la capitale e ho avuto l'opportunità di studiare con un Grande Astrologo (太史, *Taishi*).[4] Inoltre, ho appreso la matematica da un uomo erudito. Durante le invasioni dei Di (氐)[5], ho passato molti anni in reclusione, non aspettandomi di sopravvivere a frecce e pietre. Ho sofferto molte calamità, il mio spirito era abbattuto, ma sono convinto che ogni cosa abbia il suo numero. Ho dedicato la mia mente alla matematica, approfondendo con sincerità, e credo di aver ottenuto qualcosa di utile. Si dice che giungere alla comprensione divina e seguire la natura del destino siano gli obiettivi finali. Pertanto, ho creato delle domande e risposte per applicarle all'uso quotidiano, accumulando molto ma essendo attento agli errori. Ho quindi selezionato ottanta problemi, classificandoli in nove categorie, con metodi e soluzioni dettagliate, sperando che possano servire ai dotti e agli studenti per un'ulteriore comprensione delle arti matematiche.

Desidero presentarli al Dao. Se completati, possono essere utilizzati dagli studiosi come un riferimento prezioso. Non è sufficiente per tutte le necessità del mondo, ma non ci sono libri che coprano tutto. Questo è scritto nel settimo anno di Liang, il nono mese, da 秦九韶 (Qin Jiushao).[6]

4.1 Gli scritti principali

Scritti matematici. Gli studi sulla storia della matematica cinese danno grande importanza alla individuazione dell'epoca in cui i diversi concetti matematici si sono formati. Poiché la maggior parte degli scritti non sono sopravvissuti nella forma originale, ma sono il frutto di molte trascrizioni in epoche diverse, spesso con aggiunte e commenti dei nuovi studiosi, questo problema è di difficile solu-

---

[4] *Taishi* può essere tradotto come Grande Storico o Grande Astrologo. Martloff chiarisce che "[questi] due appellativi indicano un legame duraturo unisce la storia e la divinazione, e la figura più eminente associata a questa istituzione è proprio il famoso storico Sima Qian, autore del celebre Shiji (Memorie di uno storico). In effetti, gli storici non erano solo responsabili di registrare gli eventi politici, ma anche di documentare, aggiornare e interpretare gli archivi celesti al fine di sviluppare nuovi canoni astronomici, considerati da sempre metodi quantitativi di divinazione" (Martzloff J. C., 2016 p. 52). Nel seguito userò l'espressione Grande Astrologo.
[5] I Di (氐) erano un popolo semi-nomade delle regioni montuose del Gansu, Sichuan e Shaanxi, che partecipò alle invasioni della Cina durante il periodo delle Sedici Dinastie (304–439).
[6] Qin Jiushao, *Shū Shù Jiǔzhāng* vol. 1:3 https://ctext.org/wiki.pl?if=gb&chapter=247805&remap=gb. Ultimo accesso settembre 2024.

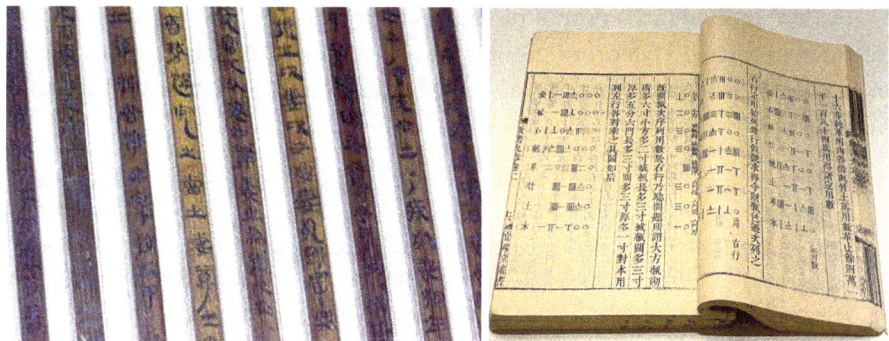

Fig. 4.2 Sinistra: Strisce di bambù del *Suan shushu*. Destra: Una pagina dei Nove Capitoli. Autore Qin Jiushao. (© Museo Nazionale, Beijing)

zione. Cercheremo di cogliere lo sviluppo del pensiero matematico esaminando le opere principali in relazione alle epoche dinastiche.[7]

Durante la dinastia Shang era stata sviluppata la rappresentazione dei numeri, che troviamo documentata sulle ossa oracolari. Nel IV sec. AEC, dinastia Zhou, il calcolo della moltiplicazione era noto, come testimoniano ritrovamenti archeologici di tavole di moltiplicazione, ed era diffuso l'utilizzo del calcolo con bastoncini. Mozi, all'epoca degli Stati Combattenti, discusse alcuni concetti di geometria, come la nozione di punto, di parallelismo tra linee, la nozione di distanza e il calcolo di volumi. Abbiamo già accennato alle idee sul concetto di infinito e infinitesimo tra i Logici. È durante le dinastie Qin e Han che emerge una conoscenza matematica più approfondita.

Suan Shushu. Il più antico scritto di matematica, *Suan shushu* 筭數書 (Scritti sul calcolo) è stato trovato nel 1983 in una tomba a Zhangjiashan, nello Hubei, che, come indicano prove documentali, risulta essere stata chiusa nel −186 agli inizi della dinastia Han Orientale. Si tratta di un rotolo di 190 strisce di bambù, scritte dall'alto verso il basso, legate da un cordino che permetteva di arrotolarlo (Fig. 4.2 a sinistra). In occasione della scoperta le strisce erano slegate, e non è stato possibile ricostruire con esattezza il loro ordine. Si tratta indubbiamente del più antico testo cinese di matematica. Insieme a questo testo sono anche stati ritrovati altri scritti relativi a questioni amministrative, alla medicina e alla ginnastica terapeutica. L'interesse per questo scritto è che per la prima volta è stato possibile leggere un testo di matematica originale così antico, anziché trascrizioni molto tarde. Ciascuna striscia tratta un problema distinto e gli studiosi non sono riusciti a trovare una struttura che leghi i vari argomenti, a differenza dei trattati successivi che appaiono meglio strutturati e soprattutto espongono e trattano i problemi sempre nella stessa modalità.

---

[7] (Ade, 2020). https://journal.unpas.ac.id/index.php/pjme/issue/view/267 Ultimo accesso gennaio 2024.

Cullen[8] individua 14 gruppi di strisce che riguardano differenti tipi di problemi matematici. Tra i primi problemi ci sono semplici moltiplicazioni che dimostrano un sistema di numerazione decimale. Ad esempio la striscia 11 contiene il testo:

一乘十二也 十乘萬十萬也千乘萬千萬一乘十萬也 十乘十萬百萬半乘千五百一乘百

Uno moltiplicato per dodici è dodici; dieci moltiplicato per diecimila è centomila; mille moltiplicato per diecimila è diecimilioni; uno moltiplicato per centomila è centomila; dieci moltiplicato per centomila è un milione; cento moltiplicato per centomila è dieci milioni; la metà di mille è cinquecento; uno moltiplicato per cento è cento.[9]

I problemi sono sempre preceduti da una descrizione, ad esempio viene presentato il caso di una donna che ogni giorno raddoppia la quantità di tessuto e il quinto giorno ha prodotto cinque *chi*, e si chiede quanto abbia prodotto ogni giorno. Alcuni gruppi trattano problemi di geometria solida relativi al calcolo di volumi per le granaglie o geometria piana relativi al calcolo di superfici agricole. Molto interessante è un esempio di applicazione della *regula falsi* o metodo della falsa posizione. Si tratta di un problema matematico oggi molto semplice, ovvero la risoluzione dell'equazione $ax = b$.

In un antico papiro egiziano il problema viene posto con la formulazione: come determinare una certa quantità che, sommata alla propria settima parte, dia come risultato 19. In forma simbolica si scriverebbe oggi:

$$x + \frac{1}{7}x = 19.$$

Il metodo della falsa posizione procede scegliendo come falsa soluzione $x = 7$, che sostituito nella prima parte dell'equazione dà $7 + (^1/_7) 7 = 8$ con un errore di 11. La soluzione è allora data dalla proporzione $19 : 8 = x : 7$, cioè 16,625.

In occidente i matematici Arabi intorno al X secolo introdussero la *doppia regula falsi*, che veniva chiamata *calcolo dei due errori*, per risolvere equazioni del tipo $ax + b = c$. Nella matematica europea il metodo venne spiegato da Fibonacci nel '200, da Pacioli nel '400 e da Tartaglia nel '500.

Nel *Suan shushu* (ricordiamo risalente a prima del −186) troviamo un esempio della *doppia regula falsi* relativamente al calcolo del lato di un campo quadrato. Si tratta delle strisce 185 e 186 che riportiamo con la trascrizione pinyin.

---

[8] (Cullen, 2007).
[9] Ivi p. 118.

Striscia 185.
方田
　田一畝方幾何步。曰方十五步。一分步十, 五卯方十五步, 不足十, 五步方六十步。有徐, 曰并贏不足以為法不足。

Fāng tián
　Tián yī mǔ fāng jǐ hé bù. Yuē fāng shíwǔ bù. Yī fēn bù shí, wǔ mǎo fāng shíwǔ bù, bùzú shí, wǔ bù fāng liùshí bù. Yǒu xú, yuē bìng yíng bùzú yǐ wéi fǎ bùzú

Striscia 186.
子乘贏母贏子乘不足母并不足以為實复之如何啟廣之术
　Zǐ chéng yíng mǔ yíng, zǐ chéng bùzú mǔ bìng bùzú yǐ wéi shí. Fù zhī rúhé qǐ guǎng zhī shù.

Una possibile traduzione letterale è:

Striscia 185.
　Campi quadrati
　Un campo di un mǔ è largo quanti bù? Risposta: è quadrato 15 bù. Metodo: Se è quadrato 15 bù, mancano 15 bù; se è quadrato 16 bù, avanza 16 bù. Se ci sono eccedenze o insufficienze, non devono essere considerate come valore effettivo.

Striscia 186.
　Moltiplica il figlio per l'eccedenza della madre e la madre per l'insufficienza del figlio, moltiplica il figlio per l'insufficienza della madre e la madre per l'insufficienza del figlio. Considera questi valori come definitivi. Ripeti questo metodo per applicare la tecnica di espansione e riduzione.[10]

La striscia 185 espone il problema e il metodo che consiste nel trovare due approssimazioni una eccedente e una insufficiente con le relative differenze. La seconda striscia espone la tecnica di calcolo in cui incontriamo due termini "madre" e "figlio" che possono essere considerati come, rispettivamente, i valori 16 e 15. Il testo non esplicita che i prodotti devono essere sommati e in seguito divisi per la somma della insufficienza e della eccedenza. Dobbiamo tuttavia ricordare che i termini 子 figlio e 母 madre denotano rispettivamente numeratore e denominatore di una frazione. Cullen propone la seguente interpretazione che costituisce una esposizione del metodo della doppia falsa posizione.

　C'è un campo di un mǔ: di quanti bù è il quadrato? Risposta: è quadrato 15 + 15/31 bu. Metodo: Se è quadrato 15 bu, mancano 15 bu; se è quadrato 16 bù, avanza 16 bù. Risposta: combina l'eccesso e il deficit per fare il divisore; Moltiplica il numeratore del deficit per il numeratore dell'eccesso e il numeratore dell'ec-

---

[10] In questo frammento si trovano i concetti di numeratore e denominatore. Essi sono chiamati rispettivamente "madre" e "figlio", che nei Nove capitoli (più avanti) sono denotati come *fenzi* 分子 e *fenmu* 分母. Il lessico matematico non è specifico e formalizzato.

cesso per il denominatore del deficit; sommali per formare il dividendo. Inverti questo come nel metodo per rivelare la larghezza.[11]

La soluzione di questo problema si può rappresentare, con la notazione simbolica, nella forma:

$$\frac{l_{\min} \times ecced + l_{\max} \times insuff}{insuff + ecced} = \frac{15 \times 16 + 16 \times 15}{15 + 16} = 15.4838$$

dove l_{min} e l_{max} sono le stime in difetto e in eccesso della lunghezza e *insuff* e *ecced* sono le differenze in difetto e in eccesso. 15.4838 elevato al quadrato dà 239.75 che dovrebbe corrispondere alla superficie di 1 *mu*.

Questo esempio è molto interessante per due ragioni: solleva forti dubbi sulle influenze della cultura araba verso la Cina, suggerendo piuttosto una influenza contraria. Inoltre mostra che al tempo del *Suan shushu* la soluzione della radice quadrata non era stata ancora escogitata.

Zhoubi Suanjing 周髀算经 Calcolo Gnomonico Zhou, è di fatto un trattato di cosmologia, che espone, in modo matematico, concetti che in precedenza erano considerati miti. L'epoca in cui questo libro vide la luce è molto discussa tra gli esperti: molti ritengono che sia intorno al I sec. AEC, Joseph Needham propende per datarlo tre secoli prima, all'epoca degli Stati Combattenti, studi più recenti rivelano che l'opera raccoglie scritti di epoche molto diverse che vanno dal I sec. AEC al breve intervallo tra il V e il XVIII secolo EC in cui il libro compare nella biblioteca imperiale. In seguito furono aggiunti commenti fino alla versione curata da Zhao Shuang 赵爽, vissuto nel regno Wu all'epoca dei Tre Regni (220–280). I temi, trattati nella forma di dialogo tra un principe e un ministro, riguardano principalmente argomenti di astronomia. È in quest'opera che la cosmologia *Gai Tian* – che esamineremo in dettaglio più avanti – viene matematizzata.[12]

I metodi matematici adottati sono l'uso dei triangoli pitagorici – triangoli rettangoli con lati (3,4,5) e (6,8,10) – l'uso dello gnomone di giada *gui biao* 圭表, del cerchio, del quadrato, la misura delle altezze e delle distanze. Un capitolo è dedicato alla discussione sulla distanza del sole e la misura del suo diametro mediante un tubo di osservazione. Viene trattato il moto annuale del sole e l'uso di una livella ad acqua per misurare l'ombra solare su una superficie perfettamente orizzontale. Vengono anche descritte tecniche per determinare il meridiano, la culminazione degli astri e le 28 case lunari (che descriveremo più avanti). Dal punto di vista strettamente matematico si riscontra l'uso di una notazione decimale che viene esemplificata con le regole di calcolo per addizioni,

---

[11] Ivi p. 88. Cullen interpreta "madre" e "figlio" come "numeratore" e "denominatore" Si potrebbe equivalentemente considerarli come "valore eccedente" e "valore insufficiente."
[12] (Cullen, 1996).

sottrazioni, moltiplicazioni e divisioni, e con le regole per l'estrazione della radice quadrata di un numero qualsiasi. Il rapporto tra circonferenza e diametro del cerchio, π, è approssimato a 3; c'è il dubbio se fosse già presente il concetto di triangoli simili e la capacità di usarne le proprietà. Un rilievo particolare riguarda la nozione di geometria, che emerge dai problemi trattati: la geometria non ha un proprio assetto teorico e propri metodi di studio o di applicazione.

Jiuzhang suanshu. 九章算术, la terza opera, Regole di Calcolo in 9 capitoli, brevemente i Nove Capitoli, costituisce un manuale classico, che, oltre all'aritmetica sopra delineata, tratta di geometria con i metodi di calcolo di superfici e volumi di poligoni e poliedri regolari e irregolari. Quest'opera ha caratteristiche più avanzate del *Zhoubi*, risale quindi molto probabilmente all'epoca degli Han Occidentali. In ogni caso, se al *Zhoubi* si attribuisce una datazione del primo periodo Han, al *Jiuzhang* dovrà essere attribuita una datazione del periodo degli Han Orientali, quindi circa 200 anni dopo.

I Nove Capitoli hanno avuto in Cina un ruolo fondamentale, confrontabile con quello della geometria di Euclide nel mondo Occidentale.[13] È stata editata e riscritta più volte, uno degli autori fu Qin Jiushao durante la dinastia Song (Fig. 4.2 a destra).[14]

Quest'opera è composta, come dice il nome, da nove capitoli. Il primo tratta le misurazioni del terreno e si trovano regole per il calcolo di aree di triangoli, rettangoli, trapezi, cerchi e settori circolari e anulari. Il secondo capitolo tratta di percentuali e proporzioni in relazione a misure di quantità di riso e granaglie. Il terzo capitolo tratta progressioni aritmetiche e geometriche e tratta i problemi di tassazione risolvendoli mediante proporzioni. Il quarto capitolo presenta esempi per calcolare i lati incogniti di figure di cui è nota la superficie o alcuni lati. Il quinto capitolo ha un carattere più ingegneristico. Infatti presenta problemi di misurazione di volumi di solidi, applicate alla progettazione di mura, di scavi, di dighe. Il sesto capitolo affronta le questioni di accertamento della produzione nel contesto della tassazione, proponendo la distribuzione equa delle imposte in base alla capacità produttiva e alla dimensione della popolazione delle varie comunità. Il settimo capitolo ha un titolo originale: *troppo e non abbastanza*, una nuova denominazione della *regula falsi* già citata. L'ottavo capitolo considera sistemi di equazioni lineari con numeri positivi e negativi: è la prima comparsa della nozione di numero negativo nella civiltà umana. Il nono capitolo infine tratta problemi di calcolo relativi a figure con angoli retti. Un esempio famoso è il calcolo dell'altezza del frammento rimasto in piedi di un bambù spezzato di cui si conosce la distanza d della punta dalla base (Fig. 4.3).

---

[13] (Cullen, 2007).
[14] Una traduzione completa con i commentari è (Chemla & Shuchun, 2004).

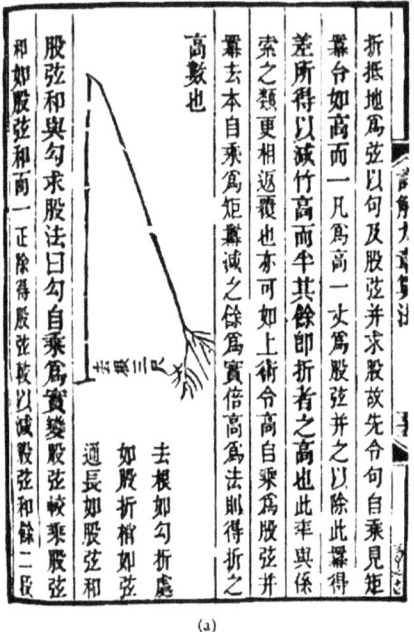

Fig. 4.3 Il problema del Bambù spezzato

A partire dal III secolo EC e fino al VI secolo, si sviluppa una matematica teorica che introduce il ragionamento logico, come testimoniano i numerosi commenti ai Nove Capitoli. Come vedremo, le approssimazioni computazionali non erano più un processo empirico di tentativi ed errori. Si apre un periodo di grande innovazione tecnologica: vengono disegnate mappe geografiche sulla base di un reticolo rettangolare di rette equidistanti, introdotto da Pei Xiu 裴秀 (224–271) cartografo e ministro dei lavori pubblici durante la dinastia Jin; Tao Hongjin 陶弘景 (456–536) scrisse un trattato di farmacopea; nel quinto secolo Zu Chongzhi 祖冲之 (429–500) (Fig. 4.4), matematico, astronomo e ingegnere, inventò varie macchine e trovò una approssimazione molto accurata di π che vedremo più avanti.

Suanjing Shi Shu. Durante la Terza Unificazione, con le dinastie Sui e Tang (dal V al IX sec.), la matematica viene ufficialmente insegnata nelle scuole di preparazione per i funzionari dello Stato, e il materiale è raccolto in dieci libri, chiamati collettivamente *Suanjing Shi Shu* 算经十书 (I dieci Canoni Computazionali). In generale si tratta di opere di livello elementare, anche se comprendono soluzioni a problemi che fanno parte della teoria dei numeri, come ad esempio il problema dei *cento polli* o quello dei resti, su cui torneremo più avanti.

Fig. 4.4 Busto di Zu Chongzhi. Opera contemporanea. (© Antica Piattaforma di Osservazione, Beijing)

Del periodo dal X al XII secolo si conosce poco, le opere riportano solo allusioni a problemi di matematica elementare, anche se ci sono riferimenti a testi scomparsi che trattavano problemi più complessi.

Tra il 1247 e il 1303 vengono pubblicate nuove opere giunte fino a noi che indicano una ripresa degli studi matematici. Notiamo che è in questo periodo che la cultura cinese intensifica i contatti con quella Araba come effetto delle invasioni Mongole e l'instaurarsi della dinastia Yuan. Gli studi e le invenzioni di maggiore interesse per l'astronomia sono quelle di Guo Shoujing 郭守敬 (1231–1316) astronomo e calendarista che si servì della trigonometria sferica, e di cui torneremo a parlare in seguito.

Dopo questa fase di fioritura la matematica cinese entra in un periodo di declino, in particolare durante la dinastia Ming. Viene persa infatti la tradizione dell'insegnamento orale, lasciando alle sole opere scritte la trasmissione di un sapere, che, non essendo formalizzato e privo di un linguaggio preciso, diventa presto incomprensibile.

Quando i Gesuiti, con Matteo Ricci, arrivano in Cina assistiamo a una ripresa e alla introduzione della matematica occidentale attraverso l'importante traduzione dell'opera di Euclide, curata dallo stesso Matteo Ricci, basata sul testo tradotto in latino da Cristophorus Clavius nel 1574.

Gli sviluppi successivi esulano dai nostri interessi. È viceversa utile ritornare all'esame dei contributi degli autori più importanti e di alcuni temi centrali.

4.2 Gli autori

Mentre i matematici cinesi tendevano a privilegiare applicazioni pratiche e il calcolo, gli scienziati europei, soprattutto dal Rinascimento in poi, ponevano una maggiore enfasi sugli aspetti teorici e filosofici. Tuttavia, entrambe le tradizioni mostrano un'interazione tra pratica e teoria, sviluppatasi in contesti culturali differenti. Queste caratteristiche emergono chiaramente dalle brevi biografie presentate in questa sezione. Purtroppo, degli autori più antichi ci restano solo citazioni frammentarie dei loro studi.[15]

Liu Xin (−46 ca. +23). I Liu erano una importante famiglia e il nonno venne onorato con il titolo di Marchese. Liu Xin 劉歆 era imparentato con Liu Bang, il fondatore della dinastia Han. Egli fu incaricato dell'importante compito di conservatore della Libreria Imperiale, per la quale ideò un metodo di classificazione. Alcuni studiosi contemporanei ritengono che sia intervenuto sui testi storici modificandoli secondo la concezione politica della sua epoca. Uno dei contributi di Liu Xin alla matematica cinese antica riguarda la stima di π. Fu infatti il primo a tracciare uno schema geometrico che porta alla approssimazione 3,1547.

Liu Hui 刘徽 (230 ca. EC –?). Il luogo di nascita di Liu Hui era probabilmente Zixiang nella attuale provincia di Shandong. Si racconta che incominciò a studiare i Nove Capitoli in giovanissima età, per cui scrisse annotazioni verso la fine della dinastia Wei (263). Dalla comparazione dello stile di scrittura con altri autori più conosciuti, gli studiosi[16] ritengono che nel 263 doveva avere circa 30 anni. Le annotazioni di Liu Hui consistono in totale di 10 volumi. Liu Hui è riconosciuto come un importante matematico per aver saputo esprimere in forma algebrica problemi che gli studiosi della sua epoca esponevano in forma discorsiva. Era inoltre molto pragmatico ed assumeva una attitudine rigorosa quando criticava false credenze o respingeva ipotesi fantasiose non fondate su dati di fatto. Questo metodo di studio si manifesta nelle molte critiche ad errori che rilevò nei Nove Capitoli. Come vedremo Liu Hui escogitò una soluzione efficace al problema della determinazione della radice quadrata. Molti dei commenti di Liu Hui riguardano problemi di geometria, che tratta con rigore dimostrativo.

Un importante scritto di Liu Hui, *Hai Dao Suan Jing* 海岛算经, che potremmo tradurre liberamente come Manuale di Calcolo dell'Isola, era stato inserito come decimo capitolo nei Nove Capitoli, in seguito diffuso separatamente.

---

[15] (Needham, 1956; Granet, 1971).
[16] (Guo, 2021) p. 636.

In quest'opera viene descritto il metodo di misurazione di altezze e distanze, necessario per i rilievi topografici e per la navigazione, che descriveremo più avanti.

Sun Zi 孙子 (IV sec. EC). Di questo studioso si sa soltanto che pubblicò il libro *Sun Zi Suan Jing* 孙子算经 (Manuale di calcolo di Sun Zi). In altri scritti viene citata la sua opera ma di lui non compare mai il nome, quindi non avrebbe rivestito alcuna carica ufficiale. Probabilmente si tratta di uno studioso che si è occupato di matematica, senza conseguire particolari risultati. È comunque una figura interessante, in quanto ha affrontato per primo il problema dei resti, dando origine al teorema cinese dei resti.

Il *Sun Zi Suan Jing* è composto da tre capitoli. Il primo capitolo descrive sistemi di misurazione con notevole dettaglio e fornisce istruzioni sull'uso delle bacchette con le tavole di calcolo per moltiplicare, dividere e calcolare radici quadrate. Fornisce anche due sistemi per denotare grandi potenze di dieci. Il secondo e terzo capitolo presentano problemi piuttosto semplici relativi a frazioni, aree, volumi. Il problema 26 del terzo capitolo tratta il problema dei resti che esamineremo più avanti.

Shen Kuo 沈括 (1031–1095) nacque a Qiantang (l'attuale Hangzhou) (Fig. 4.5). Nel 1063 superò brillantemente l'esame imperiale ottenendo il grado più alto. Divenne presto un funzionario del governo centrale, per il quale svolse compiti di ambasciatore, di comandante militare, di direzione di lavori idraulici e di cancelliere capo della Accademia Hanlin. Nel 1072 fu incaricato di dirigere l'ufficio dell'Astronomia, dove, con la collaborazione di Wei Pu, si impegnò nella

Fig. 4.5 Busto di Shen Kuo. Opera contemporanea. (© Antica Piattaforma di Osservazione, Beijing)

revisione della scienza dei calendari. Gli impegni ufficiali si conclusero dopo il 1081, a seguito della ostilità di un generale, che cacciò Shen e lo costrinse a ritirarsi alla vita privata.

Il suo contributo alla matematica è relativo alle tecniche per ricavare grandezze trigonometriche a partire dalla corda, *xian* 弦, di una circonferenza.[17] In Fig. 4.7 vediamo indicate le grandezze che Shen Kuo mette in relazione con l'equazione:

$$a = \frac{s^2}{r}$$

di cui farà uso Guo Shoujing per risolvere i problemi di trigonometria sferica. Più avanti esamineremo i contributi di Shen Kuo nell'astronomia.

Shen Kuo si dedicò a numerosi campi del sapere e della tecnica cinese. Scoprì la distinzione tra nord magnetico e nord celeste, si occupò di farmacologia, studiando le caratteristiche e le proprietà delle erbe medicinali. Oltre ad occuparsi di regimentazione delle acque, inventando paratie per controllare le irrigazioni, nel suo saggio riporta anche progetti di ingegneria civile e in particolare le tecniche di incastro "tenone e mortasa"[18] ampiamente utilizzate nelle costruzioni in legno, riconoscendo come inventore l'architetto Yu Hao 喻皓 (vissuto durante la dinastia Song Settentrionali). Shen si interessò anche di anatomia, suggerendo la pratica forense della dissezione per chiarire le cause e i modi di morte. Si interessò anche di ottica, osservando fenomeni come l'inversione di una immagine nello specchio, il foro stenopeico, gli specchi ustori. L'elenco dei suoi interessi è lungo e comprendeva l'archeologia, la geologia, la meteorologia, la stampa a caratteri mobili.

Li Zhi 李之 (1192–1279) (anche noto come Li Ye 李冶) era figlio del segretario di un ufficiale, nacque nell'Hebei a Luancheng; ottenne un dottorato a Luoyang e nel 1230 venne assunto come Assistente Magistrato nel distretto di Gaoling, l'attuale provincia di Shanxi. A causa della guerra non poté assumere l'incarico e divenne Governatore della prefettura di Jun, nell'attuale Henan. Quando i Mongoli conquistarono la capitale Kaifeng nel 1233 sfuggì al massacro grazie all'intervento di Yelü Chucai 耶律楚材 (1190–1244) un ufficiale di alto rango passato al servizio dei Mongoli. Nel 1234 si ritirò in eremitaggio nel Shanxi, ed entrò in contatto con vari intellettuali. In questo periodo incominciò a scrivere il suo lavoro principale *Ce Yuan Hai Jing* 测圆海镜 (Specchio del Mare per la Misurazione Circolare), un trattato in 12 volumi che contiene una unica figura geometrica che viene utilizzata per la descrizione e soluzione di 170 problemi.

Nel 1237 il futuro imperatore Mongolo Kublai mandò emissari per chiedergli consigli su come governare, e come organizzare i concorsi di reclutamento dei funzionari e sull'interpretazione dei terremoti. Nel 1259 completò un secondo

---

[17] Ricordiamo che l'uso della corda per trattare angoli fu introdotto da Ipparco (−190 −120) e la trigonometria venne in seguito sviluppata da Menelao (70–140).
[18] In cinese 榫头 (*sun tou*) e 卯眼 (*mao yan*).

trattato *Yigu Yanduan* 益古演段 (Estensioni della vecchia matematica). Li Zhi in quest'opera espone un metodo per il trattamento algebrico delle equazioni polinomiali chiamato *Tianyuan shu* 天元术, che può essere tradotto come "metodo del principio celeste", una espressione usata per denotare l'*incognita* di un'equazione.

Nel 1264 l'imperatore Kublai ammise Li Zhi all'accademia Hanlin, affidandogli il compito di editare gli annali ufficiali della dinastia. Si dimise presto dall'incarico per ragioni di salute e morì nel 1279.

L'analisi dell'unica illustrazione del trattato *Ce Yuan Hai Jang* (Fig. 4.6) mette in luce l'impianto concettuale della geometria cinese. Il disegno a sinistra mostra un cerchio tangente a un triangolo rettangolo, i lati del triangolo non sono denotati da lettere come nella geometria occidentale, ma da nomi che evocano l'idea della mappa di una città. I triangoli tracciati hanno lati di lunghezza intera che costituiscono una tripletta pitagorica, ad esempio la terna (17,8,15). Da questa tripletta si ottengono infiniti triangoli rettangoli moltiplicando la terna per una costante, come: $40 \cdot (17,8,15) = (680,320,600)$. L'intero libro è una lunga lista di 692 formule che riguardano l'area di triangoli o la lunghezza di segmenti. Le formule sono esposte in modo diretto senza alcuna spiegazione logica. Queste formule per Li Zhi non rivestono alcun interesse geometrico, interessano solo per il ruolo che giocano nelle sue tecniche di calcolo. I 170 problemi che affronta nella parte successiva del libro sono del tipo: due uomini camminano lungo de-

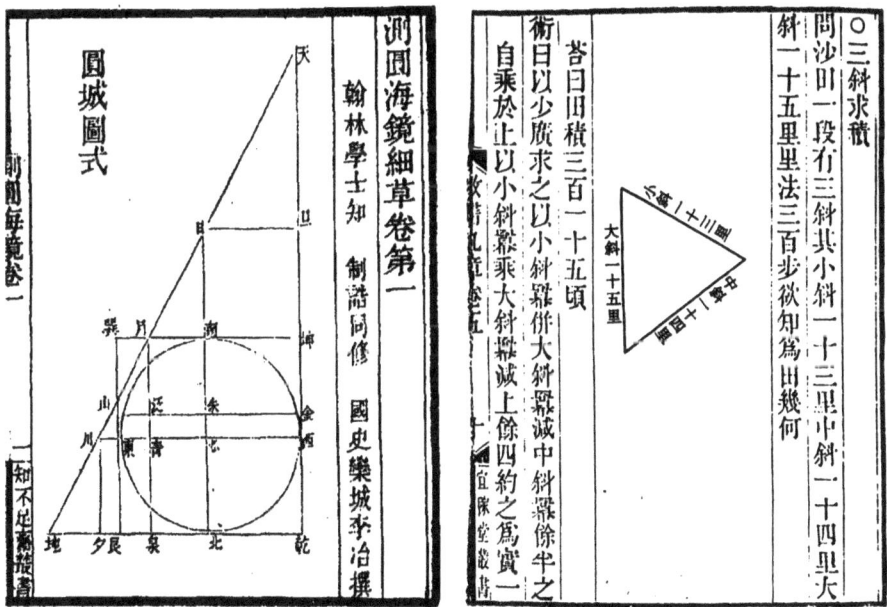

Fig. 4.6 Sinistra: illustrazione dal libro di Li Zhi, chiamata "figura della città circolare." Lungo il contorno della figura ci sono indicazioni dell'orientamento cardinale. Destra: calcolo dell'area di un triangolo obliquo, Qín Jiǔsháo

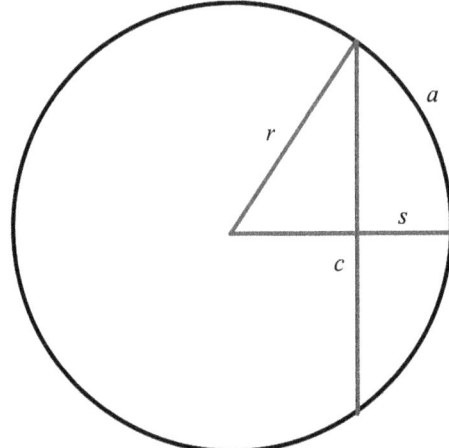

Fig. 4.7 Corda, sagitta e arco

terminate strade attorno a una città circolare come quella raffigurata nella unica figura del libro, in cui un cerchio è racchiuso in un triangolo rettangolo; i due uomini devono vedersi l'un con l'altro dato che sono nascosti dalle mura circolari. La domanda è sempre quella di determinare il diametro della città che è invariabilmente 120 *bu*.

Nell'affrontare altri problemi simili il ruolo dei lati del triangolo può essere scambiato, configurando un problema che *imita* il precedente. Questo approccio si configura come un artificio letterario chiamato *pianwen* 篇文, un genere letterario che comporta una struttura metrica. Risulta difficile cogliere questi aspetti senza una conoscenza approfondita della lingua cinese, tuttavia gli esperti la caratterizzano come una matematica in stile letterario, una forma retorica che aveva molto probabilmente una funzione mnemotecnica.

Qin Jiushao 秦九韶 (ca. 1202–1261) nacque a Anyue, nell'attuale Sichuan; il padre era stato ammesso quale funzionario diplomato nel 1193 e aveva occupato varie posizioni nell'amministrazione locale. Qin Jiushao scrive:

> "Nella mia giovinezza vivevo nella capitale [l'attuale Hangzhou] così potei studiare nella scuola di Astronomia; in seguito venni istruito in matematica come studente residente."[19]

Si sa che rivestì il ruolo di Comandante della Difesa dal 1233. Nel 1234 i Mongoli invasero il Sichuan, e Qin Jiushao ne fu testimone.

Fu Gentiluomo di Corte alla prefettura di Jiankang (l'attuale Nanjing), ma nel settembre del 1234 lasciò quel luogo, in lutto per la morte della madre. Si ritiene che da allora si sia dedicato alla scrittura dell'opera *Shu Shu Jiu Zhang* 书数九章 (una

---

[19] (Martzloff, 1997) p. 149.

riscrittura di quelli che abbiamo sopra chiamato I Nove Capitoli) in cui affronta soprattutto problemi di astronomia e studio dei calendari. Tratta inoltre di cronologia celeste e di "calamità celesti." Da questi eventi si potevano trarre indicazioni sul tempo atmosferico o l'intensità delle precipitazioni e per misurarle inventò un pluviometro.

Un altro problema che Qin Jiushao affronta è il calcolo dell'area di un triangolo obliquo conscendo i tre lati (Fig. 4.6 a destra). La soluzione di Qin Jiushao evita il calcolo diretto fondato sulle proprietà geometriche dei due triangoli, e si basa invece sulla soluzione di una equazione di quarto grado i cui coefficienti dipendono dalle dimensioni della figura.

Zhu Shijie 朱世傑 (1249–1314) Di questo matematico non si sa quasi nulla. Visse verso la fine del XIII secolo e ha scritto l'opera *Si Yuan Yu Jian* 四元玉鉴 (Lo specchio di giada dei quattro elementi) nel 1303. Egli affronta problemi fino a 4 incognite, e tratta problemi di architettura, finanza, logistica militare con tecniche algebriche elementari, di cui dimostra padronanza fino a disegnare il triangolo di Pascal (o di Tartaglia) che rappresenta la progressione dei coefficienti del binomio

$$(a+b)^n$$

con n fino a 8 (Fig. 4.8).

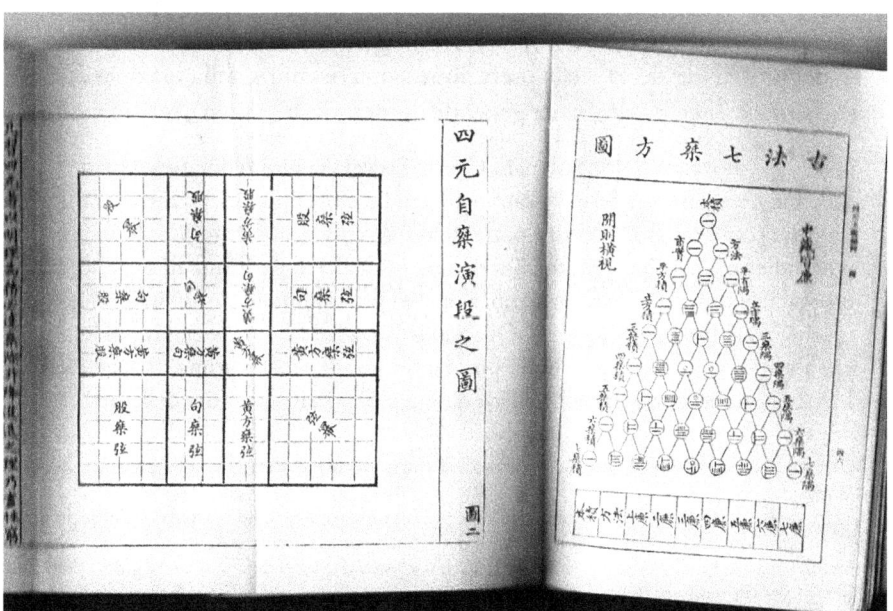

Fig. 4.8 Una pagina dallo Specchio di Giada dei Quattro Elementi di Zhu Shijie

Presenta anche numerosi problemi geometrici per la suddivisione di figure piane o solidi, ad esempio come suddividere un trapezio in parti uguali con rette parallele alla base o la suddivisione di un disco in parti uguali con corde tra loro parallele. Potrebbe apparire come un'opera di giochi matematici, ma si scorgono conoscenze di algebra e persino un metodo che corrisponde alla tecnica di interpolazione con le differenze finite di Newton. Zhu Shijie, come Li Zhi, tratta anche i problemi delle equazioni polinomiali.

Yang Hui 杨辉 nacque nel Qiantang (oggi Hangzhou) durante la dinastia Song Meridionale, contemporaneo di Qin Jiǔsháo e Li Zhi. Yang Hui si occupa di problemi di aritmetica e di algebra elementare ma espone anche i ragionamenti logici che portano alle soluzioni. Nel 1261 pubblicò *Xiang Jie Jiu Zhang Suan Fa* 詳解九章算法 (Spiegazione dettagliata degli algoritmi dei Nove Capitoli) in cui espone osservazioni critiche sulla carenza di giustificazioni teoriche ai metodi esposti. In quest'opera presenta anche il triangolo di Tartaglia, che trattava anche Zhu Shijie, attribuendone l'invenzione a Jia Xian 贾宪, che aveva vissuto circa 200 anni prima.[20]

Pubblicò nel 1275 *Xugu Zhaiqi Suan Fa* 續古摘奇算法 (Spiegazione dettagliata di antichi e straordinari algoritmi), che tratta disposizioni di numeri in cerchi e quadrati magici.

Cheng Dawei 程大位 (1533–1606). Dopo la caduta della dinastia Yuan, i Ming trascurarono i risultati matematici degli studiosi di quel periodo, che consideravano con grande sospetto. Di fatto questo diede luogo a una lunga stasi della matematica cinese. L'unica figura rilevante fu Cheng Dawei, che non introdusse alcuna innovazione benché considerato il maggiore studioso di aritmetica cinese. Uno dei suoi discendenti, nella prefazione a una ristampa della sua opera principale, *Suan Fa Tong Zong* (Fonte generale di metodi di calcolo), scrisse:

> "Nella sua gioventù il mio antenato Cheng Dawei era molto dotato sul piano accademico, ma sebbene fosse versato nello studio continuò a esercitare la sua professione come onesto Agente Locale, senza diventare uno studioso. Non lasciò mai indietro i classici e la antica scrittura con caratteri a forma di girino[21], ma era particolarmente dotato in aritmetica. Nei primi anni della sua vita professionale visitò le fiere di Wu e Chu. Quando trovava libri in cui si parlava di 'campi quadrati', 'grani decorticati' non considerava mai il prezzo prima di acquistare. Interrogava vecchi rispettabili che avevano esperienza nella pratica dell'aritmetica

---

[20] Matematico vissuto in epoca Song Settentrionale. Escogitò tecniche di calcolo per l'estrazione di radice quadrata.
[21] La scrittura a girino 蝌蚪文, *kedou wen* compare per la prima volta quando la scuola di Confucio venne sciolta nel secondo secolo. Il nome deriva dalla forma a girino con caratteri a grandi teste e code (*kedou*). Si distingueva dalla scrittura a uccelli e insetti 鸟虫书 (*niǎochóngshū*). Tuttavia la "scrittura a girini" può essere semplicemente un modo popolare di riferirsi all'antica scrittura del periodo Zhou. (https://en.wikipedia.org/wiki/Tadpole_script). Ultimo accesso Novembre 2022.

Fig. 4.9 Sinistra: Cerchi magici di *Cheng Dawei*. Destra: Tubi musicali. (© Museo Nazionale, Beijing)

e gradualmente e in modo infaticabile formò la sua personale raccolta di problemi difficili."[22]

I suoi studi non hanno nulla di originale, si tratta di una rielaborazione di opere precedenti. È principalmente un trattato sull'uso dell'abaco e sul significato mistico dei numeri (quadrati e cerchi magici, trigrammi e tubi musicali, Fig. 4.9). Le regole di calcolo che espone sono scritte in versi per facilitarne la memorizzazione, e forse questo e lo stile letterario elevato ne hanno decretato il successo nell'epoca in cui i Gesuiti introducevano in Cina la matematica occidentale.

4.3 I temi della matematica cinese

La matematica cinese non si articola in settori di studio indipendenti, come avviene in Occidente, dove tale strutturazione comincia a delinearsi a partire dal Rinascimento. In particolare, manca una disciplina matematica formalizzata e autonoma come la Geometria. Tuttavia, è possibile identificare alcuni temi distintivi.

Numeri e numerazione. Nei testi letterari antichi si trovano riferimenti all'uso di nodi, *quipu*, o di tacche su bastoncini nei tempi più antichi. Il passaggio all'uso di simboli numerici emerge chiaramente nelle ossa oracolari, che presentano incisioni interpretate come documenti divinatori. Questi segni numerici venivano utilizzati per registrare quantità come il numero di animali, persone o conchiglie, oltre a date specifiche in termini di giorni e mesi. Le iscrizioni documentano anche informazioni di natura rituale o pratica, come dettagli sui sacrifici, resoconti di spedizioni militari e altre attività rilevanti per la vita sociale e religiosa dell'epoca.

---

[22] (Martzloff, 1997) p. 159.

Questi utilizzi dei numeri mettono in luce il valore simbolico associato ai numeri. Sono numerosi i riferimenti alla mitologia della nascita dei numeri, al loro uso e alle loro relazioni con il sistema cosmologico. Nel *Lüli Zhi* si può leggere:

> Il Libro di Yu afferma: "Allora si uniformarono le norme per misurare lunghezze, capacità e pesi", così da garantire equità tra vicini e lontani e stabilire la fiducia del popolo. A partire da Fuxi, che tracciò gli otto trigrammi e diede inizio ai numeri, fino a Huangdi, Yao e Shun, tutto fu reso completo. ... Confucio propose le leggi dei sovrani successivi, dicendo: "Regolare attentamente i pesi e le misure, esaminare scrupolosamente le regole e le misure celesti ...."[23]

I numeri avevano anche una funzione fondamentale nella musica:

> "Con l'ascesa della dinastia Han, il marchese di Beiping, Zhang Cang, fu il primo a occuparsi delle questioni relative ai toni musicali e al calendario. Durante il regno dell'imperatore Wu, gli ufficiali della musica riesaminarono e correggevano queste norme. Nel periodo di Yuanshi, quando Wang Mang deteneva il potere, desiderando ostentare la propria reputazione, requisì oltre cento esperti nei sistemi dei toni musicali e delle campane da tutto il mondo sotto il cielo, incaricando Xi He, Liu Xin e altri di supervisionare e redigere rapporti, che furono i più dettagliati."[24]

Ancora nello stesso testo vengono definiti i numeri:

> "I numeri sono uno, dieci, cento, mille, diecimila. Sono usati per calcolare e contare cose, seguendo i principi naturali della vita e del destino. Il Libro [di Yu] afferma: 'Prima il calcolo, poi il destino'. Essi hanno origine nel numero di *Huangzhong*[25], iniziano con l'unità e si moltiplicano per tre; moltiplicando tre per tre, si ottiene la progressione attraverso i dodici rami terrestri, raggiungendo 177.147. Così si completa il ciclo dei cinque numeri fondamentali. Per il calcolo si utilizzano bastoncini di bambù, ciascuno con un diametro di un fen e una lunghezza di sei *cun*. Sono usati in numero di 271, formando sei lati per una presa. Il diametro corrisponde al tono di *Huangzhong*, mentre la lunghezza corrisponde al tono di Linzhong. I numeri seguono il principio del Grande Progetto (大衍) dell'*Yi Jing*, che inizia con cinquanta, ma ne utilizza quarantanove, per formare i sei esagrammi del principio positivo, rappresentando il flusso continuo dei sei vuoti.
> Le leggi del calcolo si applicano per dedurre i calendari, generare i toni musicali, creare strumenti, tracciare cerchi e quadrati, pesare e bilanciare, calibrare e misurare, esplorare il nascosto, sondare le profondità e raggiungere lontananze, senza alcuna eccezione. Misurare la lunghezza e la brevità non dev'essere impreciso nemmeno di un capello; determinare la quantità non può discostarsi nemmeno di un chicco; pesare il peso leggero o pesante non può errare nemmeno di un seme di miglio.

---

[23] Lüli Zhi https://ctext.org/han-shu/lv-li-zhi/zhs Ultimo accesso maggio 2024.
[24] Ivi.
[25] Campana gialla, vedi oltre.

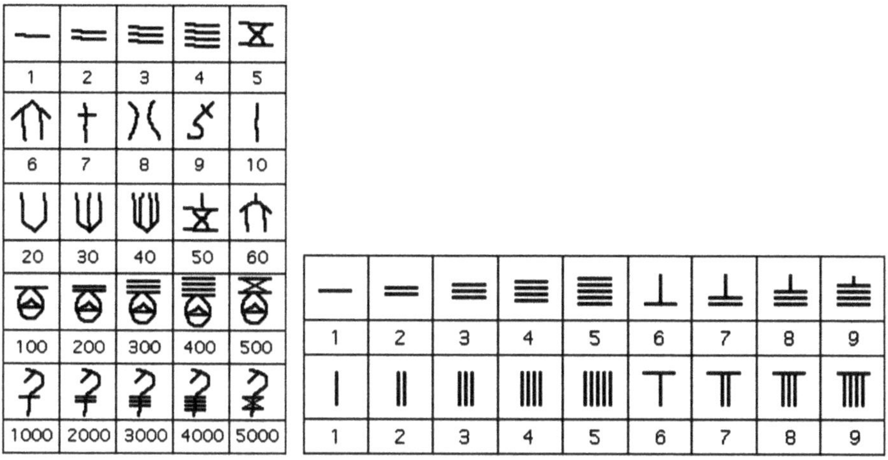

Fig. 4.10 Sinistra: Numerazione su ossa. Dinastia Shang. Destra: Numerazione a bastoncini. Periodo degli Stati Combattenti

Dai numeri di uno, si coordina il dieci, si estende al cento, cresce al mille e si sviluppa al diecimila; il loro metodo si trova nell'aritmetica. Diffusi in tutto il mondo, costituiscono il fondamento della piccola istruzione [istruzione elementare]. La responsabilità appartiene al Grande Astrologo, ed è sotto la supervisione di Xi He."

Sono stati individuati due sistemi di numerazione: il primo combina una serie di dieci simboli con una di dodici, corrispondente alla serie dei rami terreni e dei tronchi celesti, dando origine a una numerazione sessagesimale.

Il secondo sistema di numerazione è decimale e i numeri sono raffigurati con bastoncini disposti orizzontalmente o verticalmente (Fig. 4.10 a destra). Nella Fig. 4.10 a sinistra vediamo i simboli delle epoche più antiche per raffigurare numeri maggiori di dieci. Nell'uso di queste cifre emerge una notazione moltiplicativa, dove il moltiplicatore è posto sopra o sotto il numero che rappresenta il moltiplicando. Queste notazioni compaiono anche nei manufatti in bronzo.

Nel corso dei secoli la notazione si è evoluta, ma non approfondiremo ulteriormente i dettagli.[26]

Nel periodo degli Stati Combattenti sulle monete venivano incisi numeri con bastoncini come nella numerazione decimale indicata nella Fig. 4.10 destra. Va sottolineato che, all'apparenza, questa numerazione può sembrare posizionale, ma in realtà non lo è, poiché il valore indicato è strettamente legato al contesto. Un esempio di questo principio si trova nel linguaggio comune, quando si afferma che una merce costa 'duemila e cinque', intendendo 2500 dal contesto, mentre 'duemila e cinque' in una rilevazione statistica indica proprio 2005. La presenza

---
[26] Si veda al riguardo (Martzloff, 1997).

di spazi tra i numeri cinesi risolve talvolta questa ambiguità quando il contesto non lo permette. Inoltre, per quanto riguarda lo zero, non ci sono elementi certi per indicare che fosse conosciuto in Cina come numero in sé o come indicatore dell'ordine di grandezza quando è posto in fondo al numero (numerazione posizionale). È solo nel XIII secolo, grazie a Qin Jiushao, che il simbolo per lo zero (un piccolo cerchio) fu introdotto nella matematica cinese. Prima di questa innovazione, gli spazi vuoti erano usati per indicare l'assenza di un valore numerico in una posizione specifica.

Il sistema numerico a partire dall'epoca Zhou è decimale e i numeri sono denominati, a partire da uno a dieci: 一 (yi), 二 (er), 三 (san), 四 (si), 五 (wu), 六 (liu), 七 (qi), 八 (ba), 九 (jiu), 十 (shi). I multipli di dieci: cento 百 (bai), mille 千 (qian), diecimila 万 (wan), centomila 十万 (shi wan), un milione 一百万 (yi bai wan). Le frazioni: 1/2 二分之一 (er fen zhi yi), 1/3 三分之一 (san fen zhi yi), 1/4 四分之一 (si fen zhi yi), 1/10 十分之一 (shi fen zhi yi), 1/100 百分之一 (bai fen zhi yi).

Strumenti di calcolo. La numerazione appena descritta si presta a un metodo di calcolo basato sul conteggio di bastoncini disposti su una tavola di calcolo o su una qualunque superficie. Nei trattati che abbiamo richiamato in precedenza si afferma spesso come si deve procedere quando si calcola con l'aiuto di bastoncini, che dovevano avere una forma particolare, ad esempio barrette a sezione triangolare o piccoli prismi per evitare che scivolassero o si mescolassero.

Con l'abaco si possono eseguire le operazioni aritmetiche fondamentali ma anche estrazione di radici quadratiche e cubiche. Matteo Ricci osservò l'abilità nell'uso di questo strumento e cercò di insegnare il metodo di calcolo occidentale basato sulla scrittura dei numeri, che chiamava *calcolo con i pennelli*.[27]

Unità di misura. Come in tutte le culture antiche le unità di misura lineari derivano dall'uso di parti del corpo umano. Le unità di misura cinesi hanno subito varie modifiche nel corso del tempo.

Nel periodo Zhou non era ancora consolidato un sistema decimale. Per arrivare a una suddivisione decimale delle grandezze occorre attendere la dinastia Qin, quando l'imperatore Shi Huang Di impone uno standard decimale. Indicazioni sulla notazione decimale si trovano già nel canone Mohista *Mo Jing*.[28]

Liu Xin contribuì alla preparazione del calendario *Santong li* e alla definizione degli standard di misura. L'interpretazione di questa standardizzazione si ricava dalla Storia della dinastia Han, *Hanshu* 漢书, un'opera di più di 100 capitoli, 21 dei quali, chiamati *Lüli zhi* 律曆志, trattano l'intonazione musicale e i calendari. I numeri, i tubi sonori, le lunghezze, i volumi, le capacità e i pesi fanno parte di un

---

[27] (Fontana, 1996) p. 121.
[28] (Needham, 1959) p. 84.

Fig. 4.11 Sotto: Righello di Jincun. Sopra: Jialiang di Liu Xing. (© Palace Museum, Taipei)

unico schema correlato alla visione cosmologica. Le misure di lunghezza seguivano la formula divenuta standard: 10 *fen* = 1 *cun*; 10 *cun* = 1 *chi*; 10 *chi* = 1 *zhang*; 10 *zhang* = 1 *yin*. Lo standard per un fen era la dimensione di un chicco di miglio; il tubo sonoro *huangzhong* 黄钟, che nei testi precedenti era di solito considerato lungo 81 fen, fu in questo testo definito pari a 90 fen (ricordiamo che $9^2 = 81$).

Da queste grandezze derivano anche unità di superficie, ad esempio un *mu* 畝 corrisponde a un quadrato il cui lato misura 100 *bu*. Uno strumento per misurare volumi di liquidi e granaglie è il *Jialiang* 家良, costruito da Liu Xing (Fig. 4.11 in alto).

Il valore di queste grandezze è variato ampiamente nel corso dei secoli, è quindi difficile attribuire loro un valore esatto. In generale le misure di *chi* variano tra 23 e 33 cm circa, mentre il *cun* varia tra 2,3 e 3,5 cm.

Un righello in bronzo risalente al periodo degli Stati Combattenti è stato ritrovato nel 1931 a Jincun, il sito delle tombe dei re e degli aristocratici Zhou orientali, presso Luoyang, provincia di Henan (Fig. 4.11 in basso). Il righello è lungo 23,1 centimetri, largo 1,8 centimetri e spesso 0,4 centimetri. I segni sono tracciati solo su un lato, le suddivisioni corrispondono circa a un pollice, e solo un intervallo è suddiviso in decimi, una linea intermedia è incisa sul quinto pollice.[29]

In Appendice nelle Tab. A.1, A.2, A.3, A.4 riportiamo le misure di lunghezza, superficie, volume e peso nelle varie epoche.

---

[29] https://blog.sciencenet.cn/blog-275648-1250319.html.

Misure angolari. La nozione di angolo nella matematica cinese antica è molto particolare.[30] Per determinare la posizione dei corpi celesti era necessario usare una unità di misura, che nell'antica Cina era l'unità *du* 度 posta in relazione alla rivoluzione annua del sole. Il sole impiega 365,25 giorni a percorrere la sua traiettoria nel cielo lungo l'eclittica; questa traiettoria veniva suddivisa in 365,25 sezioni ciascuna chiamata *du*, perciò 1 giorno corrisponde a 1 *du* e la velocità con cui viene percorso un *du* veniva chiamata *lü* 率. È importante sottolineare che le 365,25 sezioni del percorso solare non corrispondono ad angoli e non riflettono l'idea di un centro da cui si dipartono una serie di angoli per completare un giro. Il *du* non rappresenta un angolo, bensì una lunghezza, che viene correlata alle posizioni celesti tramite un procedimento che utilizza uno gnomone posto al centro di un cerchio suddiviso in 365,25 unità. Su questo cerchio venivano riportate le posizioni degli astri in relazione allo gnomone. Negli strumenti astronomici costruiti prima dell'arrivo dei missionari Gesuiti in Cina il cerchio viene sempre suddiviso in 365,25 unità.

Frazioni. Le frazioni vengono applicate a problemi di suddivisione di quantità in modo paritario. Nei Nove Capitoli si trattano frazioni e i termini per denotare numeratore e denominatore sono, rispettivamente: figlio, *fenzi* 分子, e madre, *fenmu* 分母.[31] La regola per determinare il massimo comun divisore corrisponde al metodo di Euclide delle sottrazioni successive. Con questo metodo vengono quindi risolte le operazioni di somma, differenza e moltiplicazioni di frazioni. Anche il calcolo del minimo comune multiplo procede in modo analogo al metodo matematico contemporaneo.

Numeri decimali. Sono utilizzati prevalentemente nelle misure di dimensione e quantità. Ogni grandezza, come abbiamo visto, è suddivisa in quantità standard minori, in generale decimali.

Numeri positivi e negativi. Non esiste questa distinzione, in quanto i numeri denotano sempre entità concrete. Ad esempio nei calcoli economici i numeri negativi sono considerati perdite o costi, e nei calcoli con i bastoncini per le due categorie di dati vengono usati colori distinti, oppure bastoncini triangolari e rettangolari o ancora disposti in modo differente. Nei Nove Capitoli i numeri negativi compaiono nel corso del calcolo ma solo nel contesto di operazioni di somma e sottrazione, mai nelle moltiplicazioni o divisioni. La formalizzazione del calcolo con numeri relativi venne introdotta dai Gesuiti.

---

[30] (Guan, 2021).
[31] Si veda ad esempio il problema n. 24 in: https://ctext.org/nine-chapters/fang-tian/zhs Ultimo accesso aprile 2024.

Zero. La questione dell'origine del numero 0 è lungamente dibattuta. Lo zero può essere considerato un numero come gli altri, oppure è il simbolo scritto dopo una cifra[32] che denota la moltiplicazione per la base, in generale 10. Infine può denotare l'assenza. Il primo tipo di zero non compare nella letteratura matematica, mentre il secondo tipo, anche se non raffigurato simbolicamente, concettualmente è presente fin dal VI sec. in quanto ci sono scritti in cui per moltiplicare per 10 o 100 si afferma che è sufficiente spostare i bastoncini di calcolo di una o due posizioni. Il terzo tipo di nozione di zero è presente ma non in forma matematica. Infatti Qin Jiushao fa riferimento alla mancanza di determinate pagine in testi antichi, ma un uso matematico della mancanza di un elemento non è dimostrato. Tuttavia alcuni studiosi rilevano la natura strettamente posizionale della scrittura cinese, per cui la mancanza di una entità corrisponde a una posizione vuota nell'allineamento del testo.[33]

Numeri primi. La nozione di numero primo non aveva alcuna spiegazione teorica. È stata presa in considerazione quando si è cercato di disporre con un allineamento rettangolare un certo numero di oggetti, come ad esempio lo schieramento dei soldati. I numeri non primi possono essere disposti in file e colonne con due fattori, mentre i numeri primi possono essere disposti solo in una singola fila. Per esempio, 15 può essere disposto con un allineamento 3 × 5, a differenza del numero primo 17.

Estrazione di radici. Gli storici della matematica cinese notano che il tema è stato ampiamente trattato nelle varie opere, in quanto ogni autore proponeva una propria soluzione. Nel linguaggio matematico cinese questa operazione viene descritta come un tipo particolare di divisione.

Liu Hui, nel commentario ai Nove Capitoli, affronta l'operazione come una *dissezione* (in cinese *kaifang* 开方) del quadrato. Il numero A di cui vogliamo estrarre la radice quadrata (nella nostra terminologia il radicando) è rappresentato dal quadrato in basso a sinistra nella figura Fig. 4.12. Per fare ciò è necessario "sezionarlo" dividendolo in passi successivi in una regione quadrata e in tre regioni, due ai bordi e una nell'angolo. Ad ogni suddivisione successiva le tre nuove regioni vengono denotate *giallo*, *rosso*, e *azzurro*. Al primo passo si definisce il settore giallo scelto in modo da avere l'area massima x^2 corrispondente (ad esempio) al quadrato del numero di centinaia (o migliaia) del radicando. Il lato di questo primo quadrato è la prima cifra della radice quadrata. Rimane un'area $(A - x^2)$ con la forma di una L (in Fig. 4.12 denotata come gnomone).

---

[32] Cifra è 数字 *shuzi*.
[33] Martzlof (Martzloff, 1997, p. 204) al riguardo fa riferimento al lavoro di Needham (Needham, 1959, p. 9).

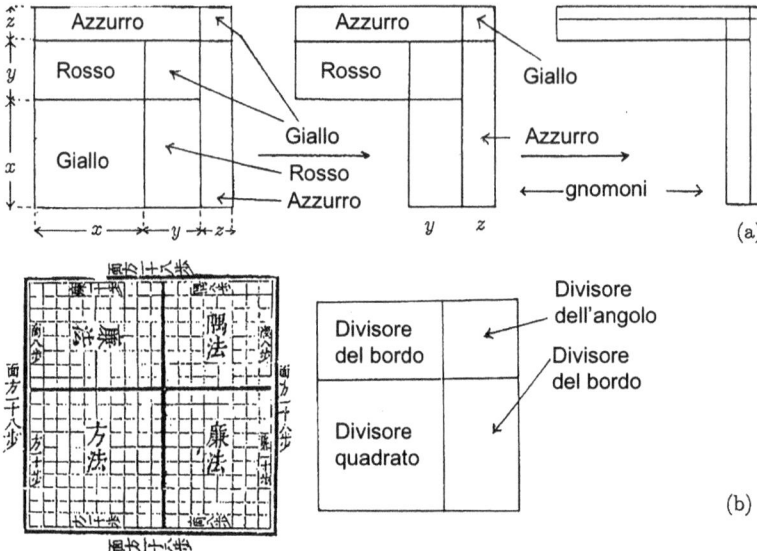

Fig. 4.12 Il metodo di Liu Hui per calcolare la radice quadrata

In questa suddivisione i quadrati agli angoli saranno sempre gialli, e i rettangoli che compongono gli gnomoni saranno rossi quelli interni e azzurri quelli esterni. Al passo successivo si sottrae dall'area dello gnomone il quadrato giallo di lato y e i due rettangoli rossi di area xy e yx e si determina un nuovo gnomone, in figura (a). Per determinare il valore di y ci si avvale della disuguaglianza:

$$y \leq \frac{A - x^2}{2x}$$

e per prove ed errori si individua il valore di y. In questo procedimento Liu Hui usa il termine *divisore fisso* per il valore x.

Il metodo si presta anche per l'estrazione di radice cubica, immaginando di suddividere con la medesima procedura un cubo. Il principio logico sottostante questo metodo viene poi applicato ricorrendo al calcolo con i bastoncini.

Martzloff nota che l'analogia geometrica esposta da Liu Hui è molto simile a quella descritta da Teone di Alessandra (350 ca.) in un commentario all'Almagesto di Tolomeo.[34]

Il problema dei cento polli. È un esempio di un tipico problema aritmetico che viene risolto in modo empirico ma che può trovare una formulazione mediante sistemi di equazioni. Si tratta di trovare quanti polli di tre tipi, il galletto che costa

---

[34] (Martzloff, 1997) p. 223 e seguenti.

5 *qian* 钱[35], la gallina che costa 3 *qian* e 3 pulcini che costano in totale 1 *qian*, spendendo in totale 100 *qian*. La soluzione a questo problema veniva trovata per prove ed errori.

Con la notazione occidentale questo problema si può scrivere con il sistema di equazioni:

$$5x + 3y + \frac{1}{3}z = 100$$
$$x + y + z = 100$$

Risolubile ricavando ad esempio z dalla seconda equazione e sostituendola nella prima per arrivare alla relazione: $7x + 4y = 100$ da cui

$$y = 25 - \frac{7}{4}x.$$

Poiché y deve essere un intero allora x sarà un multiplo di 4, potendosi così scrivere

$$x = 4t$$
$$y = 25 - 4t \quad \text{con } t = 0, 1, 2, 3.$$
$$z = 75 + 3t$$

Il problema dei resti. Per calcolare il calendario occorre risolvere un problema di congruenza.[36] Abbiamo visto il ciclo sessagenario su cui si fondava il calcolo degli anni, con il capodanno, i termini solari, le date degli equinozi e dei solstizi per le celebrazioni e le feste. Il calcolo di questi eventi veniva fatto a partire da una data considerata lo zero, che corrisponde alla festività delle lanterne, chiamata *Shangyuan* 上元.

Il problema da risolvere è: se il solstizio d'inverno si verifica r giorni dopo lo *shangyuan* e s giorni dopo la luna nuova, allora quell'anno è N anni dopo il *shangyuan*. Per risolvere questo problema, è necessario risolvere un sistema di congruenze:

$$aN \equiv r \bmod 60$$
$$aN \equiv s \bmod b$$

dove a è il numero di giorni di un anno tropico (365) e b è il numero di giorni (28) di un mese lunare.

Un aneddoto racconta che l'imperatore contasse in segreto i soldati rilevando che se li conta a gruppi di 3 ne restano fuori 2, se li conta a gruppo di 5 ne restano 3 e se li conta a gruppi di 7 ne restano 2.

---

[35] Il *qian* è una moneta di rame.
[36] (Caire e Cerruti 2015). Nel caso della aritmetica due interi a e b sono detti congruenti modulo n se a–b è divisibile per n; oppure, equivalentemente, se a e b divisi per n danno lo stesso resto.

Sun Zi, nel trattato *Sun Zi Suan Jing* scrive:

> Ci sono certe cose il cui numero è sconosciuto. Se le contiamo per tre, rimane due; se le contiamo per cinque, rimane tre; e se le contiamo per sette, rimane due. Quanti sono?
> Risposta: ventitré.
> La tecnica dice: 'Quando si conta di tre in tre, rimane due', mettere 140; 'Quando si conta di cinque in cinque, rimane tre', mettere 63; 'Quando si conta di sette in sette, rimane due', mettere 30. Sommando tutto, si ottiene 233. Sottraendo 210, si ottiene il risultato. In generale, quando si conta di tre in tre e rimane uno, mettere 70; quando si conta di cinque in cinque e rimane uno, mettere 21; quando si conta di sette in sette e rimane uno, mettere 15. Per numeri superiori a 106, sottrarre 105, e si ottiene il risultato.[37]

Con la notazione moderna il problema si può formulare:

$$x \equiv 2 \bmod 3$$
$$x \equiv 3 \bmod 5$$
$$x \equiv 2 \bmod 7$$

e la soluzione generale è:

$$23 \ (\bmod \ 105)$$

La generalizzazione di questo problema è nota come *Teorema cinese dei resti*[38] e la soluzione generale, chiamata *dayan shu* 大衍术 (grande metodo esteso) è stata descritta da Qin Jiushao nel 1247, il quale ricordava di averla appresa da un calendarista dell'Ufficio Imperiale.

La soluzione generale al problema del resto nella divisione intera venne dimostrata da un matematico cinese solo nel 1861.[39]

Algebra. La nozione di algebra emerge dagli scritti di Li Zhi in cui viene descritto come trattare una incognita, chiamata, come visto, *tianyuanshu*. Il concetto di algebra in questo contesto non ha nulla a che vedere con l'algebra moderna, che studia le strutture astratte di anello, gruppo ecc. su insiemi di numeri, e non ha nulla a che vedere con l'algebra alla base della computazione digitale. Si tratta della risoluzione di problemi con incognite, in sostanza la risoluzione di polinomi.

---

[37] Sun Zi *Suan Jin*, 3:26 https://ctext.org/sunzi-suan-jing/zhs.
[38] (Martzloff 1997, p. 312) Vedi anche (Caire e Cerruti 2015) e: https://ytliu0.github.io/ChineseCalendar/Shangyuan.html. Ultimo accesso aprile 2024.
[39] (Martzloff, 1997) p. 308. Martzloff ricorda che questo problema si ritrova nella letteratura matematica, dello stesso periodo, Indiana (Śrīdharacārya ca. 850–900), Europea (Alcuin 735c.–504) e Araba (Abū Kāmil 900 ca.).

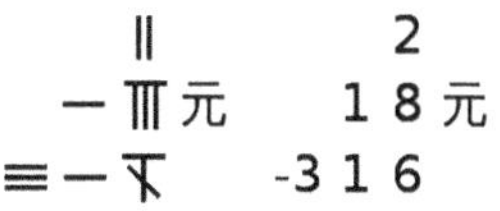

$$\begin{array}{cc} \| & 2 \\ -\text{III }\overline{\pi} & 1\ 8\ \overline{\pi} \\ \equiv -\text{T} & \text{-3 1 6} \end{array}$$

Fig. 4.13 Rappresentazione di una equazione polinomiale con bastoncini di calcolo

L'algebra di Li Zhi non fa uso di alcun simbolo, ogni problema è presentato in forma descrittiva e la soluzione di calcolo proposta si basa sui bastoncini, di cui viene raffigurata la disposizione ad ogni passaggio. Per illustrare questo aspetto, consideriamo un problema la cui formulazione corrisponde alla equazione:

$$2x^2 + 18x = -316$$

Nella Fig. 4.13 a sinistra vediamo la disposizione dei bastoncini e a destra la conversione in cifre arabe. In alto il coefficiente del termine quadratico, 2, al centro il coefficiente 18 del termine lineare, l'incognita raffigurata col simbolo yuan "元" e in basso la costante −316.

I metodi algebrici permettevano di calcolare le radici di polinomi fino al grado ottavo, e il metodo sviluppato è del tutto equivalente al metodo Ruffini-Horner del 1809.

L'interpolazione. I calendaristi cinesi dovevano interpolare i dati astronomici per prevedere le date degli eventi astronomici. Il metodo di soluzione delle equazioni lineari che abbiamo esaminato, la *regula falsi*, è una interpolazione lineare, che risolve equazione della forma $ax = b$ scegliendo due valori x_1 e x_2 che danno i risultati:

$$\begin{aligned} ax_1 &= b + d_1 \\ ax_2 &= b + d_2 \end{aligned} \quad \text{con errori } d_1 \text{ e } d_2$$

Dalle due equazioni si ricavano a e b:

$$a = \frac{d_1 - d_2}{x_1 - x_2}$$

$$b = \frac{x_2 d_1 - x_1 d_2}{x_1 - x_2}$$

Poiché $x = b/a$ la soluzione è:

$$x = \frac{x_2 d_1 - x_1 d_2}{d_1 - d_2}$$

L'interpolazione quadratica e cubica è risolta con il metodo delle differenze finite di Newton. Questo emerge dalle tabelle di calcolo dell'interpolazione in cui si osserva la progressione delle differenze. Un caso riguarda il calcolo del numero di soldati e del costo del loro salario conoscendo il numero di reclutati ogni giorno.[40]

Geometria La geometria cinese non ha sviluppato una dimensione teorica comparabile con quella Greca. L'assenza di forme di astrazione già incontrata nel calcolo, la ritroviamo anche nel campo della geometria: il riferimento a oggetti concreti è costante. Una linea è il bordo di un campo e una figura piana è la forma di una città o di un campo coltivato. Tuttavia Needham[41] individua nel canone Mohista *Mojing* la definizione di entità geometriche astratte e relazioni di parallelismo. Ad esempio la definizione di punto è la seguente:

> La linea è suddivisa in due parti e la parte in cui nulla rimane [non può più essere suddivisa] e forma la fine estrema [della linea] è un punto.
> Un punto può trovarsi alla fine [di una linea] o al suo inizio come la testa che si presenta alla nascita di un bimbo. [Riguardo la sua invisibilità] nulla è simile ad esso.

Queste definizioni assomigliano alla prima e terza definizione nel I libro di Euclide[42]:

I – Un punto è ciò che ha posizione ma non dimensione
III – L'intersezione di linee e i loro estremi sono punti

Nel canone si trovano inoltre definizioni di linee di eguale lunghezza, di parallele, di rettangolo, di cerchio e di circonferenza e la definizione di volume. È possibile che lo studio comprendesse una assiomatizzazione della geometria, ma il testo *Mojing* è molto danneggiato e incompleto.

La geometria viene affrontata da un punto di vista quantitativo ed empirico, come del resto le opere di Erone di Alessandria del 1° secolo. I geometri Cinesi avevano famigliarità con le figure geometriche piane come quadrati, rettangoli, triangoli isosceli e rettangoli, trapezi, romboidi, cerchi e segmenti di cerchio ed anelli. Per quanto riguarda la geometria solida, le forme note e studiate erano il cubo, il parallelepipedo con superfici quadrate e non quadrate, la piramide, il frustum di piramide, il prisma e il cuneo, cilindri, coni e sezioni coniche. Uno dei principali studiosi di geometria solida e commentatore dell'antica opera *Zhoubi Suan Jing* era Liu Hui.

Il teorema di Pitagora. Il teorema di Pitagora era ben noto nella matematica cinese antica, dove era conosciuto come *gougu* 勾股. Nei Nove Capitoli gli viene riservato un intero capitolo con svariati problemi riconducibili al teorema di

---

[40] (Martzloff, A History of Chinese Mathematics, 1997) p. 339 seg.
[41] (Needham 1956) p. 91 e seguenti.
[42] (Casey, 1885) p. 2.

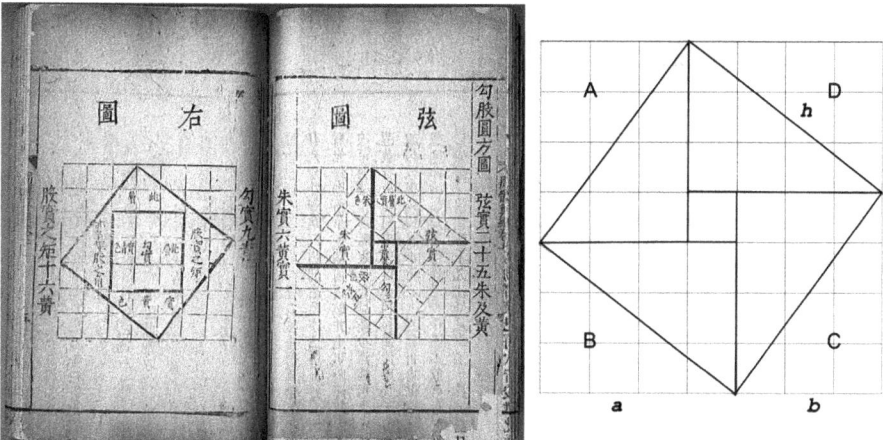

Fig. 4.14 Sinistra: una pagina del trattato *Zhoubi Suan Jing* nell'edizione curata da Zhao Shuang. Lo schema a destra è noto come diagramma dell'ipotenusa e raffigura il teorema di Pitagora per la terna di numeri 3,4,5. Lo schema a sinistra mostra un quadrato di lato 3 contenuto in un quadrato di lato 5

Pitagora. Tra gli esempi di calcoli che ricorrono al teorema di Pitagora c'è quello già citato della altezza del bambù spezzato o il calcolo delle dimensioni di una porta e in generale il problema di trovare terne pitagoriche.

I lati del triangolo rettangolo venivano distinti con denominazioni specifiche: i cateti erano indicati come *gou* 勾 (altezza) e *gu* 股 (base), mentre l'ipotenusa era chiamata *xian* 弦. Gli studiosi hanno a lungo ritenuto che nell'opera *Zhoubi Suan Jing*, che, ricordiamo, risale al periodo Han, quindi forse la più antica, vi sia una dimostrazione completa del teorema di Pitagora. Tuttavia lo schema in Fig. 4.14 è stato aggiunto successivamente come commento da parte di Zhao Shuang alla fine del III secolo. Il commento non contiene alcuna dimostrazione, ma sviluppa il caso di un triangolo con i lati 3,4 e 5.[43]

Esaminando la Fig. 4.14 a destra, possiamo osservare che il quadrato più esterno ha il lato $a + b$, con a e b eguali ai cateti dei quattro triangoli inscritti. L'area del quadrato esterno è $(a + b)^2$, l'area dei quattro triangoli coi cateti adiacenti ai lati del grande quadrato è ½ *(a b)*. Sottraendo dall'area del grande quadrato quella dei quattro triangoli A, B, C e D si ottiene:

$$(a+b)^2 - 4 \times \frac{1}{2}(ab) = a^2 + 2ab + b^2 - 2ab = a^2 + b^2 = h^2$$

---

[43] (Cullen, 1996) p. 81 seg.

Liu Hui chiamava questa figura "lo schema che dà le relazioni tra l'ipotenusa e la somma e differenza tra gli altri due lati, dove si può trovare l'incognito dal conosciuto."

Misurazione di altezze e distanze. Come detto questo problema venne trattato estesamente da Liu Hui e nel trattato *Zhoubi,* dove viene spiegato il metodo per calcolare l'altezza del sole nel cielo. Ritroviamo il metodo nel caso della misurazione dell'altezza del monte di un'isola, descritto nel *Hai Dao Suan Jing.*

Si usano due aste per traguardare, da distanze diverse, il punto più alto di un'isola. Il calcolo è descritto in questo modo:

"Attualmente c'è un'isola visibile sul mare. Sono stati eretti due pali, entrambi alti tre *zhang*, distanti mille passi l'uno dall'altro. Il palo posteriore e il palo anteriore sono allineati. Dalla posizione del palo anteriore, camminando indietro di 123 passi, si osserva la cima dell'isola allineata con la cima del palo anteriore. Dalla posizione del palo posteriore, camminando indietro di 127 passi, si osserva la cima dell'isola allineata con la cima del palo posteriore. Si chiede quale sia l'altezza dell'isola e la distanza dall'isola ai pali?

La risposta è: l'isola è alta 4 *li*[44] e 55 passi; la distanza dall'asta è 102 *li* e 150 passi. La tecnica dice: moltiplica l'altezza del palo per la distanza tra i pali per ottenere il prodotto; usa la somma delle distanze per ottenere il divisore, e dividilo. Aggiungi l'altezza del palo al risultato per ottenere l'altezza dell'isola. Per trovare la distanza dall'isola al palo anteriore: moltiplica la distanza camminata dal palo anteriore per la distanza tra i pali per ottenere il prodotto; usa la somma delle distanze per ottenere il divisore, e dividilo. Il risultato è la distanza dall'isola al palo anteriore."[45]

Consideriamo lo schema nella Fig. 4.15 in basso, nel quale riconosciamo le coppie di triangoli simili, la prima con vertice in C e cateti H e h_{isola}, la seconda con vertice in C' e cateti H e h_{isola}. La soluzione descritta nel testo si può scrivere in forma simbolica:

$$h_{\text{isola}} = \frac{D \times H}{d_1 + d_2} + H$$
$$d_{\text{isola}} = \frac{d_1 \times D}{d_1 + d_2}$$

La configurazione descritta è simile a quella di un telemetro, un dispositivo che misura gli angoli sottesi da due posizioni di osservazione dai quali si ricava la distanza dall'oggetto osservato. Questo metodo di calcolo non ricorre alla trigonometria,

---

[44] Il li misura circa 500 m.
[45] Haidao Suan Jing, par. 1 https://ctext.org/hai-dao-suan-jing/zhs Ultimo accesso maggio 2024.

Fig. 4.15 Sopra: pagina dal *Hai Dao Suan Jing*. Sotto: schema di calcolo

ma si basa sui principi di similitudine tra i triangoli.[46] Resta tuttavia aperto il problema se il metodo di calcolo dell'altezza del Sole che incontriamo nello *Zhoubi* e nel *Hai Dao Suan Jing* faccia effettivamente uso di similitudini tra triangoli.

Cullen[47] ricorda i commenti di Zhao Shuang al *Zhoubi* e riporta un diagramma che riassume la configurazione cui il testo originale fa riferimento. che spiega il procedimento di calcolo. La figura originale (Fig. 4.16 a sinistra)

---

[46] È interessate ricordare che un metodo trigonometrico è stato pubblicato da Galileo nel 1606, insieme con la descrizione del *compasso geometrico militare*, un quadrante con un filo a piombo che traguarda una suddivisione angolare, ed è esposto al Museo Galileo a Firenze con numero di inventario 3615.
[47] (Cullen, 1996).

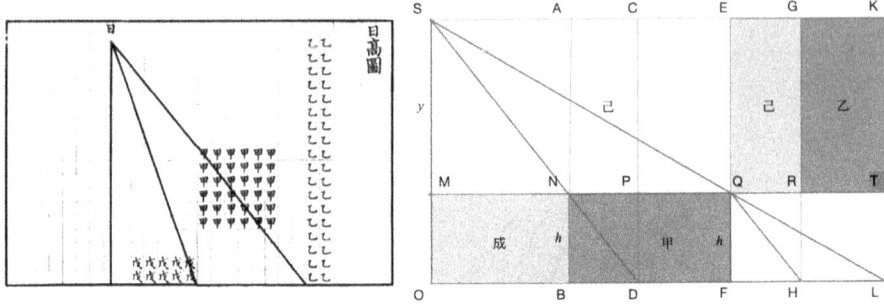

Fig. 4.16 Calcolo dell'altezza del Sole secondo il trattato *Zhoubi*. A sinistra schema originale, a destra lo schema proposto da Cheng Zheny (cit.) p. 80

rappresenta il sole, le direzioni di proiezione dell'ombra verso i due gnomoni e tre regioni rettangolari segnate con i caratteri: 丙 (*bing*), 乙 (*yi*) e 甲 (*jia*).[48] L'immagine è intitolata 日高图 (*ri gao tu*) "immagine del sole alto." Il rettangolo 甲 ha lo stesso numero di caratteri, 36, del rettangolo 乙. Il rettangolo 丙 ha 10 caratteri.

Questa illustrazione appare nelle edizioni stampate durante la dinastia Song, mentre in una edizione prodotta durante la dinastia Ming allo schema venne aggiunta una scritta che recita "*i quadrati 甲 e 乙 sono gialli, i quadrati 戊 sono blu.*" In un recente studio Cheng Zhenyi[49] ritiene mancasse la annotazione del rettangolo denotato con 甲 e questo lo porta a tracciare il diagramma in Fig. 4.16 a destra.

La spiegazione che offre Zhao Shuang parte dall'osservazione dell'eguaglianza delle aree 甲 e 乙 e ricorda che la prima area si calcola moltiplicando l'altezza dello gnomone per la distanza tra i due gnomoni. Dividendo quest'area per la distanza tra i due gnomoni si ottiene l'altezza y che sommata all'altezza dello gnomone dà l'altezza del sole. Da quanto scrive Zhao Shuang emerge una proprietà, che egli non dimostra: il quadrato OSCD viene suddiviso dalla diagonale SD determinata dallo gnomone h in due rettangoli di area uguale 丙 e 己 ovvero nei due rettangoli OMNB e NACP. La stessa proprietà vale per il rettangolo OSKL che contiene i due rettangoli uguali OSQF e QEKT che contengono rispettivamente i rettangoli 己 e 乙. Da questa proprietà si ricava facilmente che l'altezza incognita y del sole è:

$$y = \frac{FO - BO}{FL - BD}h + h$$

---

[48] Questi tre caratteri denotano i primi tre tronchi celesti.
[49] (Chéng Zhēnyī, 2011) Il riferimento allo studio di Cheng Zhenyi e al metodo 出入相补 (chu ru xiang bu) mi è stato riferito privatamente dal prof. Wang Zheran, Tsinghua University.

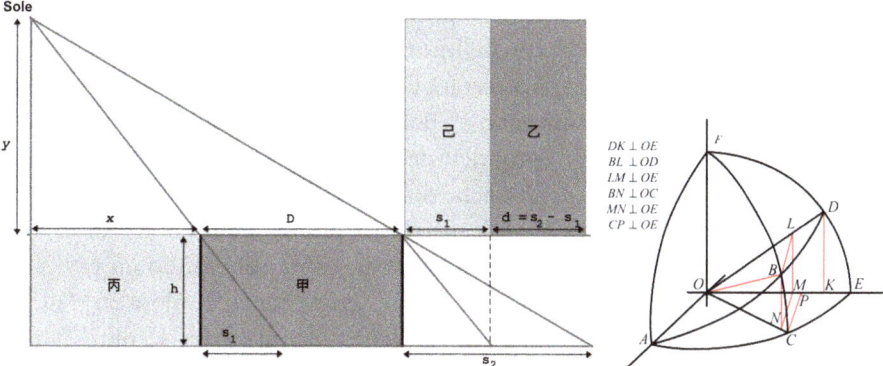

Fig. 4.17 Sinistra: schema del calcolo dell'altezza dal *Zhoubi*, secondo Culllen. Destra: il metodo di Guo Shoujing per la conversione di coordinate sferiche

Le proprietà ipotizzate da Zhao Shuang si possono facilmente dimostrare considerando sia similitudini tra triangoli, sia relazioni trigonometriche. Egli tuttavia non fornisce alcuna spiegazione del procedimento proposto, perciò non siamo in grado di affermare che all'epoca queste proprietà fossero note, mentre emerge una conoscenza approfondita delle proprietà delle aree e di come possono essere scomposte. Il metodo di scomposizione e composizione usato per trovare relazioni di eguaglianza tra aree era chiamato *chu ru xiang bu* 出入相补 che può essere liberamente tradotto come: togliere da una parte e aggiungere all'altra per bilanciare, una sorta di "taglia e incolla."[50]

Cullen[51], d'altra parte, interpreta lo schema delle ombre proiettate da due gnomoni di altezza h posti alla distanza D come riportato in Fig. 4.17 a sinistra.[52] In questa figura non è evidente la relazione tra i rettangoli di area eguale in cui si può scomporre ciascun rettangolo. L'attenzione dell'osservatore viene portata invece verso i rapporti proporzionali:

$$\frac{y}{x} = \frac{h}{s_1} \; ; \frac{y}{x+D} = \frac{h}{s_2}$$

dai quali si ricava $y = \dfrac{D \times h}{s_1 + s_2}$ e l'altezza del sole $y + h$.

La valutazione di π.[53] Nella cultura Egizia e Babilonese era comune prendere il numero 3 come approssimazione del numero π ma erano usate anche le appros-

---
[50] Vedi https://zh.wikipedia.org/zh-hans/出入相补 Ultimo accesso novembre 2024.
[51] (Cullen, 1996) p. 218–220.
[52] Cullen erroneamente prolunga i due rettangoli 乙 e 已 (*ji*) alla quota zero, anziché fermarsi all'altezza h.
[53] (Needham, 1956 p. 99–101).

simazioni 3,1604 e 3,125. Anche in epoca Han erano noti valori approssimati all'intero 3 o con due cifre decimali. Intorno all'anno 130 viene calcolata l'approssimazione 3,1622. Nel terzo secolo, durante il periodo dei Tre Regni, Liu Hui affronta il problema inscrivendo un poligono regolare nel cerchio e calcolandone il perimetro sfruttando le proprietà dei triangoli rettangoli. Con un esagono giunge al valore 3,14. Ma calcola anche due valori più accurati, quello minore è 3,141024 e il maggiore 3,142704, leggermente più accurato del valore 22/7 = 3,1428 determinato da Archimede intorno al −250 utilizzando un poligono di 96 lati. Verso la fine del 4° secolo Zu Chongzhi ottiene il valore 355/113 = 3,14159292035398, che venne eguagliato in Occidente nel 16° secolo.

Coordinate geometriche. Ricordiamo che in epoca Alessandrina le posizioni degli astri venivano identificate con coordinate di latitudine e longitudine riferite all'eclittica. L'idea di tracciare meridiani e paralleli nelle carte geografiche viene tradizionalmente attribuita ad Eratostene (−276 −194). Dopo il crollo della civiltà Greca l'uso delle coordinate venne dimenticato fino al Rinascimento, mentre in Cina l'uso si sviluppò in modo indipendente e con continuità.

In Cina i dati venivano raccolti e rappresentati in forma tabellare, che è anch'essa una struttura a coordinate ortogonali come la scacchiera.

Per un sistema di coordinate geometriche occorre riconoscere la relazione tra geometria ed algebra, e questo era il principio base della matematica cinese: trasformare un problema geometrico in un problema di calcolo algebrico.

Trigonometria. La trigonometria in Occidente nasce con Ipparco di Nicea (−190 −120), i primi concetti di trigonometria sferica sono dovuti a Menelao di Alessandria (70−140) e Claudio Tolomeo (100−168 ca.). I successivi sviluppi della trigonometria sono dovuti agli studiosi Arabi.

Da tutto ciò i matematici cinesi sono stati largamente estranei, nel secolo XI facevano uso del concetto di corda di un arco, ma non svilupparono una terminologia specifica per denotare le principali funzioni trigonometriche, quindi non avevano individuato una relazione tra il triangolo rettangolo e le funzioni trigonometriche.

Nel XIII secolo per migliorare le capacità di calcolo dei calendari emerse l'esigenza di associare le coordinate celesti a una superficie sferica. L'astronomo Guo Shoujing si occupò di questo problema.[54] Non è improbabile che fosse venuto in contatto con le conoscenze del mondo arabo. Nella Fig. 4.17 vediamo uno schema per convertire le coordinate eclittiche in coordinate equatoriali, conoscendo latitudine β e longitudine λ occorre determinare ascensione retta α e declinazione δ. B rappresenta il punto vernale[55], D il solstizio d'estate, $\overarc{FDE}$ e

---

[54] (Needham, 1959) p. 109−110; (Martzloff, 1997) p. 331 sgg.; (Chen, 2010).
[55] Vedi Appendice A.

$\widehat{FBC}$ sono archi meridiani. $\widehat{DE} = \epsilon$ è l'obliquità dell'eclittica, AOD è il piano dell'eclittica con il Sole in B, AOE è il piano equatoriale, $\widehat{BD} = \beta$ è la longitudine del Sole, $\widehat{CB} = \delta$ è la declinazione del Sole e $\widehat{CE} = \alpha$ è la ascensione retta del Sole. Il problema è di determinare α e δ dato β.

Nella Fig. 4.17 a destra il triangolo ONM è rettangolo in N, di conseguenza CP = sin(α) e DK = sin(ϵ), NLMN è un rettangolo e BL = NM costruito in modo che NM = CP = sin(α). KE viene approssimato come *freccia f(ϵ)* dell'arco $\widehat{DE}$. La soluzione diviene quindi un problema di proporzioni tra triangoli simili, di applicazioni del teorema di Pitagora (*gougu*) e dello studio della corda di un angolo sviluppato da Shen Kuo.

In appendice riportiamo le trasformazioni di coordinate che si adottano in astronomia posizionale.

Dopo aver visto come venivano trattati diversi problemi matematici è interessante considerare anche la trasmissione della conoscenza e la formazione di una metodologia didattica. Questo aspetto emerge chiaramente nel *Zhoubi Suan Jing*, dove il dialogo tra Maestro Chen e Rong Fang illustra l'importanza della riflessione e dell'applicazione di regole generali ai casi particolari. Il dialogo sintetizza l'approccio educativo dei matematici cinesi, enfatizzando l'uso di principi semplici per comprendere fenomeni complessi.

Il brano del *Zhoubi*, che qui sintetizziamo, recita:

[6] "In passato, Rong Fang chiese a Maestro Chen: 'Recentemente ho sentito parlare della tua conoscenza. Sai quanto è alto e grande il sole, la portata della sua luce, la distanza che percorre in un giorno, quanto lontano può essere visto, i limiti dei quattro estremi, le posizioni delle costellazioni, l'ampiezza e la lunghezza del cielo e della terra. Sei veramente in grado di sapere tutto questo?'
Maestro Chen rispose: 'Sì.'
Rong Fang disse: 'Anche se non capisco, desidero che tu me lo spieghi. È possibile che qualcuno come me possa apprendere questa conoscenza?'
Maestro Chen rispose: 'Sì. Tutto ciò può essere compreso attraverso l'arte del calcolo. Con la tua comprensione del calcolo, sei in grado di sapere queste cose. Se rifletterai su di esse con sincerità e dedizione.'
[7] Allora Rong Fang tornò a casa e rifletté su questo, ma per diversi giorni non riuscì a capirlo. Tornò da Maestro Chen e disse: 'Ho riflettuto su questo, ma non riesco a capirlo. Mi permetto di chiederti ancora una volta.'
Maestro Chen rispose: 'Non ci hai riflettuto abbastanza. Questa è una tecnica che si basa sul guardare lontano e sulla comprensione delle altezze, ma se non riesci a capirla, significa che la tua comprensione dei numeri non è ancora completa. ...
Quello che hai studiato è l'arte del calcolo, e stai usando la tua intelligenza, ma se trovi ancora delle difficoltà, significa che la tua comprensione è limitata ...'
[8] Rong Fang tornò a casa e rifletté su questo, ma per diversi giorni non riuscì a

capirlo. Tornò da Maestro Chen e disse: 'Ho riflettuto su questo con molta attenzione. La mia intelligenza ha dei limiti e la mia comprensione ha delle barriere, quindi non riesco a capirlo. Ti prego di spiegarmelo ancora una volta.'
Maestro Chen disse: 'Siediti di nuovo, e te lo spiegherò.' Allora Rong Fang si sedette nuovamente e ascoltò mentre Maestro Chen spiegava:
'Durante il solstizio d'estate 夏至 (*Xiazhi*), il Sole è a sud di 16.000 *li*, mentre durante il solstizio d'inverno è a sud di 135.000 *li*. A mezzogiorno, si pianta una canna per misurare l'ombra. Questo è uno dei numeri della via del cielo. La lunghezza del 'Zhoubi' [lo gnomone] è otto piedi, e l'ombra durante il solstiziosolstizioinverno d'estate è di un piede e sei pollici. 'Bi' indica il cateto adiacente del triangolo, mentre lo gnomone indica il cateto opposto. A 1.000 *li* a sud, il cateto è di un piede e cinque pollici. A 1.000 li a nord, il cateto è di un piede e sette pollici. Quando il Sole si sposta verso sud, l'ombra dello gnomone si allunga. Quando il cateto misura sei piedi, si prende una canna di bambù con un diametro di un pollice e una lunghezza di otto piedi, e si cattura l'ombra per vedere il Sole attraverso la canna. Da ciò si deduce che a ogni ottanta pollici si ottiene un diametro di un pollice.
Pertanto, il cateto opposto è la base, e il cateto adiacente è il lato del triangolo. Da questo lato fino alla base del Sole ci sono 60.000 *li*, e non c'è ombra sul lato del triangolo. Da questo punto fino al Sole ci sono 80.000 *li*. Se si cerca la distanza obliqua dal Sole, si prende la base come cateto opposto e l'altezza del Sole come cateto adiacente. Si moltiplicano i cateti tra loro, e si estrae la radice quadrata per ottenere la distanza obliqua dal Sole, che è di 100.000 *li* dalla base fino al Sole. Moltiplicando per la proporzione, 80 *li* danno un diametro di 1 *li*, e 100.000 *li* danno un diametro di 1.250 *li*. Pertanto, si dice che il diametro del Sole sia di 1.250 *li*.'"[56]

La spiegazione del maestro Chen fa riferimento alla capacità del saggio che comprende la matematica di trovare da regole generali le soluzioni che sono richieste per problemi particolari, e costituisce la sintesi del metodo adottato dai matematici cinesi dell'antichità. Il matematico deve riconoscere il caso generale cui un problema si può ricondurre, sfruttando l'intuizione e la sua esperienza piuttosto che il metodo assiomatico dimostrativo.

Concludendo questa breve panoramica della matematica cinese vogliamo citare una osservazione di Needham:

> "… la matematica cinese è pienamente confrontabile con i risultati pre rinascimentali degli altri popoli medievali del mondo occidentale. La matematica Greca era indubbiamente a un livello più alto quanto meno per il carattere più astratto e sistematico che vediamo in Euclide, ma, come abbiamo visto, era debole e arretrata proprio dove la matematica cinese ed anche Indiana era forte, ovvero nell'algebra."[57]

---

[56] *Zhoubi Suan Jing*, 2: 6 … 8, https://ctext.org/zhou-bi-suan-jing/juan-shang/zhs Ultimo accesso agosto 2024. Per una discussione dell'integrità e completezza del testo vedi (Cullen, 1996) p. 175–178.
[57] (Needham, 1956) pp 150 e seg.

Alcuni studiosi, tra cui Alfred N. Whitehead, osservarono che la matematica Greca era molto avanzata sui concetti più astratti legati alla nozione di infinito e infinitesimo, un tema fortemente presente nel pensiero filosofico Greco e che in occidente venne formalizzato da Karl Weierstrass, Georg Cantor e Augustin-Louis Cauchy verso la fine dell'800.

D'altra parte la matematica Greca appare più arretrata sugli aspetti di calcolo elementare. L'interesse per la matematica elementare è al centro del pensiero cinese, ma i matematici cinesi non parteciparono alla transizione dall'applicazione e dalla pratica all'ambito del pensiero teorico e astratto.

In ogni caso abbiamo visto che le problematiche cui la matematica cerca di dare soluzione sono comuni a tutte le culture umane, e i metodi che hanno maggiormente contribuito all'avanzamento della matematica sono stati affrontati ovunque e approssimativamente nella medesima epoca storica. Resta da dimostrare con prove concrete l'influenza reciproca tra il pensiero matematico cinese e quello occidentale nei tempi più antichi, mentre l'influenza è ormai pienamente dimostrata a partire dall'epoca Araba e dal medioevo.

5

L'astronomia

Nella cultura cinese antica, l'universo era concepito come un'entità etica in cui gli elementi naturali, gli eventi celesti e le azioni umane erano interconnessi e influenzati dai comportamenti morali. Questa visione cosmologica era coerente con la concezione organicista dell'epoca Shang. L'uomo era considerato parte integrante dell'universo e il suo ruolo era quello di mantenere l'armonia universale seguendo le regole della natura. La regola fondamentale era la successione delle stagioni, codificata nel calendario. L'agricoltura era l'attività principale e lo scorrere delle stagioni ne regolava i tempi. L'imperatore governava il popolo, attuando il Mandato del Cielo, attraverso il calendario, che scandiva le attività e i riti, fondamenta del metodo confuciano per mantenere l'armonia sociale. Osservando le stagioni e i cicli lunari, il calendario forniva i dati necessari per le divinazioni, essenziali per orientare le scelte di governo in sintonia con l'ordine cosmico.

La costruzione del calendario era il frutto di un complesso studio astronomico, ispirato da una visione cosmologica che cercava di allineare l'ordine celeste con quello terrestre.

5.1 La cosmogonia e la cosmologia

Abbiamo osservato che la nozione di cosmo nella tradizione cinese differisce da quella occidentale, in quanto non presuppone un ordine o un'armonia intrinseca. Nella lingua contemporanea, il termine "cosmo" viene tradotto come *yuzhou* 宇宙, in cui i singoli caratteri significano *yu* 宇 spazio, universo, mondo e *zhou* 宙: tempo. Nell'antichità, 宇宙 rappresentava l'unità armoniosa di spazio infinito (宇) e tempo eterno (宙), incarnando l'ordine ciclico e indivisibile dell'universo Tuttavia, un termine più vicino alla concezione di cosmo è *tiandi* 天地, unione di cielo e terra, un universo naturale più che celeste.

Le leggende raccontano che nell'antica epoca la figura mitologica Pangu 盘古 avesse creato l'universo suddividendo il cielo dalla terra 地 *Di*. Xu Zheng 徐征 (220–280), nel periodo dei Tre Regni, scrive nei resoconti nel *Sanwu liji* 三五历记 (Tre e Cinque Calendari)[1]:

> "Il cielo e la terra erano caotici simili a un uovo di gallina. Pangu nacque al loro interno. Dopo diciottomila anni, il cielo e la terra si separarono. Il chiaro e leggero divenne cielo, il torbido e pesante divenne terra. Pangu era nel mezzo. Cambiava nove volte al giorno, diventando divino nel cielo e sacro sulla terra. Ogni giorno, il cielo si alzava di un *zhang* [tra 2 e 3m], la terra diventava più spessa di un *zhang*, e Pangu cresceva di un zhang. Dopo diciottomila anni, il cielo divenne estremamente alto, la terra estremamente profonda, e Pangu estremamente lungo. Dopo di lui, apparvero i Tre Sovrani. I numeri iniziarono con uno, si fondarono con tre, si completarono con cinque, prosperarono con sette, e si fermarono con nove. Pertanto, il cielo è a novantamila *li* dalla terra."[2]

Nello stesso testo leggiamo:

> "Il Grande Inizio è l'inizio del *qi*. Quando il puro e l'impuro non erano ancora separati, vi era il Grande Inizio della forma. Il puro divenne essenza, l'impuro divenne forma. Il Grande Elemento Primordiale è l'inizio della materia, che esisteva già in uno stato semplice ma non disperso. Quando i due *qi* si incontrarono, si divisero e si separarono: quello leggero e puro divenne il cielo."[3]

L'idea del caos primordiale è presente anche negli scritti di Laozi, dove la creazione è vista come un processo che si è svolto nell'arco di migliaia di anni, anziché come un evento istantaneo. La prima fase era chiamata *Taisu* 太素 che potremmo tradurre con *cielo e terra*, da cui derivava una fase chiamata *Xukuo* 许阔 (espansione cosmica); successivamente sorse la terza fase chiamata *Yuzhou* 宇洲 (formazione del cosmo) durante la quale emersero il cielo, la terra, il sole, la luna e le stelle.[4]

Il mito di Pangu si consolidò e diffuse nel periodo compreso tra la dinastia Qin e la dinastia Han. Zhang Heng (78–139) attribuiva agli elementi della creazione la natura Yin o Yang: il caos era il tronco del dao, quando vennero formate dal

---

[1] Il *Sanwu Liji* (三五历记), noto anche come *Sanwu Li* (三五历), è un'opera scritta da Xu Zheng, uno studioso del regno di Wu durante il periodo dei Tre Regni. L'opera tratta degli eventi a partire dall'epoca dei Tre Sovrani. È uno dei primi testi a riportare la leggenda della creazione del mondo da parte di Pangu. Quest'opera è andata perduta, e solo alcuni frammenti sono sopravvissuti in compilazioni successive.
[2] *Yìwén Lèijù* 艺文类聚 Raccolte di Arte e Letteratura, Vol 1, Cap.3:23 https://ctext.org/text.pl?node=539866&filter=606398&searchmode=showall&if=gb#result. Ultimo accesso aprile 2024.
[3] Ivi Cap. 3:17.
[4] (Niu, 2021b) p. 255.

tronco le radici qualcosa incominciò a prendere forma. Il Cielo era Yang, dinamico e sferico, la terra era Yin, statica piatta.

L'idea dell'eternità del cielo e della terra emerse al tempo di Confucio, e se ne trova testimonianza in dialoghi con il suo allievo Ran Qiu 冉求. Nel corso della dinastia Jin emersero idee di ciclicità dell'universo, affini a quelle della vita e della rinascita, che nei secoli successivi furono arricchite dalla diffusione del Buddhismo e del pensiero indiano.

I primi modelli cosmologici che descrivono la morfologia celeste emergono durante il periodo degli stati Combattenti. Si tratta delle teorie *Gai Tian*盖天, messa in discussione agli inizi dell'epoca Han con la formulazione della cosmologia *Hun Tian* 混天, alla quale si affiancò la cosmologia *Xuan Ye* 玄夜 nel tardo periodo Han.

> "Ci sono tre scuole di pensiero riguardo la struttura del cielo: la teoria della cielo fluttuante (渾天, *huntian*)[5], la teoria del cielo a copertura (蓋天, *gaitian*), mentre la teoria della notte oscura (宣夜, *xuanye*) è andata persa."[6]

Cosmologia Gai Tian. Secondo la teoria *Gai Tian* (si potrebbe tradurre liberamente come Baldacchino del Cielo) il cielo è una calotta che dista 80.000 *li* dalla terra. Al bordo della terra il cielo dista 20.000 *li* ed è quindi più basso che nelle regioni centrali, il cielo è rotondo ma la terra è quadrata.[7]

Nel trattato *Antian lun* 安天論, Yu Xi 虞喜 (281–356) ricorda che secondo i suoi antenati il Cielo era come una coppa rovesciata o un ombrello:

> "Il progenitore della famiglia di Yu Xi, Song, che fu ministro di Hejian, propose anche la teoria del cielo a cupola, affermando: 'La forma del cielo è a cupola, simile a un uovo di gallina, con la sua estremità che copre i confini del mare e fluttua al di sopra dell'energia primordiale. È come un coperchio che copre un recipiente pieno d'acqua, senza affondare, perché l'aria riempie lo spazio all'interno. Il sole gira attorno al polo celeste 极 (*Ji*), tramonta a ovest 西 (*Xi*) e ritorna a est 东 (*Dong*), ma non emerge mai e non si immerge nella terra. Il cielo ha un polo, come un coperchio ha un asse. Il cielo si inclina a nord 北 (*Bei*) verso la terra di trenta gradi, e l'inclinazione del polo si trova a nord dell'asse terrestre di trenta gradi. Gli uomini si trovano più di centomila li a sud 南 (*Nan*) dell'asse terrestre, quindi il punto sotto il polo non è il centro della terra, ma corrisponde alla posizione dell'asse terrestre 地轴 (*Di Zhou*). Il sole percorre l'eclittica girando attorno al polo. Il polo nord è a

---

[5] Nel seguito chiameremo questo modello come teoria della sfera celeste. Il termine scientifico di sfera celeste è Hunxiang 混象.
[6] Taiping Yulan 太平御览, Cap.2:9 https://ctext.org/text.pl?node=362013&if=gb Ultimo accesso aprile 2024.
[7] Altre interpretazioni descrivono cielo e terra come due dischi convessi con il centro più alto del bordo. In (Needham, 1959) è riportata una ricostruzione schematica che raffigura il cielo come una emisfera. L'ipotesi "a ombrello" è più coerente con quanto scritto in *Zhoubi*.

115 gradi dall'eclittica 黄道 (*Huangdao*), mentre il polo sud è a 67 gradi dall'eclittica, determinando così le differenze di lunghezza e durata dei giorni tra i solstizi.'"⁸

Già nel trattato *Zhoubi Suanjing* erano state definite le dimensioni del Cosmo e il metodo per misurarle:

> "Il movimento del sole e della luna segue le quattro vie dei poli. Nei punti estremi, il cielo è alto 60,000 *li* sopra il livello del terreno, e le acque scorrono abbondanti e si riversano verso le quattro regioni. Il centro del cielo è anch'esso a un'altezza di sessantamila *li* rispetto ai quattro lati. Pertanto, il diametro dell'area illuminata dalla luce solare all'esterno è di 81,000 li e tutto intorno sono 243,000,000 di *li*. Quando il sole è al polo nord, è mezzogiorno al nord e mezzanotte al sud. Quando il sole è all'est, è mezzogiorno a est e mezzanotte a ovest. Quando il sole è al polo sud, è mezzogiorno al sud e mezzanotte al nord. Quando il sole è all'ovest, è mezzogiorno a ovest e mezzanotte a est. Queste quattro direzioni rappresentano i quattro poli del cielo e della terra e i quattro armoniosi cambiamenti del giorno e della notte, che si alternano insieme alle quattro stagioni. Tuttavia, dove finiscono lo yin e lo yang, e il solstizio d'inverno raggiunge il suo estremo, tutto sembra essere uno."⁹

Il Grande Carro è al centro del cielo, la pioggia che cade sulla terra scorre verso i suoi bordi dove forma l'oceano. Il baldacchino celeste ruota da est a ovest, trascinando con sé il sole e la luna, che a loro volta si muovono in senso opposto, molto più lentamente. La stella polare si muove con il cielo, ma il perno del cielo è immobile. Il sorgere e il tramontare di corpi celesti è solo una illusione e gli astri non passano mai sotto la base della terra. Il sole illumina le diverse regioni della terra come una sorta di faro, creando una zona illuminata dal diametro di 167.000 *li*. Esso sposta la sua direzione, quindi il sole è una stella circumpolare che illumina continuamente una parte o l'altra della terra; la sua distanza dal Polo varia nel corso delle stagioni, seguendo cerchi di declinazione paralleli. Al solstizio d'estate il sole dista dal polo 119.000 *li* e al solstizio di inverno 238.000 *li*.

Questi valori, peraltro diversi nei vari trattati, venivano calcolati con il metodo esposto nel trattato *Zhoubi* che abbiamo già visto. La cosmologia *Gai Tian* comprende una misura dell'ecumene, che in Occidente viene formulata da Tolomeo trecento anni dopo.

Lo Schiaparelli osserva che questa cosmologia ha molte corrispondenze con le concezioni più antiche delle regioni della Fertile Mezzaluna, e tra gli altri nella tradizione Ebraica, nel testo Biblico.¹⁰

---

[8] (Needham, 1959), p.211 晋书 Jìn shū Cap11:12 https://ctext.org/wiki.pl?if=gb&chapter=993298&remap=gb. I valori indicati danno luogo a un angolo di 182° tra i poli.
[9] 周髀算经Zhoubi Suanjing, cap. 2:1. https://ctext.org/zhou-bi-suan-jing/juan-xia/zhs Ultimo accesso aprile 2024.
[10] (Schiaparelli, L'Astronomia nell'Antico Testamento 1927) Ed. Digitale.
https://www.liberliber.it/online/autori/autori-s/giovanni-virginio-schiaparelli/scritti-sulla-storia-della-astronomia-antica-tomo-i/ p.176–190

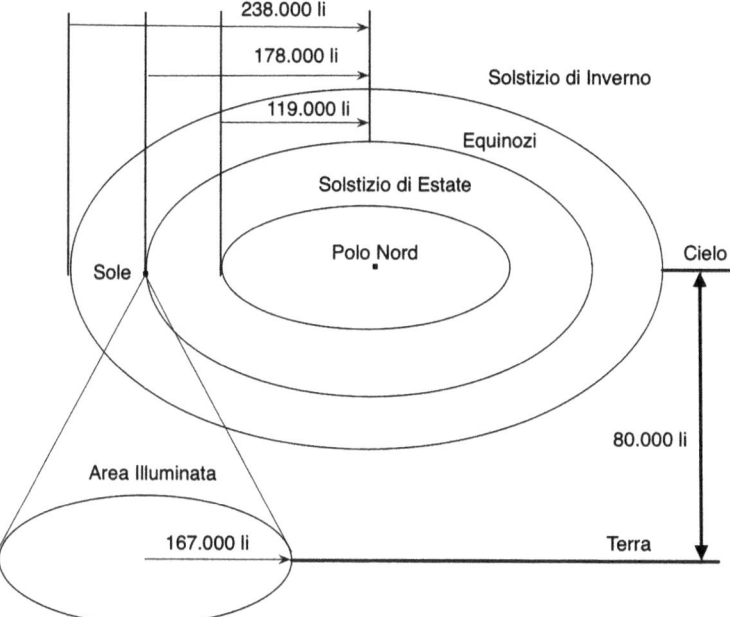

Fig. 5.1 Misure dell'ecumene secondo la cosmologia Gai Tian. Le ombre proiettata da due gnomoni distanti 1.000 *li* misurano 1 *cun* di differenza. Da Nakayama (cit.)

Altri studiosi hanno interpretato il modello *Gai Tian* immaginando il cielo come una calotta sferica che copre parallelamente la terra anch'essa a forma di calotta. Lo schema di Fig. 5.1 è tratto da Shygeru Nakayama.[11]

Cosmologia Hun Tian (si può tradurre come sfera celeste). Questo modello cosmologico considera il cielo come una sfera. Attorno probabilmente al −400 emerge il passaggio dall'idea dell'ombrello a calotta sferica all'idea di una sfera celeste completa. Una piena descrizione di questo modello è dovuta a Zhang Heng.

Il pensiero cosmologico di Zhang Heng risentiva dell'influenza delle idee in voga al suo tempo. Credeva nell'esistenza di divinità celesti, terrestri e lunari e che i fenomeni naturali fossero manifestazioni della volontà del cielo. Zhang Heng aveva una visione della natura basata sul concetto di *qi* 气 – energia, soffio vitale – come principio fondamentale dell'universo. La teoria cosmologica, *Hun Tian*, venne esposta nello scritto *Ling Xian* 靈憲 (Natura spirituale dell'Universo). Egli riteneva che il cielo avesse una forma ad uovo con la terra piatta racchiusa all'interno, e che l'universo si fosse formato in tre fasi: la prima *Mingzi* 明滓 è lo stato primordiale del *qi*, privo di qualsiasi cosa, il nulla, la radice del Dao; la seconda *Panghong* 旁鸿, è uno stato di attivazione e coalescenza del *Yuanqi* 元气 (l'energia primordiale)

---

[11] (Nakayama, 1969).

confuso e indistinto; la terza è *Taiyuan* 太元, in cui il *yuanqi* si differenzia in yin e yang, il cielo e la terra si formano, le quattro stagioni si alternano, dando vita a tutte le cose. Zhang Heng misurò le otto estremità del mondo ottenendo circa 2.032.300 *li*, con una differenza di mille *li* tra nord e sud e tra est e ovest. La distanza tra cielo e terra e lo spessore della terra erano equivalenti alla metà delle otto estremità. La sua teoria venne anche esposta nel trattato sull'astronomia *Huainanzi Tianwen Xun* 淮南子·天文訓, Trattato di Astronomia del Maestro Huainan.

Nella parte più bassa dei cieli c'è l'acqua e i cieli sono sostenuti da un vapore. Il cerchio del cielo è suddiviso come la durata dell'anno tropico in 365,2575 parti, chiamate *du*, pari a 365 giorni, 6h 11' 48." Metà del cielo è sopra la terra e metà è al di sotto, si individuano quindi i due poli e le regioni del cielo le cui stelle sono visibili e quelle delle stelle invisibili perché agli antipodi. Il polo nord è al centro del cielo, il cerchio attorno al polo nord (il circolo polare) ha un diametro di 72 *du* ed è sempre visibile. Notiamo che in questa concezione incomincia ad emergere una nozione di *du* simile al concetto di angolo occidentale.

Zhang Heng scrive:

> "Anticamente i saggi re, desiderando tracciare i percorsi celesti e stabilire le sublimi traiettorie [i percorsi dei corpi celesti], e per determinare le origini delle cose, crearono per prima cosa una sfera celeste, rettificando così il loro strumento e stabilendo i gradi, in modo che il polo imperiale fosse fissato. ... Il diametro della sfera è 2.032.300 *li* ma nella direzione nord-sud è 1000 *li* più corta e nella direzione est-ovest è 1000 *li* più lunga. La distanza della terra dal Cielo è la metà di queste misure. Le misure sono state fatte con uno strumento graduato [la sfera armillare]. Per il calcolo è stato usato il metodo dei due triangoli rettangoli [esposto nel Zhoubi]. ... Una differenza di mille *li* della posizione dello gnomonegnomone a nord o a sud corrisponde alla differenza di un *cun* nella lunghezza dell'ombra. Queste cose possono essere calcolate ma quel che c'è al di là della sfera celeste nessuno lo conosce, ed è chiamato il 'cosmo'. Esso non ha fine e non ha limiti. Nel cielo ci sono due simboli [il sole e la luna] che danzano lungo la linea dell'eclittica attorno alla stella del polo. Il polo nel sud non è visibile, e i saggi non gli hanno dato nome."[12]

La descrizione delle ombre proiettate dallo gnomone è del tutto analoga a quella della teoria *Gai Tian*, si tratta quindi di dati tratti da osservazioni e misure con gnomoni. Tuttavia qui incontriamo l'uso sistematico di una innovazione tecnica che arricchisce la strumentazione elementare dello gnomone. Compare infatti uno strumento graduato, la sfera armillare, la cui invenzione è attribuita appunto a Zhang Heng. Con questo strumento Zhang Heng offre questa descrizione:

---

[12] (Needham, 1959), p.217.

> "La circonferenza del cielo è divisa in 3651/4°; quindi metà di essa, 1825/8°, è sopra la Terra e l'altra metà è sotto. … I due estremi del cielo sono i poli nord e sud; il primo, al centro del cielo, è esattamente 36° sopra la Terra, e di conseguenza un cerchio con un diametro di 72° racchiude tutte le stelle che sono sempre visibili. … I due poli sono distanti l'uno dall'altro 182° e poco più di mezzo grado. La rotazione continua così, come attorno all'asse di un carro."[13]

Cosmologia Xuan Ye. Il modello dello spazio vuoto infinito si affermò nel tardo periodo Han e prese il nome dalla scuola *Xuan Ye* 玄夜. Esso viene descritto nel libro della dinastia Jin, 晋书 *Jin Shu*, scritto durante la dinastia Tang.

Il cielo è immateriale, si estende in alto a distanze infinite, la visione si dilata sino a perdersi, perciò il cielo sembra blu e per lo stesso motivo le montagne appaiono gialle e da grande distanza appaiono blu scuro. Il sole, la luna e le stelle fluttuano liberamente nello spazio vuoto, e sono trascinati dal *qi*. I sette corpi luminosi si allontanano o si fermano, invertono il moto, scompaiono e riappaiono senza regole fisse e in modo diseguale tra loro. Poiché i loro movimenti non sono legati, sono differenti tra loro. La stella polare è fissa; il Grande Carro non scompare mai sotto l'orizzonte a ovest come le altre stelle. Le sette stelle mobili viaggiano verso est, il sole percorre 1 *du* e la luna percorre 13 *du* ogni giorno.[14]

Anche questa cosmologia viene formulata al tempo di Zhang Heng. In alcuni aspetti richiama principi daoisti come il riferimento al vuoto, e probabilmente ricevette il supporto di astronomi di origine indiana. Il neo confuciano, di epoca Song, Zhu Xi 朱熹 (1130–1200), approfondì lo studio della cosmologia *Xuan Ye*. Egli sosteneva che la terra fosse puro *Yin*, condensato al centro dell'universo, i cieli erano *Yang* galleggiante e ruotante verso ovest, le stelle erano trascinate in questa rotazione. Per giustificare il moto inverso dei pianeti, del sole e della luna, sosteneva che la loro vicinanza alla terra ne rallentasse il moto, ovvero che anche la terra ruotasse per una forza ignota, ma più lentamente influendo sul moto degli astri mobili. In questa concezione si intravvede una idea di azione a distanza, propria della fisica moderna.[15]

Riguardo la teoria *Xuan Ye* e le critiche alle cosmologie *Gai Tian* e *Hun Tian*, Yu Xi (281–356) scrive:

> "Il Grande Astrologo Chen Jizhou, seguendo i metodi degli antichi saggi, costruì un dispositivo in legno chiamato Hun Tian, o 'Sfera Celeste'.
> Egli dice inoltre: Ci sono tre scuole di pensiero riguardo la struttura del cielo: la teoria della sfera celeste (渾天, *huntian*), la teoria del cielo a copertura (蓋天,

---

[13] Ibidem. L'indicazione in ° è di Needham. Notiamo che in questo testo la distanza tra i poli è di 182°, che corrisponde ai valori 115° e 67° che abbiamo incontrato nel *Antian Lun* di Yu Xi.
[14] Ivi p. 219, (Jiang X., 2021a; Cullen, 2021).
[15] (Needham, 1956) p. 222–223.

gaitian), mentre la teoria della notte oscura (宣夜, *xuanye*) è andata persa. Ho intenzione di continuarla, ma non ne ho ancora avuto il tempo. Di recente ho visto il 'Trattato sul cielo in espansione' di Yao Yuandao e il 'Trattato sul cielo a volta' del mio antenato della famiglia Yao di Hejian, ma trovo molte cose discutibili. Ritengo che il cielo sia infinitamente alto e la terra insondabilmente profonda. La terra ha una natura bassa e tranquilla, quindi il cielo mostra segni di stabilità costante. La loro forma è tale che si coprono e avvolgono reciprocamente, senza che vi sia un significato di rotondità o quadratura. Le scuole di *Hun* e *Gai* basano le loro teorie sul 'Yijing' (易经), affermando che il moto del cielo è infinito. Alcuni sostengono che il cielo avvolge completamente la terra, mentre altri dicono che il cielo si estende come una copertura sulla terra.

Secondo la mia opinione, se il cielo dovesse necessariamente avvolgere la terra, come il tuorlo in un uovo, allora la terra sarebbe solo un elemento interno al cielo. Perché allora i saggi avrebbero distinto i nomi e posto la terra come entità separata rispetto al cielo? Gli antichi dicevano che il sole e la luna viaggiano nella 'Valle Volante', il che implica che si trovano all'interno della terra. Non ho mai sentito dire che le stelle fluiscono all'interno della terra, e poi la 'Valle Volante' è un unico percorso: come potrebbe contenere entrambe le cose? Inoltre, la valle ha una natura acquosa, mentre il sole è fatto di fuoco puro: come possono convivere senza danneggiare la luce del sole? Questo è il motivo per cui la teoria del cielo a copertura è problematica.

Alcuni potrebbero obiettare: "Nei 'Riti degli Zhou' si parla di altari quadrati e rotondi per i sacrifici al cielo e alla terra, il che implica che il cielo e la terra abbiano forme rotonde e quadrate." Rispondo: "Nel sacrificio più importante, quello al cielo, il sole è l'entità principale e gli altri sono subordinati. La forma del sole e della luna è rotonda, quindi l'altare rotondo li rappresenta, ma questo non significa che rappresenti la forma del cielo. L'altare quadrato, invece, è distinto dal cielo per segnare la differenza di rango.

Le tecniche del 'Zhoubi' si basano prevalentemente sulla teoria del 'Cielo a Copertura'. Sebbene questa teoria sia diversa da quella del 'Cielo Sferico', le stelle e le costellazioni mantengono un ordine costante. Oggi, la famiglia Chen osserva il Zhoubi e lo interpreta come *Hun Tian*. *Zhoubi* e *Xuanye* potrebbero essere nomi di persone, così come ci sono Gan e Shi astronomi. Secondo la teoria del Cielo a Copertura, il cielo ruota in tutte le direzioni, mentre la terra, bassa, rimane immobile e il cielo gira sopra di essa, da cui il nome '*Zhoubi*'.[16] '*Xuan*' significa luminosità, e '*Ye*' rappresenta il numero della oscurità; combinandoli entrambi, quindi è chiamata Luminosità e Oscurità. "[17]

Le due cosmologie principali su cui dibattevano gli astronomi all'inizio del primo millennio, *Gai Tian* e *Hun Tian*, differiscono non soltanto nella visione del cielo, come un baldacchino che ruota attorno a un asse o come una sfera

---

[16] *Zhoubi Suan Jing* Calcolo Gnomonico *Zhou* significa 'circolare e *bi* 'coscia o femore'. Tuttavia la traduzione usuale del trattato *Zhoubi Suan Jing* è Classico del Calcolo Gnomonico Zhou, in riferimento alla dinastia.
[17] Taiping Yulan 太平御览, Cap.2:9 https://ctext.org/text.pl?node=362013&if=gb Ultimo accesso aprile 2024.

che circonda la Terra, anch'essa in rotazione attorno a un asse orientato a nord. Più rilevante è osservare che nella cosmologia *Hun Tian* compaiono l'eclittica e l'equatore celeste. Abbiamo già notato come Zhang Heng descriveva i moti celesti associandoli ai cerchi dell'eclittica e dell'equatore. Infatti la cosmologia *Hun Tian* si sviluppa con nuovi strumenti tecnici che portano con sé un diverso concetto di *du*, quello che genericamente abbiamo tradotto come "angolo." Prima di Zhang Heng *du* è una distanza, misurata con lo gnomone ed è strettamente associata al tempo proprio perché 365,25 du è la durata di un intero anno tropico.

Lo stesso numero di *du* per Zhang Heng suddivide il cammino del sole lungo l'eclittica. Anche la disposizione delle 28 *xiu* (case lunari, le esamineremo più avanti) viene organizzata in forma circolare molto tardi. Cullen nota che negli annali Han si legge che quando Sima Qian e i suoi colleghi si impegnarono nel −104 per il calendario *Taichu li*:

> "... [una volta] determinati est e ovest, furono eretti gnomoni e messe in funzione clessidre per individuare le separazioni tra le 28 case nei quattro quadranti [del Cielo]."[18]

Lo stesso riferimento ai quadranti del Cielo conferma il permanere di una visione di una terra quadrata su cui il cielo proietta i suoi astri. Il metodo di osservazione del passaggio al meridiano, che spiegheremo più avanti, risale a questa stessa epoca. Cullen, ricorda che con la clessidra veniva misurato l'istante del passaggio, come si legge sempre negli annali Han:

> "Il foro nel vaso serve come una clessidra, e la freccia galleggiante serve [a indicare] il *ke*. Metti in funzione la clessidra e conta il *ke* per osservare le stelle centrate [al meridiano]."[19]

Vedremo come i metodi osservativi siano progressivamente evoluti insieme con la graduale rinuncia alla cosmologia *Gai Tian* che aveva come strumenti base solo lo gnomone e la clessidra, con la costruzione di stumenti armillari sempre più sofisticati e associati a orologi meccanici ad acqua.

Queste tre cosmologie sopravvissero comunque a lungo e vennero costantemente dibattute, nessuna di esse sosteneva esplicitamente che la terra potesse essere sferica, un tema che non riscontrava alcun interesse tra gli astronomi cinesi. Il dibattito attorno alle tre cosmologie riguardava principalmente la difficoltà a spiegare le eclissi solari ma non affrontava questioni centrali come la variazione della durata del giorno al variare della latitudine. Una delle ragioni potrebbe essere collegata al fatto che l'astronomia ufficiale veniva praticata alla corte imperiale, e poiché le capitali dei periodi più antichi erano tutte situate lungo la

---

[18] (Cullen, 1996) p. 41.
[19] Ivi p. 42.

latitudine di 34° circa, non sorgeva il problema di variazioni significative dovute a osservazioni condotte a diverse latitudini.

5.2 Un'astronomia di stato.

Una leggenda[20] che troviamo nel Classico dei Documenti, *Shujing* 書經, descrive due figure, Xi 羲 e He 和, che ricevettero dall'imperatore Yao Di 尧帝 l'ordine di organizzare un calendario osservando il moto della luna, del sole e delle stelle. L'Imperatore ordinò a Xi di recarsi a est per accogliere il sole e regolare i lavori di primavera, a sud per regolare i lavori estivi e osservare il solstizio di estate. Ordinò al fratello He di recarsi a ovest per osservare il tramonto del sole e regolare i lavori dell'autunno e di recarsi a nord per osservare i lavori dell'inverno.

Questo racconto sintetizza gli elementi fondativi dell'astronomia cinese e allo stesso tempo ne mette in luce gli aspetti magici. Gli inviati dell'imperatore garantiscono che spiriti malevoli non prolunghino l'inverno o l'estate oltre il tempo dovuto. Inoltre devono determinare le date dei solstizi e degli equinozi per governare i cicli del lavoro agricolo.

Ritroviamo nei Riti di Zhou, 周禮 *Zhou li,* il ruolo dell'imperatore: egli deve individuare i quattro punti cardinali osservando la stella polare e il sole. In seguito vengono descritti alcuni ruoli fondamentali affidati a diversi ufficiali: un Ministro dei Riti 礼部尚书 / 大宗伯 (*Libu Shangshu / Da Zong Bo*), un Interprete dei Sogni 占梦者 (*Zhan Meng Zhe*), un funzionario interprete delle Divinazioni 占卜官 (*Zhan Bu Guan*) e un Grande Divinatore 太卜 (*Tai Bu*), uno Scriba 史官 (*Shi Guan*), un Astronomo Reale 天文官 / 司天 (*Tian Wen Guan / Si Tian*), un Astrologo Reale chiamato Grande Astrologo 太史 (*Taishi*). Questi ruoli erano affidati a figure che apprendevano il mestiere per tradizione famigliare.

Per più di duemila anni queste attività vennero svolte in un dipartimento speciale del governo: l'Ufficio Astronomico, che assunse nel tempo varie denominazioni. Gli astronomi incaricati dovevano risiedere nel palazzo Imperiale ed erano tenuti alla assoluta segretezza. Nell'840 l'imperatore Wenzong Di 文宗帝 (dinastia Tang), impose la segretezza anche sulle profezie tratte dalle osservazioni astronomiche e proibì agli astronomi qualsiasi rapporto con altri funzionari. Questi divieti in parte non permisero uno sviluppo indipendente degli studi astronomici, anche se essi venivano spesso coltivati dai letterati collegati alle istituzioni governative, come indica la formazione dei successori condotta all'interno della famiglia dell'astronomo imperiale.

In alcuni periodi vennero istituiti due osservatori dotati di tutti gli strumenti necessari, ad esempio nell'epoca dei Song Settentrionali uno era nella Accademia

---

[20] (Needham, 1959) p.188. Vedi anche (Legge, 1865) p .22 seg.

Hanlin, che si trovava all'interno del Palazzo Imperiale, mentre il secondo era all'esterno. Le osservazioni dovevano essere confrontate ogni giorno e presentate insieme per evitare errori o falsificazioni. Capitava tuttavia che le osservazioni fossero copiate tra di loro. Dopo l'applicazione di severe punizioni, quando Shen Kuo assunse la direzione dell'Osservatorio, trovò una situazione notevolmente migliorata: era l'epoca d'oro di Su Song, come approfondiremo più avanti.

Negli annali dei Tang, *Xin Tang Shu* 新唐书, troviamo la composizione dell'Ufficio Astronomico, con la specificazione dei ruoli, dei titoli e dei livelli gerarchici e con una descrizione delle frequenti modifiche organizzative.

> "Ufficio Astronomico. Un supervisore, di rango superiore alla terza classe; due vice supervisori, di rango superiore alla quarta classe; un assistente, di rango superiore alla sesta classe; due segretari, di rango superiore alla settima classe; un responsabile degli affari, di rango inferiore alla ottava classe.
> Il supervisore è responsabile dell'osservazione astronomica e del calcolo dei calendari. Tutti gli eventi anomali del sole, della luna, delle stelle, del vento e delle nuvole devono essere interpretati insieme al suo staff.
> Esiste un Istituto di Studi Occulti, dove vengono convocati a corte coloro che possiedono conoscenze speciali. Nessuno è autorizzato a trattare libri, mappe astronomiche o strumenti se non per incarico ufficiale. Ad ogni stagione, i rapporti sugli eventi astronomici vengono inviati al Dipartimento degli Affari Interni e delle Registrazioni Imperiali e annotati negli Annali Imperiali. Alla fine dell'anno, vengono inviati agli Archivi Storici e il calendario viene distribuito in tutto il paese.
> Nel quarto anno dell'era Wude 武德[21], l'Ufficio del Grande Astrologo fu rinominato in Ufficio del Grande Astrologo posto sotto il Ministero dei Segreti; nel settimo anno, l'osservatorio fu chiuso. Nel secondo anno dell'era Longshuo 龙朔, l'Ufficio del Grande Astrologo fu rinominato in Ufficio del Gabinetto dei Segreti, e il responsabile del Gabinetto dei Segreti venne chiamato Direttore.
> Nel primo anno dell'era Guangzhai sotto l'imperatrice Wu 武后, l'Ufficio del Grande Astrologo fu rinominato in Ufficio di Astronomia e non era più sotto il controllo degli Uffici Storici; poco dopo fu rinominato Ufficio di Strumenti Astronomici, e furono istituiti un vice supervisore, un assistente e un segretario. Il titolo di Maestro dell'Astronomia fu cambiato in Direttore dell'Astronomia. ..."[22]

Complessivamente l'Ufficio Astronomico arrivò a comprendere: 64 funzionari per la compilazione del calendario, 147 per le osservazioni astronomiche, 20 per la misura del tempo, 200 segnalatori delle ore.[23]

La preparazione del calendario era affidata a questa struttura burocratica, posta alle dirette dipendenze dell'imperatore e costituita da studiosi di astronomia. Si

---

[21] In questo testo le ere menzionate sono denominazioni specifiche di periodi dei vari regnanti. Questo scritto copre un periodo dal 618 al 760, includendo anche il periodo Zhou dell'imperatrice Wu Zetian
[22] 新唐书 *Xin Tang Shu*, Libro dei Tang. Cap. 52:35–39 https://ctext.org/wiki.pl?if=gb&chapter=649611&remap=gb. Ultimo accesso maggio 2024.
[23] (Iannaccone, 1991) p. 8.

era quindi costituita una vera e propria "scienza dei Calendari" che comprendeva le conoscenze astronomiche, quelle matematiche per i metodi di calcolo necessari e le conoscenze astrologiche. L'astronomia non era quindi un'attività personale dettata dal desiderio di conoscenza.

Durante la dinastia Tang, studiosi esterni collaboravano con l'Ufficio Astronomico. Tuttavia, a partire dalla dinastia Song, questa attività fu riservata esclusivamente agli incaricati dell'Ufficio, i quali dovevano mantenere la massima segretezza sotto il controllo di rigidi revisori. Le cariche degli ufficiali astronomi divennero ereditarie. Tutti gli studiosi che si dedicavano privatamente all'astronomia erano passibili di severe sanzioni.[24]

5.3 Il metodo osservativo e l'organizzazione del cielo

Le teorie cosmologiche cinesi non mirano a spiegare il moto degli astri mobili (come i pianeti, il Sole e la Luna) attraverso una modellizzazione geometrica dei moti, come avviene invece nella teoria aristotelica delle sfere omocentriche o, in epoca ellenistica, con l'uso di modelli geometrici e cinematici. Manca quindi una giustificazione delle cause del movimento. Gli astronomi cinesi non indagano su questi aspetti, ma si concentrano sulla rilevazione delle posizioni del sole e della luna nel corso del loro moto. Ci troviamo di fronte a una astronomia matematica che, a partire dalle posizioni celesti nel passato e nel presente, applica metodi di estrapolazione per prevedere le posizioni future. Di conseguenza occorre dare al Cielo una organizzazione, ogni astro deve avere un suo posto nel cielo, e le relazioni con gli altri astri devono essere conosciute e descritte in modo accurato. Come nelle visioni cosmologiche di ogni popolo, l'organizzazione del cielo si esprime attraverso l'individuazione di asterismi[25] e costellazioni.

Prima di procedere è necessario illustrare il meccanismo osservativo adottato dagli astronomi cinesi fino dalle origini.

Nella Fig. 5.2 possiamo vedere la linea d'ombra, chiamata *terminatore*, ovviamente in una posizione del tutto approssimativa. Durante la notte le stelle circumpolari restano continuamente visibili, si può quindi rilevare il passaggio al meridiano di qualsiasi stella circumpolare e ricavarne l'ascensione retta (AR). Conoscendo quale sia la stella in opposizione, il Sole si troverà a 180° dalla stella scelta e questo angolo è la AR del Sole.

Per condurre questa osservazione sono necessarie alcune informazioni essenziali: conoscere il meridiano del luogo, poter misurare il tempo con sufficiente

---

[24] (Chang, Wang, Sun, Huang, & Chen, 2001).
[25] Si usa il termine asterismo per denotare piccoli raggruppamenti di stelle apparentemente legati da una configurazione geometrica, riservando il termine costellazioni per raggruppamenti molto più ampi.

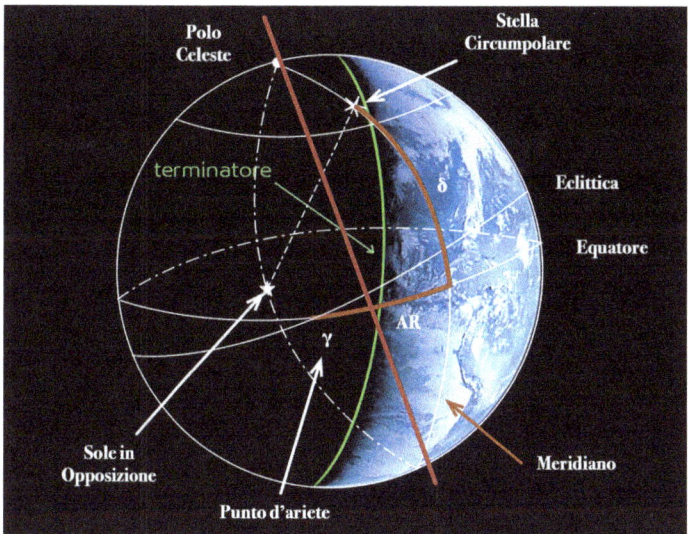

Fig. 5.2 Osservazione del sole per opposizione delle stelle circumpolari

precisione, conoscere la durata dell'anno, conoscere il momento del solstizio. La conoscenza della durata dell'anno permette di misurare la AR nella notte del solstizio. Una volta determinata l'Ascensione Retta (AR) al solstizio e conoscendo il moto mensile del cielo attraverso l'osservazione delle lunazioni, è possibile calcolare l'AR del Sole in qualsiasi momento dell'anno, osservando quali stelle circumpolari siano in opposizione. I Cinesi consideravano fondamentale il solstizio invernale, che preannuncia l'arrivo del nuovo anno e l'inizio di una stagione che passa gradualmente dal buio e freddo alla luce e al caldo.

Gli astronomi babilonesi, egiziani e greci determinavano la posizione del sole rispetto allo zodiaco. Le costellazioni appaiono spostarsi ogni notte verso ovest fino a quando all'approssimarsi dell'alba scompaiono mascherate dalla luce del sole e all'approssimarsi del tramonto lentamente ricompaiono. Questo fenomeno dà luogo al metodo osservativo chiamato *levata eliaca* o *tramonto eliaco*. In Egitto, la levata eliaca della stella Sirio annunciava l'arrivo delle piene del Nilo. Questo metodo osservativo non richiedeva la conoscenza del polo, del meridiano o dell'equatore e neppure alcun sistema di misurazione oraria del tempo. D'altra parte, ciò richiedeva di poter riconoscere con precisione le stelle collocate lungo l'eclittica, identificando le costellazioni dello zodiaco.

De Saussure sintetizza il metodo osservativo Greco come "*eclittico, angolare, vero e annuale*", mentre quello cinese era "*equatoriale, orario, approssimato e diurno*"[26] e basato sull'*opposizione*[27] del Sole alle stelle circumpolari visibili di notte.

Costellazioni. Anticamente erano stati identificati circa 300 asterismi, cui vennero dati nomi ispirati alla società feudale dell'epoca e a oggetti di uso comune. Alcuni asterismi sono riferiti ad animali e altri sono legati a miti e leggende. Tra questi, il mito più famoso narra della nipote dell'imperatore Celeste, Zhinü 织女, una tessitrice abile nel creare nuvole, e del suo incontro con Niulang 牛郎, un giovane pastore orfano che l'imperatore Celeste aveva portato in cielo per occuparsi dei suoi armenti. I due si innamorarono, si sposarono di nascosto e decisero di tornare sulla terra, dove ebbero due figli. Quando l'imperatore Celeste scoprì che Zhinü era sposata con un mortale, si infuriò e le ordinò di tornare in cielo, lasciando il marito e i figli. Disperato per la perdita della moglie, Niulang scoprì che una delle sue mucche era in realtà una divinità: l'animale gli consigliò di ucciderla e indossare la sua pelle per volare con i figli in cielo e riunirsi con Zhinü. Ma l'Imperatrice Celeste, furiosa nel vederli riuniti, li trasformò in stelle e creò un ampio fiume di stelle, la Via Lattea (*Tianhe* 天河, 'Fiume Celeste'), per separarli. Tuttavia, la disperazione dei due amanti riuscì a commuovere l'Imperatrice, che permise loro di incontrarsi una volta all'anno: il settimo giorno del settimo mese lunare, un ponte di gazze attraversa la Via Lattea, permettendo alle due stelle, che noi chiamiamo Altair e Vega, di ricongiungersi (vedi Fig. A.10). Questa leggenda è nota anche come la leggenda della Dea Tessitrice e del Pastore, è una delle storie d'amore più conosciute e amate della mitologia cinese e ne esistono numerose varianti. La storia è legata alla tradizione del Festival di *Qixi* 七夕, celebrato il settimo giorno del settimo mese lunare, che viene spesso paragonato a San Valentino in Occidente.

Un'altra famosa leggenda è quello della Dea della Luna Chang'e 嫦娥, legata all'Elisir di Immortalità. In tempi antichi, dieci soli sorsero contemporaneamente nel cielo, causando grandi disastri sulla Terra. L'imperatore celeste chiese a Hou Yi 后羿, un abile arciere, di salvare il mondo. Hou Yi, con il suo arco divino, abbatté nove dei dieci soli, lasciandone uno per illuminare il giorno. Hou Yi era sposato con la bellissima Chang'e. Per il suo eroismo, fu ricompensato con l'elisir di immortalità, un dono che avrebbe permesso a lui e a sua moglie di vivere per sempre. Essendo un uomo di grande cuore, Hou Yi decise di non prendere immediatamente l'elisir, volendo vivere una vita normale con sua moglie. Tuttavia, temeva che l'elisir potesse cadere nelle mani sbagliate, così

---

[26] (de Saussure, 1919–1920).
[27] In astronomia due corpi celesti si dicono in opposizione quando sono a 180° l'uno dall'altro, quindi un osservatore sulla Terra li vedrà nel cielo con 12 ore di differenza. Si dicono in congiunzione quando la loro distanza angolare viceversa è nulla. Vedi Appendice A.

Fig. 5.3 Sinistra: Fu Xi e Nüwa. Pittura su seta. Destra: Carta celeste di Andrea Cellario

lo nascose. Un giorno, mentre Hou Yi era a caccia, uno dei suoi apprendisti, Feng Meng, scoprì l'elisir e cercò di rubarlo. Chang'e, trovandosi sola e senza difese, non ebbe altra scelta che bere l'elisir per evitare che cadesse nelle mani sbagliate. Immediatamente dopo averlo bevuto, Chang'e iniziò a levitare verso il cielo, incapace di fermarsi. Chang'e volò sempre più in alto fino a raggiungere la luna, dove rimase per sempre. Da quel momento in poi, diventò la dea della luna, da cui osservava la Terra, aspettando di essere riunita con Hou Yi, che, devastato dalla perdita della sua amata moglie, costruì un altare all'aperto per adorare la luna, offrendo la frutta e i dolci che Chang'e amava. Questa leggenda è alla base del Festival di metà autunno (中秋节, *Zhangqiu jie*), una delle feste più importanti in Cina. Durante questa celebrazione, le famiglie si riuniscono per ammirare la luna piena e mangiare i dolci della luna *yue bing* 月饼, simbolizzando l'unione e la felicità.

Un mito di cui si trovano numerose raffigurazioni, ma che non è associato ad alcun asterismo, è quello di Fuxi e Nüwa, che rappresentano l'origine dell'umanità e che abbiamo già citato come divinità. La coppia, unica sopravvissuta a un grande diluvio, fu incaricata di ripopolare il mondo formando un gran numero di statuette di argilla, portate in vita con l'assistenza divina. In Fig. 5.3 a sinistra è riprodotto un dipinto su seta scoperto nelle tombe di Astana nello Xinjiang, un sito di sepoltura tra il terzo e l'ottavo secolo dell'era corrente. La pittura su seta è datata intorno alla seconda metà dell'VIII secolo (dinastia Tang) e rappresenta Fuxi e Nüwa uniti su un corpo di serpente. Fuxi tiene in mano un compasso e Nüwa un righello quadrato, simboli dell'universo: il Cielo è rotondo (il com-

Fig. 5.4 Sinistra: Le stelle che costituiscono l'Orsa Maggiore nella tradizione Cinese, chiamata *Carro del Nord*. Destra: Raffigurazione della Tartaruga Nera del Nord, dipinto su seta, epoca tarda Sui – inizio Tang

passo) e la Terra è quadrata (il righello quadrato). Tondo e quadrato, maschile e femminile sono simboli legati al principio Yin-Yang. Negli asterismi dipinti sui lati si riconosce il Grande Carro. Fuxi, ricordiamo, è considerato il primo imperatore leggendario, onorato per aver stabilito la legge e l'ordine e inventato corde e reti per la pesca.

La raffigurazione dei miti celesti è in genere molto semplificata, anche per gli animali che rappresentano simbolicamente aspetti rilevanti del cielo. L'insieme di stelle considerate non sembrano avere relazione alcuna con la forma dell'animale simbolico a differenza delle iconografie occidentali. Infatti gli astri di riferimento di eroi e animali delle costellazioni della mitologia Greca, narrate ad esempio da Arato di Soli[28] nei *Phaenomena*, costituiscono lo scheletro portante della forma immaginata. Alcuni asterismi sono molto iconici, come il Triangolo, i Gemelli o lo Scorpione. Dopo quelle Aratee, riprodotte ancora nel primo Rinascimento, le raffigurazioni compaiono su planisferi celesti stampati a partire dal XVI secolo. Il primo planisfero celeste con le costellazioni dei miti Greci fu stampato da Albrecht Dürer nel 1515, cui fecero seguito molti altri planisferi che si arricchiscono di nuove costellazioni. Tra questi il Piccolomini nel 1604, quello di Andrea Cellario nel 1661 (Fig. 5.3 a destra), di Johannes Hevelius nel 1690, di Johann Gabriel Doppelmeyer nel 1720 e i globi celesti di Vincenzo Coronelli (1650–1718) e quelli meccanici di Jost Bürgi.

Un altro esempio che chiarisce la profonda distinzione tra costellazioni occidentali e cinesi si può osservare ad esempio nella costellazione della Tartaruga Nera (Fig. 5.4 a destra). La raffigurazione di questa costellazione compare frequentemente su sigilli o mattonelle.

---

[28] (Igino, 2002).

Nella Fig. 5.4 a sinistra la costellazione del Grande Carro, chiamata *bei dou* 北斗 (mestolo del nord), con i nomi delle stelle che ne fanno parte.

Regioni, palazzi celesti e case lunari. La suddivisione in costellazioni del cielo cinese, più propriamente asterismi (星群 *xīng qún*), è organizzata in 3 regioni, 5 palazzi e 28 case lunari.

Gli asterismi, i Palazzi Celesti, le case lunari sono riportate nelle carte celesti in Fig. A.7, Fig. A.9, Fig. A.10, Fig. A.11, Fig. A.12. Per consentire un rapido confronto riporto in Fig. A.8 le costellazioni di tradizione occidentale come appaiono in occasione del solstizio d'estate. Tutte le carte sono state ricavate dal programma Stellarium, configurato per la latitudine dell'Osservatorio Imperiale di Beijing.[29]

Le tre regioni. La prima regione *Ziwei Yuan* 紫微垣 (Recinto del Palazzo di Porpora) comprende le costellazioni circumpolari, la seconda *Taiwei Yuan* 太微垣 (Recinto del Palazzo Supremo) comprende le costellazioni visibili in primavera e in estate, La terza è *Tianshi Yuan* 天市垣 (Recinto del Mercato Celeste) e comprende le costellazioni visibili in autunno e inverno (vedi Fig. A.7). La maggior parte delle stelle di questi raggruppamenti sono all'interno di asterismi che raffigurano i confini delle regioni.

Queste tre regioni rappresentano simbolicamente il fondamento del rapporto Cielo e Terra. In questi gruppi di costellazioni i nomi fanno riferimento ai poteri dello stato, l'apparato degli Ufficiali di Corte e dei Ministri e l'imperatore. Ad esempio l'asterismo *Tian Huang Da Di* 天皇大帝 è il Grande Imperatore Celeste, *Hua Gai* 华盖 è il Baldacchino Imperiale (vedi Fig. A.12).

La suddivisione nelle tre regioni non compare in un unico momento. i Recinti del Palazzo di Porpora e del Mercato Celeste risalgono all'epoca Zhou: nonostante gli scritti originali siano scomparsi, nel *Kaiyuan Zhanjing* 開元占經 (Classico della divinazione dell'era Kaiyuan)[30] ci sono riferimenti che indicano che questa organizzazione dello spazio celeste fosse stata descritta già durante l'epoca Zhou. D'altro canto, i primi riferimenti al Recinto del Palazzo Supremo si trovano in scritti del VII sec. EC circa.[31]

I cinque palazzi. Questa suddivisione distribuisce gli asterismi in 5 gruppi, i *Palazzi*, associati alle quattro direzioni nord, est, sud e ovest e un gruppo, il *Palazzo* centrale, che raggruppa le stelle circumpolari[32] (Fig. 5.5 a sinistra). Il palazzo cen-

---

[29] Una serie di carte celesti si può trovare anche nel sito http://yzhxxzxy.github.io/cn/starcharts.html. Ultimo accesso novembre 2024.
[30] Durante il regno dell'imperatore Tang Xuanzong il periodo *Kāiyuán* (712–756) fu considerato uno dei periodi più floridi per la potenza del paese e la ricchezza del popolo.
[31] (Yip, 2006) p. 17.
[32] (de Saussure, 1919–1920).

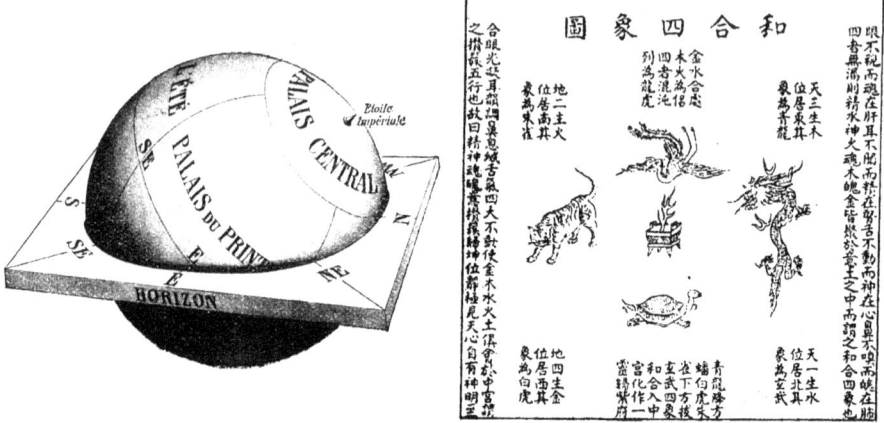

Fig. 5.5 Sinistra: le regioni del cielo secondo de Saussure. La divisione dell'equatore è proiettata sul piano orizzontale. Destra: raffigurazione dei quattro animali mitologici corrispondenti ai quattro Palazzi Celesti

trale rappresenta la corrispondenza tra l'imperatore e il Polo celeste ed è quindi il simbolo della centralità dell'imperatore e della burocrazia imperiale.

In questa schematizzazione ritroviamo l'organizzazione della planimetria delle città Cinesi in forma quadrata con un orientamento nord-sud: una cinta di mura quadrate disposte secondo i punti cardinali che delimita l'area urbana, in cui le vie sono disposte a scacchiera. Il centro solitamente è il luogo della torre del Tamburo o della Campana.

In queste regioni i nomi degli asterismi richiamano, come detto, le funzioni amministrative. Le prime quattro regioni sono simbolicamente associate a 4 animali mitologici: il palazzo orientale è associato al Drago Azzurro *Qing Long* 青龙, il palazzo settentrionale è associato alla Tartaruga Nera *Xuanwu* 玄武; il palazzo della Tigre Bianca *Baihu* 白虎 è associato all'ovest e l'Uccello Vermiglio *Zhuque* 朱雀 è associato al sud. A differenza della cosmologia occidentale, questi nomi, come detto, non hanno corrispondenza con asterismi figurativi. Nell'iconografia cinese si incontra una grande varietà di raffigurazioni dei quattro animali, un esempio nella Fig. 5.5 a destra.

Le 28 case lunari. Ognuno dei 4 palazzi comprende 7 asterismi, le *case lunari*, che vengono chiamate *xiu* 宿, e sono distribuite lungo l'eclittica, per un totale di 28. Nella Tab. 5.1 riportiamo l'elenco delle 28 case lunari.

La più antica raffigurazione delle case lunari è stata scoperta nel 1978.[33] Nella Tomba del Marchese Yi di Zeng, *Zenghouyi Mu* 曾侯乙墓, è stata ritrovata una scatola sul cui coperchio in lacca sono disegnati una tigre e un drago e i nomi delle 28 case lunari oltre al simbolo del Grande Carro (Fig. 5.6). Una

---

[33] (Yip, 2006).

Tabella 5.1 Le 28 case lunari con la corrispondente stella determinativa secondo la denominazione occidentale

Palazzi	Casa lunare			
		Nome	Traduzione	Stella determinativa
Drago Azzurro dell'Est 東方青龍 Primavera	1	角 (Jiǎo)	Corno	α Virginis
	2	亢 (Kàng)	Collo	κ Virginis
	3	氐 (Dī)	Radice	α Librae
	4	房 (Fáng)	Dimora	π Scorpionis
	5	心 (Xīn)	Cuore	σ Scorpionis
	6	尾 (Wěi)	Coda	μ Scorpioonis
	7	箕 (Jī)	Setaccio	γ Sagittarii
Tartaruga Nera del Nord 北方玄武 Inverno	8	斗 (Dǒu)	Mestolo (Meridionale)	φ Sagittarii
	9	牛 (Niú)	Bue	β Capricorni
	10	女 (Nǚ)	Ragazza	ε Aquarii
	11	虛 (Xū)	Vuoto	β Aquarii
	12	危 (Wēi)	Tetto	α Aquarii
	13	室 (Shì)	Accampamento	α Pegasi
	14	壁 (Bì)	Muro	γ Pegasi
Tigre Bianca dell'Ovest 西方白虎 Autunno	15	奎 (Kuí)	Gambe	η Andromedae
	16	婁 (Lóu)	Legame	β Arietis
	17	胃 (Wèi)	Stomaco	35 Arietis
	18	昴 (Mǎo)	Testa Pelosa	17 Tauri
	19	畢 (Bì)	Rete	ε Tauri
	20	觜 (Zī)	Becco di Tartaruga	λ Orionis
	21	參 (Shēn)	Tre Stelle	ζ Orionis
Uccello Vermiglio del Sud 南方朱雀 Estate	22	井 (Jǐng)	Pozzo	μ Geminorum
	23	鬼 (Guǐ)	Fantasma	θ Canceris
	24	柳 (Liǔ)	Salice	δ Hidrae
	25	星 (Xīng)	Stella	α Hdrae
	26	張 (Zhāng)	Rete Stesa	υ1 Hidrae
	27	翼 (Yì)	Ali	α Crateris
	28	軫 (Zhěn)	Carro	γ Corvi

raffigurazione di tipo diverso, costituita da conchiglie, risale a un'epoca molto anteriore. Si tratta anche in questo caso di una tomba presso Puyang (tomba n.45), nello Henan, che mediante datazione al carbonio, è stata datata al IV millennio AEC.[34] Il sarcofago del defunto è orientato nella direzione nord-sud, con la testa rivolta a sud. Alcune conchiglie di fiume sono disposte in modo da tracciare la forma di un drago a est e una tigre a ovest, a nord un gruppo di conchiglie e ossa di gambe formano il disegno del Grande Carro (Fig. 5.7).

---

[34] Ibidem. https://www3.astronomicalheritage.net/index.php/show-theme?idtheme=10. Ultimo accesso novembre 2024.

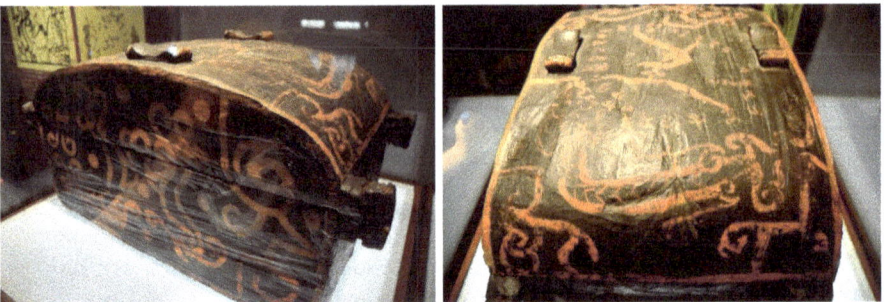

Fig. 5.6 La scatola laccata della tomba Zenghouyi Mu. Il disegno sul coperchio riporta la tigre e il drago. Al centro è raffigurata la costellazione del Grande Carro e intorno i nomi dei 28 *xiu* scritti in uno stile particolare riservato ai sigilli (*Zhuan Shu* 篆书). La datazione della scatola è il –430 circa

Fig. 5.7 Tomba di Puyang. Sinistra: la raffigurazione con conchiglie del Drago (a sinistra) e della Tigre (a destra).

Una diversa raffigurazione simbolica dei 28 *xiu* mette in luce la relazione tra stagioni e ore. Ogni gruppo di 7 case è disposto secondo l'orientamento dei punti cardinali ed è organizzato con tre case al centro e due case ai lati (Fig. 5.8 a sinistra). I dodici settori al centro raffigurano la divisione oraria in doppie ore della giornata. I dodici settori nel secondo gruppo dal centro rappresentano le stazioni del ciclo di Giove, che esamineremo più avanti. Questo schema illustra anche il metodo di opposizione utilizzato per determinare la posizione del Sole. Ad Est troviamo l'equinozio di primavera 春分 (*chunfen*), che si trova nella casa orientale all'ora 6 del mattino. La sera, all'ora 6, il Sole si troverà nella casa opposta, quella dell'equinozio d'autunno 秋分 (*qiufen*), ad Ovest.[35]

L'estensione dei 28 *xiu* non è costante lungo tutto il cerchio celeste, alcuni sono molto piccoli e altri più estesi; notiamo invece che lo Zodiaco è suddiviso in

---

[35] (de Saussure, 1919–1920).

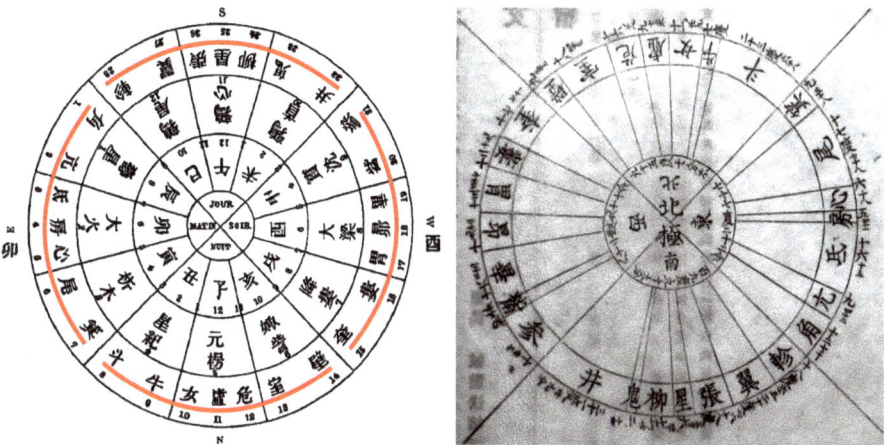

Fig. 5.8 Sinistra: Lo schema dei 28 xiu e i gruppi di case. A sinistra e a destra gli ideogrammi della primavera e dell'autunno. Il settore centrale denota (partendo dall'alto e in senso orario) il giorno, la sera, la notte e il mattino. Gli archi rossi delimitano quattro gruppi di quattro xiu (le quattro Stagioni). Le ore sono indicate nel cerchio più interno in due gruppi di dodici (giorno e notte). Destra: La suddivisione irregolare delle 28 case lunari, La terza casa nella figura di sinistra si trova ore 3 nella figura a destra

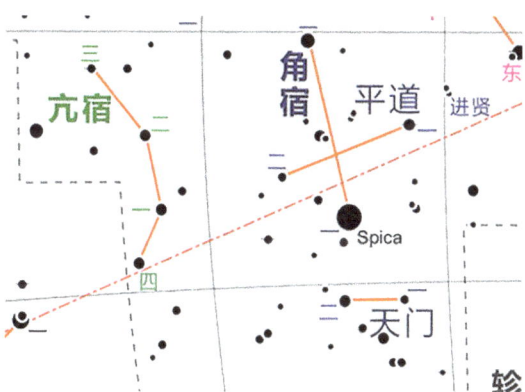

Fig. 5.9 I due *xiu Kang* (in verde) e *Jiao* con la stella Spica (blu). In arancione punteggiata l'eclittica

intervalli regolari di 30°. L'irregolarità dell'ampiezza si può notare nella Fig. 5.8 a destra, in cui le linee radiali delimitano l'estensione delle varie case.

Poiché gli *xiu* non sono nella regione circumpolare, per usare la posizione degli *xiu* con il metodo per opposizione venivano scelte delle stelle particolari che avevano la medesima ascensione retta di stelle della regione circumpolare, chiamate stelle *determinative*. Questo procedimento viene descritto da Sima Qian nel trattato *Shiji*. Ad esempio per determinare la posizione equatoriale

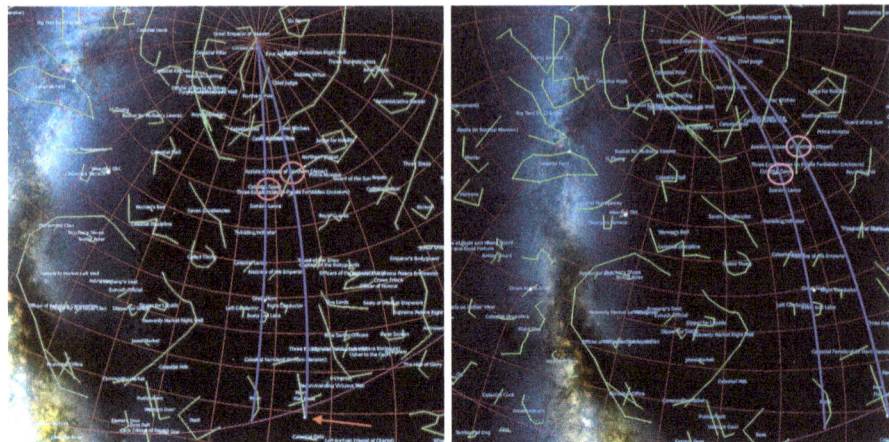

Fig. 5.10 Individuazione della Ascensione Retta mediante le stelle determinative. Sinistra: 30 marzo, destra 30 aprile. Elaborazione con programma Stellarium

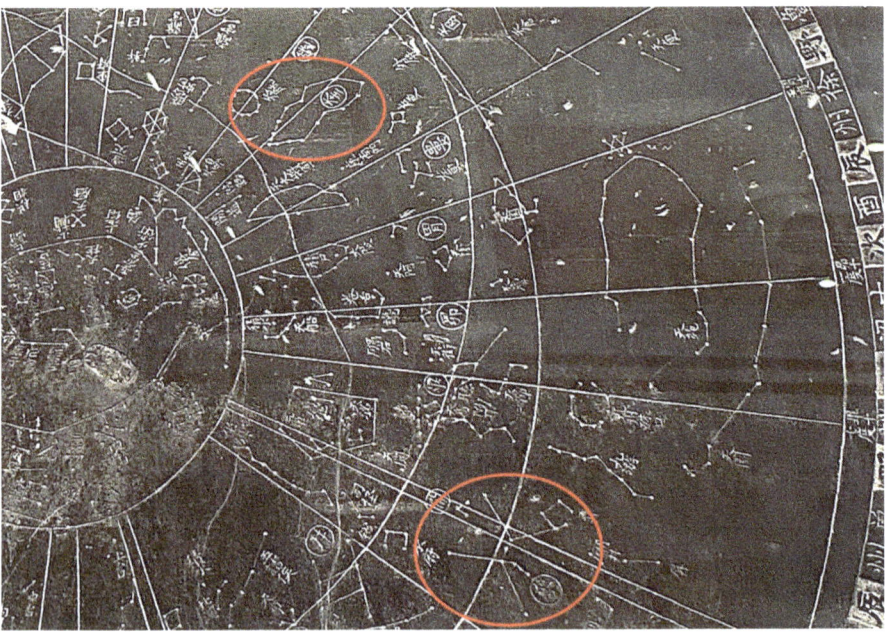

Fig. 5.11 Gli *xiu* del Palazzo della Tigre Bianca. L'ovale in alto delimita le zampe, l'ovale in basso evidenzia le tre stelle, ovvero Orione e il Becco di Tartaruga. Mappa celeste della Stele di Suzhou

della stella determinativa *Jiao* (α Virgo) si individuano linee che dalle stelle circumpolari intersecano l'astro scelto. Consideriamo, infatti, la casa lunare *Jiao*[36], il Corno (settore 1 in Fig. 5.8), che è composta da due asterismi tra i quali c'è la stella α Virgo, chiamata anche Spica, la più luminosa della Vergine. Osserviamo la Fig. 5.9, la stella determinativa di *Jiao*, trovandosi sull'eclittica nelle stagioni invernali non è visibile, è quindi necessario conoscere la posizione angolare di Spica che potrà essere usata per scegliere una stella circumpolare sul medesimo meridiano e determinare la posizione del Sole durante l'osservazione notturna. La casa lunare successiva è *Kang* ad est di *Jiao*, la cui stella determinativa è la quarta stella (四 *si*) segnata in verde. I due astri si trovano a una distanza di 12 *du*. Tracciando un arco meridiano da Spica al polo si possono individuare altre stelle che si trovano sul medesimo meridiano e sono nella regione circumpolare. In Fig. 5.10 la simulazione con il programma Stellarium, dove possiamo vedere che *Jiao* si trova sul meridiano della seconda stella del Grande Carro.

Nella Fig. 5.11 possiamo vedere un dettaglio della collocazione della Tigre Bianca rispetto ai 28 *xiu* e la loro estensione irregolare.

Ritroviamo nella astronomia Araba la suddivisione della volta celeste in 28 "case" chiamate *manazil*, mentre c'è una relazione parziale con i 27 *nakshatra* dell'astronomia Indiana le cui estensioni sono costanti e, misurate su un cerchio di 360°, pari a 13°20'.[37] Escludendo gli Arabi, le cui osservazioni risalgono a dopo il VII secolo, è ancora aperta la questione se l'India sia stata la prima ad adottare questo schema. Nove dei 28 asterismi sono comuni alla tradizione indiana, mentre altri undici condividono la stessa costellazione ma con stelle diverse. D'altra parte, il collegamento del sistema *xiu* con l'osservazione del transito delle stelle circumpolari suggerisce che il sistema cinese sia il più antico, il metodo dell'opposizione è infatti assente dal sistema indiano.

Anche il sistema Babilonese riconosceva 28 case lunari, come testimoniano le tavolette cuneiformi dell'epoca di Assurbanipal (m. −631), ma la relazione con il sistema cinese è difficilmente dimostrabile, dato che quello Babilonese fondava l'osservazione sulla levata eliaca delle costellazioni zodiacali.[38]

5.4 I cataloghi e le mappe celesti

L'astronomo reale Chen Zhuo 陈卓 dello stato di Wu (Tre Regni) nel 310 costruì una mappa celeste (purtroppo perduta) delle stelle e delle costellazioni rilevate da Shi Shen, 石申 (IV sec. AEC), Gan De 甘德 (−370 −270) e Wu Xian 巫咸 (uno studioso in parte leggendario, menzionato nel *Classico dei Documenti*,

---

[36] Per le trascrizioni in caratteri cinesi dei nomi delle case lunari (*xiu*) vedi Tab. 5.1.
[37] (Guo, 2021) p .676.
[38] (Needham, 1959), p. 252–259.

pioniere della divinazione con ossa oracolari e della astronomia). Conteneva 28 *xiu* e un totale di 283 costellazioni e 1565 stelle.

L'osservazione del cielo compiuta nel corso di secoli veniva riportata in carte, periodicamente aggiornate a partire dai tre cataloghi sopra ricordati. In questi cataloghi per ogni costellazione era indicato: a) il nome dell'asterismo, b) il numero di stelle che contiene, c) la sua posizione rispetto all'asterismo vicino, d) le misure in gradi (rapportati alla suddivisione in 365,25 unità pari alla durata dell'anno) delle stelle principali. Queste misure comprendevano l'angolo orario (ascensione retta 赤经 *chi jing*) misurato dalla stella determinativa dello *xiu* di appartenenza, e la declinazione 赤纬 *chi wei*.[39] Poiché in alcuni testi viene riportata anche la latitudine celeste della stella principale, nasce il sospetto, non dimostrato, di una contaminazione con l'astronomia Greca che adottava le coordinate eclittiche. Confrontando le coordinate della stella polare con quelle attuali e considerando la precessione degli equinozi è stato possibile determinare che i dati utilizzati in questi antichi cataloghi risalgono al −2400 ca.[40]

La natura strettamente osservativa dell'astronomia cinese attribuisce grande importanza alla raffigurazione del cielo. Trascurando le raffigurazioni più antiche rinvenute con gli scavi archeologici di antiche tombe, sopra ricordate, le mappe stellari superstiti sono poche. La mappa stellare di Dunhuang è disegnata su carta, altre di cui si è a conoscenza sono incise su pietra. Questo facilitava la riproduzione mediante un procedimento simile alla stampa: il ricalco con inchiostro su carta.

Nell'antichità si usavano due termini: *tianwen tu* 天文图 per denotare mappe celesti comprendenti la suddivisione nei 28 *xiu*, e nei recinti celesti; *xing tu* 星图 per denotare mappe stellari. che raffiguravano solamente gli asterismi e le stelle. Tra queste la più antica conosciuta, la mappa di Dunhuang, è disegnata su un rotolo di carta.

La mappa di Dunhuang. La città di Dunhuang si trova nel Gansu nel nord-ovest della Cina, al crocevia di due importanti percorsi della Via della Seta. È in un'oasi ai margini orientali del deserto Taklamakan e la città era il primo centro commerciale che incontravano i mercanti provenienti dall'occidente. Era anche una antica meta di pellegrinaggi Buddhisti, che avevano creato le Grotte di Magao, le grotte dette dei "mille Buddha", ed era la sede di una guarnigione militare lungo il percorso più antico della Grande Muraglia, costruito durante la dinastia Han.

La mappa stellare, oggi conservata alla British Library[41], è stata acquistata illecitamente nel 1907 dall'archeologo Aurel Stein, con altri manoscritti e il

---

[39] La declinazione era misurata a partire dalla stella polare, era quindi l'angolo complementare rispetto alla declinazione misurata secondo la tradizione occidentale.
[40] (Needham, 1959), p.249 e seguenti.
[41] Una copia della sola mappa stellare è conservata all'Osservatorio Astronomico di Nanjing.

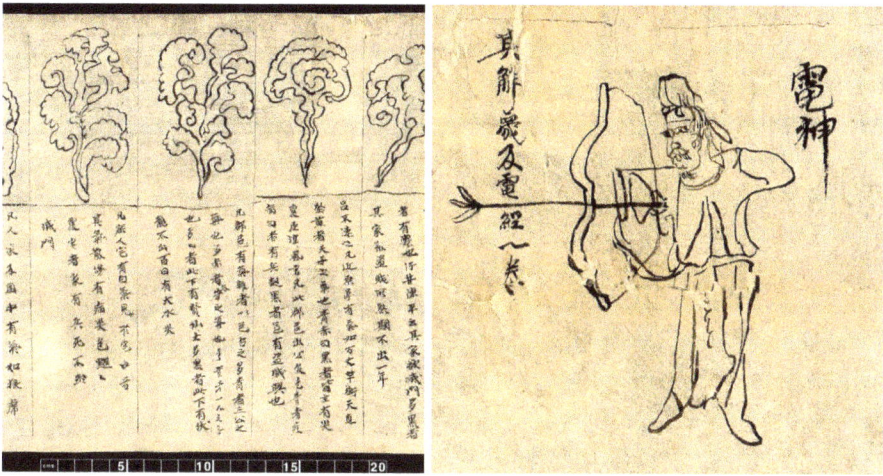

Fig. 5.12 Mappa di Dunhuang. Sinistra: predizioni meteorologiche basate sulla forma delle nubi. Destra: disegno di un arciere

primo libro a stampa, ritrovati in una delle grotte di Magao. Il monaco daoista Wang Yuanlu 王圓籙 (1849–1931), incaricato della custodia del sito delle Grotte, durante i lavori per eliminare la sabbia accumulata scoprì, nel 1899, una piccola stanza ricavata nella Grotta 17, da allora chiamata "Grotta della Biblioteca", contenente più di 40.000 manoscritti.[42] Senza alcuna autorizzazione ne vendette moltissimi a Stein e Paul Pelliot (archeologo francese) e a molti altri studiosi.

Si tratta di un rotolo di carta molto sottile, lungo 3940 mm. e alto 244 mm. scritto su un solo lato. È diviso in due parti e la prima sezione contiene un testo di circa 80 colonne di previsione astrologica e meteorologica con 26 disegni di nuvole di differente forma (Fig. 5.12 a sinistra), al di sotto delle quali le note descrivono i possibili eventi annunciati dalla loro forma. Possono essere eventi meteorologici (come i *parapegma*[43]) o l'annuncio di malattie o dell'arrivo di nemici.

La sezione dell'atlante stellare è lunga 2100 mm. e riporta 12 mappe verticali (Fig. 5.13 in alto), ciascuna con un testo di accompagnamento, seguite da una mappa della regione circumpolare e alla fine una colonna di testo e un disegno di un arciere che rappresenta il Dio del Fulmine, abbigliato nello stile di un funzionario imperiale.

Le 12 mappe coprono i 28 *xiu*, ogni asterismo è indicato col nome. Il primo *gruppo* corrisponde al mese di febbraio.

---

[42] (Hong, 2022).
[43] Il parapegma era un calendario Astro-meteorologico della Grecia antica.

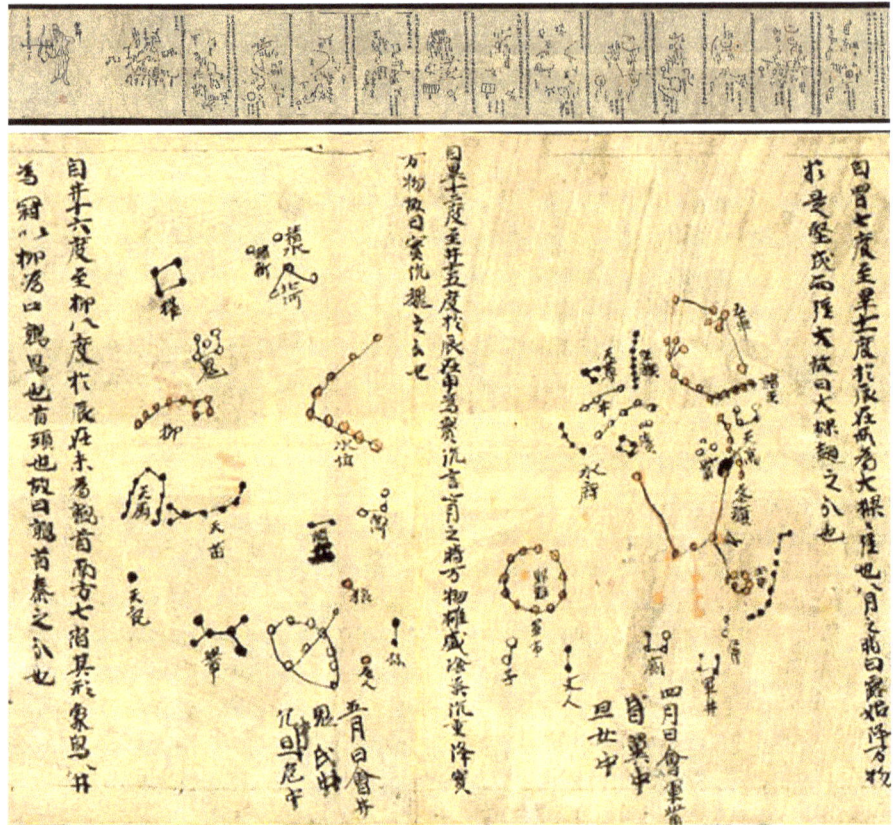

Fig. 5.13 Mappa di Dunhuang. In alto: La mappa completa. In basso: il gruppo di stelle a sinistra è relativo al mese lunare 5, che include il Cane Minore, il Cancro e la Idra. Il gruppo di stelle a destra riguarda il mese lunare 4 che comprende la costellazione di Orione. Si notano i colori dovuti ai diversi autori

Gli studiosi ritengono che le stelle di colore nero provengano dal catalogo di Chen Zhuo, quelle rosse sono dovute probabilmente a Shi Shen; le stelle sono segnate tutte con le medesime dimensioni, quindi non appare alcuna indicazione relativa alla magnitudo. Nella Fig. 5.13 in basso due *mesi lunari*, in quello di sinistra riconosciamo la costellazione di Orione. Alla sinistra di Orione un cerchio di stelle è stato chiamato mercato dei soldati *Shibing Shichang*士兵市场 e l'asterismo a forma di U (sotto la gamba sinistra rossastra di Orione) ha il nome di *latrina dei soldati*.

Si contano tra 1339 e 1359 stelle raggruppate in 257 asterismi. Una analisi approfondita mostra che sono riportate tutte le stelle visibili dalla latitudine di 34°N in prossimità delle capitali storiche. Le stelle riportate arrivano fino alla magnitudo 6,5, prova della vista assai acuta degli astronomi cinesi. La mappa della regione circumpolare ha un valore cosmologico ulteriore in quanto simboleggia il Palazzo di Porpora con l'imperatore Celeste nel Polo, circondato dalla famiglia, dai servi, dagli ufficiali militari. Le costellazioni di questa regione sono denominate in riferimento alla corte imperiale. Il Grande Carro, ad esempio, è il Carro dell'imperatore.

Dal punto di vista scientifico questa mappa è una proiezione cilindrica degli asterismi delle case lunari di ogni mese e una proiezione azimutale della regione circumpolare, due tecniche di proiezione in uso ancora oggi nella cartografia moderna.

In uno studio approfondito di questo documento, curato da Bonnet-Bidaud et al.[44], c'è una valutazione della accuratezza delle proiezioni. Gli autori hanno confrontato le coordinate delle stelle di magnitudo maggiore di 3 rilevate sulla mappa con l'ascensione retta e la declinazione effettiva delle stelle, corrette per la precessione all'anno 700 ottenendo una correlazione superiore a 0,9, molto elevata considerando la imprecisione di misura su una scansione digitale della mappa. Questi autori ritengono che il documento sia più antico del 940, la data stimata da Joseph Needham. A favore di questa diversa ipotesi ci sono varie evidenze. La carta è fatta di fibre di gelso, molto sottile e costosa, simile a quella in uso fino alla fine della dinastia Tang (618–907). È una carta certamente adatta a opere dedicate alla corte imperiale.

Purtroppo mancano la data e il nome dell'autore. Nel testo allegato c'è una frase che, tradotta letteralmente, recita *"il tuo servo Chunfeng dice..."*, e questo induce a ritenere che la mappa sia stata compilata dall'astronomo Li Chunfeng 李淳风 (602–670). Altri elementi, come lo stile di scrittura e la posizione delle stelle e del polo nella mappa portano questi autori a datare la mappa tra il 649 e il 684, durante la dinastia Tang.

Gli astronomi cinesi erano in grado di rilevare le posizioni stellari con una precisione paragonabile, se non superiore, a quella degli astronomi del periodo alessandrino. Questo permise loro di creare mappe celesti accurate in cui gli asterismi sono indicati in modo esatto. Nelle testimonianze più antiche delle costellazioni dell'astronomia occidentale, quali lo Zodiaco di Dendera datato intorno al −50 e l'Atlante Farnese datato intorno al −100, le costellazioni sono rappresentate con figure simboliche e le stelle sono posizionate in modo molto approssimativo.

Riguardo la precisione, ricordiamo che nel catalogo stellare di Ipparco il numero di stelle individuate era di circa 850, nell' Almagesto c'è un elenco di 1028 stelle. Nella mappa di Dunhuang le circa 1350 stelle sono posizionate con precisione. Le osservazioni cinesi erano probabilmente ancora più accurate, poiché Zhang Heng scrisse:

---

[44] (Bonnet-Bidaud, Praderie, & Whitfield, 2009).

Fig. 5.14 Steli di Suzhou. Sinistra: Mappa terrestre di Huang Shang intitolata "Mappa Geografica." Centro: Stele della Fortuna Imperiale. Destra: Mappa di Pingjiang. (© Tempio Wenmiao, Suzhou)

"A nord e a sud dell'equatore ci sono 124 gruppi che brillano sempre. 320 stelle hanno dei nomi individuali. Ce ne sono in totale 2500, senza calcolare quelle che osservano i marinai. Di quelle molto piccole ce ne sono 11.520. E tutte hanno influenza sul fato"[45]

Le Steli di Suzhou. Una serie di steli su cui sono riportate mappe terrestri e celesti è raccolta a Suzhou nel Tempio Confuciano. Le quattro steli, Mappa Astronomica 天文图 *Tianwen tu*, Mappa Geografica 地理图 *Dili tu*, Stele della Mappa delle Dinastie Imperiali 帝王绍运图 *Diwang shaoyun tu* e Stele della Mappa di Pingjiang[46] 平江图 *Pingjiang tu*, vennero realizzate durante la dinastia Song Meridionale (Fig. 5.14).

Con la caduta dei Song Settentrionali, nel 1127 Gaozong Di 宋高宗 (1107–1187) diede inizio alla dinastia dei Song Meridionali. Gli strumenti astronomici, i migliori dell'epoca, vennero smontati e conservati fino al 1154, quando venne costruito il primo nucleo dell'osservatorio di Beijing.

Nel 1196 una tempesta danneggiò l'osservatorio e gli strumenti. Nel 1214 l'imperatore Lizong 宋理宗 (1205–1264) lasciò Beijing e mosse la capitale a

---

[45] (Needham 1956) p.265.
[46] Antico nome di Suzhou.

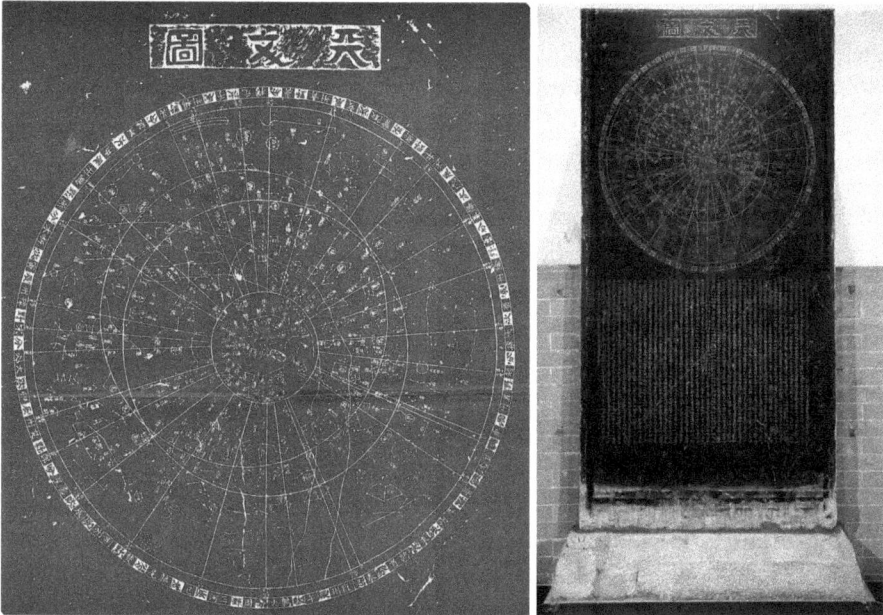

Fig. 5.15 Mappa di Suzhou, copia all'Antica Piattaforma di Osservazione Beijing. Destra: la stele. (© Tempio Wenmiao, Suzhou)

Kaifeng. La minaccia dei Mongoli indusse l'imperatore a rafforzare l'unità del paese sostenendo gli studi dei Classici.

Tra le figure che circondavano l'imperatore Gaozong incontriamo Huang Shang 黄裳 (1146–1194), un matematico e cartografo della dinastia Song Meridionale che nel 1190 venne nominato dall'imperatore precettore del figlio. Per insegnare al principe egli creò tre importanti mappe, la carta geografica della Cina *Dili tu*[47] (Fig. 5.14 a sinistra), la mappa celeste *Tianwen tu* (Fig. 5.15) e una mappa a rilievo andata perduta. Per preparare la mappa celeste Huang Shang si servì di cataloghi creati nel corso di un grande aggiornamento condotto tra il 1010 e il 1106. La mappa è accompagnata da un testo che contiene la spiegazione dell'astronomia per il futuro Imperatore.

La mappa venne incisa su pietra nel 1247 da Wang Zhiyuan 王致远 (1193–1257), il quale, dopo aver partecipato, a soli 14 anni, alla difesa della città di De'an con il padre, divenuto capofamiglia nel 1209, ricevette molti incarichi militari e giudiziari. Durante il servizio a Suzhou, si interessò molto alla ricerca accademica e all'incisione di iscrizioni, tra cui, la mappa celeste e la mappa geografica disegnate da Huang Shang, tutte considerate di grande valore accademico.

---

[47] (Needham, 1959) p.549 seg.

La stele in pietra su cui è incisa la mappa celeste è alta 2,6 m. e larga 1,08m. La stele, insieme con quella della mappa terrestre, è nel tempio Confuciano *Wenmiao* 文庙a Suzhou, divenuto Museo. Questo tempio venne costruito attorno al 1000 combinando il tempio Confuciano con la Scuola di formazione per gli Esami Imperiali.

Mappa di Suzhou. La mappa celeste raffigura il cielo dal polo nord celeste fino a 55 gradi a sud. Linee radiali, simili a raggi di un cerchio, delimitano i 28 *xiu*. Queste linee si estendono dall'orizzonte (il bordo della mappa) fino a un cerchio approssimativamente a 35 gradi dal polo celeste nord; all'interno di questo cerchio si trovano le costellazioni circumpolari.

Due cerchi intersecanti rappresentano l'equatore celeste e l'eclittica, che gli astronomi cinesi chiamavano Strada Rossa 赤道 (*chidao*) e Strada Gialla 黄道 (*huangdao*) rispettivamente. Una fascia irregolare che attraversa la mappa delinea la Via Lattea, di cui è visibile la fenditura attraverso la costellazione del Cigno. Un'iscrizione sulla mappa registra il numero di stelle totale come 1565, ma questo probabilmente è un errore di trascrizione, infatti un conteggio recente indica che la stele raffigura un totale di 1436 stelle.

Il testo sotto la mappa fornisce istruzioni per il principe ereditario, con informazioni sulla origine del cosmo, le dimensioni e la composizione sia dei cieli che della terra. Vengono riportati una serie di dati: il polo nord si trova a 35 *du* sopra la terra come il polo sud. A metà strada tra i due poli e a una distanza di 91 ½ *du* si trova l'equatore celeste (la Strada Rossa). Il sole percorre la Strada Gialla (l'eclittica). Nel testo vengono riportati i termini solari e si descrive il percorso della luna lungo la Strada Bianca 白道 *bai dao*. Vengono descritte le tre Regioni Celesti e le 28 case lunari. La Via Lattea, chiamata Fiume del cielo *Tiānhé* 天河, e i cinque pianeti vengono elencati con le proprietà associate. La descrizione dei 12 tronchi celesti è posta in corrispondenza con le dodici regioni dell'Impero, in modo che l'accadere di una eclissi o un altro fenomeno celeste permettesse di prevedere la buona o cattiva sorte della regione corrispondente alla posizione celeste dell'evento. Il cerchio dell'eclittica e il cerchio dell'equatore celeste si intersecano nei due punti corrispondenti agli equinozi. L'equinozio di primavera è sulla sinistra, in corrispondenza con la costellazione *Jiao*.

Iscrizione su pietra della mappa celeste di Suzhou

Prima che il *Taiji* 太極 [Principio Cosmico] si manifestasse[48], i Tre Principi Essenziali 三才 (sancai) del Cielo 天, della Terra 地 e dell'Uomo 人 erano contenuti in esso, e ciò veniva chiamato 'Caos Primordiale' 混沌 (*Hùn dún*). Questo termine indica che il Cielo, la Terra e l'Uomo erano mescolati insieme senza essere distinti. Una volta che il Taiji si è manifestato, ciò che è leggero e puro è diventato

---

[48] Il testo cinese della iscrizione è in Appendice A.4

il Cielo, ciò che è pesante e torbido è diventato la Terra, e ciò che è una mescolanza tra il puro e il torbido è diventato l'Uomo. Il puro è il qi 氣, mentre il torbido è la forma 形 (*xing*). L'unione di forma e *qi* è l'Uomo. Pertanto, tutto il *qi* che si manifesta nel Cielo è parte del principio naturale del *Taiji*. Questo si muove e diventa il Sole e la Luna, si divide e forma i cinque pianeti 五星 (*wuxing*), dispone e forma le ventotto dimore 二十八舍(*ershiba*), si unisce e forma il Grande Carro 斗 (*dou*) e il PoloCeleste 極 (*ji*). Tutto segue un principio costante, che corrisponde alla via dell'Uomo e può essere compreso attraverso il ragionamento. Ora ne riassumo i punti principali e li elenco qui di seguito.

Il corpo celeste è rotondo, il corpo terrestre è quadrato. Il rotondo è movimento, il quadrato è quiete. Il cielo avvolge la terra, la terra dipende dal cielo.

Il Corpo Celeste ha una circonferenza totale di 365 gradi e un quarto di grado, con un diametro di 121 gradi e tre quarti di grado. Ogni grado è suddiviso in 100 parti, e un quarto di grado corrisponde a 25 parti su 100, mentre tre quarti di grado corrispondono a 75 parti su 100. Il cielo ruota verso sinistra, sorge a est e tramonta a ovest, muovendosi incessantemente. In un giorno e una notte, percorre 366 gradi e un quarto di grado (Mentre il sole si muove verso est di un grado, il cielo ruota verso sinistra di 366 gradi, e solo allora il sole riappare ad est).

Il Corpo della Terra ha un diametro di 24 gradi, e il suo spessore è la metà di questo. La terra è inclinata verso sud-est, con l'altezza della parte nord-occidentale che non supera un grado. Shao Yong[49] affermava che "acqua, fuoco, terra e pietra si uniscono per formare la terra." Il diametro di 24 gradi menzionato qui si riferisce al corpo di terra e pietra. Al di fuori di terra e pietra, l'acqua si connette al cielo e tutto ciò fa parte del corpo terrestre. Pertanto, anche il diametro della terra è di 121 gradi e tre quarti di grado.

I Poli. sono i cardini superiori e inferiori del nord e del sud. Il nord è alto e il sud è basso. Osservando dalla terra, il Polo Nord 北極 (*beiji*) è visibile sopra la terra per più di 35 gradi, mentre il Polo Sud 南極 (*nanji*) è sotto la terra per più di 35 gradi. Tra i due poli, vi è una distanza di 91 gradi e un terzo di grado, chiamata via rossa 赤道 (*chidao*) [equatore], che attraversa il centro del cielo e serve per misurare le distanze tra le 28 dimore stellari. I due poli si trovano esattamente al centro del nord e del sud, rappresentando il cuore del cielo, dove risiede l'energia centrale. Il loro movimento è costante, né troppo veloce né troppo lento, e si ripete giorno e notte. Regolano il moto celeste da est a ovest, dividendo il tempo nelle quattro stagioni, stabilendo il freddo e il caldo, armonizzando lo yin e lo yang. Questo è il *Taiji* manifesto. Il *Taiji* primordiale origina il Cielo e la Terra dall'assenza di forma; il Taiji manifesto governa e armonizza il Cielo e la Terra nella forma esistente. Le meravigliose funzioni dei Tre Principi Essenziali si manifestano pienamente in questo.

---

[49] Shào Yōng 邵雍 (1011–1077) è stato un importante filosofo, matematico e cosmologo cinese della dinastia Song. È noto per i suoi contributi al neoconfucianesimo e per le sue teorie cosmologiche, che combinano filosofia, matematica e studio dei cicli temporali. Una delle sue opere è il Huangji Jingshi (皇极经世), in cui sviluppa un sistema per calcolare il tempo e predire eventi futuri basato sui cicli naturali e sui principi del Yijing. Shao Yong è anche noto per la sua teoria del Taiji 太极 e del Wuji 无极, concetti che esplora in modo dettagliato all'interno della sua cosmologia, esprimendo come l'universo e il tempo siano governati da leggi e cicli naturali.

Il Sole. L'essenza del Sole 太陽 (*taiyang*) governa la generazione della vita, la crescita e la benevolenza, e simboleggia l'immagine del sovrano. Quando il sovrano governa secondo il dao, il Sole appare nei suoi cinque colori[50]; quando il sovrano perde la via, il Sole rivela i suoi difetti, avvertendo e ammonendo il sovrano. Come riportato nei documenti storici, si possono osservare fenomeni come 'eclissi solari', 'il corvo nel mezzo del Sole'[51], 'macchie nere nel Sole', 'il Sole di colore rosso', 'il Sole senza luce' o che 'si trasforma in una cometa, visibile di notte nel cielo centrale, con raggi luminosi che si irradiano in tutte le direzioni'. Il corpo del Sole ha un diametro di un grado e mezzo, e si muove da ovest a est, percorrendo un grado al giorno e completando un giro del cielo in un anno.

L'eclittica. Il percorso che segue è chiamato via gialla 黄道 (*huangdao*) [eclittica], che si incrocia con la via rossa, metà sopra la via rossa e metà sotto. Nel giorno del solstiziosolstizioinverno d'inverno, la via gialla si trova 24 gradi fuori dalla via rossa, nel punto più lontano dal Polo Nord; il Sole sorge nel segno del Drago 辰 (*chén*) e tramonta nel segno della Scimmia 申 (*shen*), perciò il tempo è freddo, i giorni sono corti e le notti lunghe. Nel giorno del solstiziosolstizioestate d'estate, l'eclittica entra 24 gradi dentro l'equatore, nel punto più vicino al Polo Nord; il Sole sorge nel segno della Tigre 寅 (*yin*) e tramonta nel segno del Cane 戌 (*xu*), perciò il tempo è caldo, i giorni sono lunghi e le notti corte. Durante gli equinozi di primavera e autunno, l'eclittica si incrocia con l'equatore esattamente a metà strada tra i due poli, il Sole sorge nel segno della Lepre 卯 (*mao*) e tramonta nel segno del Gallo 酉 (*you*), perciò il tempo è temperato e il giorno è uguale alla notte.[52]

La Luna. Il Grande Yin 太陰 [la Luna], governa le punizioni, l'autorità e il potere; è simbolo dei ministri. Quando i grandi ministri sono virtuosi e riescono a compiere pienamente il loro dovere di assistenza, la Luna seguirà il suo corso. Se i grandi ministri abusano del loro potere e i nobili e gli eunuchi influenzano gli affari, allora la Luna rivela i suoi difetti e si verificano anomalie. Come riportato negli annali storici: 'si verifica un'eclissi lunare', 'la Luna oscura i cinque pianeti', 'i cinque pianeti son allineati con la Luna', 'appare un alone intorno alla Luna', o 'la Luna si trasforma in una cometa che invade il Palazzo Purpureo e spazza via le dimore stellari', e fenomeni simili. Il corpo della Luna ha un diametro di un grado e mezzo, e in un giorno percorre 13 gradi e 37 centesimi di grado, completando un giro del cielo in poco più di 27 giorni.

La Via Bianca. Il percorso che segue è chiamato la via bianca 白道 (*baidao*) [orbita lunare], che si incrocia con la via gialla, metà sopra la via gialla e metà sotto, con uno scarto massimo di 6 gradi, simile ai 24 gradi di scarto dell'eclittica rispetto alla via rossa. L'essenza yang è simile al fuoco, mentre l'essenza yin è simile all'acqua; il fuoco emette luce, mentre l'acqua riflette l'ombra. Pertanto, la luce della Luna nasce dove è

---

[50] I colori sono associati ai 5 elementi wuxing: Blu (Legno), Rosso (Fuoco), Giallo (Terra), Bianco (Metallo), Nero (Acqua). Non si tratta di un fenomeno fisico ma di una concezione filosofica legata ai principi di armonia.
[51] Le macchie solari erano immaginate come corvi neri sulla superficie solare.macchie solari
[52] I riferimenti alle costellazioni non vanno interpretati secondo una concezione "zodiacale", essi, essendo legati ai rami terrestri, indicano gli orari di alba e tramonto del Sole nelle diverse stagioni.

illuminata dal Sole, mentre l'ombra si forma dove il Sole non la illumina. Quando la Luna è davanti al Sole, è luminosa; quando è dietro il Sole, la luce scompare. Quando la Luna e il Sole sono alla stessa longitudinelongitudine si chiama novilunio 朔 (*shuo*) (la Luna si nasconde sotto il Sole e si congiunge con esso). Quando la Luna è vicina al Sole da una parte e lontana da tre parti si chiama quadratura弦 (*xian*) (il cielo è diviso in quattro parti, il primo, l'ottavo e il ventitreesimo giorno del mese; quando la Luna è vicina al Sole di una parte si chiama 'vicino uno', quando è lontana di tre parti si chiama 'lontano tre'. Quando la Luna è vicina al Sole in una parte, riceve la metà della luce, quindi appare metà luminosa e metà oscura, simile a un arco con la corda tesa. La Luna al primo quarto appare al tramonto, quindi la luce si trova a occidente; la Luna all'ultimo quarto appare all'alba, quindi la luce si trova a oriente). Quando la Luna si trova nel mezzo del cielo si chiama plenilunio 望 (*wang*) (al tramonto del quindicesimo giorno, il Sole tramonta a ovest e la Luna sorge a est. Si osservano l'un l'altra da est a ovest: la luce è piena e l'oscurità scompare). Quando la luce scompare e il corpo della Luna è nascosto si chiama fase calante 晦 (*hui*) (il trentesimo giorno, la Luna è vicina al Sole e il suo corpo non è visibile). Quando la Luna passa sulla via bianca e si trova esattamente all'incrocio con l'eclittica durante il novilunio, si verifica un'eclissi solare; durante il plenilunio si verifica un'eclissi lunare. Eclissi solare日食 (*ri shi*) significa che il corpo della Luna oscura la luce del Sole; eclissi lunare 月食 (*yue shi*) significa che la Luna entra nella zona d'ombra e non riceve la luce del Sole (l'oscurità e il vuoto è il punto esatto dove il Sole si trova in opposizione).

Le Stelle Fisse. sono le stelle ufficiali interne ed esterne che si trovano nei Tre Recinti 垣 (*yuán*) nelle Ventotto Dimore宿 (*xiuxiu*). In totale, ci sono 283 costellazioni e 1560 stelle, che non si muovono. Le 'Tre Recinzioni' sono il Recinto del Palazzo di Porpora, il Recinto del Palazzo Supremo, e il Recinto del Mercato Celeste.

Le Ventotto Dimore: le sette dimore dell'est, cioè *Jiao*角, *Kang*亢, *Di*氐, *Fang*房, *Xin*心, *Wei*尾, *Ji*箕, rappresentano il corpo del Drago Azzurro; le sette dimore del nord, cioè *Dou*斗, *Niu*牛, *Nü*女, *Xu*虚, *Wei*危, *Shi*室, *Bi*壁, rappresentano il corpo della Tartaruga Nera; le sette dimore dell'ovest, cioè *Kui*奎, *Lou*婁, *Wei*胃, *Mao*昴, *Bi*毕, *Zi*觜, *Shen*參, rappresentano il corpo della Tigre Bianca; le sette dimore del sud, cioè *Jing*井, *Gui*鬼, *Liu*柳, *Xing*星, *Zhang*張, *Yi*翼, *Zhen*轸, rappresentano il corpo dell'Uccello Vermiglio.

Le stelle ufficiali interne ed esterne: quelle interne simboleggiano le cariche ufficiali della corte, come le Tre Cariche più Elevate 三台 (*San Tai*), i Principi 諸侯 (*Zhuhou*), i Nove Ministri 九卿 (*Jiuqing*), i Cavalieri 骑官 (*Qiguan*), e la Guardia Imperiale 羽林 (*Yulin*). Quelle esterne simboleggiano oggetti, come il gallo, il cane, il lupo, il pesce, la tartaruga e la testuggine. Alcune stelle simboleggiano eventi o strutture umane, come i Palazzi Imperiali, i Corridoi Reali, i Padiglioni Coperti, e i Cinque Carri.

Le altre stelle prendono nome in base ai loro significati; osservando i loro nomi, si può comprendere il loro significato. Le stelle fisse mantengono sempre le loro posizioni, seguendo il movimento celeste, proprio come funzionari e cittadini mantengono i loro ruoli e seguono le direttive dei Sette Direttori celesti 七政 (*qi zheng*).⁵³ Quando i movimenti dei Sette Direttori Celesti raggiungono le rispettive posizioni, se ci sono avanzamenti o arretramenti irregolari, cambiamenti o disordini, allora si manifestano segni di calamità o fortuna, proprio come un'ombra segue il corpo, e possono essere predetti attraverso la divinazione.

Le stelle erranti 緯星 (*waixing*): sono le essenze dei Cinque Elementi. Il legno è chiamato Stella dell'Anno 歲星 (*Suixing* [Giove]), il fuoco è chiamato Stella Inquieta 荧惑 (*Yinghuo* [Marte]), la terra è chiamata Stella Centrale 填星 (*Tianxing* [Saturno]), il metallo è chiamato Stella del Grande Bianco 太白 (*Taibai* [Venere]), e l'acqua è chiamata Stella del Tempo 辰星 (*Chenxing* [Mercurio]). Insieme al Sole e alla Luna, vengono chiamati i Sette Direttori celesti e brillano nel cielo. Il cielo si muove velocemente, mentre i Sette Direttori si muovono lentamente; la lentezza è trascinata dalla velocità, quindi si alzano a est e tramontano a ovest insieme al cielo. Le cinque stelle assistono il Sole e la Luna nel loro movimento, e i Cinque *qi* 氣 come i Sei Funzionari, si dividono i compiti e governano, emanando ordini che regolano il mondo; da essi derivano benefici e danni, sicurezza e pericolo.

I decreti e le ordinanze emanano da qui, determinando benefici e pericoli, sicurezza e instabilità. In un'epoca di buon governo, gli affari umani sono ordinati e ciascuna stella segue il proprio percorso abituale. Tuttavia, se un sovrano usurpa i doveri di un ministro, o un ministro si appropria del potere del sovrano, e le politiche e i decreti sono confusi, con la morale che si degrada, le energie discordanti causano molteplici mutamenti, uscendo dalla norma. Come riportato negli annali storici: 'La Stella Inquieta [Marte] entrò nella costellazione *Paogua* 瓟瓜 e scomparve per una notte'. Paogua si trova oltre 30 gradi a nord dell'eclittica; o si muove velocemente, irradiando luce abbagliante come una costellazione di cinque stelle. 'Il Grande Bianco [Venere] improvvisamente invase la stella del Lupo'; la stella del Lupo 狼星 (*Langxing* [Sirio]) si trova oltre 40 gradi a sud dell'eclittica; a volte appare di giorno, attraversa il cielo e compete in luminosità con il Sole, a tal punto da trasformarsi in una stella maligna. 'L'essenza della Stella dell'Anno [Giove] si trasformò in una Stella Assassina', 'l'essenza della Stella Inquieta [Marte] si trasformò nella bandiera di Chi You', 'l'essenza della Stella di Riempimento [Saturno] si trasformò in un Ladro Celeste', 'l'essenza del Grande Bianco [Venere] si trasformò in un Cane Celeste', e 'l'essenza della Stella del Tempo [Mercurio] si trasformò in una Freccia a forma di Colonna, e così via. Così come l'essenza del Sole può trasformarsi in una cometa e l'essenza della Luna in una meteora, se il governo e la morale falliscono qui, anomalie appariranno là. Pertanto, chi governa deve essere particolarmente attento a osservare questi segni.

Il Fiume Celeste. 天漢 (*Tianhan* [Via Lattea]): è l'essenza dei Quattro Fiumi.⁵⁴ Esso inizia dalla costellazione del Fuoco della Quaglia 鶉火 (*Chunhuo*), attraversa le dimore stellari dell'ovest, passa a nord e arriva fino alle costellazioni di *Ji* 箕 e *Wei* 尾 [case lunari], per poi entrare sottoterra.

I Ventiquattro Termini Solari. 二十四氣 (*ershisi qi*): In origine, c'è un unico *qi* 氣. Considerando un anno, è un unico *qi*; considerando le quattro stagioni,

---

53 Si tratta dei sette corpi celesti mobili: Sole, Luna e i cinque pianeti.
54 Si tratta di quattro grandi fiumi cinesi di rilevanza storica: Fiume Giallo, Yangtze, Fiume Huai, Fiume Ji.

questo *qi* si divide in quattro *qi*; considerando i dodici mesi, il *qi* si divide in sei *qi*. Così, sei yin e sei yang formano dodici *qi*. All'interno di questi sei *qi* yin e sei *qi* yang, ogni *qi* si divide ulteriormente in inizio e fine, creando così ventiquattro *qi*. Tra questi ventiquattro *qi*, ciascuno ha tre risposte, perciò si divide ulteriormente in settantadue periodi. All'origine, tutto deriva da un unico *qi*. Dall'uno si divide in quattro, dal quattro si divide in dodici, dal dodici si divide in ventiquattro, e dal ventiquattro si divide in settantadue; tutti questi sono fasi di un unico *qi*.

I Dodici Rami. 十二辰 (*shi'er chen*): corrispondono ai luoghi indicati dalla costellazione del Grande Carro durante i dodici mesi. Il punto in cui Grande Carro indica il Ramo Terrestre corrisponde all'origine del *qi* del mese. Nel primo mese, indica *Yin* 寅; nel secondo mese, indica *Mao* 卯; nel terzo mese, indica *Chen* 辰; nel quarto mese, indica *Si* 巳; nel quinto mese, indica *Wu* 午; nel sesto mese, indica *Wei* 未; nel settimo mese, indica *Shen* 申; nell'ottavo mese, indica *You* 酉; nel nono mese, indica *Xu* 戌; nel decimo mese, indica *Hai* 亥; nell'undicesimo mese, indica *Zi* 子; nel dodicesimo mese, indica *Chou* 丑. Questo è chiamato *Fondazione del mese* 月建 (*yue jian*). Il *qi* del cielo è invisibile, ma osservando il ramo terrestre indicato dalla barra del Grande Carro, la si può comprendere.

La costellazione del Grande Carro è composta da sette stelle: la prima stella si chiama *Kui* 魁, la quinta si chiama *Heng* 衡, e la settima si chiama *Biao* 杓. Queste tre stelle sono chiamate 'Barra del Grande Carro' 斗綱 (*dou gang*). Ad esempio, nel mese di Yin, al tramonto il *Biao* punta a Yin, a mezzanotte *Heng* punta a Yin, e all'alba *Kui* punta a Yin. Lo stesso accade per gli altri mesi.

I Dodici Luoghi. 十二次 (*shi'er ci*): sono i punti in cui si incontrano il Sole e la Luna. Poiché il Sole e la Luna si incontrano dodici volte in un anno, ci sono dodici luoghi. Con l'inizio del mese di *Zi* 子, il luogo si chiama *Yuanxiao* 元枵; con l'inizio del mese di *Chou* 丑, si chiama *Xingji* 星紀; con l'inizio del mese di *Yin* 寅, si chiama *Ximu* 析木; con l'inizio del mese di *Mao* 卯, si chiama *Dahuo* 大火; con l'inizio del mese di *Chen* 辰, si chiama Shouxing 壽星; con l'inizio del mese di *Si* 巳, si chiama *Chuanwei* 鶉尾; con l'inizio del mese di *Wu* 午, si chiama *Chuanhuo* 鶉火; con l'inizio del mese di *Wei* 未, si chiama *Chuanshou* 鶉首; con l'inizio del mese di *Shen* 申, si chiama *Shichen* 實沈; con l'inizio del mese di *You* 酉, si chiama *Daliang* 大梁; con l'inizio del mese di *Xu* 戌, si chiama *Jianglou* 降婁; e con l'inizio del mese di *Hai* 亥, si chiama *Zouzi* 陬訾.

I Dodici Domini. 十二分野 (*shi'er fenye*): sono le aree associate ai dodici luoghi. Nel cielo, corrispondono ai Dodici Rami Terrestri e ai Dodici Luoghi; sulla terra, corrispondono a dodici regni e dodici province. Quando si verificano eclissi solari e lunari, o cambiamenti nelle stelle, ciò che accade nel settore a cui questi fenomeni si riferiscono può essere interpretato come favorevole o sfavorevole, e ogni segno avrà un significato specifico per quel settore.

Nel testo della stele di Suzhou c'è un riferimento alla relazione tra gli eventi della volta celeste e gli eventi che accadono sulla terra, che è espressa mediante i dodici rami terreni che indicano quale regno o regione verrà influenzato dall'evento (Tab. 5.2). Questa suddivisione è chiamata *Fenye* 分野.

Tabella 5.2   I Dodici Domini, corrispondenza tra Rami terreni, Regni e Regioni

	Rami terreni	Regioni	Regni
1	Zi (子)	Qingzhou	Qi
2	Chou (丑)	Yangzhou	Wu
3	Yin (寅)	Youzhou	Yan
4	Mao (卯)	Yuzhou	Song
5	Chen (辰)	Yanzhou	Zheng
6	Si (巳)	Jingzhou	Chu
7	Wu (午)	Sanhe	Zhou
8	Wei (未)	Yongzhou	Jin
9	Shen (申)	Yizhou	Qin
10	You (酉)	Jizhou	Zhao
11	Xu (戌)	Xuzhou	Lu
12	Hai (亥)	Bingzhou	Wei

Questo testo costituisce una affascinante descrizione della visione del Cosmo nel XIII secolo, e ci mostra quale doveva essere la conoscenza di base che un principe doveva acquisire per comprendere il complesso rapporto con il Cielo e per esercitare il suo Mandato.

La mappa di Changshu. Un altro planisfero (Fig. 5.16) inciso su una stele di pietra tra il 1496 e il 1499 (epoca Ming) da Yang Ziqi 杨子器, magistrato di Changshu, è molto simile alla mappa di Suzhou.[55] Poiché veniva frequentemente usato per riprodurre copie a ricalco, nel 1506 venne rifatto. A differenza dalla stele di Suzhou, in quella di Chungsu il planisfero è circondato da una decorazione di nuvole.[56]

La latitudine secondo cui venne inciso il planisfero è di 36,8° N. A differenza del planisfero di Suzhou il polo nord si trova spostato, gli studiosi inizialmente ritennero che ciò rendesse conto della precessione, tuttavia la posizione degli equinozi è invariata e corrisponde alle coordinate del 600 circa, durante la dinastia Sui. Anche la delimitazione del Recinto del Palazzo di Porpora differisce da quella di Suzhou. Nella iscrizione si fa riferimento alle rilevazioni di Gan De, Shi Shen e Wu Xian, che sarebbero state utilizzate per correggere alcune posizioni stellari.

Mappa celeste del Tempio dell'Agricoltura. Una spettacolare mappa si può osservare nel soffitto del Tempio dell'Agricoltura di Beijing. Si tratta di un complicato soffitto a cassettoni, chiamato 藻井 *zao jing*, realizzato nel 1453 circa (Fig. 5.17).

Le mappe celesti tracciate successivamente partono dall'epoca Qing e seguono i principi della astronomia occidentale portata dai missionari gesuiti. Molto fa-

---

[55] (Yip, 2006).
[56] (Stephenson, 2011) https://press.uchicago.edu/books/HOC/HOC_V2_B2/HOC_VOLUME2_Book2_chapter13.pdf Ultimo accesso marzo 2024.

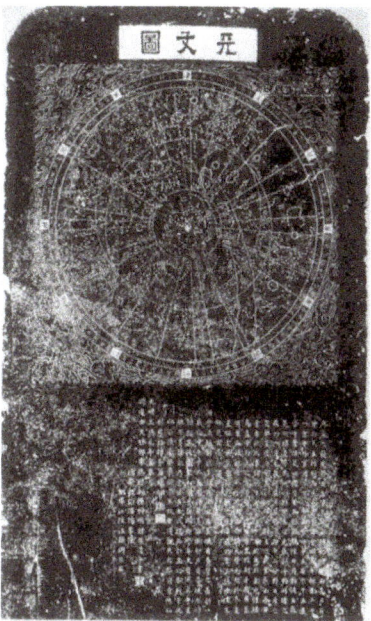

Fig. 5.16 Copia a ricalco della mappa celeste della stele di Changshu

Fig. 5.17 Mappa celeste nel soffitto a Cassettoni. (© Tempio dell'Agricoltura, Beijing)

mosa è quella che raffigura l'emisfero nord e l'emisfero sud celesti, disegnata a Xu Guangqi e Adam Schall von Bell, Tang Ruowang 汤若望 (1591–1666), intorno al 1630, riprodotta in molte copie una delle quali è conservata alla Biblioteca Apostolica Vaticana.[57]

---

[57] https://digi.vatlib.it/mss/detail/13941 Ultimo accesso aprile 2024.

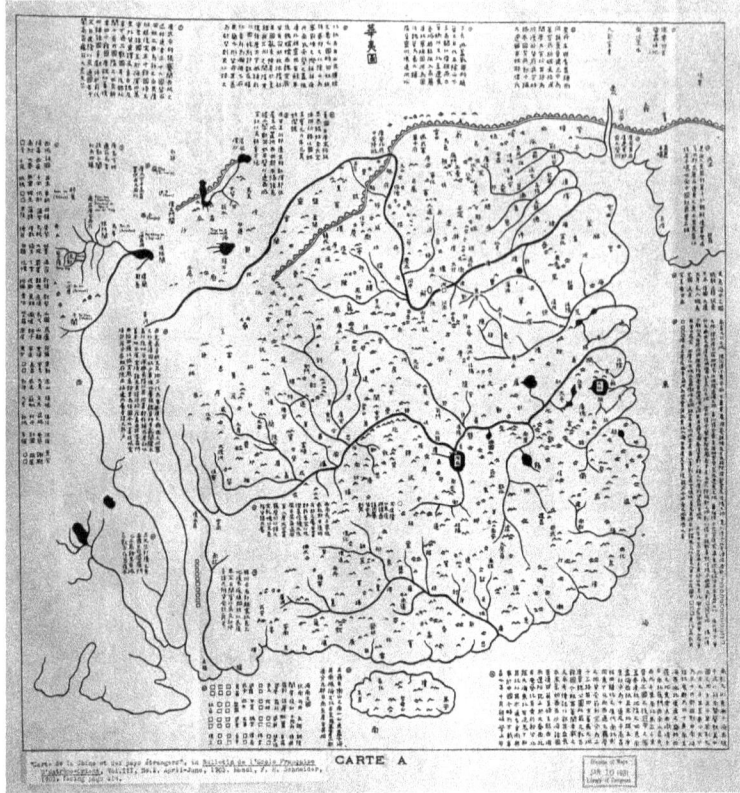

Fig. 5.18 Carta della Cina, *Huayi Tu*

Cartografia e carte nautiche. Abbiamo visto in Fig. 5.14 due esempi di cartografia, una carta della Cina e la planimetria della città di Suzhou. Una raffigurazione cartografica dell'intera Cina è stata realizzata dal geografo della dinastia Tang Jia Dan, vissuto tra il 730 e 1805. Durante il regno dell'imperatore Dezong, Jia Dan ricoprì importanti incarichi governativi e si distinse per le sue opere e ricerche sulla geografia sia della Cina che delle regioni circostanti.

Il suo lavoro più noto fu la creazione di mappe e testi geografici dettagliati. Nel 17° anno dell'era Zhenyuan (801), disegnò una famosa mappa chiamata *Huayi Tu* (华夷图), che rappresentava la Cina e i territori esterni conosciuti, basandosi sui principi cartografici stabiliti da Pei Xiu della dinastia Jin. Questa mappa aveva una scala dettagliata in cui un pollice rappresentava cento *li*. I nomi dei luoghi sono annotati con colori diversi: "*i nomi degli antichi distretti e stati sono scritti in nero, mentre i nomi delle attuali prefetture e contee sono scritti in rosso*" (Fig. 5.18).

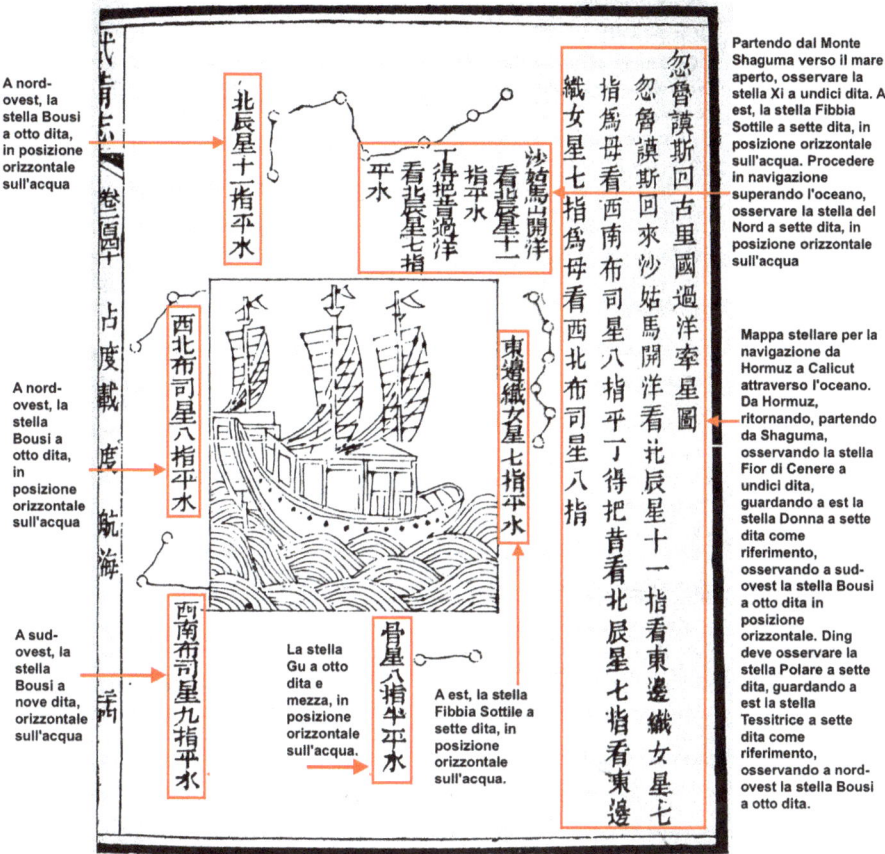

Fig. 5.19 Mappa di navigazione di Zheng He

Le carte per la navigazione avevano lo scopo di aiutare l'orientamento in mare. Il famoso ammiraglio Zheng He ne fece un uso sistematico durante le sue esplorazioni. La individuazione del punto marino veniva compiuta misurando l'altitudine di un astro ponendo alla distanza di un braccio una tavoletta di riferimento che ai lati riportava una graduazione o usando la mano e contando le dita. Le rotte venivano descritte riportando l'indicazione della bussola magnetica e i riferimenti celesti rilevati con la modalità sopra descritta. Le mappe di Zheng He, compilate tra il 1425 e il 1430 vennero ritrovate nel 1885 da George Phillips.[58]

Nelle Fig. 5.19 vediamo le istruzioni per fare il punto in prossimità di un riferimento costiero come una montagna. In Fig. 5.20 una carta nautica di Zheng He.

---

[58] ©China Natural Science Network. http://www.scicn.net/foreground/Content_1275.html Ultimo accesso aprile 2024.

Fig. 5.20 Carta nautica di Zheng He

5.5 Il calendario

Abbiamo descritto il sistema di conteggio dei giorni, dei mesi e degli anni basato sul ciclo sessagenario *ganzhi*. Questo sistema non è un calendario in senso stretto, è solo un sistema ciclico di conteggio del tempo. La nostra nozione di calendario è lineare e basata sulla ripetizione delle settimane, organizzate in mesi, secondo le lunazioni, e in anni, suddivisi dai solstizi e dagli equinozi.

Nella Cina antica e imperiale non esisteva il concetto di settimana e i nomi dei giorni non erano collegati ai pianeti, al sole e alla luna, ma si ripetevano periodicamente ogni 60 giorni. Questi nomi sono composti dai nomi dei dieci tronchi celesti e dei 12 rami terrestri. Lo stesso principio veniva usato per denominare e numerare i mesi e per denominare e numerare gli anni.

Questo sistema di numerazione non ha una relazione con il ciclo solare e lunare, anche se il numero 60 è un multiplo di 12, che è una approssimazione del numero di lunazioni nel corso di un anno, e del ciclo sinodico del pianeta Giove.

D'altra parte la vita agraria e sociale è scandita dal ciclo solare e lunare. Il ciclo lunare, di poco più di 29 giorni, costituisce una sorta di orologio, facilmente osservabile e che può essere usato per scandire le attività agricole. Questo ciclo tuttavia non è sincronizzato esattamente con il ciclo solare, dal quale effettivamente dipendono tutti i cicli vitali, vegetali ed animali, e al quale si fa riferimento per organizzare le festività. Il calendario lunisolare ha proprio la caratteristica di voler mantenere entrambi i periodi della luna e del sole come strumenti per misurare il tempo.

Si tratta di mettere in relazione il ciclo *ganzhi* con la numerazione dei giorni, dei mesi e degli anni e con i periodi lunari e solari sui quali si fonda la vita civile.

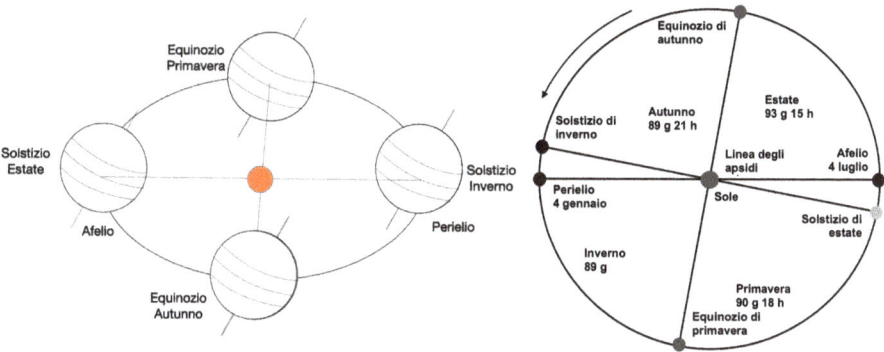

Fig. 5.21 Sinistra: orientamento dell'asse terrestre nel corso dell'anno. Destra: la durata non uniforme delle stagioni

Il calendario lunisolare. Incontriamo il calendario lunisolare in molte civiltà, in Mesopotamia, tra gli Ebrei, nella Grecia antica, nell'impero Persiano e in India e nella civiltà Maya. Ad esempio nell'Egitto antico il calendario lunisolare considerava l'anno composto da 12 mesi di 29,5 giorni per un totale di 354 giorni Per completare l'anno di 365 giorni circa gli Egizi inserivano, quando ritenuto necessario, un mese intercalare di 30 giorni. Questo sistema rimase in vigore fino al tempo di Tolomeo III, che regnò dal −246 al −222, che riformò il calendario fissando il mese intercalare ogni 4 anni.

La complessità del calendario lunisolare discende direttamente dalla complessità del moto della Terra e di quello della Luna. Richiamiamo alcuni dati fondamentali.

In occasione del solstizio di estate l'asse terrestre è inclinato vero il Sole, durante il solstizio di inverno è inclinato in direzione opposta. Durante gli equinozi la retta congiungente il sole e la terra è ortogonale all'asse terrestre (Fig. 5.21 a sinistra). I solstizi e gli equinozi si possono identificare osservando la lunghezza dell'ombra proiettata da uno gnomone nelle varie stagioni e cercando i momenti di massima lunghezza (solstizio invernale) e di minima lunghezza (solstizio di estate). In occasione degli equinozi di primavera e autunno la lunghezza dell'ombra sarà eguale.

Poiché il moto della terra non è né circolare né uniforme, nel corso dei secoli gli astronomi si sono resi conto che le stagioni non hanno la stessa durata (Fig. 5.21 a destra). Inoltre la posizione degli equinozi e dei solstizi non è costante, ogni anno si sposta di circa 50" d'arco rispetto alle stelle fisse, uno spostamento che nel corso di 70 anni corrisponde a circa 1°, e nel corso di 100 anni 1° 4' d'arco. Lo spostamento della posizione degli equinozi e solstizi è denominato *precessione degli equinozi*, che in occidente venne scoperta da Ipparco nel −150 circa e in Cina fu scoperta da Yu Xi nel 320 circa. Il ciclo di precessione degli equinozi è di circa 25.800 anni.

Anticamente la durata dell'anno veniva determinata misurando il tempo impiegato dal sole a ritornare all'equinozio, questo tempo viene chiamato *anno tropico*. Tuttavia, da un anno al successivo la terra non si ritrova nella medesima posizione rispetto alle stelle fisse. Infatti il tempo che impiega la terra a compiere un'orbita completa e ritornare nella medesima posizione rispetto alle stelle fisse ha una durata diversa dall'anno tropico riferito al punto equinoziale. Oggi questo periodo, chiamato *anno siderale,* è di 365,25636 giorni.

Ricordiamo ancora che le orbite dei corpi celesti non sono circonferenze ma ellissi, con eccentricità molto piccole, e, come indica la seconda legge di Kepler, le orbite vengono percorse con velocità variabili, minore in prossimità dell'afelio e maggiore in prossimità del perielio. In particolare il tempo che intercorre tra due solstizi invernali è oggi di circa 365,24274 giorni, mentre tra i due equinozi (anno tropico) il tempo è di 365,242374 giorni. Oggi si preferisce considerare l'anno tropico con un valore medio, il tempo che impiega il sole a compiere un cerchio completo di longitudine, ovvero 360°, ed è pari a 365,24219 giorni. È questa irregolarità del moto lungo l'eclittica che causa la durata non uniforme delle stagioni, per cui noi notiamo che autunno e inverno sono più brevi di primavera ed estate (nell'emisfero settentrionale).

Un altro fattore da considerare è la *precessione degli apsidi* dell'orbita della terra che ha un periodo 117.000 anni. La precessione degli apsidi, che ruotano in senso opposto agli equinozi, fa sì che il perielio si presenti ogni anno con un piccolo ritardo e compia un ciclo completo in 21.000 anni.

Infine dobbiamo ricordare che anche il moto della luna influisce su quello della terra, infatti l'orbita ellittica della terra è più propriamente quella del baricentro del sistema terra-luna.

Per quanto riguarda il moto della luna incontriamo altri problemi. Il tempo medio tra due lune nuove, ovvero tra due momenti successivi in cui sole e luna sono in congiunzione, viene chiamato *mese sinodico*. Questo periodo intorno all'anno −1000 valeva circa 29,27 giorni, mentre nell'anno 4000 sarà di 29,84 giorni. Il periodo sinodico medio oggi si considera di 29,530588853 giorni.

Fatte queste premesse vediamo come mettere in relazione il moto annuale e il moto mensile di sole e luna per costruire un calendario lunisolare. L'*anno lunare* con 12 mesi lunari medi ha una durata di 354,36707 giorni, circa 11 giorni in meno dell'anno tropico. A causa di questa differenza i mesi si spostano rispetto al calendario solare annuale e quindi rispetto alle stagioni. Già dopo un anno non ci sarà più corrispondenza tra il mese e la stagione.

Metone di Atene nel −432 calcolò che 235 mesi lunari medi, pari a 6939,6884 giorni, corrispondono a 19 anni tropici, a loro volta pari a 6939,6018 giorni. Callippo di Cizico, circa un secolo dopo, osservò che la ripetizione di quattro cicli metonici, pari a 76 anni, fosse una migliore approssimazione per sincronizzare i due cicli. Gli astronomi cinesi trovarono la soluzione del ciclo di 19 anni con 7 anni intercalari, chiamato *zhang*章, intorno al −600.

Il calendario gregoriano contemporaneo si basa sull'anno tropico medio di 365,2425 giorni, ogni quarto anno è necessario inserire un mese bisestile con un giorno in più, mentre gli altri mesi variano tra 29 e 30 giorni. Per approssimare la durata diversa delle stagioni si dispone il mese più breve, febbraio, nel periodo invernale. Anche con questo schema l'errore dell'approssimazione dell'anno tropico medio si accumula e gli anni divisibili per 100 non sono bisestili, salvo quelli divisibili per 400.[59]

Cos'è il calendario cinese. L'astronomia e la scienza del calendario in Cina sono sempre state discipline coltivate all'interno di un quadro confuciano, a differenza di altre scienze nate dal pensiero daoista o mohista. Il calendario serviva alla divinazione e fissava le date previste dei più importanti eventi astronomici e naturali, quali le eclissi, gli equinozi e i solstizi e quelle delle festività nazionali.

Un diffuso luogo comune è che il calendario fosse strettamente funzionale alla attività agricola. Certamente questa era una delle funzioni del calendario ma non la principale. Un calendario è oggi, per consuetudine, una elencazione di date, suddivise in mesi e settimane, cui sono associati alcuni eventi astronomici come le fasi della luna, le date dei solstizi e degli equinozi e le festività religiose o civili. Potremmo definire questo tipo di calendario *cronaca*. L'*almanacco*[60], oltre alle informazioni di cronaca, include suggerimenti o indicazioni relative alle attività di lavoro, o sulla vita personale e famigliare. L'*annuario*, o *annale*, infine riporta notizie statistiche, politiche o storiche.

Il calendario cinese era denominato *li* o *li shu* 历书, il cui significato è forse più vicino ad *almanacco*, comprendeva infatti anche parti di cronaca e di annuario ma soprattutto conteneva il calcolo delle previsioni degli eventi astronomici che interessavano principalmente l'astrologia. I fenomeni celesti che non potevano essere previsti erano infatti considerati annunci di grandi sventure. Tra questi il fenomeno più grave era l'eclissi di sole, mentre quella di luna, a seguito di innumerevoli osservazioni nel corso del tempo, divenne in qualche modo prevedibile e perse gradualmente il suo valore di annuncio di disgrazie.

Nathan Sivin[61] attribuisce al termine *li* (历) quattro significati: uno è il calcolo dei tempi e delle posizioni di fenomeni celesti passati o futuri, e corri-

---

[59] Nella misurazione contemporanea del tempo si considerano altri fattori di irregolarità del moto che impongono di apportare correzioni dell'ordine dei millisecondi per mantenere la sincronizzazione con i cicli solari e lunari.
[60] L'almanacco si diffonde in Occidente nel Corso del Medioevo. Tra i più famosi quello di Nostradamus, l'almanacco per i Naviganti Inglese pubblicato per la prima volta nel 1766, "l'Almanacco del Povero Riccardo" di Benjamin Franklin.
[61] (Sivin, 2009).

sponde a quella che usualmente si chiama *astronomia matematica*. Un secondo significato è la successione dei calcoli che generano le previsioni e le mettono assieme per costruire delle efemeridi[62] complete, si tratta quindi di un *sistema astronomico*. Il terzo significato, che incontreremo in particolare nel calendario *Shoushi li* 授时历, è l'incarnazione del sistema, ovvero il *trattato computazionale* che deriva da una riforma. Infine il quarto significato è quello proprio delle efemeridi[63] con il loro valore astrologico. Martzolff traduce *Li* come *canone astronomico*.[64]

Daniel P. Morgan[65], assumendo il punto di vista della individuazione di un genere letterario – quello della esposizione di procedure di calcolo – rileva fino a 12 significati differenti dei termini composti con *li*, dalla semplice tavola astronomica, all'annale, alle tecniche di calcolo astronomico, alla monografia relativa ai calendari. Sostanzialmente quindi il calendario può essere considerato come un vero e proprio "sistema astronomico."

Forse il modo migliore di comprendere il significato di calendario nella cultura cinese è riferirsi al titolo di uno dei più importanti, il citato *Shoushi li* un nome che possiamo tradurre come "Promulgare il Calendario."[66] In sostanza il compito del calendario era quello di esprimere l'armonia tra stagioni e cicli celesti.

Per capire l'importanza del calendario, ricordiamo ancora che la visione cosmologica dell'antica Cina è strettamente legata alla natura del sistema di potere dei regni e dell'impero: l'imperatore è il Figlio del Cielo, governa su Mandato del Cielo le quattro regioni della Terra che corrispondono alle quattro regioni del cielo e alle quattro stagioni. Questa divisione in quattro parti è espressa nella figura del quadrato, che troviamo nel Palazzo Imperiale e nella disposizione urbanistica delle città.[67] Il rito più importante si svolgeva all'alba del solstizio di inverno e consisteva in sacrifici animali per favorire la buona sorte dell'Impero e l'abbondanza dei raccolti. Questa celebrazione, iniziatisi fin dal regno Xia, a partire dalla dinastia Ming veniva svolta al Tempio del Cielo di Beijing (Fig. 5.22).[68]

---

[62] Le efemeridi sono tabelle astronomiche che forniscono le posizioni precise di corpi celesti in un determinato istante di tempo.
[63] Ivi p .39–40.
[64] (Martzloff, 2016) p. xxviii.
[65] (Morgan, 2015).
[66] Sivin traduce *Shoushi* come "Garantire le Stagioni."
[67] La struttura urbanistica di Beijing è di particolare interesse, poiché sulla pianta quadrata si innesta l'asse centrale sud-nord, lungo il quale, a partire da sud, si incontrano la porta Yongdingmen, la Città Imperiale, la Torre del Tamburo e la Torre della Campana. Un poco a est dell'asse si trova il Tempio del Cielo a sud e a ovest il Tempio Buddhista nel parco Bei Hai verso nord: una disposizione pienamente rispettosa dei principi dell'armonia celeste.
[68] Il Tempio del Cielo di Beijing è stato costruito nel 1420 su incarico dell'imperatore Yongle della dinastia Ming.

Fig. 5.22 Sinistra: il Tempio del Cielo a Beijing. Destra: bracieri per la preparazione dei sacrifici

I primi calendari. In Cina i primi calendari, di cui non esiste più una documentazione diretta, risalirebbero ai tempi protostorici dei 5 Imperatori. Lo storico Sima Qian attribuisce la creazione del primo calendario all'imperatore Giallo. Egli scrive che il calendario veniva stabilito attraverso l'osservazione del Cielo fin dal tempo del mitico Imperatore Giallo, il quale affidò questo compito ai funzionari del regno.[69] Egli riteneva l'imperatore Giallo una figura storica che:

> "... studiava i cambiamenti delle quattro stagioni..."
> "... osservava il movimento del sole e usava la divinazione per calcolare il calendario e prevedere i termini solari."
> "L'Imperatore Giallo si conformava alla legge delle quattro Stagioni e dei cieli e della terra ... egli piantava l'erba dei cento grani secondo le Stagioni, ..., e determinava le date e la luna per definire il calendario ...."[70]

Secondo una leggenda, durante il regno dell'imperatore Zhuan Xu (intorno al −2400), uno dei mitici Cinque Imperatori, fu istituito l'Amministratore del Fuoco (*huo zheng* 火正), dedicato all'osservazione della stella Antares (Alpha Scorpii). La levata eliaca di questa stella indica l'inizio dell'anno e l'arrivo della primavera. Questa, nella tradizione cinese, è considerata come la forma più antica di determinazione del tempo basata sull'osservazione astronomica.

---

[69] (Chang, Wang, Sun, Huang, & Chen, 2001).
[70] (Sima, 2018) pos. 2.

Abbiamo già ricordato il compito che l'imperatore leggendario Yao assegnò ai fratelli Xi e He: determinare gli equinozi di primavera e autunno e i solstizi d'estate e d'inverno, utilizzandoli come riferimento per dividere l'anno in quattro stagioni.

Nel corso della dinastia Zhou furono istituiti diversi uffici responsabili dell'astronomia, dell'astrologia e della determinazione dell'ora. L'imperatore Zhou creò un sistema chiamato *ban shuo* (颁朔), ovvero "promulgazione del novilunio", in cui ogni anno si annunciava in anticipo ai vari stati feudali la disposizione dei mesi lunari e intercalari per l'anno successivo, insieme ai decreti corrispondenti. Così, il mese iniziava con la luna nuova, segnando un passo verso la regolarizzazione del calendario. Questo sistema rappresentava un avanzamento nella gestione del tempo, assicurando che tutti i feudi seguissero un calendario comune. L'adozione di questa pratica rifletteva l'importanza dell'armonizzazione delle attività agricole, religiose e amministrative con i cicli lunari e solari, fornendo una base più stabile per la vita sociale e politica.

Verso la fine del periodo delle Primavere e Autunni, Confucio trovò nello stato di Qi un'opera chiamata *Xia xiaozheng* 夏小正 (Piccolo Calendario della dinastia Xia). Questo testo è stato trascritto nel *Da Dai Liji* 大戴礼记, (Registro dei Riti del Vecchio Dai), una serie di testi collezionati da Dai De 戴德, studioso confuciano dell'epoca degli Han Occidentali.

Xia xiaozheng ha le caratteristiche di un almanacco che guida la vita degli agricoltori. È suddiviso in 12 capitoli, corrispondenti ai mesi, ciascuno contenente informazioni sui fenomeni naturali, eventi celesti, condizioni meteorologiche e attività agricole. Leggiamo ad esempio alcuni brani relativi a gennaio e novembre:

> "**Primo mese lunare:** Inizio del risveglio degli insetti. Indica che gli insetti iniziano a emergere dal loro stato di ibernazione. Le oche migrano verso nord. Perché si dice prima 'oche' e poi 'migrano'? Perché si vedono le oche e poi si conta la loro migrazione. Cosa significa 'migrano'? Significa che migrano verso il loro luogo di residenza. Per le oche, il luogo di residenza è il nord. Perché si chiama 'luogo di residenza'? Perché nascono e crescono lì. 'A settembre, le oche selvatiche migrano', perché si dice prima 'migrano' e poi 'oche selvatiche'? Perché si vedono migrare e poi si riconoscono come oche selvatiche. Perché non si dice che migrano verso sud? Perché il sud non è il loro luogo di residenza, quindi non si dice che migrano verso sud. Quando si registra la migrazione delle oche selvatiche, perché non si registra il loro luogo di residenza? Perché le oche non devono necessariamente migrare secondo il calendario Xia Xiaozheng …
> **Undicesimo mese: il re va a caccia:** 'Caccia' significa che il re va a caccia durante l'inverno. Preparare armi e armature. 'Preparare armi e armature' significa risparmiare l'uso di soldati e ridurre l'usura delle armature. Gli alci cambiano le corna. Cambiare significa cadere. Al solstizio d'inverno, l'energia yang arriva e inizia a

muoversi, tutti i segni di vita cominciano a manifestarsi vagamente, quindi le corna degli alci cadono, segnando il tempo"[71]

Sebbene non possa essere considerato alla stregua di un calendario, questo scritto riflette un'idea di suddivisione dell'anno e dei mesi basata su specifici fenomeni naturali. I riferimenti per definire l'inizio dell'anno erano legati alla levata o al tramonto eliaco, al passaggio al meridiano di determinate stelle e all'orientamento del timone del Grande Carro. Si tratta di un embrione di calendario solare che non tiene conto delle fasi lunari.

Durante il periodo degli Stati Combattenti, la suddivisione mensile del *Xia xiaozheng* fu abbandonata e venne introdotto un nuovo sistema secondo il quale ogni mese venivano emessi i "decreti mensili" (*yueling* 月令) essenziali per le strategie di governo, lo svolgimento dei riti e le attività agricole. Ad esempio il primo mese lunare, di natura *yin*, segna l'inizio della primavera. Le attività includono la preparazione del terreno per la semina e osservazioni naturali come "erbe e alberi iniziano a germogliare." Si tengono inoltre riti di sacrificio alla terra e al cielo per favorire un raccolto abbondante e celebrare il risveglio della natura, in linea con il ciclo stagionale.

Verso la fine del periodo delle Primavere e Autunni e l'inizio degli Stati Combattenti, le osservazioni astronomiche vennero perfezionate, portando alla nascita di un sistema calendariale in cui l'anno tropico era di 365 giorni e si utilizzava il ciclo di 19 anni con 7 mesi intercalari, basato su una lunghezza del mese sinodico di circa 29,53059 giorni. Questo sistema fu chiamato *Gu Sifen li* 古四分历 (Antico Calendario delle Quattro Divisioni).

Nel *Kaiyuan Zhangjing*, scritto in epoca Tang, sono descritti i risultati dei calcoli di questo calendario leggendario e vengono indicati i cicli lunari e solari principali:

"Nel calendario dell'imperatore Giallo, dall'epoca iniziale [上元 *shangyuan*], nel ciclo Xinmao, sono passati 2.760.863 cicli. Il ciclo di anni è di 19 con 7 intercalazioni, il ciclo dei mesi è di 23; il ciclo principale è 79 anni, 940 mesi, 27.759 giorni. La legge fondamentale è 4.560 anni, la legge del ciclo è 1.520 anni. Le eclissi lunari sono 135, la legge delle eclissi è 23, il ciclo delle eclissi è 513 anni e 1.081 è il numero delle eclissi."[72]

In questo breve testo incontriamo i primi elementi relativi al calcolo dei calendari. Il calcolo procede a partire ad un'epoca iniziale, *shangyuan*, in questo caso identificata con l'anno che inizia con il giorno *Xinmao*, secondo la suddivisione *ganzhi* e corrisponde al 28° anno del ciclo sessagesimale dell'epoca dell'imperatore Giallo. I cicli di 19 e di 79 anni corrispondono ai cicli lunari di Metone

---

[71] Xia Xiazheng, 1 https://ctext.org/da-dai-li-ji/xia-xiao-zheng/zhs Ultimo accesso maggio 2024.
[72] Kaiyuan Zhanjing Cap. 104.2. https://ctext.org/wiki.pl?if=gb&chapter=706675 Ultimo accesso maggio 2024.

e Callippo, e gli anni intercalari sono costituiti da 13 mesi anziché 12. Ci sono alcune costanti che hanno la funzione di parametri per il calcolo di eventi particolari, le "leggi." Osserviamo che anche secondo questo trattato i cicli lunari e solari sarebbero stati individuati già nell'epoca protostorica. Vengono anche citati i calendari di Zhuan Xu, di Xia, di Yin, di Zhou e del regno di Lu che non introdussero variazioni ai cicli principali.

L'aggiunta del mese intercalare era un problema complesso. Anticamente, la scelta di dove inserirlo veniva fatta cercando di far corrispondere i mesi con importanti eventi stagionali. Si procedeva osservando segni naturali come la fine dei periodi di pioggia o l'aumento dei pesci, che indicavano l'arrivo della nuova stagione. Questa soluzione non permetteva certamente di costruire un calendario valido per molti anni. In un anno di 12 mesi l'anno risulta più corto di 11 giorni quindi i solstizi e gli equinozi devono essere spostati di 11 giorni. Mentre nel calendario gregoriano i mesi hanno la stessa durata in tutti gli anni, nel calendario lunisolare cinese un mese può avere 29 o 30 giorni in anni diversi, dando luogo a un sistema molto confuso.

Poiché il mese sinodico medio che consideravano gli astronomi cinesi è di 29,53 giorni, nel corso di un anno c'è un maggior numero di mesi di 30 giorni che di 29 giorni. I mesi di 30 giorni sono chiamati *dayue* 大月 quelli di 29 *xiaoyue* 小月. Alternando mesi lunghi e mesi corti si potrebbe arrivare alla soluzione, e in tal caso potrebbero esserci anni che hanno vari mesi lunghi in successione. Questa soluzione rimase in vigore fino alla dinastia Tang, quando nel 619 venne abbandonata con il calendario *Wuyin li* 戊寅历.

Questo schema dell'organizzazione del calendario comporta un calcolo molto complicato e soprattutto, vista la complessità dei moti lunari e solari, deve essere aggiornato frequentemente a causa dell'accumulazione di errori. Il cambiamento in generale avveniva con l'ascesa al potere di un nuovo Imperatore che marcava così l'inizio della nuova dinastia introducendo una nuova datazione e aggiornando il sistema astronomico con nuove tecniche di calcolo. Si ritiene che a partire dalla dinastia Han si siano succeduti circa 200 calendari, ma esistono documenti relativi a una novantina di essi. Nella Tab. 5.3 riportiamo i calendari principali.[73]

L'imperatore Han Wu Di nel −104 ordinò una revisione completa dei rituali di Stato comprendente anche un nuovo sistema astronomico. Da qui ebbe origine il primo calendario di cui abbiamo una documentazione, *Taichu li*, curato dagli astronomi Deng Ping 邓平 (I sec. AEC) e Louxia Hong 落下闳 (−130 −70). Nei decreti dell'imperatore si indicava che la nuova era Han avrebbe avuto inizio nel giorno *jiazi* del solstizio di inverno (ricordiamo che quando l'anno inizia nel

---

[73] Nathan Sevin elenca 98 sistemi calendaristici a partire dalla prima dinastia Han fino alla fondazione della Repubblica di Cina nel 1911.

Tabella 5.3 I Calendari principali

Dinastia	Titolo	Autore	Date
Han	太初历 Tàichū lì (Calendario della Grande Origine)	Deng Ping, Louxia Hong	−104 ca.
Han	三统历 Sāntóng lì (Calendario della Tripla concordanza)	Liu Xin	−7
Han Orientale	四分历 Sìfēn lì (Calendario delle Quattro divisioni)	Bian Xin e Li Fan	85
Han Orientale	乾象历 Qiánxiàng lì (Calendario Cosmico)	Liu Hong	206
Wei Cao	景曲历 Jǐngqǔ lì (Calendario dell'Arco di Luce)	Yang Wei	237
Liu Song	元嘉历 Yuánjiā lì (Calendario dell'Eccellenza Epocale)	He Chengtian	443
Liu Song	大明历 Dàmíng lì (Calendario della Grande Illuminazione)	Zu Chongzhi	463
Wei Sett.	正光历 Zhèngguāng lì (Calendario della Luce Giusta)	Zhang Longxiang	518
Sui	盖皇历 Gài Huáng lì (Calendario Imperiale Supremo)	Zhang Bin	584
Sui	皇极历 Huángjí lì (Calendario del Polo Imperiale)	Liu Zhuo	604
Sui	大业历 Dàyè lì (Calendario della Grande impresa)	Zhang Zhouxuan	607
Tang	戊寅历 Wùyín lì (Calendario dell'Anno Wuyin)	Fu Renjun	619
Tang	临德历 Líndé lì (Calendario della Virtù Sovrastante)	Li Chunfeng	665
Tang	大衍历 Dàyǎn lì (Calendario della Grande Espansione)	Yi Xing	728
Tang	五纪历 Wǔjì lì (Calendario dei Cinque Periodi)	Guo Xian	762
Tang	宣明历 Xuánmíng lì (Calendario della Chiarezza Proclamata)	Xu Ang	822
Tang	崇宣历 Chóngxuān lì (Calendario che Onora il Mistero)	Bian Gong	893
Song	应大历 Yìngdà lì (Calendario della Grande Risposta)	Wang Chune	963
Yuan	授时历 Shòushí lì (Calendario Garantire le Stagioni)	Guo Shoujing, Wang Xun	1281
Ming	大统历 Dàtǒng lì (Calendario Grande Concordanza)	Liu Ji	1384
Qing	时宪历 Shíxiàn lì (Calendario della Generazione Saggia)	Adam Schall von Bell	1644
Qing	癸卯历 Guǐmǎo lì (Calendario Guimao)	Ignatius Kögler	1742

Tabella 5.4 Cicli calendariali precedenti al *Taichu li riportati* nel trattato *Zhoubi*

Cicli calendariali in *Zhoubi*		
1 zhang 章	zhang 章	19 anni
4 zhang 章	bu 部	76 anni
20 bu 部	sui 燧	1520 anni
3 sui 燧	shou 首	4560 anni
7 shou 首	ji 极	31.920
Ciclo lunare	29 $^{499}/_{949}$	29,525816
Ciclo solare	365 ¼	365,25

giorno *jiazi* ha inizio un nuovo ciclo sessagesimale). Tuttavia i dati astronomici rilevati non corrispondevano ai requisiti, pertanto gli astronomi incaricati dovettero adattare i calcoli per far corrispondere la numerazione con il ciclo *ganzhi*.[74]

La costruzione dei calendari in epoca Han prescinde da qualsiasi concezione fisica del cosmo, è un puro trattamento aritmetico senza alcuna ipotesi sul moto dei corpi celesti e sulle loro cause. Il nesso con il pensiero cosmologico, che pure in questa epoca è oggetto di grande dibattito, si manifesta nella scelta dei periodi dei corpi mobili e per individuare epoche riferite a condizioni celesti particolari, come ad esempio un grande allineamento di tutti i corpi mobili. La previsione delle posizioni celesti è il frutto di una astrazione matematica fondata su costanti numeriche, a loro volta ispirate da principi filosofici del trattato *Yijing*, e dalla visione integrata e armonica della natura espressa dai principi *yng e yang* e dalla teoria dei 5 elementi. Queste caratteristiche sono particolarmente evidenti nei due calendari *Taichu li* e *Santong li*.[75]

Questi primi calendari sono costruiti su due fondamenti: il primo è l'origine del sistema, ovvero un momento in cui tutti gli elementi celesti erano in una condizione inziale particolare, chiamato, come detto, *shangyuan* 上元 "Grande Origine" o "Origine Superiore." Ogni dinastia inaugura una nuova era che viene messa in relazione alla Grande Origine. Il secondo fondamento è un insieme di costanti su cui sono basati tutti i calcoli, come i periodi solari o lunari.

Taichu li 太初历 (Calendario della Grande Origine). In questo calendario il numero di giorni dell'anno fu fissato a 365,25 giorni e quello del mese sinodico a 29,53086 giorni.[76] In questo calendario vennero introdotti anche i 24 termini solari. Nel trattato *Zhoubi* vediamo i cicli, riportati in Tab. 5.4, prima della cre-

---

[74] (Zhang, Chen, Bo, & Hu, 2012).
[75] (Sivin, 1969) http://www.jstor.org/stable/4527744 Ultimo accesso aprile 2024.
[76] Il periodo sinodico medio della Luna è oggi considerato di 29,53059 giorni.

azione del calendario *Taichu li*.⁷⁷ I cicli maggiori, *sui*, *shou* e *ji*, avevano una funzione di calcolo che illustreremo meglio nel calendario *Santong Li*.

Leggiamo nel *Zhoubi* alcune regole di calcolo:

> Sappiamo che dopo 3 periodi di 365 giorni e un periodo di 366 giorni il solstizio-solstizio avviene nella stessa ora di prima.
> Perciò un anno è 365 1/4 giorni.
> La luna ha accumulato un ritardo nel cielo di 13 rivoluzioni e un poco più di 134 du.
> Così quando il sole avrà fatto 76 rivoluzioni la luna ne avrà fatte 1016 e si ritroveranno in congiunzione nel luogo stabilito.
> Prendi il ritardo del moto della luna nel cielo e dividilo per il ritardo del moto del sole nel cielo. Il risultato sarà $13 + {}^7/_{19}$ du, che è il moto giornaliero della luna.
> Ancora stabilisci i mesi che si sono accumulati in 76 anni e dividili per 76. Otteniamo $12 + {}^7/_{19}$ mesi che è il numero dei mesi nell'anno.
> Prendi il numero di gradi della circonferenza del cielo e dividilo per $12 + {}^7/_{19}$ mesi. Otteniamo $29 + {}^{499}/_{949}$ che è il numero di giorni in un mese.⁷⁸

Questo brano è un primo esempio del modo con cui la matematica interviene nell'astronomia cinese fin dai tempi più antichi, formando la base per tutti i successivi studi calendaristici. Il problema astronomico che il calendario *Taichu li* risolve è quello della correlazione tra il ciclo stagionale e solare e il ciclo lunare. Non approfondiamo oltre questo calendario, più interessante è comprendere il calendario successivo che risolveva molti problemi ancora lasciati aperti.

Santong li 三统历 (Calendario della Tripla Concordanza). Nel *Kaiyuan Zhanjing*, leggiamo:

> Il "Calendario della tripla concordanza" (**Santong Li**) di Liu XinLiu Xin della dinastia Han anteriore afferma: "Dall'epoca iniziale [shang yuan] nell'anno **Gengxu**, sono passati 143.934 cicli. Il ciclo di anni è 19 con 7 intercalazioni. La regola del giorno è 81, la legge del ciclo è 1.539 anni, le congiunzioni di **Shuo** e **Wang** [novilunio e plenilunio] sono 135, e la legge fondamentale è 4.617 anni.
> Il solstizio d'inverno inizia con **Niu Chu** [la prima stella della costellazione del Bue], e il pianeta Giove ritorna una volta ogni 144 anni. Il numero di anni è 144, e il ciclo completo è 145."⁷⁹

Il calendario *Santong* costruito da Liu Xin risale all'epoca Han, ed è esposto nel Libro degli Han *Hanshu*. Costituisce un importante punto di svolta e soprattutto esplicita ancora meglio il ruolo della trattazione matematica nell'astronomia ci-

---

⁷⁷ Negli scritti astronomici si incontra spesso questo tipo di notazione $^{499}/_{940}$ che indica la parte frazionaria da sommare al numero intero. Nel seguito faremo uso indifferente di questa notazione e di quella moderna parete_intera,decimale.
⁷⁸ (Cullen, 1996) p. 205.
⁷⁹ Ivi par.8. **Kaiyuan Zhanjing** Cap. 104.8. https://ctext.org/wiki.pl?if=gb&chapter=706675 Ultimo accesso maggio 2024.

nese. Prima di approfondire questo aspetto ricordiamo come è organizzato *Hanshu*. Esso è composto da 4 sezioni principali, tra cui il capitolo *Zhi* 志 che tratta, nella sezione *Lüli Zhi* 律历志[80], i principi fondamentali del calendario, comprese le teorie e i metodi di calcolo per determinare il tempo e le stagioni. Il primo capitolo del *Lüli Zhi*, *Lüli Shang* 律历上, è stato tradotto in inglese da Christopher Cullen.[81]

Il sistema *Santong* fu creato nell'ipotesi che il solstizio d'inverno e la congiunzione di sole e luna avvenissero a mezzanotte, marcando così l'inizio del primo giorno del primo mese celeste. Questo giorno, anche noto come giorno *jiazi* nel ciclo sessagenario, cadde il 25 dicembre dell'anno −105 secondo il calendario giuliano. Tuttavia, la spiegazione dettagliata del sistema *Santong* menziona come Grande Origine *shangyuan* 上元 un momento molto più remoto. Il termine *shangyuan*, già citato, è tratto dal Canone delle Odi *Shijing*, 世經 anch'esso redatto da Liu Xin, in cui si indica che, nel sistema Han, il Grande Inizio dell'era Han è distante 143.127 anni dalla Grande Origine. Risalendo quindi dalla data del solstizio d'inverno del −105 di 143.127 anni, si ottiene il 2 dicembre del −143.232.[82] La ragione di questa data così remota è legata alla necessità di trovare un valore accettabile del moto medio del sole e della luna, dato che le irregolarità del loro moto producevano errori considerevoli nel ungo periodo. Il principio di determinare la Grande Origine caratterizza la struttura dei canoni astronomici, ed è caratterizzata dalla coincidenza dell'inizio del solstizio di inverno e dell'inizio della luna nuova (congiunzione luni-solare) che accadono simultaneamente alla mezzanotte del primo giorno del ciclo sessagenario *jiazi*.

Il problema cui dare una risposta era quindi: quanti anni devono trascorrere perché vi sia la congiunzione sole-luna, a mezzanotte del primo giorno dell'anno e che sia un giorno *jiazi* secondo il ciclo sessagenario?

L'approssimazione trovata dagli astronomi cinesi è pari a 1539 anni con 19.035 lunazioni, tuttavia questo calcolo presenta delle imprecisioni. Imponendo il vincolo che la congiunzione avvenga nel giorno *jiazi*, un ciclo di 1539 anni è costituito da 25,65 cicli sessagenari, che non è un numero intero. Dopo tre cicli pari a 4617 anni, avremo 70 cicli sessagenari, un numero intero che garantisce la ricorrenza del giorno iniziale *jiazi*, originando così un periodo effettivo di 4617 anni.

I periodi solare tropico e lunare sinodico, utilizzati nel *Taichu*, erano, rispettivamente, 365,25 e 29,530851 giorni, espresso come $29^{499}/_{940}$. Tuttavia, con questi valori, il ciclo di 1539 anni non corrisponde a un numero intero di giorni, risultando in 562.119,75 giorni. Per imporre che il numero di giorni sia un in-

---

[80] 律 *lü* può essere tradotto come "legge", "ritmo" Nel contesto musicale si riferisce alle note musicali. Il titolo del capitolo e della sezione racchiude insieme una nozione di regola, legge, periodicità ritmica e musicalità.
[81] (Cullen, 2017).
[82] C'è una discrepanza tra il valore riportato nel *Kaiyuan Zhanjing* e nel *Lüli Zhi*.

tero Liu Xin introduce una nuova approssimazione dell'anno: la parte decimale del periodo solare viene approssimata con una frazione proporzionale al valore del ciclo cercato: $365^{385}/_{1539} = 365{,}2502$ (arrotondata al quarto decimale) e il periodo sinodico viene approssimato come 29,5309 (arrotondato al quarto decimale), espresso come $29\,^{43}/_{81}$ (spiegheremo poco oltre la ragione del numero 81). Con questi nuovi valori il ciclo di 1539 anni corrisponde a 19.035 lunazioni con 562.120 giorni, i due numeri interi desiderati.

Il periodo di 1539 viene chiamato *Ciclo di Concordanza*, ed è divisibile solo per 19 e 81, inoltre contiene un numero intero di giorni, 562.120, e di mesi, 19.035. Ripetendo tre volte i cicli di concordanza otteniamo il *Ciclo Epocale* di 4617 anni. Anche questo ciclo contiene un numero intero di giorni e mesi: 1.686.360 giorni e 57.105 mesi. È la sincronizzazione di questi tre cicli che dà il nome a questo calendario.[83]

Veniamo al perché del numero 81 nel periodo sinodico lunare. Il motivo non nasceva solo da esigenze empiriche – far tornare i conti – derivava dal desiderio di introdurre nel sistema il numero 81, molto significativo sul piano cosmologico. Questo numero non solo rappresenta la quarta potenza del numero 3, un numero *yang*, ma indica anche il volume del tubo musicale chiamato "Campana Gialla" (*huangzhong* 黃鐘), che emette la nota fondamentale della scala musicale cinese.[84] Poiché si riteneva che la musica riflettesse l'ordine celeste, associare il moto lunare a questo numero completava e sanciva la visione armonica del pensiero cinese. Ricordiamo inoltre che il numero 81 è una potenza di 9, il numero riservato all'imperatore, e nella Città Proibita compare come numero di borchie fissate sui grandi portali.

Le due costanti, la costante del giorno *ri fa* 日法 = 81, e la costante della lunazione *yue fa* 月法 = 2.392, sono usate da Liu Xin per semplificare i calcoli.[85] Il rapporto tra queste due costanti è eguale al periodo sinodico 29,5309. Queste costanti sono definite immediatamente all'inizio del testo *Lüli Zhi*. In seguito, viene introdotto il fattore di intercalazione 19, ovvero quello che noi chiamiamo il periodo metonico, che comprende 7 anni con un mese intercalare di 30 giorni per un totale di 235 mesi. Il primo Ciclo di Concordanza si ottiene con il calcolo semplificato: $1539 = 19 \times 81$. Tutti questi termini contengono un numero intero di giorni, perciò moltiplicando il fattore dei mesi 235 e la costante di lunazione si ha $235*2392 = 562.120$ un numero intero di giorni chiamato Circuito Celeste.

---

[83] (Sivin, 1969).
[84] Il tono musicale associato potrebbe corrispondere al do della scala occidentale con frequenza prossima a 256 herz.
[85] I numeri 1539 e 4617 sono divisibili per 81, e questo consentiva di eseguire i calcoli su numeri più piccoli, moltiplicando i risultati per 81.

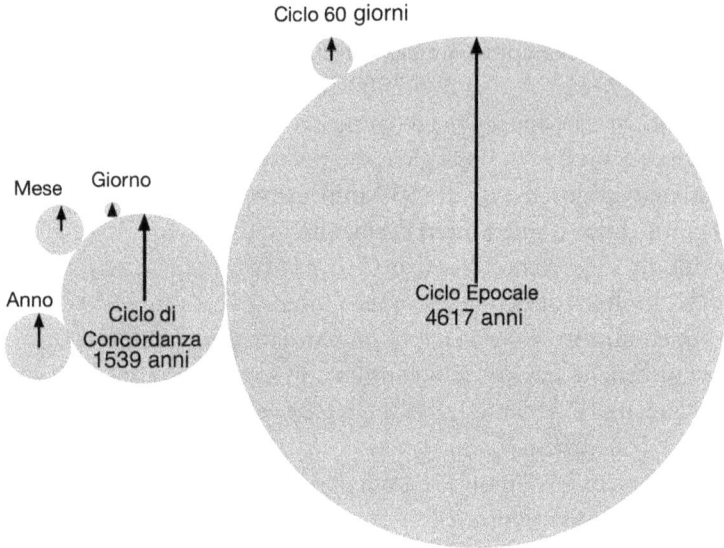

Fig. 5.23 La figura non è in scala. Un ciclo completo epocale riporta tutte le frecce con l'orientamento in alto, ovvero genera rotazioni complete di ciascun periodo considerato. (Da. Sivin 1969, cit)

Con queste costanti, contando il tempo trascorso dall'epoca di riferimento, è possibile calcolare la data di ogni evento rispetto al solstizio d'inverno, espresso secondo il ciclo sessagenario *ganzhi* del giorno e dell'ora.

Nella Fig. 5.23 vediamo la relazione tra i vari cicli come una sorta di sistema di ingranaggi: una rotazione completa del Ciclo Epocale riporta tutti i cicli nella stessa configurazione iniziale, che è denotata dalle frecce segnate nei dischi, che saranno nuovamente orientate nella posizione iniziale.

Il calcolo più importante per ragioni divinatorie è quello delle eclissi. A questo scopo vengono introdotte nuove costanti: il Ciclo della Coincidenza di Fase, secondo il quale ogni 135 lunazioni ci sono 23 eclissi di luna; il Mese di Coincidenza, che indica che ogni 6345 lunazioni, pari a 513 anni, ci sono 1081 eclissi in totale; infine, il Ciclo della Regola, secondo il quale $6939\,^{3}/_{4}$ giorni = 235 lunazioni di $29\,^{499}/_{940}$ giorni = 19 anni di 365,25 giorni. Pertanto, il Mese di Coincidenza corrisponde a 27 Cicli della Regola. Nella Tab. 5.5 riassumiamo questi dati, che sono chiaramente ricavate da lunghi periodi di osservazione.

Notiamo che la durata delle lunazioni e dell'anno utilizzate sono ancora quelle obsolete del calendario *Taichu li*. Tuttavia, il Ciclo Epocale corrisponde esattamente a 9 Mesi di Coincidenza. Il sistema di numeri escogitato non permette di prevedere con precisione le eclissi, un problema che rimase aperto finché non venne compreso meglio il moto lunare. Questo metodo di calcolo permette di prevedere soltanto quando avvengono le congiunzioni o opposizioni sole-luna,

Tabella 5.5 Costanti per il calcolo delle eclissi

	Mesi	Eclissi di luna	Anni	Giorni
Ciclo della Coincidenza di Fase	135	23		
Mese di Coincidenza	6345	1081	513	
Ciclo della Regola	235		19 con 7 intercalari	6939,75
# Cicli della Regola nel Mese di Coincidenza	27			

che sono soltanto condizioni necessarie per una eclissi solare o lunare. L'altro fattore da considerare è la latitudine lunare che varia lungo la propria orbita inclinata di 5° rispetto all'eclittica.

A titolo di confronto, il ciclo di Saros, la cui origine si ritrova nelle tavolette cuneiformi risalenti al I millennio AEC, ha una durata di 18 anni, 11 giorni e 8 ore, corrispondente a circa 223 mesi sinodici, abbastanza vicino al Ciclo della Regola di 235 lunazioni. Il periodo di 223 mesi è ricordato da Tolomeo nell'Almagesto intorno al 150 d.C. Per avere un'eclissi non solo nello stesso giorno e alla stessa ora, ma anche visibile nello stesso luogo, devono trascorrere tre cicli di Saros. Questo significa che, se un'eclissi si verifica in un certo luogo, un'altra eclissi simile sarà visibile nello stesso luogo solo dopo circa 54 anni e 34 giorni (3 cicli di Saros). È quindi evidente che il modello delle eclissi considerato nel calendario *Santong li*, non è sufficientemente accurato.

Nel calendario *Santong li* sono riportati anche i periodi dei pianeti e la descrizione del loro moto. Vengono individuati un Ciclo Sinodico per Mercurio e Venere e un Ciclo Minore per i tre pianeti esterni, che sono riassunti nella Tab. 5.6.[86] In questa tabella il Grande Periodo è il risultato del prodotto del ciclo sinodico in anni (A) e del fattore (B), che, a sua volta rappresenta il valore *yin* femminile (144) e *yang* maschile (216) dei pianeti. In questi numeri troviamo ancora l'ispirazione cosmologica nell'interpretazione dei moti celesti, derivata dai trigrammi del trattato *Yijing*, il diagramma *Bagua* in Fig. 3.5. Vediamo da dove hanno quindi origine i numeri riportati nella colonna Fattore B della tabella. Nel diagramma *bagua*, in alto c'è il trigramma Uranico[87] 乾 (*Qian*) costituito da tre linee lunghe, che è associato ai pianeti Venere e Marte e caratterizzato da una natura Yang. Esso rappresenta il Cielo, la forza creatrice. In basso troviamo il trigramma Ctonio[88] 坤 (*Kun*), composto da tre linee spezzate, caratterizzato da una natura Yin. Esso rappresenta la terra, il nutrimento e la stabilità. Gli esagrammi

---
[86] (Sivin, 1969). Per I valori contemporanei dei periodi planetari vedi Appendice A.
[87] Relativo al cielo, al divino, all'energia attiva e creativa (yang).
[88] Relativo alla terra, al sottosuolo, all'energia passiva e ricettiva (yin).

Tabella 5.6 Le costanti planetarie nel sistema della Tripla Concordanza, *Santong Li*

Pianeta	Periodo Sinodico attuale (anni)	Ciclo Sindico		Periodo dal Ciclo Sinodico (anni) A	Fattore B	Grande periodo (anni)
		Anni	Rivoluzioni			
Mercurio	0,317	64	202	0,317	144	9216
Venere	1,598	16	10	1,6	216	3456
Marte	2,135	64	30	2,133	216	13824
Giove	1,092	12	11	1,091	144	1728
Saturno	1,035	30	29	1,034	144	4320

(vedi ancora Fig. 3.5) conservano le medesime caratteristiche. Dal punto di vista numerico, ogni linea Yang ha un valore di 36 e ogni linea Yin vale 24. Pertanto, l'esagramma Uranico, che tra gli esagrammi è il numero 1, vale 216 (36 × 6) mentre l'esagramma Ctonio, l'ultimo della serie, vale 144 (24 × 6).

Usando queste costanti Liu Xin lega il ciclo di Giove al moto medio annuale del sole che è pari a $1/12$ del periodo sidereo di Giove. Nel corso di 144 anni, Giove passa attraverso 145 stazioni planetarie. Per mantenere un'approssimazione accettabile nel conteggio dell'anno civile, ogni 144 passaggi viene aggiunto un anno in più al solstizio d'inverno. In tal modo, il periodo sidereo di Giove risulta di circa 11,92 anni, molto vicino al valore odierno di 11,86 anni. Dopo 1728 anni, Giove avrà attraversato 1740 stazioni planetarie, completando esattamente 29 cicli di anni sessagenari.

La determinazione del periodo sinodico dei pianeti e la nozione di stazione planetaria richiedono una spiegazione.[89] La posizione di un pianeta viene rilevata con la levata eliaca, che si manifesta quando il pianeta ha superato di 15° la congiunzione con il Sole. Liu Xin definisce come stazione planetaria ogni posizione in cui il pianeta dista dal Sole di un multiplo di 15°.

I pianeti esterni hanno quindi 24 stazioni, poiché l'intero cielo di 360° è suddiviso in sezioni di 15°. Durante il loro ciclo, questi pianeti attraversano varie fasi, inclusa quella in cui sono invisibili perché si trovano nell'intervallo di congiunzione solare (±15°). I pianeti interni, invece, hanno 12 stazioni, poiché il loro movimento rispetto al Sole è limitato.

Il periodo sinodico è dunque il periodo entro cui si completano tutte le stazioni planetarie, inclusa quella in cui il pianeta è invisibile. Per i pianeti esterni, questo periodo copre 24 stazioni, mentre per i pianeti interni copre 12 stazioni.

Liu Xin determina il minimo comune multiplo dei grandi periodi planetari pari a 138.240 anni, che chiama Grande Congiunzione Planetaria *wŭ xīng huì zhōng shù* 五星會終數 (letteralmente numero finale delle congiunzione delle cinque

---
[89] (Iannaccone, 1991) p. 131 seg.

stelle). La Grande Congiunzione Planetaria è l'evento astronomico in cui i cinque pianeti visibili si allineano nel cielo, approssimativamente alla stessa longitudine.

Il calendario *Santong Li* rappresenta una pietra miliare, in quanto per la prima volta formula una serie di algoritmi molto semplici per descrivere anche i moti dei pianeti, e introduce per la prima volta il concetto di congiunzione planetaria. Dobbiamo ricordare che le prime osservazioni dei moti planetari risalgono a Shi Shen. Liu Xin, a sua volta, sviluppa il metodo di osservazione integrando i principi daoisti con osservazioni e misure.

Sifen lì. Un'altra riforma fu apportata con il calendario *Sifen li* 四分历, (Calendario delle Quattro Divisioni), curato da Bian Xin 编欣 (inizio I sec. EC) e Li Fan 李梵. In questo calendario il solstizio di inverno venne anticipato tenendo conto dello spostamento dei punti equinoziali dovuti alla precessione. Erano infatti passati circa 180 anni dalla adozione del *Santong Li*.

Nel *Sifen li* veniva usato il metodo di intercalazione dei mesi bisestili seguendo il ciclo diciannove anni e sette mesi; la lunghezza dell'anno solare tropico era fissata a 365,25 giorni, uguale a quella del calendario utilizzato durante il periodo degli Stati Combattenti. Anche il mese lunare venne calcolato a 29,530851 giorni. Questo calendario venne adottato nell'anno 85. I progressi apportati riguardavano soprattutto la determinazione della posizione del sole:

1. Correzione del punto del solstizio invernale: Il calendario *Sifen li* fu il primo a riconoscere il cambiamento della posizione del solstizio invernale, spostando il punto del solstizio invernale dalla prima stella della costellazione del Bue alla posizione di $21\frac{1}{4}°$ nella costellazione del Drago, aprendo la strada alla scoperta della precessione degli equinozi da parte di Yu Xi.
2. Misurazione della distanza eclittica delle 28 costellazioni lunari. Nel *Sifen li* si riporta per la prima volta la posizione delle 28 costellazioni lunari rispetto all'eclittica, rendendo i calcoli del movimento e della posizione del sole e della luna più agevoli. Questo calendario registrò un valore dell'inclinazione dell'eclittica di 24°, che influenzò notevolmente gli astronomi negli anni successivi.[90]

I periodi di congiunzione dei cinque pianeti nel calendario *Sifen li* sono molto vicini ai valori moderni, con un errore inferiore a mezza giornata, risultando più precisi dei dati ottenuti dai greci contemporanei.

In precedenza, i calendari calcolavano la posizione della luna basandosi sul movimento giornaliero della luna, ma poiché la velocità della luna non è uniforme, le previsioni differivano spesso dalle osservazioni reali. Li Fan e altri, sulla base dei registri storici e di cinque anni di osservazioni, notarono che la velocità della luna variava e che il punto di massima velocità si spostava costantemente, avanzando di 3 gradi al mese. Circa ogni 9 anni, il punto di massima velocità tornava alla

---

[90] https://baike.baidu.hk/item/李梵/7981109 Ultimo accesso aprile 2024.

posizione originale: si trattava della precessione degli apsidi lunari, che tuttavia non venne integrata nel calendario.

***Qiānxiàng Li*: Liu Hong e il moto lunare.** Un grande passo avanti derivò da una più approfondita comprensione del moto lunare che è attribuita a Liu Hong (119–210). Per la prima volta vengono trattati la variazione di velocità della luna, quella che Ipparco chiamava *anomalia*, dovuta alla forma ellittica dell'orbita, e i movimenti in latitudine della luna dovuti all'inclinazione della sua orbita. Gli studi di Liu Hong si svolsero quando il calendario in vigore era il *Sifen li*. Il nuovo calendario *Qianxiang li* 乾象历 (Calendario Cosmico) di Liu Hong fu adottato dallo stato di Wu, quando la dinastia cadde dando origine alla prima partizione. Il testo di questo calendario si trova tra le cronache della dinastia Jin, *Jin Shu*, completate da Fang Xuanling 房玄龄 nel 648 circa.[91] Tuttavia più che una trattazione teorica del moto lunare, il lavoro di Liu Hong consiste in un metodo di calcolo per il calendario.

Il *Qianxiang li* teneva conto delle irregolarità nel moto della luna per calcolare le eclissi solari e lunari basandosi sula lunghezza del mese lunare (mese sidereo) di 27,5508 giorni. In questo modo riuscì a calcolare la differenza tra il moto reale e quello medio della luna, consentendo di stabilire date più precise. Inoltre Liu Hong stimò un angolo di circa 6 gradi tra il piano dell'eclittica e quello dell'orbita lunare.

Liu Hong scoprì che i valori utilizzati fino ad allora per i periodi lunari e solari erano troppo grandi, causando un ritardo generale nei calcoli del ciclo delle fasi lunari e dei solstizi. Egli stabilì una lunghezza del mese sinodico pari a $29\,^{773}/_{1457} = 29{,}5305422$ giorni, riducendo l'errore dai più di 20 secondi del calendario *Sifen li* a circa 4 secondi. Stabilì anche la lunghezza dell'anno solare a $365\,^{145}/_{589} = 365{,}246179$ giorni, dimezzando l'errore da oltre 660 secondi a circa 330 secondi.

Dopo aver esaminato il movimento della luna, Liu Hong propose una serie di innovazioni nella comprensione del suo movimento irregolare, considerando la distanza variabile del perigeo. Scoprì che il perigeo lunare, a causa della precessione degli apsidi, si sposta di 3,1 gradi per ogni mese sinodico, un valore più accurato rispetto ai risultati precedenti ottenuti da Li Fan. Liu Hong determinò anche la lunghezza del mese sidereo a $27\,^{3303}/_{5969} = 27{,}553359$ giorni, con un errore di 104 secondi. Partendo dal fatto ben noto che la durata dell'anno sinodico è inferiore alla durata dell'anno tropico, Liu Hong utilizzò un ragionamento astratto per derivare questo concetto. Stabilì che il nodo lunare retrocede di $^{1488}/_{47}$ minuti al giorno (circa 0,054 gradi).

Liu Hong partì dall'analisi delle registrazioni di eclissi precedenti e delle sue osservazioni personali per determinare i momenti precisi del ciclo sinodico e delle eclissi. Calcolò quindi un valore più accurato della lunghezza del mese sinodico

---

[91] Il testo consultato è: 晋书 *Jin Shu* Cap .7 https://ctext.org/wiki.pl?if=gb&chapter=614607&remap=gb Ultimo accesso maggio 2024. Vedi anche (Cullen, 2002).

Tabella 5.7 Periodi di congiunzione planetaria dei calendari *Sifen li* e *Qianxiang li*

Pianeta	Periodo di Congiunzione (Sifen li)	Errore (Sifen li)	Periodo di Congiunzione (Qianxiang li)	Errore (Qianxiang li)
Giove	398,846 giorni	0,038 giorni	398,880 giorni	0,004 giorni
Saturno	378,059 giorni	0,033 giorni	378,080 giorni	0,012 giorni
Venere	584,024 giorni	0,102 giorni	584,021 giorni	0,099 giorni
Mercurio	115,881 giorni	0,003 giorni	115,883 giorni	0,005 giorni
Marte	779,532 giorni	0,405 giorni	779,485 giorni	0,452 giorni

continuando a mantenere la sincronizzazione tra moto solare e lunare con la regola dei 19 anni con 7 intercalari (235 mesi).

Era noto da molto tempo che le eclissi di sole e di luna potevano manifestarsi solo durante le fasi di novilunio o plenilunio e quando il Sole e la Luna si trovavano vicino ai nodi dell'eclittica, ma nessuno aveva ancora detto quanto "vicino" dovevano essere. Liu Hong fu il primo a fornire un dato chiaro: durante il novilunio o il plenilunio, un'eclissi può verificarsi solo se la distanza angolare tra il Sole e i nodi è inferiore a 14°33'. Nelle specifiche moderne, il limite è definito come 18°31' per le eclissi solari e 12°51' per le eclissi lunari.

Per quanto riguarda lo studio dei movimenti dei cinque pianeti, Liu Hong fece progressi significativi. I calcoli dei periodi di congiunzione dei pianeti nei calendari *Sifen li* e *Qianxiang li* sono riportati nella tabella Tab. 5.7. Tra questi, i periodi di congiunzione di Giove e Saturno risultano migliori nel *Qianxiang li*, mentre Venere e Mercurio mostrano risultati simili in entrambi i calendari. Marte, invece, mostra risultati migliori nel calendario *Sifen li*.

Per costruire il calendario, Liu Hong, come i suoi predecessori, individua prima di tutto una "origine" dalla quale partire per il calcolo. L'origine del calendario è chiamata *li yuan* 历元 (letteralmente inizio del calendario) ed è l'epoca in cui tutti gli elementi del sistema si trovano in una configurazione iniziale semplice. Gli eventi astronomici si ripetono in modo ciclico, occorre quindi determinare uno stato iniziale, e questo è la mezzanotte del solstizio di inverno e della congiunzione luna-sole che scandisce l'inizio di un nuovo mese. In questo sistema il primo giorno è designato come *jiazi* secondo il conteggio sessagesimale.

Liu Hong adotta come data di origine primaria la mezzanotte al tempo locale di Luoyang del giorno 21 gennaio −7172. Non si tratta di una data scelta come origine di un grande ciclo millenario, impossibile da calcolare per l'imprecisione dei metodi, si tratta piuttosto di una data di comodo per far sì che le procedure di calcolo fossero corrette.

I moti del sole e della luna si svolgono lungo l'eclittica, il moto solare è considerato uniforme, e gli archi di eclittica percorsi in ciascuna stagione sono eguali. Liu Hong fissa delle procedure per la predizione dei moti lunari considerando anche le variazioni della velocità della luna. A tale scopo è necessario disporre di una serie di costanti, che, nel caso della latitudine e longitudine lunare, sono fornite mediante tabelle con i dati rilevati a intervalli giornalieri. Infine occorre conoscere le procedure aritmetiche per usare e predire gli stati di tutti gli elementi in ogni istante di tempo successivo all'origine.

Il modello del calendario lunisolare si articola quindi in tre parti, ciascuna con le tabelle delle costanti. La prima tabella tratta il moto medio della luna e include la predizione delle fasi e delle eclissi di luna. La seconda descrive come usare la tabella delle velocità per tener conto della prima anomalia. La terza tabella descrive l'uso di una sequenza chiamata *yinyang* per la predizione della latitudine servendosi ancora del moto medio e della prima anomalia.

Il calendario di Liu Hong, come detto, è descritto nella Storia dei Jin, *Jin shu*, nel volume 17. Inizialmente c'è un riassunto dei calendari precedenti e dei loro problemi. Dal paragrafo 34 al 57 vengono introdotte le costanti, infine la descrizione del metodo di calcolo dell'anno inizia dal paragrafo 59, dove, ad esempio, si legge:

> Stabilisci l'anno di partenza fino all'anno desiderato. Dividilo per la regola del cielo (乾法, *qian fa*). Se il risultato non raggiunge la regola del cielo, dividilo per la regola dei periodi (纪法, *ji fa*). Se il resto non raggiunge la regola dei periodi, si inserisce nell'anno Jiazi (甲子, *jiazi*) del ciclo interno. Se il risultato raggiunge il ciclo completo, si passa all'anno Jiawu (甲午, *jiawu*) del ciclo esterno."[92]

Il termine "Regola" in questo testo ha il significato di costante, la Regola del Cielo *qian fa* è la costante 1178, e la Regola dei Periodi *ji fa* è la costante 589. Vediamo ad esempio la procedura per il calcolo delle lunazioni medie, come riassunta da Cullen.[93]

1. L'anno cercato va posto al di fuori dell'Era di 589 anni.
2. Moltiplica con la Regola dei Mesi 235. Conta uno per ciascuna Regola degli Anni 19. Il risultato è il numero di mesi accumulati, il resto è il Resto Intercalare
3. Se il Resto Intercalare è maggiore di 12 allora un mese dell'anno è intercalare.
4. Moltiplica i mesi accumulati per il fattore 43.026, ottieni i giorni accumulati approssimati.
5. Trova quanti giorni completano il Fattore dei Giorni 1457: questi sono i giorni accumulati veri. Quel che rimane è il Resto Minore
6. Calcola quanti cicli di 60 giorni ci sono nei giorni accumulati per ottenere il Resto Maggiore,

---

[92] 晋书 *Jin Shu* Cap .17:59 https://ctext.org/wiki.pl?if=gb&chapter=614607&remap=gb Ultimo accesso maggio 2024.
[93] (Cullen, 2002) p. 25.

Risparmio al lettore tutti i passaggi matematici, mi limito a mettere in evidenza il senso dei passaggi principali. Il ciclo di 589 anni incomincia con il giorno *jiazi*, il secondo ciclo ha inizio con il giorno *jiawu* e il terzo ciclo inizia ancora con il giorno *jiazi*. Questo poiché in 589 anni il solstizio di inverno e la congiunzione luna-sole coincidono alla mezzanotte, ma con 30 giorni del ciclo sessagesimale spostati. Al passo 2 troviamo 7 mesi intercalari nei 19 anni di 12 mesi, ciascuno con la luna nuova nel suo primo giorno. Possiamo quindi considerare che ogni anno trascorso aumenta di $7/19$ di un mese intercalare, e quando raggiunge $19/19$ dobbiamo inserire un mese intercalare (passo 3). Al passo 4 e 5 si esegue il calcolo in giorni:

$$\frac{43026}{1457} = 29 + \frac{773}{1457} = 29.5305$$

che è il mese sinodico.

Con un algoritmo simile e con altri parametri viene calcolato il mese sidereo e con il mese sinodico già calcolato viene impostata la procedura per il calcolo delle congiunzioni, essenziale per la previsione delle eclissi.

Le osservazioni sulla irregolarità delle fasi e del moto lunare portarono al nuovo calendario **Jingqu li** 景曲历 (Calendario dell'Arco di Luce), curato da Yang Wei 杨伟 nel 237 durante il regno di Wei. Vennero rivisti diversi periodi: l'anno tropico fu stimato 365,24688 giorni, il mese sinodico a 29,530599.

Durante i periodi Wei, Jin e delle dinastie del Nord e del Sud, il calendario cinese continuò ad arricchirsi. Questo sviluppo fu evidente nel calendario di Yang Wei, che propose nuovi metodi per calcolare le eclissi, e adottò il metodo multi-epoca, che consisteva nell'aggiornare periodicamente le osservazioni astronomiche e basare i calcoli su queste nuove osservazioni, migliorando così la precisione rispetto all'utilizzo di un'unica epoca di riferimento distante nel tempo. Questi sviluppi furono inglobati nei calendari successivi.

Durante le dinastie Song e Liang ci furono due calendari **Yuanjia li** 元嘉历 (Calendario dell'Eccellenza Epocale) e **Daming li** 大明历 (Grande illuminazione) riguardo ai quali si svolse un grande dibattito tra gli astronomi. He Chengtian sosteneva il calendario *Yuanjia li* che adottava 7 mesi intercalari ogni 19 anni. La questione principale riguardava il calcolo della luna nuova che comportava la determinazione del numero di giorni dei mesi nel corso di un anno, che variavano tra 30 e 31. Zu Chongzhi 祖冲之 (429–500) aveva proposto nel 462 il calendario *Daming li* che adottava un nuovo metodo di calcolo: l'interpolazione quadratica, per trattare il moto della luna e del sole. Questo calendario, benché segnasse una pietra miliare nelle tecniche di calcolo applicate all'astronomia, non fu promulgato. Zu Chongzhi cercò di abbandonare la tradizione del ciclo di 19 anni con 7 mesi intercalari, proponendo un ciclo di 144 mesi intercalari in un nuovo ciclo di 391 anni e introducendo il principio della precessione degli equinozi, rilevata da Yu Xi Intorno al 330, che comportava un cambiamento dell'ora del solstizio di inverno. Zu Chongzhi considerò l'anno siderale, anziché quello tropico, migliorando la precisione del calcolo delle posizioni dei corpi mobili celesti. Zu Chongzhi inventò anche un metodo di calcolo del solstizio d'inverno basato su più punti di misurazione, perfezionando il calcolo del solstizio d'inverno. Nel calendario *Daming li* venne anche determinata la durata del mese draconico.

Con la dinastia Sui nel 584 venne definito da Zhang Bin 张斌 (VI sec.) il calendario **Gai Huang Li** 盖皇历 (Calendario Imperiale Supremo) che non conteneva alcuna innovazione rispetto al precedente, ma segnava la nascita di una nuova dinastia. Contro questo calendario vennero mosse molte critiche in particolare da Liu Zhuo 刘焯 (544-610) e da Zhang Zhouxuan 張冑玄 (m. 607) che, dopo la morte di Zhang Bin, suggerì di modificare il calendario *Gai Huang* che aveva proposto.[94] Contro questo suggerimento si oppose Liu Hui 刘徽 (inizio VII sec.) che convinse l'imperatore Tang Gao Zu Di a rinunciare. Zhang Zhou Xuan e Liu Xiaosun 刘孝孙 (inizio VII sec.) dimostrarono all'imperatore che il loro metodo di calcolo delle eclissi non presentava gli errori presenti nel calendario di Zhang Bin. L'imperatore lasciò cadere la proposta di riforma irritato dalla richiesta di Liu Xiaosun di giustiziare Liu Hui.

Questa disputa continuò anche dopo la morte di Liu Xiaosun, quando Zhang Zhou Xuan venne raccomandato per assumere la posizione di astronomo reale. L'imperatore inizialmente accolse la proposta e ordinò la formulazione di un nuovo calendario, ma Liu Zhuo propose all'imperatore di adottare il calendario studiato da Liu Xiaosun, cambiandogli nome. Si tratta del calendario **Huangji li** 皇极历, in cui Liu Zhuo proponeva nuovi metodi per sincronizzare i mesi intercalari. Tuttavia questo calendario non era in accordo con le idee di Zhang Zhou Xuan e i consiglieri dell'imperatore ne sconsigliarono l'adozione. Nel 597 Zhang Zhou Xuan aveva completato il suo calendario e venne sottoposto a un controllo, ma Liu Hui e altri insistevano a conservare il calendario in vigore. Questi litigi irritarono ancor di più l'imperatore che decise di non modificare nulla. L'ufficiale imperiale Yan Minchu 颜愍楚 (558-619) ricordò, con un memoriale all'imperatore, che in epoca Han, quando venne istituito il calendario *Taichu li*, venne scritto che nel corso di 800 anni si sarebbe accumulato un errore di un intero giorno e che avrebbe dovuto nascere un saggio che lo riformulasse. Essendo passati 710 anni erano nati molti astronomi pieni di talento, "... *erano forse apparsi i saggi?*"[95] Apprezzando il memoriale l'imperatore Gao Zu ordinò finalmente di adottare il calendario **Daye li** 大业历 (Calendario della Grande

---

[94] (Niu, 2021a) p .22 seg.
[95] Ivi p. 24.

impresa). I vecchi astronomi vennero rimossi dall'incarico e Zhang Zhou Xuan divenne astronomo reale.

Con questo calendario la previsione delle eclissi divenne più accurata, tuttavia presto emersero nuovi problemi dovuti all'irregolarità dei moti del Sole e della Luna. Si sarebbe dovuto utilizzare il moto medio o il moto vero? Solo nel 665, in occasione della preparazione del calendario **Linde li** 临德历 (Calendario della Virtù Sovrastante) venne accettata la modifica dell'alternanza tra mesi lunghi e corti. Come abbiamo già ricordato nel *Kaiyuan Zhanjing* al capitolo 104 ritroviamo tutti i dati relativi ai parametri usati per la creazione dei calendari fino al *Linde Li*. La necessità di aggiornare periodicamente i calendari ha portato a una crescente complessità con l'introduzione di nuove regole di calcolo e nuove costanti.

Durante la dinastia Tang ci furono numerose innovazioni. Venne adottato ufficialmente il metodo *dingshuo* 定朔 per determinare le fasi lunari, sostituendo il tradizionale metodo *pingshuo* 平朔. Il nuovo metodo *dingshuo* determinava le fasi lunari partendo da osservazioni precise e dati astronomici, tenendo conto, quindi, delle variazioni reali nell'orbita della Luna. Viceversa il metodo *pingshuo* considerava le fasi lunari uniformi e regolari senza tener conto delle variazioni reali nell'orbita della Luna. Grazie agli sforzi di Fu Renjun 傅仁均 con il calendario **Wuyin li** 戊寅历 (Calendario dell'Annno Wuyin, anno 619) e Li Chunfeng con il calendario *Linde li* (665), il metodo *dingshuo* divenne definitivo. Vennero anche unificate le costanti per il calcolo di vari dati astronomici, migliorando l'accuratezza delle previsioni.

Grandi miglioramenti ci furono quando Yi Xing 一行 (682–727) preparò il calendario **Dayan li** 大衍历 (Calendario della Grande Espansione). Era suddiviso in 7 capitoli[96]: 1–2) calcolo delle fasi lunari e dei termini solari; 3) calcolo delle posizioni solari nell'eclittica; 4) calcolo dell'equazione del moto lunare; 5) calcolo dell'orbita solare, e dei termini solari; 6) calcolo delle eclissi; 7) calcolo dei pianeti. Anche in questo caso si osserva che una minima parte del calendario, il capitolo 5), è cronachistica. Questo calendario costituì il modello di riferimento per le epoche successive. La parte cronachistica, relativa al calcolo dei termini solari, era quella destinata a regolare i lavori agricoli.

Per condurre le osservazioni Yi Xing si serviva di un nuovo strumento osservativo, la sfera armillare, e applicò il metodo della interpolazione quadratica con intervalli ineguali, migliorando le approssimazioni. Per perfezionare la previsione delle eclissi, registrando le diverse durate delle occultazioni, si recò in vari luoghi a diverse latitudini. Negli annali della dinastia Tang si legge al riguardo:

---

[96] (Niu, 2021a).

"Fino ad oggi ci sono stati 23 sistemi di calendari, da *Taichu* a *Linde*, tutti che approssimano i cicli solari e lunari, ma senza una precisione soddisfacente. Il calendario di Yi Xing viceversa raggiunge la precisione, e per merito di questi esperti calcoli matematici non dovranno essere fatti cambiamenti. Sebbene modifiche potranno essere fatte dalle generazioni future, esse saranno dopo tutto delle imitazioni."[97]

Nel 727 Yi Xing completò il calendario riformato, *Dayan Li*, che venne pubblicato nel 728. Nel 763, l'imperatore giapponese Junnin 淳仁天皇 (733–765) ordinò di adottarlo anche in Giappone.

A partire dal calendario ***Wuji li*** 五纪历 pubblicato nel 762 da Guo Xian 郭献之 (dinastia Tang), si iniziarono a fare i primi tentativi di formalizzare le tabelle calendariali. La formalizzazione delle tabelle calendariali consisteva nell'uso di formule unificate, inizialmente semplici funzioni lineari, per eseguire i calcoli delle effemeridi. Prima di questo sviluppo, le tecniche di interpolazione venivano applicate direttamente alle tabelle delle posizioni celesti, che richiedevano complessi calcoli manuali e potevano essere soggette a errori significativi.[98]

Nel 780 circa, Cao Shifang 曹士芳 (dinastia Tang) introdusse l'uso di formule quadratiche e tabelle che approssimavano la periodicità dei moti. Successivamente, Bian Gong 卞公 (dinastia Tang) adottò queste formule nel calendario ***Chongxuan li*** 崇宣历 (892), applicandole non solo ai moti planetari ma anche alle eclissi e alle variazioni di latitudine e longitudine lunare. Per il calcolo della lunghezza del solstizio, introdusse per la prima volta formule cubiche, diffondendo l'uso di funzioni di ordine superiore per sostituire le tabelle calendariali interpolate. L'adozione di funzioni di vario ordine avvicinò l'astronomia cinese a un approccio nuovo, più simile a quello occidentale. Di fatto, queste funzioni costituivano una primitiva forma di astrazione matematica dei moti celesti. Ad esempio nel caso della anomalia lunare si immaginava il percorso lunare suddiviso in intervalli con velocità angolari variabili che veniva riassunte in tabelle specifiche.

Ancora in epoca Tang un'altra innovazione venne introdotta nel 822 da Xu Ang 徐昂 col calendario ***Xuanming li*** 宣明历 (Calendario della Chiarezza Proclamata), che migliorarono la previsione delle eclissi solari suddividendole in fasi. Xu Ang implementò le correzioni note come "Tre Differenze" *san cha* (三差), che includevano aggiustamenti per il tempo, la posizione e l'ampiezza durante le previsioni delle eclissi solari, aumentando l'accuratezza delle previsioni.

La riforma del Calendario in epoca Yuan. La nuova dinastia Yuan (1271–1368) era di origine Mongola, un popolo prevalentemente nomade che poco conosceva dei metodi dell'agricoltura e che si trovò a governare un paese in cui l'agricoltura

---

[97] Ivi p. 25.
[98] (Zhang, Chen, Bo, & Hu, 2012).

e l'allevamento erano il fondamento della vita sociale e dello stato. Era quindi essenziale assimilare rapidamente i costumi e i metodi di governo per garantire la produzione agricola e mantenere la coesione del tessuto sociale. Kublai Khan adottò a questo fine le strutture di governo cinesi, come gli era stato consigliato da Liu Bingzhong (1216–1274) letterato di etnia Han. La dinastia Yuan aveva istituito subito un osservatorio nazionale nella attuale Mongolia interna a Shangdu sotto la guida di Jamal al-Din (1210 circa–1290 circa), fondato sui metodi e gli strumenti degli astronomi Arabi. Si trattava ancora di metodi derivati dai principi Tolemaici, con cui venivano create tavole di efemeridi corrette per le latitudini locali.

Agli inizi della conquista Mongola venne adottato il calendario *Daming li*, e a Yelü Chucai venne affidato il compito di aggiornarlo:

> All'inizio dell'era Yuan, venne adottato il calendario Daming. Nell'anno Gengchen[1222], l'Imperatore Taizu [Genghis Khan] intraprese una campagna verso ovest. Nel quinto mese, durante la luna piena, si verificò un'eclissi lunare, ma senza effetto; a febbraio e maggio, durante la luna nuova, una sottile falce di luna fu visibile a sud-ovest. Il cancelliere centrale Yelü Chucai, utilizzando il calendario Daming come base, ne modificò alcuni aspetti, riducendo la divisione delle stagioni, diminuendo i secondi del ciclo annuale e correggendo la velocità di intersezione dei punti. Regolò anche il movimento della luna e il percorso dei due pianeti, aggiustando l'emergere e il tramontare dei cinque elementi [pianeti] per correggere gli errori del calendario Daming. Inoltre, nell'anno **Gengwu** [1222] del periodo **Zhongyuan** [15° giorno del 7° mese lunare], mentre le forze del paese avanzavano verso sud e il regno si stava stabilizzando, calcolò che la data del 11 novembre dell'anno **Gengwu**, alla congiunzione solare di **Renxu**, sarebbe stata corretta come il giorno del solstizio d'inverno. In questa data, il sole e la luna si allineavano, i cinque pianeti erano allineati e la costellazione della "stella vuota" era a sei gradi, come segno dell'imperatore Taizu che riceveva il comando divino. Poiché le distanze tra l'Asia occidentale e il Centro erano enormi, fu introdotto un sistema di misurazione della distanza basato su gradi per regolare le differenze tra i luoghi; nonostante la distanza di migliaia di chilometri, non ci sarebbero stati più errori. Pertanto, il calendario fu intitolato "Calendario Yuan dell'anno Gengwu della Campagna Occidentale" e inviato per l'approvazione, ma alla fine non fu mai adottato.[99]

Liu Bingzhong nel 1252 ricevette da Kublai Khan l'incarico di costruire una capitale estiva a Kaiping, in seguito chiamata Xanadu. Già nel 1251 egli aveva suggerito di attuare una riforma astronomica, un gesto che avrebbe legittimato l'autorità imperiale, ma morì prima di vedere attuata la sua proposta.

Nel 1276 l'imperatore si convinse che era necessario formulare un nuovo calendario, la cui promulgazione avrebbe marcato simbolicamente l'unificazione

---

[99] *Yuan Shǐ*, Annali degli Yuan, Cap 52:3 https://ctext.org/wiki.pl?if=gb&chapter=388051&remap=gb Ultimo accesso giugno 2024.

della Cina sotto la nuova dinastia. A questo scopo coinvolse diversi studiosi che insieme contribuirono a rinnovare i metodi per il calcolo del calendario.

Negli annali della dinastia Yuan viene riportato che a causa degli errori accumulatisi nel sistema *Daming li* venne ordinato a Wang Xun di lavorare con gli astrologi della Cina meridionale, istituire un nuovo ufficio e creare un nuovo sistema astronomico, in collaborazione con Chang I, vice Commissario degli Affari Militari. Essi riferirono che *"in questi giorni gli astronomi matematici comprendono raramente i principi dell'astronomia ...."*

Il lavoro di revisione[100] portò, nel 1280, alla pubblicazione del nuovo calendario **Shoushi li**[101] 授时历 (Garantire le stagioni) che descriveva le procedure di calcolo. Da quanto sopra ricordato pare evidente che nel corso del lavoro i nuovi strumenti astronomi non erano ancora disponibili, salvo lo gnomone in legno costruito da Guo Shoujing e una non meglio specificata macchina armillare. Si tratta molto probabilmente dell'armilla semplificata[102], che esamineremo con maggiore dettaglio in seguito.

Per comprendere pienamente la procedura del calcolo delle efemeridi dobbiamo ricordare le riflessioni di Xu Heng sull'importanza e la difficoltà nel determinare il solstizio di inverno. Infatti in occasione del solstizio d'inverno gli spostamenti della posizione del Sole sono difficili da rilevare sia perché spesso il cielo è coperto, sia perché gli spostamenti da un giorno all'altro sono molto piccoli e la lunghezza dell'ombra varia molto poco.

Supponiamo di conoscere la data e l'ora esatta del solstizio dell'anno precedente. Il calcolo della data e ora del solstizio successivo richiede di conoscere con esattezza la durata dell'anno tropico, ovvero del tempo impiegato dal sole perché appaia esattamente nella posizione del solstizio. Questo tempo è diverso dall'anno sidereo, che è il tempo che impiega il sole a ritrovarsi nella medesima posizione rispetto alle stelle fisse.

Dobbiamo anche distinguere tra giorno sidereo e giorno solare. Il giorno solare è il tempo impiegato dal Sole per tornare al meridiano locale, mentre il giorno sidereo è il tempo impiegato affinché un punto sulla Terra si trovi con lo stesso orientamento del giorno precedente rispetto alle stelle fisse. Per determinare questo periodo, si sceglie il cosiddetto punto gamma o punto vernale, ovvero il punto di intersezione tra l'equatore celeste e l'eclittica corrispondente all'equinozio di primavera. Si osserva l'ora di culminazione di questo punto, ovvero il suo passaggio al meridiano. Tra il periodo del giorno solare e quello del giorno sidereo c'è una differenza di circa 4 minuti: infatti durante una rotazione la Terra si sposta lungo la propria orbita di circa 1° quindi il passaggio al meridiano avverrà con 4 minuti di ritardo. Il giorno sidereo dura circa 88.164,1 sec. pari a 23h 56' 4,1."

---

[100] Vedi (Sivin, 2009; Ohashi, 1999).
[101] Nathan Sivin ha pubblicato la traduzione in inglese di *Shuoshi-li* in (Sivin, 2009).
[102] Dal latino *armilla*, anello.

Tuttavia a causa del moto di precessione e di nutazione dell'asse terrestre il punto gamma non è un riferimento fisso, ma si sposta di circa 50,25 secondi d'arco nel corso di un anno, pertanto questi periodi sono valori medi. Un'altra conseguenza della differenza tra anno tropico e anno sidereo è che la durata dell'anno tropico è di 366,2422 giorni siderei, sempre a causa dello spostamento della Terra lungo la propria orbita.

La creazione del calendario deve considerare tali irregolarità e aggiornare l'ora esatta del solstizio; un errore nelle osservazioni del transito al meridiano o nel calcolo delle date lontane da una data di riferimento iniziale può generare errori rilevanti su lunghi periodi di tempo.

A differenza dei calendari precedenti, il calendario *Shoushi* non identifica una "grande epoca" quando il sole, la luna e i pianeti erano in congiunzione, che assumeva il ruolo di data di riferimento iniziale per il calcolo delle efemeridi successive. Il metodo di calcolo, come abbiamo visto, si basava sulla definizione di cicli e di costanti moltiplicative, che applicati alla data della "grande epoca" avrebbero permesso di determinare le date di eventi successivi.

Negli annali degli Yuan leggiamo:

> La creazione di un calendario ha lo scopo di seguire il movimento del sole e della luna, di osservare l'andamento delle fasi lunari e delle stagioni, ma senza un punto di partenza chiaro, non è possibile misurare il Tao del cielo e allinearlo ad esso. Il movimento del sole e della luna ha velocità differenti, e i cicli lunari e le stagioni non sono uniformi. I vecchi metodi si basavano sulla ricerca dei numeri originari dell'antichità, conosciuti come l'inizio del ciclo celeste, chiamato 演纪上元 *yan ji shang yuan* (Grande inizio dell'espansione dei cicli). In quel momento, il Sole, la Luna e le Cinque Stelle erano allineati, come gemme che si uniscono in un ornamento, brillando insieme come perle su un filo. Con il passare del tempo, questi numeri si sono accumulati e diventati immensamente grandi, e le generazioni successive hanno trovato difficoltà nel calcolare questi numeri, pertanto li hanno semplificati, adattando il calendario a nuove modifiche, in modo da semplificare il calcolo. È per questo che i calendari accumulati nei secoli non sono mai stati uniformi. Tuttavia, applicando questi metodi nel tempo, gli errori sono diventati evidenti, poiché il Dao del cielo è naturale e non può essere forzato a corrispondere artificialmente. I sette pianeti celesti seguono un ordine e una progressione naturale, e la loro andatura non cambia facilmente. Se si osserva la loro circolazione nel cielo, la corrispondenza dei numeri diventa evidente. Perché allora abbandonare il metodo semplice e attuale per cercare soluzioni che richiedono milioni di anni per essere applicate?[103]

Il calendario *Shoushi* quindi stabilisce come inizio del calcolo il solstizio invernale dell'anno 1280. Leggiamo in seguito: "*suddividendo il tempo in secondi, minuti,*

---

[103] *Yuan Shǐ*, Annali degli Yuan, Cap 53:134 https://ctext.org/wiki.pl?if=gb&chapter=722768&remap=gb. Vedi anche (Sivin, 2009) p. 370 seg.

ore e giorni, utilizzando cento come unità di misura. Rispetto ai calendari precedenti che usavano i numeri accumulati nel tempo, l'approccio del 'Shoushi' è naturale e privo di aggiustamenti artificiali."

Gli autori del nuovo calendario affrontano il problema della possibile perdita dei principi fondativi del calcolo dei calendari, ma osservano:

> Alcuni sostengono: "Gli antichi dicevano che la base per la creazione di un calendario è stabilire prima un punto di origine, poi stabilire la legge del giorno, per determinare così il ciclo celeste." Se i calendari si fossero evoluti in questo modo, si sarebbero accumulati nel tempo. Da Huang Di in poi, diversi calendari sono stati creati, più di settanta, ma nessuno ha mai avuto successo senza questo approccio. Ora, se si elimina tutto ciò, non si perde forse il principio originale, e non si sta cercando una soluzione che non sia mai stata trovata? Non è così. Come disse Du Yu nella dinastia Jin: "Chi crea il calendario deve seguire il cielo per trovare la giusta corrispondenza, non per adattare il cielo alle leggi umane." I metodi passati si basavano solo sulla ricerca della corrispondenza con il cielo. Ora, con il calendario antico che presenta molte lacune, abbiamo deciso di correggere questi errori, per migliorarlo. Per questo motivo, vengono analizzati i calendari più antichi, partendo da quello della dinastia Han, per cercare di colmare le lacune e risolvere eventuali dubbi.[104]

Vengono infine elencati gli anni accumulati nei diversi calendari fino ad arrivare al numero "monstre" di 383.768.657 per il calendario *Daming li*.

Oltre a liberarsi della "grande origine" il calendario *Shoushi* adotta nuove tecniche matematiche, tra cui l'interpolazione di terzo ordine e il metodo matematico sviluppato da Guo Shoujing per la trasformazione delle coordinate sferiche, sui abbiamo accennato nel capitolo 4 (vedi anche Fig. 4.17).[105]

Per la determinazione dell'inizio dell'anno il trattato descrive come deve essere costruito lo gnomone che permette di misurare piccole variazioni nella lunghezza dell'ombra, e attraverso una interpolazione individuare con precisione l'istante del solstizio invernale. Lo gnomone è alto circa 9m, la sommità è divisa per sostenere due dragoni che tengono un'asta orizzontale, la sua distanza dalla base è di 40 *chi*[106], cioè cinque volte la lunghezza dello gnomone classico (si veda ad esempio Fig. 6.2). La maggiore lunghezza rispetto allo gnomone classico migliora la misurazione riducendo l'errore di un quinto. La scala della base su cui si proietta l'ombra è suddivisa in decimi. Assumendo l'ipotesi che lo spostamento dell'ombra sia proporzionale al tempo, la procedura consiste nel misurare la lunghezza dell'ombra proiettata in giorni e ore precedenti e successive al solstizio e trovare, con un metodo di interpolazione, l'istante del massimo.

---

[104] *Yuan Shǐ*, Annali degli Yuan, Cap 53:136 https://ctext.org/wiki.pl?if=gb&chapter=722768&remap=gb.
[105] Una esposizione accurata è stata proposta da Donald B. Wagner nel 2021: http://donwagner.dk/gsj/gsj.html Ultimo accesso dicembre 2023.
[106] L'unità *chi* qui è pari a circa 23 cm.

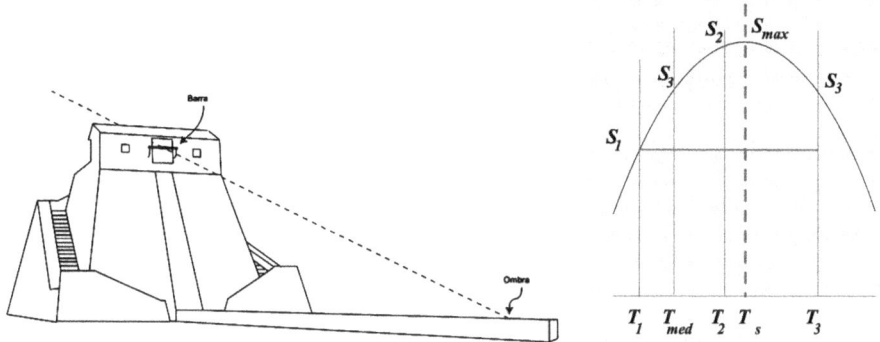

Fig. 5.24 Il metodo di interpolazione per il calcolo del solstizio

Leggiamo la descrizione negli annali Yuan:

> Nell'undicesimo mese del quattordicesimo anno dell'era *Zhiyuan* [1277], il quattordicesimo giorno del mese, giorno *jihai* (己亥), l'ombra misurava 7 *zhang*, 9 *chi*, 4 *cun*, 8 *fen*, 5 *li*, 5 *hao* [79.4855 piedi]. Al ventunesimo giorno, giorno *bingwu* (丙午), l'ombra misurava 7 *zhang*, 9 *chi*, 5 *cun*, 4 *fen*, 1 *li* [79.541 piedi]. Al ventiduesimo giorno, giorno *dingwei* (丁未), l'ombra misurava 7 *zhang*, 9 *chi*, 4 *cun*, 5 *fen*, 5 *li* [79.455 piedi]. Confrontando le ombre dei giorni *jihai* e *dingwei*, la differenza è di 3 *fen* e 5 *hao*, avanzando di due posizioni. Confrontando le ombre dei giorni *bingwu* e *dingwei*, la differenza è di 8 *fen* e 6 *li*; sottraendo questa differenza, si ottengono 35 *ke*. Sottraendo questo dagli 800 keke tra i giorni *jihai* e *dingwei*, rimangono 765 *ke*. Prendendo la metà, aggiungendo mezza giornata, si ottengono 432 *ke* e mezzo. Dividendo per 100, si ottengono 4 giorni; moltiplicando il resto per 12 e dividendo nuovamente per 100, si ottengono 3 ore; aggiungendo 1 ora per un totale di 5 ore; moltiplicando il resto per 12, si ottengono 3 *ke*. Calcolando dal giorno *jihai*, si ottiene che il solstizio d'inverno dell'anno *dingchou* (丁丑) cade il giorno del drago (*Chen* 辰) del giorno *guimao* (癸卯) al terzo *ke*. Questo risultato si ottiene confrontando le ombre nei quattro giorni prima e dopo il solstizio.[107]

Comprendiamo meglio la procedura osservando la Fig. 5.24. Siano S_1 e S_2 le lunghezze dell'ombra di mezzogiorno in due giorni successivi T_1 e T_2 ($T_2 = T_1 + 1$) prima del solstizio; si scelga un giorno T_3 dopo il solstizio in modo che l'ombra S_3 si trovi tra S_1 e S_2. S_3 divide l'intervallo tra S_1 e S_2 nel rapporto $1:a$, quindi:

$$S_3 = aS_1 + (1-a)S_2 \text{ da cui: } a = \frac{S_3 - S_2}{S_1 - S_2}.$$

---

[107] *Yuan Shi*, Annali degli Yuan, Cap 52:9–10 https://ctext.org/wiki.pl?if=gb&chapter=388051&remap=gb. Ultimo accesso giugno 2024. Vedi anche (Sivin, 2009) p. 258.

Se ipotizziamo che l'ombra di mezzogiorno sia una funzione continua del tempo, interpolando attraverso i punti (Tn, Sn) abbiamo, in buona approssimazione, che al tempo T_{med} intermedio tra T_1 e T_2:

$$T_{\text{med}} = aT_1 + (1-a)T_2$$

la lunghezza dell'ombra è nuovamente uguale a S_3. Supponendo che la lunghezza dell'ombra vari simmetricamente rispetto al momento del solstizio, allora il momento del solstizio si trova a metà tra i tempi di uguale lunghezza dell'ombra, T_{med} e T_3:

$$T_{\text{sol}} = \frac{T_{\text{med}} + T_3}{2} = \frac{T_2 + T_3 - a}{2}$$

Non andiamo oltre nell'esposizione del calendario riformato. Ci limitiamo a ricordare che la accuratezza della durata media dell'anno tropico che venne individuata con questo metodo è di 365.2575 giorni.

Un fattore critico in queste misurazioni riguarda la rilevazione esatta dell'ombra proiettata dallo gnomone. Infatti essa appare sfocata quanto più lo gnomone è alto. Per risolvere il problema Guo Shoujing realizzò un semplice sistema per proiettare in modo nitido l'ombra: un focalizzatore, *jingfu* 景符. Predispose un foro stenopeico in una lamina di rame che veniva appoggiata al piano della scala di lettura regolandone l'inclinazione in modo ortogonale alla direzione dei raggi solari. Il dispositivo di messa a fuoco viene spostato finché l'ombra della traversa tra i due dragoni dello gnomone, proiettata su un supporto di giada, appare perfettamente nitida (Fig. 5.25).

> Nel vecchio metodo si sceglieva un terreno pianeggiante, si impostavano livelli d'acqua e linee di riferimento, e si piantava un'asta per misurare l'ombra. Tuttavia, con un'asta corta, era difficile distinguere con precisione frazioni di secondi nei piccoli segmenti misurati. Con un'asta lunga, sebbene i segmenti fossero più ampi, l'ombra risultava sfocata e indistinta, rendendo difficile ottenere una misura precisa. Gli antichi cercavano di ottenere misurazioni accurate utiliz-

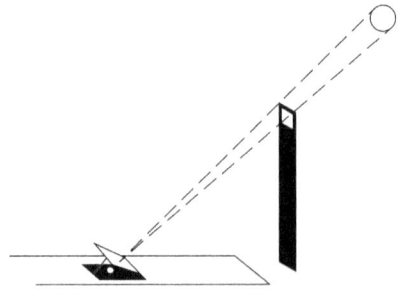

Fig. 5.25 Focalizzatore di Guō Shŏujìng

zando strumenti come cannocchiali, piccoli gnomoni o righelli di legno per osservare l'ombra proiettata sul quadrantequadrantesolare solare. Ora, usando un'asta di bronzo alta trentasei *cun*, con due draghi ai lati e una traversa, si arriva a una meridiana di quaranta *cun*. È come avere cinque aste da otto *cun* ciascuna. La meridiana è graduata in unità di misura; la vecchia unità di un *chi* è ora suddivisa in cinque parti, rendendo facile distinguere le frazioni di *fen*. È stato creato un dispositivo per catturare l'ombra reale, fatto di foglie di rame larghe due pollici e lunghe il doppio, con un foro al centro come un chicco di riso. Un'estremità è montata su un asse, permettendole di aprirsi e chiudersi, inclinata verso il basso da nord a sud, adattandosi all'ombra sfocata. Il foro lascia passare solo un piccolo raggio di luce, proiettando una chiara immagine della traversa. Il vecchio metodo misurava l'ombra con l'estremità dell'asta, ottenendo l'ombra del bordo superiore del sole. Ora, usando la traversa, si ottiene l'ombra centrale, senza alcun margine di errore.[108]

Potremmo considerare il raggiungimento di questo importante risultato nel calcolo del calendario come l'apice della conoscenza astronomica cinese, sia dal punto di vista dei metodi osservativi e della accuratezza dei risultati, sia dal punto di vista dei metodi di calcolo. Lo stesso Guo Shoujing sottolineava le maggiori innovazioni introdotte: sette verifiche osservative e cinque metodi matematici. La produzione di nuovi calendari avrebbe dovuto sottostare a sette verifiche, ovvero il momento del solstizio di inverno, la fine dell'anno tropico, il moto apparente del sole, il moto apparente della luna, le eclissi solari e lunari, le distanze stellari tra le 28 case lunari, e il momento dell'alba. Le innovazioni matematiche introdotte riguardavano il metodo di calcolo del moto solare e del moto lunare, basati entrambi su una interpolazione cubica, per le quali Guo pubblicò due serie di tabelle. La terza innovazione riguardava la conversione tra coordinate equatoriali e coordinate eclittiche, che richiede una conoscenza della trigonometria sferica. Un nuovo metodo per calcolare la distanza tra l'eclittica e i poli mediante l'uso di triangoli rettangoli. Infine l'ultima innovazione matematica riguarda il calcolo della intersezione tra l'orbita lunare e l'equatore.

Possiamo notare un'analogia con il culmine raggiunto dalla conoscenza astronomica occidentale dopo Copernico, grazie a figure come Tycho Brahe, Johannes Kepler e Jost Bürgi. In questo caso si tratta di una felice combinazione di eventi: un gruppo di scienziati, sostenuti da potenti mecenati, che collaborano in un contesto economico e sociale che non impone loro limiti. Tra di loro, oltre alle capacità matematiche e teoriche, si riscontra anche una raffinata abilità nella progettazione e costruzione di strumenti adatti a compiti complessi.[109]

---

[108] *Yuán Shǐ*, Annali degli Yuan, Cap 52:7 https://ctext.org/wiki.pl?if=gb&chapter=388051&remap=gb. Ultimo accesso novembre 2024.
[109] Ho approfondito il ruolo di queste figure e della fortunata combinazione di eventi in (Marini, 2024a).

I Calendari in epoca Ming e Qing. Dopo la caduta della dinastia Yuan, Zhou Yuanzhang 朱元璋 divenne imperatore con il nome Honwu Di 洪武皇帝, il nuovo calendario *Datong li* 大统历 (Calendario della Grande Concordanza) venne pubblicato nel 1384, ma dal punto di vista tecnico era derivato direttamente dal *Shoushi li*. Questo calendario rimase in vigore fino alla caduta della dinastia Ming, quando Adam Schall von Bell venne nominato Astronomo reale e predispose il calendario *Shixian li* 始显历, che adottava i metodi della astronomia occidentale introdotti dai missionari gesuiti. Nel 1742 venne promulgato l'ultimo calendario *Guimao li* 癸卯历 (Calendario Guimao) predisposto dal padre gesuita Ignatius Kögler, che rimase in vigore fino alla nascita della Repubblica di Cina nel 1911.

Da questa sintetica storia della evoluzione dei calendari emerge la caratteristica principale dei metodi astronomici Cinesi: l'assenza di un modello geometrico e cinematico dei moti dei corpi celesti e il ricorso a metodi di osservazione e di interpolazione matematica delle coordinate celesti. Ciò impediva di raggiungere un risultato certo nel calcolo delle efemeridi e del susseguirsi di mesi e anni, e questo comportava un aggiornamento frequente del calendario. Benché l'astronomia cinese antica fosse una astronomia matematica, restava pur sempre priva di un fondamento teorico e basata su dati puramente osservativi, quindi soggetti a continui mutamenti.

5.6 L'astrologia e la divinazione

La divinazione è lo scopo principale della osservazione astronomica nell'antica Cina. L'argomento è estremamente vasto, ci limitiamo quindi a farne un breve cenno, rinviando a uno dei tanti studi, quello di Ho Peng Yoke.[110]

Richiamiamo la distinzione tra l'astrologia *giudiziale* e l'astrologia *naturale*. Questa distinzione nasce in Occidente a partire dai documenti astrologici di epoca Babilonese che contenevano previsioni riguardanti il re e le fortune dello stato ricavate dalle posizioni dei pianeti. Esempi di astrologia giudiziale si trovano tra gli scritti cuneiformi.[111]

> "se Marte retrocede verso lo Scorpione allora il re deve restare all'erta, in questi giorni infausti non dovrebbe uscire dal Palazzo" e ancora "se Marte è in una costellazione alla sinistra di Venere, gli Accadi verranno sterminati."

Nell'Egitto antico si praticava l'astrologia giudiziale, secondo i metodi appresi dai Babilonesi. Tra le numerose predizioni giudiziali citiamo la seguente, che riguarda la previsione della inondazione del Nilo:

---

[110] (Ho, 2003).
[111] (Jiang X., 2021b) p .17.

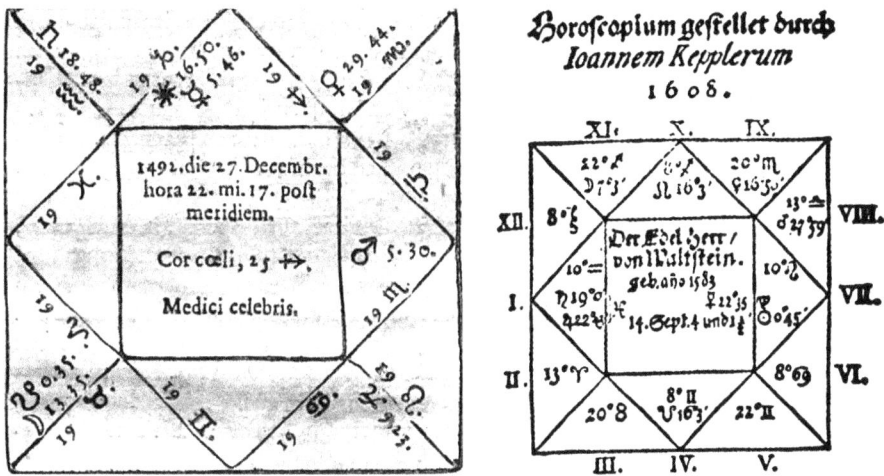

Fig. 5.26 Schemi di Oroscopi. Sinistra: Oroscopo di Cardano. Destra: Oroscopo di Kepler per Wallenstein, 1608. Le 12 case zodiacali son disposte nei triangoli, gli ordinamenti son diversi, all'interno sono segnati i simboli zodiacali e in quello di Cardano anche le posizioni del sole e della luna

"se la stella del Cane [Sirio] sorge quando Giove è nel sagittario allora il re di Egitto guiderà l'intero paese in modo unitario. Incontrerà dei nemici ma sarà capace di togliersi d'impaccio. Molte persone tradiranno il re. Una inondazione arriverà in Egitto come deve ...."[112]

L'astrologia giudiziale quindi si propone di prevedere eventi futuri e di dare giudizi sul destino delle persone, a partire dall'interpretazione delle posizioni e dei movimenti dei corpi celesti. Questa forma di astrologia si diffuse in Europa e dal Rinascimento fiorì nella forma dell'*oroscopo*.

L'astrologia *naturale* si sviluppa viceversa in epoca Ellenistica e si concentra sugli effetti fisici e materiali che gli astri esercitano sul mondo naturale. Questo tipo di astrologia studia come i corpi celesti influenzano fenomeni come il clima, le stagioni, la crescita delle piante e altri processi naturali. Gli astrologi naturali si interessano soprattutto alle connessioni tra gli eventi celesti e i cicli terrestri e alle influenze cosmiche sulla natura piuttosto che sul destino umano. Questa forma di astrologia costituiva una parte rilevante delle pratiche mediche.

Famosi sono gli oroscopi di Gerolamo Cardano (1501–1546) e di Johannes Kepler (Fig. 5.26). Gli studiosi di astronomia nel '400 e nel '500 offrivano oroscopi per guadagnare denaro. In questa disciplina si fronteggiavano due metodi per la suddivisione dello zodiaco: Gerolamo Cardano suddivideva i confini delle costellazioni in intervalli di 30°, Regiomontano (1436–1476) suddivideva le

---

[112] Ibidem.

costellazioni zodiacali in modo non uniforme, prendendo la distanza angolare tra le stelle estreme di ciascuna costellazione.

Un esempio significativo degli oroscopi rinascimentali ci è offerto da quello per il generale Albrecht von Wallenstein (1583–1634) preparato da Kepler, in cui si legge:

> "Saturno nell'ascendente indica un pensiero profondo, malinconico, indisciplinato, con inclinazione verso l'Alchimia e la magia, la stregoneria, la comunione con gli spiriti, disprezzo e mancanza di considerazione per i comandamenti e le usanze umane, anche per tutte le religioni. Tutto viene considerato con sospetto, ciò che fa Dio e ciò che fanno gli uomini, come se fosse tutta una bugia e si credesse a qualcos'altro."[113]

Oltre a delineare il carattere, Kepler dettagliava gli oroscopi considerando gli eventi astronomici prevedibili ed associandoli a possibili vicende della vita della persona. Nel caso di Wallenstein considerò l'anno 1634 pericoloso. Wallenstein morì proprio in quell'anno.

Per molti secoli, la divinazione in Cina si è basata sulla meditazione, sull'osservazione dei fenomeni celesti e sulla previsione di eventi che presagivano fortuna o disgrazie, come le eclissi o le comete. I metodi più antichi partivano dall'osservazione delle ossa oracolari. Scapole di bovini o carapaci di tartarughe venivano levigate, lucidate e preparate incidendo dei fori per facilitarne la rottura. Gli indovini incidevano domande specifiche riguardanti la salute, il raccolto o la fortuna in generale. Inserendo un ferro rovente nei fori, le ossa si spaccavano suggerendo agli indovini un'interpretazione, che veniva poi registrata come risposta alle domande. Abbandonato il metodo delle ossa oracolari, l'astrologo ricorreva allo studio del trattato *Yijing* e alla osservazione e previsione dei fenomeni astronomici.

Per superare le difficoltà e la vaghezza del verdetto tratto da *Yijing* sin dal tempo degli Stati Combattenti entrarono in uso metodi matematici. Se ne trova cenno nel racconto "Sogno della Camera Rossa"[114], dove l'indovino, incerto sulla previsione della malattia ricorre al metodo *Liuren*[115] (vedi sotto). Questi metodi divinatori di carattere matematico, riservati principalmente per scopi militari, erano tenuti segreti.

I "tre Metodi" (三式, *Sanshi*) sono tre tecniche di calcolo astrologico che vennero studiati e approfonditi dagli studiosi neo-confuciani nel XI secolo, su incarico dall'imperatore Renzong (dinastia Song). Questi metodi vennero adottati dall'Ufficio Astronomico Cinese per molti secoli successivi. Essi sono:

---

[113] Kepler, 1608 p. 446 sgg.
[114] Uno dei romanzi classici scritto da Cao Xueqin nella seconda metà del XVIII sec, durante la dinastia Qing. Vedi: https://ctext.org/hongloumeng/zhs.
[115] (Ho, 2003).

1. **Taiyi** (太乙): questo metodo ha la funzione di valutare le bontà o malvagità di una persona. Si basa sull'esame delle posizioni delle case lunari e dei palazzi celesti alla nascita.
2. **Qimen Dunjia** (奇门遁甲) "Tecniche del portale occulto." Il *Qimen Dunjia* era principalmente usato per affari di stato e per strategie militari. Ispirato al *Yijing*, combina elementi di astronomia e geografia.
3. **Liurenshu** (六壬术) "L'arte dei sei Ren" (壬 *ren* è uno dei tronchi celesti, e ha natura yang). Questa tecnica viene utilizzata per prevedere vari tipi di eventi, dai disastri naturali alle campagne militari e agli affari quotidiani. Il metodo *Liurenshu* si basa sulla posizione del Sole in relazione ai tronchi celesti e ai rami terreni.

Feng Shui. Un'altra pratica astrologica di rilevante importanza è la geomanzia, conosciuta anche come *feng shui* (风水). Essa si occupa dell'armonizzazione dell'ambiente circostante per migliorare il flusso dell'energia vitale, il *qi*. Il *feng shui* ha le sue radici nelle pratiche taoiste e nella filosofia cinese antica. Il termine *feng shui* letteralmente significa "vento e acqua", elementi naturali che sono essenziali per il flusso del *qi*.

Il concetto centrale del *feng shui* è il *qi*, energia vitale che pervade ogni cosa. La pratica del *feng shui* cerca di creare un equilibrio tra yin e yang e tra i cinque elementi *wuxing* (legno, fuoco, terra, metallo e acqua) per favorire un flusso armonioso del *qi*. Ogni elemento è associato a determinati colori, forme e direzioni, e l'armonizzazione di questi elementi in un ambiente può influenzare la salute, la prosperità e il benessere delle persone che vi abitano.

Esistono diverse scuole di pensiero nel *feng shui*, le principali sono: la Scuola della Forma (形势派 *Xing Shi Pai*), che si concentra sulle caratteristiche fisiche del paesaggio e degli edifici. Analizza la forma delle montagne, dei corsi d'acqua, degli edifici e dei terreni per determinare il flusso del *qi*. La Scuola della Bussola (罗盘派 *Luo Pan Pai*) per determinare le direzioni favorevoli e sfavorevoli usa una bussola geomantica, chiamata *luo pan*. Questa scuola si basa su calcoli complessi che includono la posizione delle stelle e i cicli temporali.

Un altro fondamentale strumento per il *feng shui* è il diagramma *bagua*, mappa ottagonale che rappresenta i vari aspetti della vita, utilizzata per analizzare e migliorare specifiche aree di un edificio (Fig. 3.5).

Per comprendere i principi della astrologia cinese occorre ricordare che la Cina è un territorio enorme, di dimensioni continentali. Immaginare che gli effetti del cielo su un territorio così vasto siano eguali ovunque è assurdo. La soluzione fu di immaginare delle *linee di demarcazione* che legassero la sfera celeste a regioni corrispondenti agli stati, ai principati, alle prefetture e ai distretti sulla terra: la suddivisione *fenye* che abbiamo già visto (Tab. 5.2 e Tab. 5.8). Quando un fenomeno celeste si manifestava in una zona del cielo i suoi effetti si producevano

Tabella 5.8 *Fenye e xiu*. Corrispondenza tra Rami terreni, Regioni, Regni e costellazioni. in quinta colonna la numerazione relativa alla Tab. 5.1

Rami terreni	Regioni	Regni	Xiu		Costellazioni
Zi (子)	Qingzhou	Qi	女-虛-危	10, 11, 12	Acquario
Chou (丑)	Yangzhou	Wu	斗-牛-女	8, 9, 10	Sagittario, Capricorno, Acquario
Yin (寅)	Youzhou	Yan	尾-箕-斗	6, 7, 8	Scorpio, Sagittario
Mao (卯)	Yuzhou	Song	氐-房-心-尾	3, 4, 5, 6	Libra, Scorpio
Chen (辰)	Yanzhou	Zheng	角-亢-氐	1, 2, 3	Virgo, Libra
Si (巳)	Jingzhou	Chu	張-翼-軫	26, 27, 28	Hydra, Centauro, Corvo
Wu (午)	Sanhe	Zhou	柳-星-張	24, 25, 26	Hydra
Wei (未)	Yongzhou	Jin	井-鬼-柳	22, 23, 24	Gemelli, Cancro, Hydra
Shen (申)	Yizhou	Qin	畢-觜-參-井	19, 20, 21, 22	Toro, Orione, Gemelli
You (酉)	Jizhou	Zhao	胃-昴-畢	17, 18, 19	Ariete, Toro
Xu (戌)	Xuzhou	Lu	奎-婁-胃	15, 16, 17	Andromeda, Ariete
Hai (亥)	Bingzhou	Wei	危-室-壁-奎	12, 13, 14, 15	Acquario, Pegaso, Andromeda

nella regione corrispondente sulla terra. Questa teoria venne ideata molto presto; uno dei primi elenchi delle zone si trova nei Riti di Zhou, *Zhou li*, uno dei cinque classici del Canone Confuciano. In quest'opera vengono descritti i compiti del Ministro dei Riti, il quale deve:

> "osservare le stelle, i pianeti, il sole e la luna e registrarne il movimento, vedere le variazioni del mondo e individuare la buona o cattiva sorte. Con il diagramma delle stelle è possibile identificare tutte le prefetture della Cina. Ogni feudo ha un gruppo di stelle corrispondenti, il cui schema può essere visto come indicazione di segni malefici o di buon auspicio. Dodici segni buoni e cattivi coprono tutti i presagi di buon auspicio e di cattiva sorte del mondo ...."[116]

Anche qui incontriamo il problema affrontato da Regiomontano e Cardano di come suddividere le regioni celesti. La prima modalità di suddivisione associava i feudi e le prefetture con i 28 *xiu*. La seconda modalità individuava i dodici segni buoni o cattivi con le posizioni del pianeta Giove, che ha un periodo di circa 12 anni. La fascia entro cui si spostava Giove (di fatto l'eclittica o il nostro zodiaco) veniva suddivisa in 12 zone corrispondenti a 12 coppie di ore rappresentate dai 12 rami terreni (vedi Tab. 3.2). Queste due modalità di suddivisione mettevano in relazione gli eventi celesti in 28 costellazioni con 12 feudi e 12 prefetture. Come abbiamo visto però la suddivisione dei 28 *xiu* non è uniforme, alcune *xiu* venivano quindi aggregate per creare suddivisioni di estensione vicina ai 30°.

---

[116] Ivi p.19.

I fenomeni celesti che venivano considerati erano innumerevoli, alcuni sono menzionati nello scritto della stele di Suzhou e possono essere raggruppati in sette categorie.

Fenomeni solari. L'eclissi di sole, considerando in quale casa lunare si manifesta. Le condizioni della superficie solare, quali: brillantezza, variazioni di colore, oscurità, nuvolosità o nebbia, bordi frastagliati, macchie, aloni, forma della corona solare, protuberanze ed altro fino a 50 differenti condizioni.

Fenomeni lunari. L'eclissi di luna con l'individuazione della casa lunare come nel caso del sole. Occultazioni della luna da parte dei pianeti. Velocità del moto lunare. Condizioni della superficie quali il colore, la brillantezza ecc. Occultazione di una costellazione o prossimità ad un asterismo con o senza alone lunare.

Fenomeni planetari. Brillantezza, colore, dimensione, forma dei pianeti. Passaggio da una casa lunare o un asterismo. Condizioni del movimento, se sopra o sotto l'orbita, retrogradazione. Posizioni mutue dei pianeti.

Fenomeni delle stelle. Brillantezza delle stelle. Apparizione di una stella "ospite" (stella nova 新星 *xin xing*).

Colore delle stelle. Anche il colore delle stelle aveva un valore astrologico. Per valutare il colore veniva individuata una stella campione. La prima documentazione superstite della determinazione del colore risale agli scritti di Sima Qian, che suggeriva:

> "Per il colore bianco confronta con Sirio (*Long*), per il verde Antares (*Xinxiu er*), per il giallo confronta con la Spalla Sinistra di *Shen* (Betelgeuse), per il blu con la Spalla Destra di *Shen* (Bellatrix), per il nero confronta la grande stella di *Kun* (Merak)."[117]

Attualmente Betelgeuse è considerata una gigante rossa, è certamente possibile che dopo duemila anni lo spettro di emissione di questo astro si sia modificato.

Comete, meteore e meteoriti. Brillantezza e colore di una cometa. Approssimarsi della cometa al sole, alla luna, a una casa lunare o a un asterismo. Apparizione di molteplici comete nello stesso tempo. Meteore e meteoriti.

Fenomeni atmosferici. Nuvole, Arcobaleni, venti, tuoni, nebbia, foschia, gelo, brina, grandine, rugiada. La quantità di fenomeni considerati è enorme, ogni sera molti possono presentarsi simultaneamente e interpretarne il significato è materia astrusa e complicata. Questo allo stesso tempo dà all'astrologo la libertà di adattare la previsione secondo le aspettative. Il metodo dell'astrologo doveva

---

[117] *Shen* corrisponde alla costellazione di Orione.

quindi comprendere sia capacità tecniche per l'uso del calendario e il calcolo delle posizioni degli astri mobili, sia capacità politiche e psicologiche per saper collocare la sua previsione rispettando le aspettative. Un esempio di oroscopo giudiziale tratto dagli annali della dinastia Jin è relativo richiesta dal Duca Wen Gong al maestro Dong Yin di rivelargli il successo o l'insuccesso della sua impresa. Dong Yin richiama le posizioni di Marte all'epoca in cui andò in esilio e all'epoca in cui venne fondata la dinastia Jin (265–469), e sottolinea come le posizioni attuali siano quelle dell'epoca in cui erano più favorevoli.[118] Egli associa le posizioni degli astri ai tronchi celesti che corrispondono alle regioni dominate da Jin, ritrovando una uguale configurazione celeste all'epoca in cui Jin venne fondata. Da questo trae una divinazione favorevole alla strategia politica del suo committente.

Si potrebbe dire, in accordo con Sivin[119], che i profeti "indovinavano le intenzioni dei loro sovrani, non gli eventi futuri".

5.7 La registrazione degli eventi: eclissi, nove e supernove, meteore e meteoriti, comete, pianeti

La registrazione accurata degli eventi celesti non era dettata dal desiderio di esplorare i misteri celesti. Era viceversa una esigenza precisa per poter compiere divinazioni e pronostici ed era parte della grande tradizione degli studi celesti condotti dall'Ufficio Astronomico.

I primi registri di eventi, se pur incompleti, risalgono all'epoca Qin, e in essi troviamo dati di altissimo valore storico, che l'astronomia moderna ha cercato di utilizzare.

Eclissi. In totale sono state registrate dagli astronomi cinesi più di 1600 eclissi solari, più di 1.100 eclissi lunari e più di 200 occultazioni lunari da parte di pianeti. Le prime eclissi lunari registrate, che risalgono all'epoca Shang, sono state trovate sulle iscrizioni delle ossa oracolari con le date: −1361, −1342, −1328. −1311, −1304, −1217.

In un trattato sulle stagioni del −542, *Zuo zhuan* (左传), compare un elenco di 37 eclissi a partire dal −720, in accordo con Tolomeo, che nell'Almagesto indica come prima eclissi censita la data del −721.

A partire dalla dinastia Han le date delle eclissi vengono registrate regolarmente. Se ne sono contate in totale 925 solari e 574 lunari fino al 1785. La corrispondenza parziale tra le osservazioni occidentali e quelle cinesi è probabilmente

---

[118] (Jiang X., 2021b) p. 25–26.
[119] (Sivin, Granting the Seasons: The Chinese Astronomical Reform of 1280, With a Study of its Many Dimensions and a Translation of its Records, 2009) p .23.

dovuta a diversi fattori. In primo luogo, le eclissi solari non sono visibili ovunque, a differenza delle eclissi lunari. Quando il cielo è coperto l'eclissi lunare non è facilmente visibile. Inoltre, le eclissi sono considerate annunci di eventi negativi e, per non offendere l'imperatore, la registrazione di un'eclissi può essere cancellata o inserita anche se mai avvenuta. Ad esempio, dopo la morte dell'imperatore Gao Zu, il primo imperatore della dinastia Han, l'Imperatrice Vedova governò crudelmente per qualche tempo, al punto che nel −186 fu annunciata un'eclissi inesistente. Gli elenchi cinesi delle eclissi sono quindi in parte inaffidabili, dato il valore politico dell'annuncio. Tuttavia, l'accuratezza delle registrazioni è aumentata nel tempo.

Per quanto riguarda la previsione e la caratterizzazione delle eclissi, che richiedono il riconoscimento del passaggio della Luna ai nodi, si ricorda che l'inclinazione dell'orbita lunare fu individuata nel 206, con il calendario che riportava un valore di 6°. Negli anni successivi venne introdotta una terminologia ufficiale per definire l'inizio, la fine e il momento di massimo dell'eclissi, oltre a distinguere tra eclissi totale, parziale o anulare.

Ma come si è sviluppata una teoria delle eclissi in Cina?

Il modo con cui la scienza cinese arrivò a comprendere il fenomeno delle eclissi mette in evidenza un conflitto tra la visione strettamente organicista della natura, di ispirazione daoista, e una visione che, con una forzatura, potremmo definire meccanicistica. Queste visioni alternative risalgono all'epoca degli Stati Combattenti.

Nel trattato *Kaiyuan Zhanjing* sono riportate le parti più importanti degli studi astronomici di Shi Shen, il quale, oltre a creare con Gan De e Wu Xian le prime mappe stellari, riconobbe che il fenomeno delle eclissi è dovuto alla occultazione tra i corpi celesti.

Nella stessa epoca, d'altra parte, l'eclissi era considerata l'effetto di una concezione organicistica delle influenze yin e yang. Gan De infatti riteneva che l'eclissi avesse origine dall'interno del sole quando apparivano le macchie solari, che denotavano l'indebolirsi dello Yang. Questo fenomeno può accadere all'inizio o alla fine della lunazione, quando i due astri sono in congiunzione, probabilmente perché lo Yin della luna sovrasta lo Yang del sole.

Sima Qian, a sua volta, riteneva che le eclissi di luna dipendessero dalla influenza emanata dai corpi celesti, inclusi i pianeti e le stelle Antares e Arturo, ma non avanzava ipotesi sulle cause delle eclissi di sole.

In epoca Han, Wang Chong 王充 (27–97), astronomo e filosofo scettico che si opponeva alle credenze daoiste e confuciane che il cielo avesse alcuna benevolenza verso gli uomini, riguardo il problema delle eclissi scriveva:

"Che il sole e la luna siano in congiunzione a volte in occasione della luna nuova è semplicemente una delle regolarità del cielo. Ma che la luna copra la luce del sole durante una eclissi, no, non è vero. Come si può verificare ciò? Quando il sole e la luna sono in congiunzione e la luce del primo è coperta dalla luce del secondo i bordi dei due devono incontrarsi all'inizio, e quando la luce riappare essi devono aver cambiato posto. Supponiamo che il sole sia a est e la luna sia a ovest. La luna si muove rapidamente verso est e incontra il sole coprendo il suo bordo. Rapidamente la luna si muove ad est e sorpassa il sole. Quando il bordo occidentale del sole, che è stato coperto per primo, brilla nuovamente con la sua luce, il bordo orientale, che non era stato coperto prima, [ora] dovrebbe essere coperto. Ma nei fatti vediamo che durante una eclissi del sole la luce del bordo occidentale si estingue, tuttavia quando la luce ritorna il bordo occidentale è brillante [ma lo è anche il bordo orientale]. La luna ancora procede e copre la parte orientale [interna] come la parte occidentale [interna]. Questa si chiama "esatta intrusione" e "copertura e oscuramento mutuo." Come possono spiegare questi fatti [gli astronomi che credono che la luna copra la luce del sole durante una eclissi]?"[120]

In questo ragionamento Wang Chong descrive una eclissi anulare, che gli risulta incomprensibile, forse mancandogli una conoscenza della distanza tra i corpi celesti e una nozione di prospettiva. Ma da questo testo emerge come fosse largamente condivisa ed accettata la teoria che l'occultamento generasse le eclissi, Wang Chong preferiva attribuire il fenomeno a un ritmo intrinseco della luminosità dei corpi.

La teoria che l'eclissi si manifesta quando la luna maschera il sole risale quindi tra il periodo degli Stati Combattenti e gli Han Occidentali. Zhang Heng infatti scrive:

Il sole è come fuoco e la luna come acqua. Il fuoco dà la luce e l'acqua la riflette. Così la luminosità della luna è prodotta dall'irradiazione del sole, e l'oscurità della luna 魄 (*po*) è dovuta all'ostruzione del sole. Il lato che guarda il sole è pienamente illuminato, e il lato opposto è oscuro. I pianeti, come la luna, hanno la natura dell'acqua e riflettono la luce. La luce che scaturisce dal sole (*dang ri zhi chong guang*) 當日之沖光 non raggiunge sempre la luna, a causa dell'ostruzione della terra stessa – questo è chiamato (*yueshi*) 月食, eclissi di luna. Quando [un fenomeno simile] accade con un pianeta [lo chiamiamo] una occultazione (*xingwei*) 星㷉; quando la luna passa attraverso [il cammino del sole] c'è una eclissi di sole (*rishi*) 日食.[121]

Nel *Kaiyuan Zhanjing* leggiamo ancora che anche Liu Xiang (siamo sempre agli inizi della dinastia Han) sosteneva che la luna mascherasse il sole percorrendo il suo cammino. Tuttavia nel 274 Liu Xi 刘熙 (281–356) autore del trattato *Antian Lun* 安天論, sostiene l'orientamento organicista. Benché consapevole del meccanismo del passaggio della luna di fronte al sole, egli ancora riteneva impossibile che il potente yang solare potesse essere vinto dal debole yin della luna. Egli argomenta che Yin e Yang rispondono l'un l'altro, ciò che è puro riceve luce,

---

[120] (Needham, 1959) p. 412–413.
[121] Ivi p. 414.

ciò che è freddo riceve calore, senza intermediari e a dispetto di enormi distanze. Cioè la sostanza più pura (la luna) riceve la luce dello Yang (il sole), quando uno fiorisce l'altro appassisce. Se ci fosse solo la riflessione della luce tra il sole e la luna, e non ci fosse irradiazione e scambio di *qi* allora la lucentezza di Yin dovrebbe accrescere quando Yang accresce (e tuttavia viene a volte eclissato quando non c'è eclissi di sole) e dovrebbe decrescere quando Yang decresce (eppure la luna nuova accompagna l'eclissi di sole). Non ci sarebbe alcuna spiegazione della differenza tra la luna e il sole.

Durante la dinastia Han venne individuato un periodo approssimato di ripetizione delle eclissi di sole, pari a 135 mesi che venne usato da Liu Xin nel calendario *Santong li*. In seguito, come detto, Liu Hong analizza con maggiore cura il percorso della luna e identifica i nodi (intersezione tra orbita lunare ed eclittica).

Nei secoli successivi lo studio della formazione delle eclissi di sole e dei loro tipi si consolida, e in epoca Tang, Yi Xing e altri suoi colleghi fissarono una terminologia specifica per il primo contatto *zhu hui* 朱辉, la fase piena *shi shen* 食申 e l'ultimo contatto *fù yuan* 复圆. Inoltre Yang Wei (618–907) era in grado di predire la direzione con cui l'eclissi si forma, a partire dal primo contatto all'ultimo contatto.

La visione che abbiamo chiamato meccanicista è comunque pienamente affermata in epoca Song, quando ad esempio Shen Kuo (1031–1095) (Fig. 5.27) offre una descrizione accurata della forma dei corpi celesti, sfere e non dischi piatti, come si può notare osservando il variare della falce di luna, a sua volta una palla che riflette la luce del sole. D'altra parte, riconosce Shen Kuo, sole e luna sono composti di *qi*, hanno forma ma non sostanza solida e possono incontrarsi senza ostacolarsi l'un l'altro. Ma essi sono in congiunzione e in opposizione ogni mese e tuttavia le eclissi accadono raramente. Ed è così perché il cammino della luna e l'eclittica sono come due anelli inclinati, uno sopra l'altro ma a una pic-

Fig. 5.27 Busto di Shen Kuo. Opera contemporanea. (© Antica Piattaforma di Osservazione, Beijing)

cola distanza. Se non ci fosse questa inclinazione l'eclissi di sole accadrebbe ogni volta che i due corpi sono in congiunzione e quella di luna ogni volta che sono in opposizione. E tuttavia nonostante in questi momenti si trovino sullo stesso meridiano i due cammini non sono sempre vicini. Quando essi hanno la stessa ascensione retta e la stessa declinazione nel momento in cui i due percorsi si incrociano, allora si verifica l'eclissi.[122]

Shen Kuo, nel suo scritto del 1080 *Mengxi Bitan* 夢溪筆談 (Conversazioni a Pennello dal Ruscello dei Sogni)[123] chiama: *luohou* 羅睺 il nodo ascendente e *jidu* 計都 il nodo discendente.

Shen Kuo scrive:

Quando stavo correggendo il libro di Zhāo, definivo la sfera armillare. Il funzionario mi chiese: "Le ventotto costellazioni, alcune hanno un intervallo di trentatré gradi, altre un solo grado; perché questa disparità?" Risposi: "Le cose celesti non hanno misura intrinseca; coloro che calcolano il calendario non hanno altra scelta che associare i numeri. Quindi dividono il cielo, secondo il giorno, in trecentosessantacinque gradi, che sono dispari. Il sole completa trecentosessantacinque giorni e un po', e solo allora un'intera rivoluzione celeste è compiuta. Così, si prende un giorno come un grado. Dopo averlo diviso, è necessario annotare qualcosa in modo da poter osservare e misurare. Quindi, si registrano le stelle che segnano il loro corso. Seguendo l'eclittica, durante un'intera rivoluzione del sole, esso attraversa solo ventotto costellazioni. Un grado è come l'ombra di un bastone, quando diciamo 'grado', intendiamo quello che è direttamente sopra il bastone. Pertanto, il baldacchino [celeste] ha ventotto spicchi, a rappresentare le ventotto costellazioni. Quindi, come ho affermato nella mia Relazione sull'armilla i gradi non sono visibili, ma visibili sono le stelle. Le stelle sono all'origine del Sole, della Luna e delle cinque stelle. Tra le stelle che segnano i gradi, ce ne sono in totale ventotto [gruppi], chiamate case lunari. Le case lunari sono il mezzo per misurare i gradi, e i gradi sono il fondamento per determinare le coordinate. Ora, ciò che si chiama 'stella determinativa della costellazione' è questa. Non è che non si voglia uniformità. Tra le stelle che segnano l'eclittica, ci sono solo queste."

Mi chiese ancora se la forma del Sole e della Luna è rotonda o piatta come un ventaglio. Se è rotonda, allora quando si incontrano non si ostacolano a vicenda? Risposi: "La forma del Sole e della Luna è quella di una sfera. Come posso saperlo? Posso verificarlo osservando le fasi lunari. La Luna è naturalmente senza luce, simile a una sfera d'argento; solo quando è illuminata dal Sole diventa luminosa. Quando [dopo la luna nuova] la sua luce incomincia ad apparire, il Sole è vicino ad essa, quindi la luce è inclinata e sembra curva; man mano che il Sole si allontana, la luce si diffonde leggermente. Immagina una pallina di piombo, metà di essa coperta di polvere; osservandola lateralmente, sembra curva; guardandola fron-

---

[122] (Needham, 1959) p. 415–416.
[123] Una traduzione in inglese di quest'opera è disponibile qui https://asiacenter.harvard.edu/sites/default/files/2023-06/shengua_app3.pdf.

talmente, appare perfettamente rotonda. Questo è come sappiamo che è sferica. Il Sole e la Luna sono entrambi forme di energia, hanno una forma ma non una sostanza, quindi possono andare direttamente l'uno verso l'altro senza ostacolarsi." Chiese di nuovo: "Quando il Sole e la Luna si muovono, si incontrano o si allontanano, può esserci un'eclissi, perché?" Risposi: "L'eclittica e l'orbita lunare sono come due anelli sovrapposti, ma leggermente inclinati. Quando il Sole e la Luna si incontrano nello stesso meridianomeridiano, c'è un'eclissi solare; quando sono esattamente opposti nel meridiano, c'è una piccola eclissi lunare. Anche se [i due astri] sono nello stesso meridiano, l'orbita lunare e l'eclittica non sono vicine tra loro, quindi non si sovrappongono; ma quando si trovano nello stesso meridiano e sono anche vicine all'intersezione tra l'eclittica e l'orbita lunare, il Sole e la Luna si eclissano l'un l'altro. Quando si trovano esattamente ai nodi, allora avviene un'eclissi completa; se non si trovano esattamente all'intersezione, allora l'eclissi sarà parziale e la sua profondità varierà. Per un'eclissi solare, quando il cammino della luna si sovrappone dall'esterno all'interno [passa dal nodo ascendente], l'eclissi inizia nel sud-ovest e termina nel nord-est; quando il cammino della luna si sovrappone dall'interno all'esterno [passa dal nodo discendente], l'eclissi inizia nel nord-ovest e termina nel sud-est. Se il Sole è all'interno del nodo a est, allora l'eclissi è interna; se il Sole è all'interno del nodo a ovest, allora l'eclissi è esterna. L'eclissi, inizia a ovest e finisce a est. In tutte le eclissi lunari, se l'orbita lunare entra dall'esterno all'interno [passa dal nodo ascendente], l'eclissi inizia a sud-est e finisce a nord-ovest; se esce dall'interno all'esterno [passa dal nodo discendente], l'eclissi inizia a nord-est e finisce a sud-ovest.

Se la Luna è all'esterno dell'intersezione a est, allora l'eclissi è esterna; se la Luna è all'interno dell'intersezione a ovest, allora l'eclissi è interna. L'eclissi, inizia a est e termina a ovest. L'intersezione [i nodi] si sposta di un grado in meno ogni mese, per un totale di 249 [refuso: leggasi 349] intersezioni per ciclo. Quindi, gli antichi calcoli celesti del ciclo dei nodi procedono entrambi in modo retrogrado, e sono oggi il calcolo dei nodi. Il nodo ascendente si chiama 罗睺 *luóhóu*, mentre il nodo discendente si chiama 计都 *jìdū*."[124]

Durante la dinastia Yuan, la comprensione delle eclissi raggiunse il suo apice, tuttavia, con la successiva dinastia Ming, i metodi vennero gradualmente dimenticati, causando errori nelle predizioni che destarono preoccupazione. La capacità dei Gesuiti di prevedere con precisione questi fenomeni, come già accennato, procurò loro un grande prestigio.

Mentre in Occidente la corona solare venne rilevata da Plutarco (contemporaneo di Wang Chong e di Zhang Heng) e in seguito da Kepler, sono stati ritrovate delle ossa oracolari risalenti a circa il −1300 in cui compare un riferimento a "tre fiamme divorano il sole."

---

[124] Mengxi Bitan 夢溪筆談 cap. 7, par. 13–15. https://ctext.org/wiki.pl?if=gb&chapter=117551 Ultimo accesso aprile 2024.

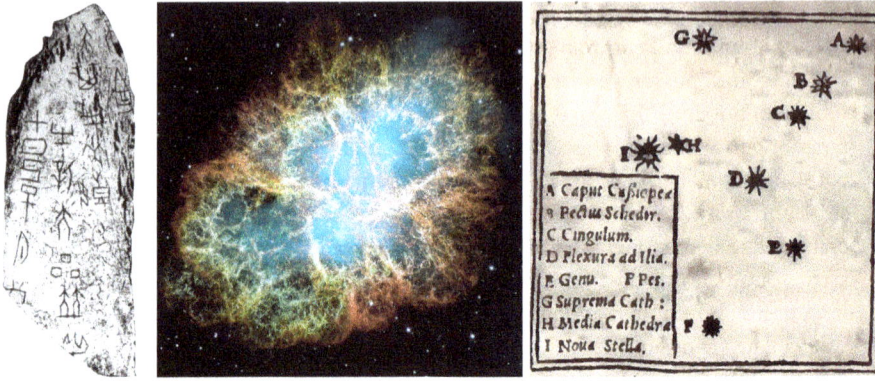

Fig. 5.28 Sinistra: Osso oracolare del −1300 ca. con la registrazione di una nova. Centro: nebulosa del Granchio. Destra: Il disegno di Tycho Brahe per l'apparizione della stella nova

Nove e Supernove. Una delle ossa oracolari del −1300 riporta un evento astronomico: la comparsa di una nova, che in seguito gli astronomi cinesi denominarono *stella ospite*, 客星 *ke xing* una sorta di partecipante non gradito alla vita dell'Impero (Fig. 5.28 a sinistra). L'iscrizione dice "*il 7° giorno del mese, una grande nuova stella apparì in compagnia di Xinxiu er* 心宿二 *[Antares]*." Non è indicato l'anno, si stima tuttavia che l'evento sia compreso tra il −1339 e il −1281.[125]

Un'altra registrazione è contenuta nel *Hanshu* (Libro degli Han);

> "Nel primo anno di *Yuanguang*, nel sesto mese [−134], una stella ospite fu avvistata nella costellazione di *Fang*."[126]

Nel 1054 si manifestò la nova che ha dato origine alla nebulosa del Granchio (Fig. 5.28 al centro). Questo evento fu registrato soltanto dagli astronomi Cinesi. Negli Elementi Essenziali della storia Song (*Song Huiyao*) si legge:

> "Nel primo anno di *Zhihe*, nel quinto mese [luglio 1054], una stella ospite apparve a est all'alba, presso *Tian Guan*. Durante il giorno era brillante come Venere, con raggi luminosi che si irradiavano in quattro direzioni, di colore rosso-bianco. Fu visibile per ventitré giorni."[127]

Nel 1056 la stella *ospite* era scomparsa.

In totale sono state registrate più di 100 nove o supernove. Gli astrofisici contemporanei hanno studiato la correlazione tra stelle nove e supernove con sorgenti di radio emissione, ritenendo di poter trovare nelle registrazioni storiche antiche correlazioni significative. Per quanto riguarda la nova presso Antares non è stata

---

[125] (Needham, 1959) p. 423 e seguenti.
[126] https://zh.wikipedia.org/zh-hans/客星 Ultimo accesso settembre 2024.
[127] Ivi.

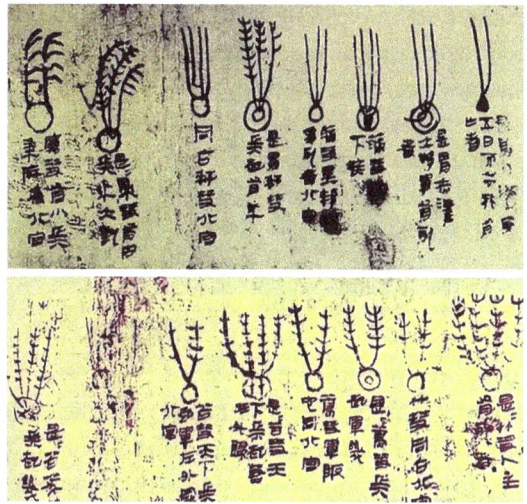

Fig. 5.29 Disegni di comete. Nel 1973 sono stati dissotterrati nell'Hunan alcuni libri su seta in una tomba di epoca Han. Tra di questi si è trovato un libro di astronomia e divinazione che comprendeva il disegno di 29 comete di varia forma. Gli studiosi hanno datato questo libro circa al −200

confermata l'ipotesi avanzata da Joseph Needham che possa trattarsi della sorgente 2C 1406. Le prime stelle nove storicamente documentate dagli astronomi occidentali sono quelle del 1572 da parte di Tycho Brahe (Fig. 5.28 a destra) e del 1604 da parte di Johannes Kepler.

Comete, meteore e meteoriti. L'osservazione e registrazione del passaggio di comete è uno dei campi in cui l'astronomia cinese ha raccolto un grande numero di dati. Sono state annoverate non meno di 3722 comete tra il −613 e il +1621.

Benché il primo avvistamento di comete storicamente documentato su tavolette babilonesi risalga al −1140, l'astronomia cinese può comunque registrare un primato per la qualità e il numero di osservazioni. Ad esempio la cometa del 1472 è stata individuata in Europa da Regiomontano che ne dà una singola posizione rilevata il giorno 20 gennaio presso la stella Arturo, e da Paolo del Pozzo Toscanelli (1397–1482) che ne seguì la traiettoria dal 8 gennaio al 26 gennaio, fornendo una semplice descrizione ma nessun dato quantitativo.[128] Viceversa la registrazione sui testi cinesi[129] indica più di trenta posizioni per tutto il periodo di visibilità, di poco più di un mese. Questi dati, descritti con grande precisione in riferimento alle stelle più prossime, hanno permesso di rilevare la traiettoria di questa cometa.

Le comete, *huixing* 彗星, erano chiaramente distinte dalle sette stelle mobili (i pianeti, Sole e Luna) e dalle stelle nove (Fig. 5.29). Successivamente, si è sviluppata una distinzione tra *beixing* e *huixing* 彗星 (stella della scopa), che indicavano

---

[128] (Celoria, 1855).
[129] (Needham, 1956), p.430–433.

rispettivamente comete senza e con una coda. La metafora del manico di scopa rappresentava la coda della cometa, mentre la testa della scopa indicava la testa della cometa. Gli astronomi cinesi furono i primi a osservare che le code delle comete puntano lontano dal sole, una scoperta risalente almeno al −635, secoli prima che il fenomeno fosse notato in Occidente. Altri nomi cinesi descrittivi per le comete includono *saoxing*掃星 (stella spazzante), *tianchan*天攙 (che sostiene il cielo), *pengxing*篷星 (stella della tenda), *changxing* 長星 (stella lunga) e *zhuxing* 燭星 (stella a fiamma di candela).

I documenti cinesi non solo sono i più estesi tra quelli antichi, ma anche i più accurati, spesso con un errore di ascensione retta inferiore di mezzo grado. Le misurazioni occidentali non raggiunsero la stessa precisione fino al XV secolo.

Determinare l'orario di un'osservazione cinese può rivelarsi un compito complesso ma fondamentale, soprattutto per oggetti in rapido movimento come le comete. Sebbene le date siano registrate, l'orario può essere stimato con un'approssimazione di una o due ore, tenendo conto delle condizioni di visibilità riportate dagli osservatori cinesi. Un ulteriore indizio riguarda le comete dotate di una coda (*bei xing* 孛星): quando si trovano in opposizione rispetto al Sole, la coda risulta meno visibile o invisibile, poiché viene sospinta direttamente all'indietro dal vento solare, risultando nascosta dal corpo della cometa stessa. Questo fenomeno permette di dedurre la posizione relativa della cometa e di confermare o stimare il momento preciso dell'osservazione.

L'avvistamento di una cometa era considerato un presagio molto negativo, e veniva quindi osservata con grande attenzione, cercando di determinare con precisione la posizione celeste in relazione alle case lunari, ai tronchi celesti e ai rami terreni per scoprire dove si sarebbe esercitata la sua influenza.

Macchie solari. L'ultima tipologia di eventi astronomici che dimostrano la sorprendente capacità osservativa degli astronomi cinesi riguarda le macchie solari *wuya* 乌鸦. Scoperte in Occidente da Galileo, che per primo osservò il sole con il telescopio, in seguito vennero spesso considerate come il passaggio di piccoli pianeti, ma fu proprio Galileo a convincere che fossero una sorta di nuvole del Sole e che dimostravano una rotazione del corpo celeste con un periodo di circa un mese. Le osservazioni delle macchie solari risalgono in Cina al −28 e sono descritte da Liu Xiang 刘向 (−79 −8), astronomo e alchimista. Da allora sono state registrate 112 importanti macchie solari le cui forme e dimensioni sono state paragonate a un uovo, a una moneta, a una piuma o a una pesca. È possibile che le macchie solari siano state osservate anche in epoche precedenti, infatti i termini *wu* 乌 (nero), e *wuya* si trovano spesso associati al sole come nella frase: "*gli studiosi sanno che nel sole c'è un corvo con tre zampe.*"[130]

---

[130] (Needham, 1959). p. 435.

Tabella 5.9   Nomi dei pianeti

Giove	*Sui xing* (la stella dell'Anno)	Est	Legno	*muxing*
Marte	*Yin guo* (Luccicatore Incostante)	Sud	Fuoco	*houxing*
Saturno	*Tian xing* (l'Esorcista)	Centro	Terra	*tuxing*
Venere	*Thai pai* (il Grande Bianco)	Ovest	Metallo	*jinxing*
Mercurio	*Chen xing* (la Stella Oraria)	Nord	Acqua	*shuixing*

Tabella 5.10   Periodi planetari

	Mercurio giorni	Venere giorni	Marte giorni	Giove		Saturno	
				giorni	anni	giorni	anni
Periodo sidereo	88,97	224,7	686,98	4333	11,86	10.759	29,46
Periodo sinodico	115,877	583,921	779,936	398,842		378,092	
Shi Shen (–IV sec)		736	780				
Gan De (–IV sec)	68	585		400			
Eudosso (–408 –305)	110	570	260	390		390	28
–II sec		635					
Sima Qian –I sec		626		395,7	12	360	28
Liu Xin –I sec	116,91	584,13	780,52	398,71	11,92	377,93	29,79
Li-Fan +85	115,881	584,024	779,532	398,846	11,87	378,069	29,51

Il moto dei pianeti. Nel *Kaiyuan Zhanjing* sono riportati i nomi antichi e quelli contemporanei dei pianeti risalenti al IV secolo AEC, a ciascuno dei quali è associato un punto cardinale e uno dei 5 elementi[131] (Tab. 5.9).

Gli astronomi Cinesi avevano descritto il moto dei pianeti, Separando il moto diretto *shun* 順, e il moto retrogrado *ni* 逆 o *nixing* 逆行. Avevano introdotto una terminologia per descrivere la levata eliaca *chu* 出, l'avanzare *chin* 進, il cambio di direzione *fan* 返, il ritirarsi o allontanarsi *tui* 退. Questi termini tecnici apparvero già nel IV sec. AEC.

Mediante accurate osservazioni gli astronomi avevano individuato i periodi planetari distinguendo quelli siderei da quelli sinodici. Nella Tab. 5.10 riportiamo i valori rilevati fino all'epoca Han dagli astronomi cinesi.[132]

Gli astronomi Cinesi raggiunsero gradualmente valori via via più accurati, confrontabili con quelli ottenuti nella stessa epoca dagli astronomi Greci. Tuttavia lo studio geometrico del percorso celeste era del tutto assente, un tema che appassionava gli astronomi Alessandrini. Ciò non significa che gli astronomi Cinesi non

---

[131] Ivi p .398.
[132] Ivi p .401.

Tabella 5.11 I Missionari Gesuiti che ebbero l'incarico di direzione dell'Ufficio Astronomico

	Anno di Nascita	Arrivo in Cina	Anno di Morte	Anno di Direzione Osservatorio
Matteo Ricci	1552	1583	1610	
Sabatino de Ursis	1575	1606	1620	
Johannes Schreck	1576	1619		1630
Adam Schall von Bell	1591	1622	1666	1630
Ferdinand Verbiest	1623	1659	1688	1669
Thomas Pereira	1645	1672	1708	1688
Kilian Strumpf	1655	1695	1720	1708
Ignatius Kögler	1680	1716	1746	1720
Antoine Gaubil	1689	1722	1759	1746

avessero una immagine mentale di questi percorsi. In una conversazione trascritta nel 1190 due filosofi considerano percorsi circolari grandi e piccoli del sole e della luna e percorsi ben più grandi dei pianeti e delle stelle fisse. Uno di loro riteneva che il moto retrogrado sia solo apparente e che dipenda dalle diverse velocità dei vari corpi mobili, e suggeriva che i calendaristi dovevano rendersi conto che anche i moti *ni* e *thui* erano progressivi come *shun* e *chin*.[133]

5.8 L'arrivo dei Gesuiti e la Nuova Scienza

Nella seconda metà del Cinquecento in Occidente si stava consolidando la visione eliocentrica Copernicana. L'opera di Tolomeo, che sintetizzava i più importanti risultati di tutti gli studi condotti dagli astronomi greci, aveva cercato di spiegare il moto dei pianeti. In particolare il moto retrogrado dei pianeti e l'anomalia solare e lunare dovuta alla variazione di velocità nel corso della loro orbita, venivano giustificati ricorrendo a una cinematica via via più complessa. È in questo contesto che verso la fine del XVI secolo avviene l'incontro tra la cultura scientifica occidentale e quella cinese. L'artefice di questo incontro fu Matteo Ricci (1552–1610) che, giunto a Macao nel 1582, inizia lo studio del cinese e nel 1583 viene autorizzato ad entrare in Cina, a Zhaoqing nella provincia del Guangdong. In seguito venne raggiunto da numerosi confratelli, riuscendo a costituire una missione organizzata. Nella Tab. 5.11 riporto le date di arrivo dei Gesuiti che svolsero l'attività di astronomo, e portarono in Cina i risultati della scienza occidentale che stava compiendo la grande rivoluzione scientifica.

---
[133] Ivi p. 400.

Fig. 5.30 Memoriale di Matteo Ricci. A sinistra quello di Adam Schall von Bell, a destra quello di Ferdinand Verbiest. Beijing

Quando Matteo Ricci, che venne chiamato 利玛窦 *Li Madou*, poté incontrare i letterati cinesi si rese presto conto che i metodi che utilizzavano per il calcolo delle eclissi era lacunoso e molto più impreciso di quello che egli stesso aveva studiato. Questo limite divenne particolarmente evidente quando gli astronomi imperiali sbagliarono a prevedere l'eclissi di sole del 15 dicembre 1610, che viceversa l'astronomo gesuita Sabbatino de Ursis (1575–1620) (chiamato Xiong Sanba 熊三拔) aveva calcolato con esattezza.

L'incontro tra la scienza europea e quella cinese fu complicato. L'intuizione di Matteo Ricci e di Michele Ruggeri (1543–1607) (chiamato Luo Mingjian 羅明堅) fu di servirsi del "metodo di adattamento" per farsi accettare dai letterati cinesi studiando la lingua e condividendone l'abbigliamento, rispettando le credenze e gli usi, soprattutto quelli che non erano in contrasto con i principi cristiani. Questo metodo fece sì che gli studiosi gesuiti venissero accolti con favore dai letterati cinesi. Ricci e i sui confratelli riuscirono a convertirne alcuni. Xu Guangqi 徐光启 (1562–1633), battezzato da Ricci col nome Paolo, collaborò con Ricci traducendo gli *Elementi* di Euclide, introdussero la trigonometria e altri metodi matematici. Il rispetto che si erano guadagnati venne riconosciuto dall'imperatore Wanli Di 萬曆帝 (1572–1620) che autorizzò la sepoltura e la istituzione di un cimitero per i missionari gesuiti. A seguito della rivolta dei Boxer i resti vennero dispersi. Le steli funerarie vennero protette restaurate (Fig. 5.30).

Dobbiamo ricordare che a seguito del processo a Galileo la Chiesa Cattolica aveva vietato nel 1616 di sostenere, difendere e insegnare la teoria Copernicana, divieto cui i Gesuiti dovevano attenersi, anche se alcuni di loro vedevano con interesse gli studi di Copernico. Di conseguenza la trasmissione del pensiero scientifico europeo in Cina avvenne con contraddizioni e difficoltà. Nathan Sivin sottolinea che "*molti astronomi dell'epoca Ming e del primo periodo Qing erano menti brillanti secondo qualsiasi standard, e come si vede facilmente dalle loro risposte alla scienza europea che conoscevano, sarebbero stati perfettamente capaci di comprendere la rivoluzione scientifica se non fosse stata loro presentata in modo contraddittorio e banalizzato.*"[134]

Gli astronomi gesuiti in Cina si attenevano al modello di Tycho Brahe considerato il migliore, anche per l'altissima qualità delle misure astronomiche che aveva ottenuto. Questo modello manteneva la terra ferma al centro del cosmo e attorno ad essa ruotavano la Luna, il Sole attorno al quale ruotavano poi tutti gli altri pianeti. Questo modello dal punto di vista matematico si appoggiava ancora alla teoria degli epicicli e del deferente con equante di Tolomeo.

Tra i contributi positivi dei Gesuiti ci fu l'introduzione del telescopio, metodi più avanzati di calcolo algebrico e tecniche di costruzione degli strumenti, tra cui la divisione in scale lineari e angolari sessagesimali e l'uso di viti micrometriche, fondamentali per gli strumenti di precisione. Essi però al contempo sostenevano una teoria errata della precessione degli equinozi, che gli astronomi cinesi considerarono con cautela.

I Gesuiti non compresero l'importanza del sistema di coordinate equatoriali e del metodo osservativo circumpolare e non colsero il significato della divisione in 28 *xiu* delle case lunari, che è indipendente dalla divisione duodecimale dello zodiaco. Anche Tycho Brahe aveva introdotto il sistema di coordinate equatoriali che gli permise di migliorare la precisione delle sue misurazioni, ma i Gesuiti procedettero comunque alla costruzione di armille eclittiche.

Le convinzioni dei missionari gesuiti in Cina sono documentate sia dagli scritti che Verbiest aveva studiato sia da una lettera di Johann Schreck (1576–1630) a Kepler. In particolare secondo alcuni studiosi Verbiest manteneva una certa riservatezza su molti dettagli dei suoi metodi di calcolo per non indebolire il proprio potere nei confronti degli astronomi imperiali[135], ma allo stesso tempo traduceva numerosi trattati scientifici europei sull'artiglieria, sull'ottica, l'acustica e la prospettiva. Fece anche una revisione della traduzione di Euclide curata da Ricci e Xu Guangqi.

Agli inizi i missionari gesuiti erano desiderosi rafforzare la collaborazione tra i cinesi e gli astronomi dell'Europa del XVII secolo. Il gesuita Johann Schreck, noto come Johannes Terrentius (chiamato Deng Yuhan 邓玉函 1576–1630), che era stato membro dell'Accademia dei Lincei prima di giungere in Cina, scrisse

---

[134] Joseph Needham nella review del libro di N.Sivin. Copernicus in China, 1973, pubblicato in JHA, (1974) 204–205 https://articles.adsabs.harvard.edu/cgi-bin/nph-iarticle_query?journal=JHA..&year=1974&volume=...5&letter=.&db_key=AST&page_ind=221&data_type=GIF&type=SCREEN_GIF&classic=YES Ultimo accesso giugno 2024.
[135] (Golvers, 2003) p .94 seg.

una lettera a Kepler nel 1623[136], in cui riferiva sul compito di migliorare il calendario e chiedeva di avere a disposizione opere astronomiche recenti sul calcolo delle eclissi e sulla teoria della luna, in particolare gli scritti di Galileo e Kepler.

La risposta punto per punto di Kepler a Terrentius, fu pubblicata come "*Commentatiuncula*" a Ratisbona nel dicembre 1627, e ampliata da un'appendice scritta il 15 gennaio 1630. Tuttavia Padre Terrentius non fece in tempo a leggere i *Commentatiuncula* e le *Tavole Rudolfine* che giunsero infine nelle mani di Verbiest.

Mi limito qui a riassumere brevemente i punti considerati da Kepler.[137] Kepler discute vari aspetti dell'astronomia e dei metodi di calcolo delle eclissi e dei movimenti solari e lunari. Egli nota che Terrentius usa "processione" anziché "precessione" non per errore ma per una dimenticanza riguardo a Tolomeo:

> "In primo luogo, nota che l'autore scrive 'Processione' non per un errore grafico, ma perché c'è un lapsus di memoria rispetto a quanto afferma Tolomeo, secondo cui le stelle fisse avanzano rispetto agli equinozi, e pensa che gli equinozi procedano sotto le stelle fisse, come dimostrano le osservazioni successive."

Kepler chiarisce che i calendari usuali sono inadeguati per le eclissi e gli equinozi, e che i cinesi considerano il calendario e le tavole dei moti solari e lunari come una cosa sola. Keplero si chiede quali tavole astronomiche i cinesi abbiano usato, menzionando il computo dei Turchi e le tavole persiane. Offre un calcolo dettagliato degli equinozi medi e delle lunazioni, suggerendo vari metodi di intercalazione per mantenere la precisione del calendario. Infine, discute l'importanza delle osservazioni astronomiche accurate e suggerisce che i cinesi potrebbero migliorare le loro previsioni usando tavole astronomiche precise. Kepler, per dimostrare l'accuratezza delle sue previsioni, aggiunse alla risposta una appendice in cui prevedeva l'eclissi di sole del 10 giugno 1630, che era una eclissi ibrida[138] del ciclo di Saros numero 131. Dopo una descrizione di come si svolgerà l'eclissi nelle regioni dell'America settentrionale, Kepler conclude con la previsione di come potrà apparire nei cieli d'Europa.

Dalla lettura di questa lettera e della risposta possiamo farci una idea delle conoscenze di Kepler e della capacità di afferrare immediatamente da una brevissima lettera le caratteristiche tipiche dell'astronomia cinese. Egli ipotizzava che i cinesi fossero stati influenzati dalle conoscenze astronomiche occidentali, ma le contaminazioni culturali non sono state confermate dagli studi contemporanei,

---

[136] (Terrentius, 1623) p. 300–301; (Kepler, 1627/1630) p. 297–314.
[137] La traduzione da me curata della lettera di Terrentius e della risposta di Kepler si può scaricare da qui: https://github.com/user-attachments/files/20407256/Epistolario.Terrentius.Kepler.pdf.
[138] Un'eclissi è ibrida se il diametro lunare apparente copre appena il disco solare. Si tratta di eclissi piuttosto rare e l'effetto è una minore visibilità della corona solare.

che tendono ad attribuire alle concezioni astronomiche cinesi più antiche un carattere di assoluta originalità.

La miscela di modernità e conservazione portata dai Gesuiti venne accolta dai Cinesi con la tradizionale apertura con cui avevano accolto nel passato ogni occasione di mescolanza con gli apporti culturali e sociali dovuti alle molteplici invasioni e contaminazioni etniche, una attitudine che aveva prodotto l'assimilazione delle diverse culture e tradizioni.

Il gesuita Adam Schall von Bell nel 1645 scrisse il trattato *Qintian Jian Xinfa* 钦天监新法 (Nuovo Metodo dell'Ufficio dell'Astronomia Imperiale), che venne accolto con grande favore e divenne l'opera di riferimento per gli studi astronomici. Notiamo l'espressione *nuovo metodo*, l'accentuazione su *nuovo* permette di comprendere che per la filosofia cinese il metodo fa sì che il superamento di concezioni antiche non si fonda su una imposizione culturale ma sulla accettazione della metodologia scientifica che si era affermata in Occidente, in particolare con Galileo. Come scrive Needham.

> "I Gesuiti potevano insistere che le scienze naturali Rinascimentali erano primariamente 'occidentali', ma i Cinesi compresero chiaramente che erano soprattutto 'nuove'."[139]

Il nuovo calendario e il caso Schall von Bell. Nel 1582 era stato istituito il Calendario Gregoriano, curato da Christophorus Clavius che era stato maestro di Ricci, de Ursis, Schreck e Giulio Aleni (1582–1649) – chiamato in cinese Ai Rulüe 艾儒略. Nel 1613 a seguito dei molti errori nel calendario in vigore, Li Zhizhao 李之藻 (1565–1630) propose che al nuovo calendario collaborassero gli astronomi gesuiti, in particolare Xu Guangqi, De Ursis e in seguito Schreck. L'autorizzazione venne infine concessa dall'imperatore Chongzhen Dì 崇祯帝, dopo che i Gesuiti dimostrarono di aver previsto correttamente un'eclissi nel 1629. Johannes Schreck venne nominato direttore dell'Ufficio Astronomico che assunse il nome *Qiantianjian* 钦天监. Nel 1630 Schreck morì e venne sostituito da Schall von Bell. Tra il 1630 e il 1635 venne creato il nuovo sistema di calendario che incorporava i metodi occidentali e che fu chiamato *Chongzhen Lishu* 崇祯历书, noto anche come "Trattato sul calendario dell'era Chongzhen." I Mandarini si opposero alla pubblicazione poiché temevano che in quella occasione la dinastia, che già era in grave crisi, sarebbe caduta.

Quando effettivamente la dinastia cadde, il quattordicesimo figlio del fondatore della dinastia Qing, Aisin Gioro Dorgon (爱新觉罗·多尔衮) (1612–1650), divenne reggente per il giovane imperatore Shunzhi Di 顺治帝 (1638–1661), chiamò Schall alla direzione dell'Ufficio Astronomico nel 1644, incarico che

---

[139] (Needham, 1958, p .449).

fu confermato l'anno dopo dall'imperatore Shunzhi. Schall cambiò il nome del trattato e del calendario in "Nuovo Libro del Calendario Occidentale" 西洋新法历书 (*Xiyang Xinfa Lishu*) includendo altri suoi scritti sulle differenze del nuovo metodo e con le vecchie tavole astronomiche, sancendo in questo modo la nascita della nuova dinastia. Da allora l'Ufficio Astronomico venne diretto dai Gesuiti (vedi Tab. 5.11), salvo un breve interregno che descriveremo più avanti.

Nel 1648 si aprì il caso Schall von Bell, un importante momento della "Controversia dei Riti Cinesi" che preoccupava la gerarchia cattolica. Quando Schall ricevette l'incarico nel 1644 pose ai confratelli la domanda se dovesse accettare, l'autorizzazione sarebbe dovuta giungere da Roma ma avrebbe richiesto troppo tempo, quindi Giulio Aleni, che aveva l'incarico di responsabile provinciale nella Cina del Nord, gli ordinò di accettare per non danneggiare il lavoro missionario. Un incendio a Beijing proprio nel 1644, che Schall considerava un presagio, lo convinse ad accettare l'incarico.

In precedenza, tra il 1642 e il 1647 tumulti tra ribelli e Manchu coinvolsero altri due Gesuiti, Gabriel de Magalhães, An Wensi 安文思 (1609–1677), e Lodovico Buglio, Li Leisi 利类思 (1606–1682), che furono incaricati dal capo ribelle Zhang Xianzhong di svolgere il ruolo di astronomi, per legittimare il tentativo di istituire una propria dinastia. Sconfitta la ribellione i due Gesuiti furono accusati di aver sostenuto la ribellione rischiando una condanna a morte, e vennero messi agli arresti domiciliari. Schall intervenne a loro favore, ma gli ufficiali Manchu suggerirono a Schall e agli altri Gesuiti di tenere le distanze da Magalhães e Buglio, i quali, a loro volta, ritenevano Schall responsabile della loro persecuzione. Essi brigarono contro Schall fino ad ottenere una lettera che ingiungeva a Schall di abbandonare la Compagnia di Gesù, firmata da Manoel Dias Furtado (1574–1659), che aveva assunto la responsabilità provinciale nel 1649 dopo la morte di Aleni.

Magalhães, in particolare, accusava Schall di sostenere la superstizione della divinazione cinese, praticando il *fengshui*. La pratica dell'oroscopo in Occidente era in quel tempo oggetto di forti critiche da parte della Chiesa, che accettava l'astrologia naturale, considerata di aiuto alla medicina, alla navigazione e all'agricoltura, ma rifiutava i principi e la pratica dell'astronomia giudiziale che attribuiva agli astri il destino e il carattere degli uomini. Magalhães scrisse un *Tractatus*[140] in cui esaminava i fondamenti della calendaristica cinese e l'organizzazione degli Uffici Astronomici, individuandone le sezioni responsabili degli studi divinatori e giudicando che la direzione di queste sezioni era incompatibile con l'appartenenza alla Compagnia. Anche Schall von Bell scrisse una *Apologia* e venne sostenuto da numerosi confratelli in particolare da Verbiest che scrisse una propria *Apologia*.

Nel 1653 la questione in Cina si concluse, ma proseguì a Roma dove gli scritti e le lettere giunsero al Collegio Romano, che nel 1664 sottomise il problema al Papa

---

[140] (von Collani, 2013).

Alessandro VII, la cui decisione fu che accettare l'incarico di direzione dell'Ufficio Astronomico era ammesso poiché avrebbe portato grandi vantaggi nella evangelizzazione dell'estremo oriente. Verbiest infine ottenne l'autorizzazione alla direzione dell'Ufficio Astronomico dai Superiori di Roma. Ironia vuole che l'accusa di geomanzia, da cui Adam Schall von Bell si difendeva, fosse poi di fatto da lui praticata quando fu indotto ad accettare l'incarico dal presagio dell'incendio si Beijing.

Il rapporto con gli astronomi imperiali fu anche conflittuale, in particolare con gli astronomi islamici. Yang Guangxian 楊光先 (1597–1669), un astrologo che desiderava venire reclutato nell'Ufficio Astronomico, accusò di tradimento i Gesuiti per avere provocato la morte della Consorte Imperiale nel 1658 poiché avevano scelto una data non propizia per il funerale del figlio. Nel 1665 vennero riconosciuti colpevoli, Adam Schall fu condannato a morte, gli assistenti vennero immediatamente uccisi e Yang Guangxian venne nominato direttore dell'Osservatorio Imperiale. Il giorno dell'esecuzione di Schall, il 16 aprile 1665, avvenne un grande terremoto e un incendio nel Palazzo Imperiale. Gli eventi furono considerati come un segno celeste e la condanna fu mutata. I Gesuiti furono esiliati a Macao, salvo Verbiest e Schall che però morì un anno dopo.

Nel 1668 Yang Guangxian sfidò Verbiest a prevedere la lunghezza dell'ombra di uno gnomone a una data e ora fissata e in presenza dell'imperatore Qing Kangxi 康熙 (1661–1722). Verbiest ebbe successo più volte con questo esperimento, Yang Guangxian venne rimosso ed esiliato, mentre Verbiest divenne direttore dell'Osservatorio Imperiale.

A parte questo episodio, fino a circa il 1675 i missionari gesuiti erano stati accolti con simpatia e disponibilità dalla popolazione, dai Mandarini e dalla Corte Imperiale, riuscendo ad ottenere numerose conversioni e l'autorizzazione a costruire chiese, celebrare le Messe e somministrare i Sacramenti. Nel luglio di quell'anno l'imperatore Kangxi visitò la chiesa di Nantang 南堂, residenza di Verbiest. Per onorare l'evento l'imperatore lasciò una scritta autografa "Onora il Cielo" *Jing Tian* 敬天 (Fig. 5.31). Nel 1693 il vicario apostolico Charles Maigrot, nome cinese Mei Wending 梅文鼎 (1652–1730), ordinò la rimozione di tutte le scritte *Jing Tian*, che erano state riprodotte in tutte le chiese cattoliche in Cina. Riteneva infatti che i riti onorari degli antenati costituissero una pratica eretica, questione che

Fig. 5.31   © Città Proibita, Suprema Armonia 太和殿 *Tài Hé Diàn*, Beijing. La scritta **jìng tiān fǎ zǔ** 敬天法祖 "Venera il cielo e rispetta la legge degli antenati" [la scritta va letta da destra verso sinistra]

era già sorta trent'anni prima, ma lasciata sopire per non creare scontri con il potere imperiale. L'imperatore Kangxi ricevette nel 1706 Maigrot e gli chiese ragione dell'ordine che aveva impartito. In particolare Kangxi chiese se conoscesse il cinese, avesse letto i Classici, rilevando una conoscenza estremamente superficiale della lingua e della cultura cinese. In questo incontro convinse Maigrot che la scritta *Jing Tian* era coerente con i principi del Mandato del Cielo e non costituiva eresia.

Nel 1724 il cristianesimo venne messo fuori legge, ma tollerato per un'altra ventina di anni, quando i missionari stranieri e i fedeli cristiani vennero arrestati. La causa scatenante fu il processo del domenicano Pedro Sanz, nome cinese Bi Tianrong 毕天荣 (1680–1747), di padre Juan Alcober e di Han Zaiwang 韩再旺 (1694–1748), conclusosi con la condanna a morte con altri tre confra-

Fig. 5.32 Arazzo degli Astronomi, dettaglio. Manifattura di Bauvais. (© Residenz Monaco)

telli. Durante l'interrogatorio di padre Alcober il magistrato Zhou Bingguan 周秉观 chiese "da dove proviene la dottrina che insegni?", Alcober rispose "È la rivelazione divina che proviene dal Signore del Cielo." Il magistrato quindi chiese "Chi ne è il marito?" e la risposta è "Non c'è nessun marito." Il malinteso era dovuto a una modestissima conoscenza del cinese: Alcober aveva usato l'espressione *móshì* 模式 per denotare la "rivelazione" ma aveva pronunciato la frase sbagliando l'intonazione, ed era stato trascritto agli atti come *Mò shì* 莫氏 sposata al signor Mo."[141]

L'arazzo degli Astronomi (Fig. 5.32) prodotto dalla manifattura francese Bauvais all'inizio del XVIII secolo raffigura astronomi gesuiti e Cinesi impegnati nello studio del cielo all'Ufficio Imperiale di Astronomia. La figura con la lunga barba bianca è molto probabilmente Adam Schall von Bell.[142]

5.9 Gli scritti e gli astronomi principali

La segretezza che circondava le attività astronomiche nella Cina antica ha contribuito alla scarsa sopravvivenza delle opere astronomiche. A differenza dei trattati matematici, i testi astronomici non venivano ricopiati per preservarne la documentazione. Infatti, quando una nuova dinastia saliva al potere, i palazzi imperiali erano spesso saccheggiati e gli scritti distrutti. Conosciamo le tecniche e i risultati dell'astronomia cinese antica grazie ai numerosi trattati di matematica, ai trattati sui riti e agli annali delle dinastie, che riprendevano gli studi compiuti in passato.

Purtroppo, molti dei più antichi trattati di astronomia non sono sopravvissuti all'incendio dei libri ordinato nel −212 da Shi Huang Di. Tuttavia, nelle registrazioni ufficiali delle dinastie si trovano capitoli relativi all'astronomia, in particolare nell'opera *Shiji* (史記) di Sima Qian. Nato nella regione dello Shaanxi, Sima Qian era figlio di Sima Tan (司马谈, −164 −109), che fu astrologo al servizio dell'imperatore Han Wu Di. Sima Qian seguì le orme paterne nella professione, conformandosi a una prassi radicata da lungo tempo.

I capitoli astronomici dello *Shiji* riportano cataloghi stellari e copie di altri scritti perduti, risalenti all'epoca Shang o Zhou e all'epoca degli Stati Combattenti. Questi testi sono attribuiti a due scuole guidate dai due grandi astronomi vissuti tra il −369 e il −269: Shi Shen dello stato di Wei, Gan De dello stato di Qi. Un terzo, Wu Xian del XI sec. AEC, si occupò principalmente di divinazione.

Nel ***Hou Hanshu*** (后汉书 Libro degli Han orientali) sono presenti tre capitoli dedicati all'astronomia. Il trattato ***Lüli Zhi*** 律历 mette in relazione il calendario con l'armonia musicale. Nel ***Jin Shu*** (晋书 Libro dei Jin) vi sono tre

---

[141] (Criveller, 2012) Si noti la differenza sugli accenti tonici per cui *móshì* deve essere pronunciato partendo da un tono basso per salire sul secondo accento, mentre *mò shì* viene pronunciato con tono decrescente.
[142] (Standen, 1976).

capitoli dedicati all'astronomia, un volume che riporta un registro di osservazioni intitolato ***Tianwen zhi*** 天文志, e tre capitoli nei quali vengono discussi i cinque elementi (*wuxing*) correlati ai cinque pianeti, come vedremo più avanti.

Lo ***Zhoubi Suan Jing***, che abbiamo già citato tra le opere matematiche, è considerato il documento più importante di astronomia dell'epoca Han. La datazione di questo libro è controversa, soprattutto perché raccoglie frammenti scritti in epoche diverse.[143] Prima di raggiungere la sua forma "definitiva" in epoca tarda Han, il trattato era molto probabilmente il risultato di studi condotti da diversi astronomi in tempi diversi. In seguito, tra il terzo e il settimo secolo, fu ripetutamente copiato, inserito in altre collezioni e arricchito di commenti. Tra i commentatori, come detto, troviamo Zhao Shuang che probabilmente conferì al trattato la sua forma completa. Un altro commentatore fu Zhen Luan 甄鸾 (557–581), autore del calendario *Tianhe li*, e infine il già citato Li Chunfeng, che nel 656 incluse lo *Zhoubi* in una collezione di libri matematici.

Il trattato *Zhoubi* è di grande interesse per diverse ragioni. Dal punto di vista metodologico, evidenzia il desiderio dei matematici di ricondurre molti problemi differenti a un'unica tipologia, in un certo senso un procedimento inverso rispetto all'assiomatizzazione ricercata dalla matematica greca. Un altro aspetto di grande interesse si ritrova nei metodi matematici utilizzati per le misure astronomiche. Lo *Zhoubi*, infatti, approfondisce la cosmologia Gai Tian introducendo il metodo per misurare la distanza del cielo e del sole.

Il trattato ***Kaiyuan Zhanjing*** (Classico di Astrologia del periodo *Kaiyuan*), scritto da Gautama Siddha durante la dinastia Tang, è forse l'opera che raccoglie le informazioni più complete sull'astronomia antica. È organizzato in 12 volumi. I primi due volumi contengono una raccolta di teorie dell'universo elaborate da antichi astronomi cinesi. I volumi dal terzo al novantesimo raccolgono discussioni sul movimento dei corpi celesti e su vari fenomeni astronomici. I volumi dal 91 al 102 sono una raccolta di letteratura astrologica e meteorologica. Il volume 102 include la trascrizione del calendario *Linde li* scritto da Li Chunfeng durante la dinastia Tang, mentre il volume 103 riguarda il calendario *Jiuzhi li* (九執曆). Il volume 104 raccoglie dati di 29 calendari dall'epoca pre-Qin fino alla dinastia Tang. I volumi dal 106 al 110 trattano di mappe stellari, descrivendo verbalmente le differenze tra le posizioni delle stelle odierne e quelle delle vecchie mappe stellari. Gli ultimi volumi raccolgono vari testi astrologici e studi su piante, animali, uccelli, creature fantastiche, fantasmi e oggetti vari.

Tra gli astronomi principali ricordiamo quelli che hanno dato i maggiori contributi.

---

[143] (Cullen, 1996).

Shi Shen, 石申 del IV sec. AEC scrisse un'opera dal titolo *Tian Wen* 天文 (Astronomia) nella quale riportava un catalogo con almeno 120 stelle. Il maggiore contributo di Shi Shen all'astronomia è la rilevazione delle stelle vicino all'eclittica e la loro distanza dal Polo Nord, registrata con precisione da lui e da Gan De. Shi Shen osservò che le eclissi solari e lunari sono i fenomeni dovuti all'occlusione reciproca dei due corpi celesti.

Gan De (甘德), contemporaneo di Shi Shen, scrisse il trattato *Tianwen Xingzhan* 天文星占 (Pronostici stellari astronomici), che includeva un altro catalogo stellare. Si dice che abbia osservato ad occhio nudo uno dei maggiori satelliti di Giove, Ganimede o Callisto. Insieme a Shi Shen, rilevò il periodo sinodico dei pianeti Giove, Marte, Venere e Mercurio, oltre a osservare il moto retrogrado di Marte e Venere.

Le opere di questi primi autori andarono perdute all'inizio della dinastia Liang; tuttavia, parti di esse si trovano nel trattato *Kaiyuan Zhanjing* e nel *Jin Shu*.

Deng Ping 邓平 (I sec. AEC) fu un astronomo che ricoprì l'incarico di ufficiale del calendario durante il periodo dell'imperatore Wu della dinastia Han Occidentale. Nell'anno −104 Gongsun Qing 耿壽昌 (ca. −140 ca. −86) e Sima Qian si erano resi conto che il calendario in vigore era impreciso, in quanto non prevedeva correttamente il moto lunare. Deng Ping contribuì al nuovo calendario *Taichu li* approssimando il periodo sinodico lunare con il rapporto $29\,^{43}/_{81}$, la cui importanza è stata esaminata in precedenza Per questa ragione, questo calendario veniva anche chiamato 八十一历 (*Bashiyi li*, calendario 81).

Liu Xin 刘歆 (? +23ca.) era un membro della famiglia imperiale Han, funzionario e studioso dell'ultimo periodo della dinastia Han Occidentale e della dinastia Xin. Occupò posizioni ministeriali con il sovrano Wang Mang (−45 +23) 王莽. Quando fu nominato astronomo, apportò significativi contributi all'astronomia cinese attraverso la compilazione del calendario *Santong Li*. Questo calendario è noto anche per essere stato il primo nella storia dell'astronomia cinese a proporre il metodo di calcolo dello 'sconfinamento della stella dell'anno'. La stella dell'anno *sui xing* 岁星, cioè Giove, completa una rivoluzione completa rispetto alle stelle fisse in circa 11,86 anni. Poiché questo periodo è molto vicino a 12 anni, gli astronomi cinesi dividevano il cielo in 12 sezioni, ritenendo che Giove attraversi una sezione ogni anno. Tuttavia, poiché il periodo di 11,86 anni è leggermente più breve di 12 anni, dopo alcuni anni la posizione effettiva di Giove avanzava di una sezione rispetto alla posizione calcolata. Questo fenomeno avveniva una volta ogni 84–85 anni, ed era chiamato 'sconfinamento della stella dell'anno' 岁星越界 (*sui xing yue jie*).

Oltre al suo lavoro astronomico, Liu Xin scrisse anche di teoria musicale, un tema che troviamo nel Libro degli Han. Fu incaricato di catalogare e revisionare i libri conservati a corte, un lavoro fondamentale per la sistematizzazione delle opere letterarie e culturali del tempo. Verso la fine della sua vita, dopo aver subito la perdita dei suoi figli e in seguito a una profezia errata, Liu Xin tentò una ribellione, ma il piano fallì e Liu Xin si suicidò. Il calendario *Santong li* include una cronologia degli antichi re che Liu Xin costruì sulla base di dati astronomici.[144]

Jia Kui 贾逵 (30–101) proveniva da una famiglia di Luoyang e nacque nella contea di Pingling (oggi a nord-ovest di Xianyang, provincia di Shaanxi). Fu uno studioso di testi classici e astronomo durante la dinastia Han Orientale. Ricoprì diversi incarichi, tra cui funzionario di corte, comandante della Guardie e assistente imperiale. Jia Kui era un erudito molto prolifico, e i suoi interessi per l'astronomia sono documentati nel Libro degli Han Posteriori. In sintesi, Kui affrontò una serie di problemi[145]:

1. Posizione del Solstizio d'Inverno. Secondo il calendario *Taichu*, al solstizio d'inverno il Sole si trovava presso la stella principale della costellazione dell'Aquila Altair (牵牛). Tuttavia, in tempi più antichi, esso si trovava nel Sagittario che chiamavano *nan dou* 南斗 (Mestolo meridionale per la sua somiglianza al timone del Gran Carro) (vedi Fig. A.10). Le annotazioni storiche indicano che i giorni del solstizio d'inverno e d'estate non raggiungevano mai i cinque gradi del calendario *Taichu*, Infatti le osservazioni della sua epoca posizionavano il solstizio d'inverno a 11 gradi e un quarto del Sagittario.
2. Discrepanze nei Calendari: Utilizzando il calendario *Taichu* per esaminare vari eventi astronomici, si riscontrava che molti risultati non coincidevano con quelli dei nuovi calendari. I percorsi celesti non erano regolari e presentavano discrepanze che dovevano essere periodicamente corrette. Ogni sistema di calendario era valido per circa trecento anni e doveva quindi essere riformato. Un detto profetico affermava: "Ogni trecento anni, il calendario del Sagittario viene riformato."
3. Precisione delle Misurazioni: Jia Kui affermava che l'ufficiale Fu An 傅安 e altri utilizzavano le coordinate eclittiche per misurare le fasi lunari con maggiore precisione rispetto agli astronomi ufficiali, i quali impiegavano le coordinate equatoriali, causando così discrepanze nei calcoli. Propose quindi che l'Ufficio dell'Astronomia adottasse i metodi più accurati per verificare le posizioni del sole e della luna. Le osservazioni indicavano che al solstizio d'inverno si trovava a 115 gradi dal polo, al solstizio d'estate a 67 gradi, e agli equinozi a 91 gradi.
4. Costruzione di Strumenti: secondo le annotazioni di Kui, nel quarto anno di *Yongyuan*[146] fu emesso un decreto per costruire uno strumento che permettesse

---

[144] (Niu, 2021c) p. 56 sgg. Vedi anche https://baike.baidu.com/item/刘歆/197347 Ultimo accesso aprile 2024.
[145] *Hanshu, Lüli Zhi*, Cap. 2:6 https://ctext.org/hou-han-shu/lv-li-zhong/zhs Ultimo accesso aprile 2024.
[146] L'era Yongyuan (永元) è il periodo del regno dell'imperatore Han He Di della dinastia Han orientale, iniziò nel 89 e terminò nel 105.

di misurare utilizzando le coordinate eclittiche. Tuttavia, gli astronomi ufficiali riscontrarono che, sebbene le osservazioni fossero accurate, non venivano registrate quotidianamente a causa della difficoltà nell'uso dello strumento.
5. Errori nei Calcoli della Luna: Kui affermava che, durante l'era *Yongping*[147], Zhang Long 张龙 utilizzò il metodo delle quattro divisioni (*si fen fa* 四分法) per calcolare le fasi lunari, ma riscontrò frequenti errori.[148] Li Fan (vedi oltre) osservò variazioni nella velocità della luna, non dovute a occultazioni, ma a cambiamenti nella distanza percorsa. L'uso dei metodi degli astronomi ufficiali per le osservazioni celesti portò a una maggiore precisione rispetto ai metodi precedenti, rendendo questi calcoli più affidabili per studi futuri.

Li Fan 李梵 era originario di Qinghe (oggi Linqing, Shandong). Visse durante la dinastia Han Orientale, ma le date della sua nascita e morte sono sconosciute.

Il calendario *Santong li* sovrastimava leggermente la durata dell'anno solare tropico e il mese sinodico lunare, e durante il regno dell'imperatore Han Ming (58–75) si era accumulato un errore molto evidente. Li Fan con Bian Xin riformò il calendario creando il *Sifen li*, che fu ufficialmente promulgato sotto l'imperatore Han Zhang Di 汉章帝 (57–88). La data di origine del nuovo calendario era la notte di luna nuova al solstizio d'inverno dell'anno −161. Anticipava di circa 3 giorni e 3/4 le date dei solstizi e delle fasi lunari rispetto al calendario *Santong li*.

Zhang Heng 张衡 (78–139) era originario della contea di Xie, distretto di Nanyang (provincia di Henan) (Fig. 5.33 a sinistra). Fu un astronomo, geografo, matematico e inventore vissuto durante la dinastia Han Orientale. Ricoprì l'incarico di Astrologo Capo, assistente imperiale e segretario. Zhang Heng realizzò scoperte e invenzioni importanti: costruì una sfera armillare *huntianyi* 浑天仪 con un meccanismo di rotazione automatico alimentato ad acqua, scoprì le cause delle eclissi solari e lunari, realizzò una mappa stellare con oltre 2.500 corpi celesti, di cui 320 con nomi assegnati, e calcolò il valore di π con una precisione fino a due cifre decimali.

Esamineremo gli strumenti astronomici ideati da Zhang Heng nel prossimo capitolo. Egli se ne servì per determinare le variazioni nelle eclissi solari e lunari. Inoltre, formulò la teoria dei movimenti apparenti dei cinque pianeti, osservando che le loro orbite potevano avvicinarsi o allontanarsi dalla Terra, influenzandone la velocità. Propose un nuovo calendario basato sulle leggi delle variazioni della velocità della Luna, ma il suo progetto non fu accettato dalla corte.

Nel 132 Zhang Heng inventò il sismografo *Houfeng Didong Yi* 候风地动仪, che rilevava la direzione dei terremoti sfruttando l'inerzia degli oggetti (Fig. 5.33

---
[147] L'era Yongping (永平) è il periodo del regno dell'imperatore Han Ming Di della dinastia Han orientale, iniziò nel 58 e terminò nel 75.
[148] Il metodo delle quattro fasi consisteva nella rilevazione delle posizioni in occasione delle quattro fasi lunari.

Fig. 5.33 Sinistra: busto di Zhang Heng, opera contemporanea. Destra: Ricostruzione dello strumento di Zhang Heng per rilevare la direzione di un terremoto. (© Antica Piattaforma di Osservazione. Beijing)

a destra). Quando si verificava un terremoto, il sismografo faceva cadere una sfera di bronzo in uno degli otto recipienti in forma di rana, indicando la direzione da cui provenivano le scosse.

Zhang Heng era anche un letterato apprezzato, tra gli esponenti di uno stile letterario chiamato *fu* 賦, tipico dell'epoca Han, che mescola prosa e poesia, in uno stile ricercato, immaginoso, retorico, ricco di iperboli.[149] Un esempio è "Il Teschio di Koulu", in cui Zhang Heng immagina di trovare un teschio con cui dialoga:

"Vidi un teschio abbandonato lungo la strada, immerso nel fango, coperto da una brina nerastra, e con voce carica di tristezza gli domandai: 'Fu il tuo destino morire giovane, di fame? Fu questa terra la tua tomba o le acque ti portarono fin qui? Eri tu intelligente o stolto, una fanciulla o un uomo?'. Mentre lo interrogavo, d'un tratto avvenne un prodigio: sentii la voce di un'ombra, senza vederne l'aspetto. 'Fui uno di Song,' rispose 'di nome Zhuang Zhou. Con lo spirito tormentato, non

---

[149] (Bertuccili, 2013).

raggiunsi la perfezione e, giunto alla fine della vita, morii in questo luogo. A che scopo, signore, mi interroghi così?'. 'Parlerei per te,' gli dissi 'con le Cinque Montagne, pregherei per te gli Spiriti del Cielo e della Terra, affinché sollevino le tue ossa bianche, affinché ti restituiscano le quattro membra. Mi recherei nell'umido Nord a cercare le tue orecchie, andrei nel Sud infuocato per ridarti i tuoi occhi, chiederei ai tuoni d'Oriente di restituirti i piedi, alla terra d'Occidente di ridarti il ventre. Ti restituirei i cinque organi e i sei spiriti. Non saresti forse contento? [...]'"[150]

Liu Hong 刘洪 (129–210 ca.) era originario della contea di Mengyin, nel distretto di Taishan (oggi contea di Mengyin, provincia di Shandong), e discendeva da Liu Xing, re di Lu della dinastia Han Orientale. L'opera principale di Liu Hong, il calendario *Qianxiang li*, è il primo testo che introduce la teoria dell'irregolarità del moto lunare. Stabilì la durata dell'anno tropico in 365,2462 giorni e determinò per la prima volta l'angolo di inclinazione dell'orbita lunare rispetto all'eclittica, che valutò in 6°1' (il valore effettivo è di circa 5,2°).

Insieme ad altri studiosi, misurò la posizione del sole nelle costellazioni durante i 24 termini solari, la distanza angolare del sole dall'equatore celeste, la lunghezza delle ombre a mezzogiorno, la durata del giorno e della notte, e la posizione delle 28 costellazioni all'alba e al tramonto. I risultati di queste osservazioni furono inclusi nelle tabelle del calendario *Sifen li*.

Intorno al 174, Liu Hong fu trasferito da Luoyang per assumere l'incarico di governatore della contea di Changshan (Hebei). Nel 178, dopo un periodo di tre anni di lutto, tornò a lavorare come funzionario di corte. Propose di riformare il calendario allora in uso, il *Sifen li*, e presentò una previsione di un'eclissi solare, che si sarebbe verificata al tramonto il giorno successivo al giorno del drago. Sebbene la proposta di riforma del calendario di Liu Hong non sia stata attuata, questa previsione lo rese noto come uno dei principali astronomi del suo tempo.

Tra il 187 e il 188, Liu Hong completò e presentò alla corte il *Qianxiang li*. Questo calendario, caratterizzato da una descrizione affidabile e precisa dei movimenti lunari, fu subito accettato e sostituì il *Sifen li* come standard per il calcolo dei movimenti lunari. Nei successivi dieci anni circa, Liu Hong continuò a gestire le responsabilità amministrative, dedicandosi alla ricerca e al perfezionamento del *Qianxiang li*, completandolo nel 206. Si dedicò anche all'insegnamento, cercando di diffondere le ultime scoperte nel campo dell'astronomia e della cronologia. Morì intorno al 210, e il suo calendario fu ufficialmente adottato durante la dinastia Wu Orientale tra il 232 e il 280.

Liu Hong conseguì importanti risultati astronomici grazie al vivace ambiente di ricerca del suo tempo e alle intuizioni e scoperte dei suoi predecessori e contemporanei. Dall'inizio della dinastia Han Orientale, gli studi sul moto della luna e sulle eclissi furono considerati di grande importanza e condotti con grande im-

---

[150] Ivi pos.3704.

pegno. Nella prima fase della dinastia Han Orientale, Li Fan stabilì chiaramente il concetto di variazione di velocità nel moto della luna e fornì i primi valori della precessione degli apsidi lunari. Tuttavia, la formulazione più accurata dei moti lunari è da attribuirsi a Liu Hong.

Nel *Qianxiang li*, Liu Hong applicò il metodo di conversione tra longitudini celesti equatoriali ed eclittiche, basandosi sulle ricerche di Zhang Heng, dimostrando così la sua capacità di integrare i risultati dei predecessori.

Liu Hong partecipò attivamente ma con prudenza alle discussioni scientifiche del suo tempo, a volte come parte in causa e altre volte come arbitro, adottando sempre un atteggiamento equo e basato sui fatti. Nel 174, un gruppo di astronomi previde una possibile eclissi lunare nel 179; Feng Xun prevedeva che l'eclissi sarebbe avvenuta a marzo, mentre Liu Hong, Liu Gu e Zong Cheng prevedevano aprile, e Zong Gan prevedeva maggio. Apparentemente non ci fu alcuna eclissi ad aprile, ma il cielo era nuvoloso sia a marzo che a maggio, quindi non era chiaro se ci fosse stata. Gli astrologi ufficiali sostennero che marzo fosse il mese corretto, ma Liu Hong contestò questa previsione. Calcoli moderni confermano che non ci fu un'eclissi lunare nei mesi di marzo, aprile o maggio del 179, dimostrando che Liu Hong aveva ragione a mettere in discussione le previsioni degli astrologi ufficiali. Gli argomenti e i principi che sosteneva si dimostrarono corretti.

Liu Hong considerava l'accuratezza delle previsioni delle eclissi una pietra di paragone per valutare l'intero calendario. Riteneva che il metodo più critico e sensibile per verificarlo fosse l'osservazione delle eclissi solari. Questa posizione rifletteva la sua fiducia nei progressi ottenuti nello studio delle eclissi, spingendolo a esplorare in profondità una serie di questioni relative alle loro previsioni. Da Liu Hong in poi, l'osservazione delle eclissi solari divenne uno dei principali mezzi di verifica dei calendari nell'antica Cina.

Yu Xi 虞喜 (281–356), Proveniente da una famiglia di funzionari pubblici, fin da giovane dimostrò una condotta esemplare e coltivò una vasta conoscenza degli antichi insegnamenti. Zhuge Hui, nominato governatore di Yuyao, lo scelse come suo segretario. Nel 307 fu chiamato a servire come studioso imperiale per la sua vasta conoscenza e abilità nell'approfondire i dettagli, ma rifiutò l'incarico per ragioni di salute. Era esperto in astronomia e negli studi classici, e possedeva una profonda comprensione di molte altre discipline.

Yu Xi era un sostenitore della cosmologia *Xuan Ye* e formulò la sua teoria dell'eternità celeste nel suo lavoro *Antianlun* 安天論 (Trattato sulla stabilità celeste). Sosteneva che il cielo è infinitamente alto e la terra è impenetrabilmente profonda, affermando che il cielo è fisso e costante sopra di noi, mentre la terra è stabile e immobile sotto di noi. Secondo lui, le forme quadrata e circolare non spiegano adeguatamente come la luce risplende, né spiegano le maree negli oceani o i movimenti delle varie creature viventi.

Nel 330, osservando la posizione delle stelle al meridiano durante il solstizio invernale, scoprì la precessione degli equinozi, calcolando che il Sole si spostava verso ovest di un grado ogni 50 anni (un periodo oggi stimato a circa 71 anni). Anche se Yu Xi all'epoca non poteva comprendere appieno le cause, dall'analisi dei dati di misurazione del solstizio d'inverno nell'antichità, che mostravano un fenomeno di retrogradazione verso ovest, giunse alla conclusione che il ciclo annuale del Sole non coincideva con l'anno solare del solstizio d'inverno, ossia che "l'anno celeste" era distinto dall'"anno solare." Il ciclo annuale del solstizio d'inverno era leggermente più corto del ciclo annuale del Sole, a causa appunto della precessione degli equinozi.

I suoi studi portarono a una nuova ipotesi cosmologica, esposta nel suo trattato, secondo cui cielo e terra erano di forma sferica: il cielo era infinito, stabile e immobile, mentre la terra era come il tuorlo di un uovo. L'immobilità del cielo rispetto alla terra costituì una rilevante rottura con le cosmologie precedenti.

> "Il cielo è come un uovo, la terra è il tuorlo al centro, situato all'interno del cielo. Il cielo è grande e la terra è piccola, con acqua sia all'interno che all'esterno. La terra e il cielo sono entrambi sostenuti dall'energia, e galleggiano sull'acqua. Il sole, la luna e le stelle ruotano intorno alla terra, quindi metà delle 28 case lunaricase lunari sono visibili mentre l'altra metà è nascosta. Il cielo ruota come il mozzo di una ruota.
> Wang Fan nel suo "Trattato della Sfera Celeste" dice: "La concezione della sfera celeste è antica. Esaminandola con riferimento al cielo, è affidabile e comprovata. Secondo l'antica teoria, la struttura del cielo e della terra è simile a un uovo di uccello, con il cielo che avvolge la terra all'esterno, come il guscio che avvolge il tuorlo. È rotonda come una palla, quindi si parla di 'sfera celeste', indicando che la sua forma è rotonda e completa. La circonferenza del cielo è di $365\,{}^{589}/_{145}°$. L'est, l'ovest, il sud e il nord si alternano in un movimento circolare. La metà è sopra la terra e l'altra metà è sotto, quindi le 28 case lunari sono visibili per metà e nascoste per metà. Utilizzando lo strumento di misurazione, si può misurare 182 gradi e mezzo, quindi si sa che metà è sopra la terra e l'altra metà è sotto. Le vie gialla e rossa [equatore ed eclittica] si intersecano, distanti 27 gradi l'una dall'altra. Misurando rispetto ad entrambe, la circonferenza è sempre di [circa] 365 gradi. La parte visibile dell'equatore è sempre di circa 182 gradi e mezzo. Inoltre, esaminando il nord e il sud, la parte visibile del cielo è sempre di circa 182 gradi e mezzo. Quindi, si sa che la forma del cielo è rotonda come una palla. Il polo nord emerge dalla terra di 36 gradi, quindi si sa che il polo sud entra nella terra per 36 gradi, e la distanza tra i due poli è di circa 182 gradi e mezzo."
> Yu Xi nel "Trattato sulla Stabilità del Cielo" dice: "L'Astrologo Capo Chen Jizhou ha usato il legno creato dai saggi antichi per fare uno strumento, chiamandolo Sfera armillare. Inoltre, dice: Tra coloro che discutono della natura del cielo ci sono tre scuole: quella Huntian, quella Gaitian, e quella Xuanye. Le tecniche delle prime due scuole sono ancora in uso, mentre la tecnica Xuanye è ormai perduta, anche se ci sono intenzioni di riprenderla ma non è ancora stato possibile.

Di recente ho visto Yao Yuandao creare il "Trattato del Cielo al Mattino" e ho anche visto il mio antenato di Hejian stabilire il "Trattato del Cielo a Cupola." Personalmente trovo molte obiezioni.

Io, Yu Xi, credo che il cielo sia infinitamente alto e la terra insondabilmente profonda. La terra è bassa e tranquilla, quindi il cielo ha una figura di stabilità costante. La loro forma è complementare e non c'è distinzione tra quadrato e rotondo. Le scuole Huntian e Gaitian si basano sul Libro dei Cambiamenti (Yìjīng) per formulare le loro teorie, dicendo che il movimento del cielo è infinito. Alcuni dicono che il cielo avvolge la terra in modo sferico, altri dicono che copre la terra come una cupola. Io ritengo che, se il cielo deve avvolgere la terra come il tuorlo dentro un uovo, allora la terra è solo una cosa dentro il cielo. Perché i saggi dovrebbero distinguere i nomi e associare la terra al cielo? Un antico detto afferma che "il sole e la luna si muovono nelle vallate volanti", il che significa che sono all'interno della terra. Non si sente dire che le stelle scorrono di nuovo sulla terra, inoltre, una valle volante è un'unica via, come può contenere tutto questo? Inoltre, una valle ha una natura acquosa, mentre il sole è una sostanza infuocata. Il ghiaccio e il carbone non possono stare nello stesso contenitore, non si danneggerebbe la luce del sole? Questo è il motivo per cui la teoria Gaitian è difficile da sostenere.

Qualcuno potrebbe obiettare: "I Riti di Zhou citano tumuli quadrati e rotondi per sacrifici al cielo e alla terra, quindi si sa che cielo e terra hanno una forma quadrata e rotonda." Rispondo: "Il grande sacrificio del campo è per ringraziare il cielo, e il principale sacrificio è per il sole. Il sole e la luna hanno una forma rotonda, e il tumulo rotondo lo rappresenta, ma non è la forma del cielo." Il sacrificio [sul tumulo] quadrato è distinto dal cielo, poiché superiore e inferiore sono in posizioni diverse, non c'è nulla di strano in questo!

Le tecniche di Zhoubi Suan Jing sono principalmente della scuola Gaitian. Anche se la teoria Huntian è diversa da quella della Sfera Celeste, le stelle hanno un numero fisso.[151]

Yi Xing 一行 (682–727) (Fig. 5.34) nato con il nome di Zhang Sui, proveniva da una famiglia modesta. Suo padre aveva servito brevemente come magistrato, ma morì molto giovane. Rimasto orfano e senza risorse economiche, Zhang Sui visse in povertà; fin dall'infanzia dimostrò un grande interesse per il calcolo del calendario. All'età di vent'anni, si recò nella capitale Chang'an con la speranza di trovare un maestro che lo aiutasse nei suoi studi. Il monaco taoista Yin Chong lo accolse come allievo e gli prestò vari libri, tra cui un'opera di un autore confuciano della dinastia Han Orientale. Si trattava di un libro particolarmente complesso che trattava di filosofia, natura e scienza. Pochi giorni dopo, Zhang Sui restituì il libro a Yin Chong, il quale pensò che l'avesse trovato troppo difficile. Fu invece sorpreso nel leggere le annotazioni che dimostravano una completa comprensione del testo. Da allora, Zhang Sui venne considerato uno studioso autorevole.

---

[151] *Taiping Yulan* 太平御览 7-9 https://ctext.org/text.pl?node=362013&if=gb Ultimo accesso luglio 2024.

Fig. 5.34 Yi Xing. Opera contemporanea. (© Antica Piattaforma di Osservazione, Beijing)

Quando l'imperatrice Wu Zetian salì al trono, a suo nipote fu assegnata una posizione di rilievo. Poiché il nipote desiderava fama e prestigio, cercò importanti amicizie, tra cui quella di Zhang Sui. Tuttavia, Zhang Sui rifiutò di legarsi a una persona ambiziosa e, per liberarsi dalle insistenze, decise di ritirarsi come monaco in un tempio buddhista. Nel 705, lasciò quindi Chang'an e prese il nome di Yi Xing.[152]

Nel 717, Yi Xing venne raccomandato all'imperatore Tang Xuanzong Di 玄宗帝 (685–762), che lo incaricò di tradurre scritti buddhisti in collaborazione con monaci provenienti dall'India. Xuanzong lo chiamò presto come consulente per ottenere consigli su come rendere stabile il Paese e risolvere il problema dell'alimentazione del popolo. Data la stretta relazione tra il calendario e l'organizzazione agricola, Yi Xing si dedicò, a partire dal 721, alle osservazioni astronomiche e a una riforma del calendario. L'imperatore Xuanzong lo incaricò di presiedere la revisione e la compilazione del nuovo calendario, il *Dayan Li*.

Nello stesso anno, insieme a Liang Lingzan 梁令瓚, progettò e realizzò strumenti astronomici per la misurazione, come la sfera armillare 浑仪 (*Hunyi*) e il

---

[152] https://www.theepochtimes.com/article/monk-yi-xing-tang-1508955 Ultimo accesso marzo 2024. Questo racconto probabilmente è una leggenda, non ho trovato conferme nella letteratura scientifica.

quadrante astronomico per misurare angoli di declinazione 复矩 (*Fu Ju*). Utilizzando questi nuovi strumenti, misurò le coordinate eclittiche delle stelle fisse e scoprì notevoli differenze rispetto ai risultati delle misurazioni effettuate durante la dinastia Han.[153]

Nell'undicesimo anno dell'era *Kaiyuan* (723 CE), Yi Xing guidò una vasta campagna di misurazioni astronomiche su scala nazionale, misurando l'ombra solare e l'altezza della stella polare in 13 località, da Tie Le (nei pressi dell'odierna Ulan Bator, in Mongolia) a nord fino a Jiaozhou (nell'attuale Vietnam centrale) a sud. Misurò anche le distanze tra quattro località nella provincia di Henan. Questa fu la prima grande indagine geodetica nella storia della Cina, i cui risultati confutarono l'antica credenza secondo cui "l'ombra solare varia di un pollice per ogni mille li."

Wang Ximing 王希明, agli inizi dell'epoca Tang (618–907), quando l'interesse per le costellazioni si risvegliò, scrisse il poema *Butian Ge* 步天歌 (Canto del Cammino Celeste)[154], che potrebbe essere comparato ai *Fenomeni* di Arato di Soli (−315c. −240c.), nel quale venivano descritte in modo poetico le costellazioni celesti. Wang Ximing descrive 283 costellazioni a loro volta raggruppate nei "tre recinti" e nei 28 *xiu*. La composizione in versi aiutava astronomi e astrologi a ricordare l'organizzazione celeste. Il successo di quest'opera fu tale che i versi venivano citati ancora nel XVIII secolo.

Un'altra descrizione dettagliata delle costellazioni principali è dovuta a Li Bo 李勃, padre di Li Chunfeng.

Astronomi Persiani e Indiani: Durante la dinastia Tang, giunsero in Cina astronomi persiani. Come già ricordato, gli scritti buddhisti venivano tradotti e diffusi in Cina grazie agli scambi commerciali lungo l'antica Via della Seta. Allo stesso modo, la cultura scientifica e astronomica dell'Asia Centrale e Occidentale penetrò in Cina. Questa influenza si manifesta in particolare nell'idea delle sette stelle, ovvero i corpi celesti mobili, che in Occidente ispiravano la suddivisione settimanale dell'anno. Anche se costellazioni e nomi di stelle occidentali penetrarono in Cina, non sostituirono i nomi, i princìpi e i metodi tradizionali cinesi, e la suddivisione settimanale non venne adottata.

Gli astronomi indiani introdussero il simbolo 0, e alcuni di loro polemizzarono con Yi Xing, accusandolo di aver plagiato il loro calendario quando preparò il calendario *Dayan li*. Altri astronomi indiani, al contrario, collaborarono con Yi Xing per sviluppare un metodo di calcolo delle eclissi e per la stesura di un manuale astrologico. Sebbene l'astronomia indiana dell'VIII secolo fosse più avanzata di quella cinese, sia per la conoscenza della trigonometria, sia per

---

[153] Sul contributo di Liang Lingzan vedi https://baike.baidu.com/item/梁令瓒/6134395?utm_source=chatgpt.com Ultimo accesso novembre 2024.
[154] (Guo, 2021) p.676.

gli scambi con l'Occidente, la sua influenza fu marginale. La presenza di questi astronomi, pur pienamente integrati nella società cinese, non modificò la concezione della divisione del cerchio in 365,25 unità né portò all'identificazione delle costellazioni zodiacali. Anche l'uso del simbolo zero rimase marginale per lungo tempo.

Gautama Siddha (Qutan Xida) 瞿曇悉達, nato intorno al 650, diresse l'Ufficio Astronomico e introdusse nuovi metodi matematici per il calcolo dei calendari esposti nel *Kaiyuan*. Sono stati individuati tre clan di astronomi indiani: Kāśyapa o Jiaye 迦葉, Jumoluo 居摩羅, e Qutan 瞿曇 della famiglia Gautama. La famiglia Gautama diede i natali a numerosi astronomi, tra cui Gautama Rahula, che diresse l'Ufficio Astronomico tra il 627 e il 649.

Nel corso della dinastia Song, le conoscenze astronomiche vennero raccolte in circa 1150 libri. Lo studio dell'astronomia divenne un elemento fondamentale dell'educazione e della formazione dei giovani studiosi. Anche l'imperatore doveva possedere conoscenze astronomiche adeguate, e alcuni di questi trattati contengono un'introduzione curata dall'imperatore stesso. Una delle opere più importanti di questo periodo, che esamineremo più avanti, è *Xin Yixiang Fayao* 新儀象法要 (Trattato sull'essenziale degli strumenti astronomici) di Su Song. L'epoca Song rappresenta dunque un periodo di consolidamento, invenzione e costruzione di nuovi strumenti astronomici.

Durante la dinastia Yuan, altri astronomi svolsero un ruolo molto importante, portando l'astronomia cinese ai suoi massimi risultati con la creazione del calendario *Shoushi li*.

Liu Bingzhong 劉秉忠 (1216–1274) era il più influente astronomo di etnia Han durante il periodo della dinastia Yuan. Benché sia morto due anni prima dell'avvio della riforma, essa è il frutto di una sua concezione. La famiglia Liu aveva dato i natali ad amministratori delle dinastie Liao e Jin. Suo padre si sottomise immediatamente ai Mongoli quando invasero la sua prefettura nel 1220. In gioventù Bingzhong studiò astrologia, divinazione, buddhismo e astronomia. Dopo aver servito dai 16 ai 20 anni nella amministrazione della prefettura, si ritirò e divenne monaco Chan, una delle scuole Buddhiste cinesi che diede origine alla filosofia Zen giapponese. La madre di Kublai, di religione Cristiana Nestoriana, suggerì al figlio di proporsi come consulente dell'imperatore (Fig. 5.35). Ammirandone l'erudizione, imperatore lo prese come precettore e nel 1264 gli assegnò diversi incarichi amministrativi, ordinandogli di lasciare la vita monacale, assegnandogli il nome Bingchung che significa "lealtà costante." Egli introdusse a corte molti altri letterati che aiutarono l'imperatore a immergersi completamente nella cultura cinese, senza però irritare i dignitari mongoli, poiché non aveva alcun interesse a ottenere favori personali.

Quando Kublai divenne Grande Khan nel 1260, Liu e i suoi amici letterati consigliarono alla burocrazia Imperiale Mongola di adottare i metodi amministrativi delle dinastie precedenti. Fu Liu a progettare e far costruire la nuova capitale Dadu secondo i canoni antichi. Progettò il cerimoniale di corte, addestrando il personale. Fu ancora Liu a proporre fin dal 1251 una riforma astronomica per conciliare il governo Mongolo con le strutture organizzative cinesi sostenendo che l'introduzione di un nuovo sistema astronomico avrebbe celebrato la nuova epoca del nuovo Imperatore. Egli mise in evidenza i molti errori del sistema *Daming li*, ma sottolineò soprattutto che un nuovo sistema astronomico avrebbe segnato un cambiamento decisivo nel Mandato del Cielo. Siccome il nuovo calendario

Fig. 5.35 La Stele Nestoriana. Stele epigrafica eretta in Cina nel 781, al tempo della dinastia Tang, con lo scopo di documentare 150 anni circa di presenza cristiana nestoriana nel Paese. Il testo è trascritto nelle lingue cinese e siriaca. Venne sotterrata nel 841 durante le persecuzioni anti buddhiste e ritrovata nel 1625. È conservata a Xi'An nella "Foresta di Stele"

astronomico avrebbe dovuto essere fondato su principi astronomici cinesi, il sistema arabo-tolemaico proposto da Jamal al-Din[155] nel 1267 non fu mai adottato ufficialmente.

Wang Xun 王恂 (1235–1281), figlio di un ufficiale della dinastia Jin che non si sottomise inizialmente ai nuovi conquistatori, si dedicò allo studio della matematica. Fin da giovane, dimostrò grandi capacità che suscitarono l'ammirazione di Liu Bingzhong, che lo prese come discepolo. Liu presentò il diciottenne Wang a Kublai il quale gli affidò il compito di educare il suo erede. Wang contribuì alla nascita della Università Nazionale, in cui i membri dei clan Mongoli e i nobili Cinesi apprendevano l'arte di governo. Nel 1276 Kublai, che ben conosceva le capacità matematiche di Wang, lo incaricò di guidare il progetto di riforma astronomica. Benché fosse il più giovane, a Wang dovrebbe venire riconosciuto il ruolo principale per le innovazioni nella astronomia matematica introdotte nel nuovo sistema. Tuttavia ricerche storiche negli anni '90 tendono ad attribuire questo ruolo principalmente a Guo Shoujing.

Guo Shoujing 郭守敬 (1231–1316) (Fig. 5.36) era un ingegnere specializzato nel controllo delle acque ed aveva condotto studi di astronomia. Nacque a Xingtai, nell'attuale provincia di Hebei, come Liu Bingzhong, e morì a Dadu. In gioventù studiò sotto la guida del nonno, che si era formato nello studio dei classici e in quello della conservazione delle acque. Seguì poi gli insegnamenti di Liu Bingzhong in filosofia, geografia, astronomia ed astrologia.

Guo presentò a Kublai un progetto di irrigazione e controllo delle acque a sud di Dadu. Nel 1271 fu nominato supervisore delle acque, ruolo che venne incorporato nel Ministero dei Lavori nel 1276, in concomitanza con l'avvio del progetto del nuovo sistema astronomico. Chang-I, supervisore della riforma, affidò a Guo la verifica delle osservazioni su cui si basava il calendario precedente. Nel 1277, a Guo fu dato l'incarico di riparare una vecchia sfera armillare e altri strumenti necessari per condurre le osservazioni. Guo costruì anche un prototipo in legno per osservare il mezzogiorno: uno gnomone.

Quando Wang Xun morì lasciando incompleta la documentazione del progetto di riforma del calendario, Guo si dedicò a completare il lavoro, rivedendo, organizzando ed editando i manoscritti, e riuscì a terminare l'opera nel 1286.

Nel 1291 Guo riprese il lavoro di controllo delle acque, e gli venne affidato il titolo onorifico di Amministratore della Commissione Astrologica. Proseguì la sua attività come esperto di idraulica fino alla morte.

Zhang Yi 张毅 fu un funzionario pubblico che cadde in disgrazia e le informazioni su di lui sono scarse. Si sa che visse contemporaneamente a Liu Bingzhong

---

[155] Originario di Bukhara, entrò al servizio di Kublai intorno al 1250. L'astronomia cui si riferiva era quella della scuola di Maragha, che già influenzava l'astronomia del tardo Medioevo in Occidente.

Fig. 5.36 Busto di Guo Shoujing. Opera contemporanea. (© Antica Piattaforma di Osservazione. Beijing)

e fu condannato a morte nel 1277 per sospetto coinvolgimento nell'omicidio, coordinato dal generale Wang Zhu (王著), di Ahmad Fanakati 阿合马 (A Hema) (?–1277) un esperto di finanza di origine mista Iraniana e Turca.[156] Nel 1280, Zhang Yi aveva raggiunto la più alta posizione nella gerarchia burocratica dell'Impero. In precedenza, nel 1276, era stato incaricato della supervisione della riforma astronomica.

Xu Heng 許衡 (1209–1281) proveniva da una famiglia di agricoltori dell'Henan. Cresciuto nelle regioni devastate dalla guerra nel nord della Cina, non ambiva a una carriera di letterato, ma venne istruito come astrologo e astronomo. Nel 1238, quando i Mongoli indissero uno speciale esame Imperiale, Xu Heng lo superò e venne ufficialmente registrato come studioso, ottenendo esenzioni fiscali e dal servizio di lavoro periodico. Approfondì gli studi confuciani e Kublai notò la sua integrità morale e la sua conoscenza pratica dei riti, assegnandogli ruoli di responsabilità amministrativa.

Il Ministro delle Finanze Ahmad era considerato un ostacolo dai funzionari cinesi, cercò di minare la posizione di Xu Heng. Il conflitto con Ahmad compromise la salute di Xu Heng, che si ritirò dalle attività nel 1273. Tuttavia, nel 1276, tornò

---

[156] Ahmad già durante la dinastia Song aveva riformato il sistema di tassazione e realizzato un sistema completo di controllo finanziario che veniva mal visto dalla burocrazia imperiale. https://zh.wikipedia.org/zh-hans/阿合馬 Ultimo accesso novembre 2024.

in servizio per partecipare al progetto del nuovo sistema astronomico. Negli annali della dinastia Yuan, Xu Heng è ricordato per la sua convinzione che il solstizio d'inverno fosse cruciale nel sistema astronomico, sottolineando l'importanza di determinare con precisione la durata dell'anno, cui si riferiva come *qi* 气, per generare efemeridi precise su un lungo periodo. I colleghi di Xu compresero questo principio, che ispirò Guo nella costruzione di uno gnomone molto più preciso.

Zhang Wenqian 张文乾 (1217–1283), anch'egli nato presso Xingtai, fu compagno di studio di Liu Bingzhong. Il padre avrebbe desiderato per lui una carriera di studioso, ma la caduta della dinastia Song comportò la trasformazione dell'esame Imperiale in un avviamento alla carriera amministrativa. Zhang Wenqian era molto versato negli studi di astrologia, astronomia e matematica. Nel 1247 Chang fu tra coloro che vennero raccomandati a Kublai, il quale lo fece trasferire a Karakorum, la capitale Mongola. Quando Kublai divenne Gran Khan, impressionato dalla sua energia ed efficienza, lo nominò secondo al comando del Segretariato. Fu in questa veste che fece amicizia con Xu Heng.

Nel 1271 Zhang Wenqian era Ministro dei redditi, all'apice della burocrazia cinese. Anch'egli entrò più volte in conflitto con Ahmad e questa fu una delle ragioni per cui Zhang accolse con favore nel 1276 l'incarico di supervisore del gruppo che lavorava alla riforma del calendario. Pur avendo una buona preparazione in astronomia non ci sono elementi che dimostrino un suo impegno diretto nel lavoro tecnico. Terminò la sua carriera nel 1283 con l'incarico di Vice Commissario degli Affari Militari.

Yang Gongyi 杨恭懿 (1225–1294) era un esperto nelle scienze calendaristiche, non aveva alcun incarico ufficiale e rifiutò inizialmente di incontrare Kublai. Quando nel 1274 un Principe dello Stato lo incontrò personalmente, un onore inimmaginabile per una persona comune, fu convinto a dedicarsi alla divinazione come gli richiedeva il Grande Khan. Nel 1279 fu invitato a partecipare al gruppo di lavoro che si era formato nel 1276. In occasione della presentazione all'imperatore del nuovo sistema *Shoushi li* nel 1280, Kublai promosse Yang a membro dell'Accademia degli Studiosi Meritevoli, ma egli rifiutò e si ritirò dalla vita attiva e dagli onori.

Yang contribuì in particolare con un saggio sulle congiunzioni lunisolari che rivelava un eccezionale acume e che contribuì fortemente alla creazione del nuovo sistema. Nel dicembre 1280 presentò con Xu Heng una memoria in cui si legge :

> Abbiamo radunato esperti astronomi del nord e del sud per studiare più di 40 trattati a partire dal periodo. Abbiamo riflettuto seriamente sui metodi di calcolo. I nostri vecchi strumenti sono stati di scarso aiuto, ma i nuovi non erano ancora pronti, così non abbiamo potuto svolgere studi autorevoli e dettagliati dei moti corretti del sole e della luna e dei periodi dei pianeti. Ora abbiamo usato provvi-

soriamente un nuovo strumento armillare e uno gnomone di legno e abbiamo confrontato i dati con quelli in uso anticamente. Abbiamo ricavato delle misure per la lunghezza dell'ombra a mezzodì e abbiamo corretto la posizione del sole al solstizio di inverno di questo anno, i vari intervalli tra le posizioni delle stelle che determinano le case lunari, l'altezza del polo a Dadu e la lunghezza del giorno e segnato i momenti della notte. Confrontando questi risultati con il vecchio sistema, abbiamo creato nuove procedure e calcolato nuovi sistemi per "Epoche di diciotto anni." Alcuni aspetti di questo sistema non sono perfettamente esatti. Se li confrontiamo con il lavoro dei riformatori precedenti che seguivano con coerenza i vecchi metodi, ponendo arbitrariamente le epoche e alterando il Divisore del giorno [cioè modificando la costante per la lunghezza dell'anno tropico] almeno non abbiamo nulla di cui vergognarci. È essenziale che ogni anno facciamo nuove osservazioni e revisioni, in modo che accumulando miglioramenti per venti o trenta anni avremo un metodo perfetto. Possiamo così imitare il lavoro degli uffici astronomici dei Tre Periodi, che, svolgendo il loro compito per generazioni, osservando per lunghi periodi, non ebbero la necessità di aggiustare la lunghezza dell'anno.[157]

In epoca Ming gli studi astronomici declinarono al punto che alla fine del '500 gli astronomi imperiali non conoscevano più i principi e i metodi per l'uso degli strumenti, e i calendari contenevano sempre più errori.

---

[157] (Sivin, 2009) p.166–167.

6

Gli strumenti astronomici

Astronomia e meccanica sono state a lungo indissolubilmente legate, in una sinergia che ha permesso alle civiltà di esplorare e comprendere l'universo. Sebbene oggi diamo per scontato l'uso di strumenti avanzati per osservare il cielo, le radici di questa pratica affondano nell'antichità, quando la meccanica iniziò a svilupparsi come una disciplina autonoma. Nonostante la sua importanza, la meccanica era considerata, nell'antica Grecia, una disciplina umile e non adatta ai grandi scienziati. Tuttavia, la progettazione di strumenti meccanici veniva comunque portata avanti da studiosi come Archimede, le cui numerose invenzioni si rivelarono fondamentali per le osservazioni astronomiche. Diversamente dalla Grecia, la meccanica godeva di grande prestigio nella Cina antica, dove ingegneri e inventori erano altamente rispettati, e le loro opere erano viste come essenziali per il progresso della società.

6.1 La tecnica e gli strumenti

L'importanza della tecnica e della meccanica in Cina è attestata fin dai testi più antichi. L'organizzazione dei lavoratori è descritta nel *Kaogongji* 考工记 (Registro degli artigiani o dei lavori), un capitolo del Registro delle Istituzioni e dei Riti della dinastia Zhou (*Zhou li*), presumibilmente compilato durante l'epoca degli Stati Combattenti.[1] Nel Registro troviamo sei classi di lavoratori e, tra questi, centinaia di artigiani. Gli artigiani erano classificati nel trattato come lavoratori della pietra e della giada, compresi cavatori e intagliatori; lavoratori della ceramica, compresi i fabbricanti di vasi e tegole; lavoratori del legno, compresi i fabbricanti di archi e frecce, i fabbricanti di mobili, i supervisori delle costruzioni,

---
[1] (Dai, 2021).

i falegnami, i fabbricanti di attrezzi agricoli. Inoltre, c'erano costruttori di canali e ingegneri idraulici, e lavoratori del metallo, fonditori di leghe vili, fonditori di bronzo e leghe preziose, fonditori di campane, costruttori di spade, costruttori di lame di aratri e costruttori di strumenti di misura. L'elenco è molto lungo e mostra, da un lato, la precisione con cui la burocrazia imperiale censiva le attività produttive e, dall'altro, un'attenta divisione del lavoro.[2]

Esisteva una struttura gerarchica che partiva dalla pianificazione e dal processo decisionale, per arrivare alla direzione, gestione ed esecuzione. Re, Imperatore e Principi prendevano le decisioni relative a un'opera, seguendo i principi del Dao. I ministri e i funzionari erano responsabili della sua realizzazione, mentre il trasporto era affidato ai mercanti e ai viaggiatori. Le donne si occupavano della tessitura, mentre i contadini lavoravano la terra e si dedicavano all'agricoltura. L'invenzione di macchine era il compito degli uomini di ingegno, e le loro tradizioni venivano tramandate da artigiani esperti, coloro che, di generazione in generazione, continuavano a preservare questa arte. Il *Kaogongji* non è un semplice registro di attività o una classificazione arbitraria, ma rivela i principi di organicità che regolavano i ruoli dei diversi membri delle classi sociali.

L'organizzazione in gilde o corporazioni, limitata principalmente ai commercianti e in parte agli artigiani, si diffuse durante l'epoca Song grazie alla crescente urbanizzazione. Questa forma di aggregazione, che permetteva di trattare con il potere centrale per ottenere autorizzazioni, favori e proteggere i privilegi, emerse in Occidente durante il Rinascimento italiano e si espanse poi in tutta Europa. In Europa, le corporazioni erano organismi sociali intermedi tra i cittadini e il governo, e partecipavano attivamente alla selezione della classe politica. In Cina, la loro influenza raggiunse l'apice quando si svilupparono relazioni commerciali sistematiche con i Paesi europei nel XIX secolo. I mercanti erano tenuti a registrarsi presso la burocrazia imperiale per poter esercitare il commercio. Tuttavia, in Cina, la selezione della classe dirigente avveniva attraverso il sistema degli esami imperiali, che permetteva di accedere a cariche pubbliche in base al merito, piuttosto che attraverso l'affiliazione a corporazioni o gilde.

Il tecnico e l'artigiano erano figure molto rispettate e spesso le capacità tecniche erano parte della formazione delle classi più elevate. Le attività tecniche e di fabbricazione di strumenti associati in qualsiasi modo con l'astronomia erano comunque soggette alle direttive Imperiali.

Abbiamo visto che le conoscenze matematiche, in particolare la geometria, erano ben lontane dall'essere basate sui principi metodologici fondati da Euclide. La connessione tra geometria e meccanica, caratterizzata da Newton come Meccanica Razionale, non esisteva nella Cina antica. D'altra parte la raffigurazione dei problemi matematici era molto frequente, come abbiamo visto trattando la

---

[2] (Needham, 1956, p. 16).

matematica cinese. Anche la raffigurazione tecnica era largamente utilizzata, come testimoniano le opere sulla architettura, la lavorazione del legno e in generale l'ingegneria civile.[3] Il disegno tecnico faceva largo uso della proiezione assonometrica ed ortogonale, come messo in luce da Jia Guotao.[4] Lo schema in Fig. 6.4 mostra le proiezioni ortogonali dei componenti di una armilla equatoriale, mentre la proiezione assonometrica è esemplificata in Fig. 6.12.

In occidente il disegno tecnico nasce nel Rinascimento con artisti-scienziati come Leon Battista Alberti (1404–1472), che scrisse il trattato De Pictura dettando le regole della proiezione prospettica. In precedenza l'uso della rappresentazione era limitato alle macchine semplici o alla descrizione di problemi geometrici. Fu dopo la metà del XVIII secolo che il disegno tecnico si diffuse in Occidente, dando vita a una vera e propria disciplina ingegneristica.

Prenderemo ora in esame gli strumenti principali dell'astronomia cinese antica, notando come siano strettamente legati ai metodi e alla natura dell'osservazione celeste.

Gnomoni e osservatori in muratura. Lo gnomone era lo strumento principale usato in epoca Babilonese, in Egitto e in Grecia. Serviva a misurare la direzione del sole e la sua altezza al momento del passaggio. Lo gnomone veniva sistematicamente usato nelle meridiane ed era lo strumento principe per osservare il moto del Sole.

Nel 2003 nella contea di Xiangfen, nella provincia dello Shanxi, è stato scoperto un osservatorio astronomico a Taosì. Taosì è considerata la capitale del mitico re Yu del primo periodo storico Xia. L'antico osservatorio di Taosì fa parte dell'omonimo sito archeologico, uno dei più famosi tra i circa ottanta siti della Cultura Longshan (dal −3000 al −2000 circa).

Gli archeologi hanno trovato una fossa di fondazione rotonda e attorno ad essa tre cerchi concentrici di terra su cui erano stati eretti 11 pilastri con 10 fenditure e 2 pilastri con 1 fenditura che formano un'unica linea di 13 pilastri e 12 fenditure. Calcoli e osservazioni sperimentali indicano che 4.000 anni fa il sole sarebbe sorto al solstizio di estate nella prima apertura a sinistra. Al solstizio di inverno il sole sarebbe sorto nella fenditura più a destra. La fenditura n. 7 (contando da sinistra) corrisponde agli equinozi di primavera e di autunno: oggi il sole sorge in questa fenditura il 18 marzo e il 25 settembre (Fig. 6.1).

Queste disposizioni ordinate di pietre anche di grandi dimensioni o persino di edifici sono presenti in tutte le culture, un esempio in Egitto è dato dalla disposizione del tempio di Abu Simbel nel quale, in occasione dell'alba del solstizio di inverno la luce del sole colpisce la cripta più interna. Un altro esempio è Stonehenge, in Inghilterra.

---

[3] (Needham, 1971).
[4] (Jia, 2019).

Fig. 6.1 Sinistra: osservatorio di Taosì. In basso i pilastri (ricostruiti) e al centro il punto di osservazione (coperto da un vetro). Destra: un disegno della disposizione dei pilastri

La forma più antica e semplice dello gnomone cinese (chiamato *biao* 表) era un bastone infisso nel terreno che permetteva di osservare il movimento dell'ombra proiettata dal sole e rilevare lo scorrere del tempo. Ci sono scritti del −600 che descrivono l'osservazione dell'ombra del sole e la annotazione da parte degli astronomi, che ne rilevavano la lunghezza per identificare i solstizi e gli equinozi.

La stima dell'inclinazione dell'eclittica, ricavata dagli angoli d'ombra tra i due solstizi, risale probabilmente al −IV secolo, ma l'unico documento certo è del +89: l'astronomo Jia Kui scrive che in inverno l'angolo d'ombra misura 115° e in estate 67°, la loro differenza dimezzata dà un angolo di 24°. Tolomeo arrivò al valore di 23,5° nel 143 circa e Liu Hong nel 173.[5]

Lo gnomone veniva utilizzato anche per altri compiti: per trovare i punti cardinali, per misurare il tempo e per definire i termini solari. Questo problema si poneva sistematicamente, in quanto determinare la durata dell'anno tropico era difficile e gli errori comportavano la costruzione di nuovi calendari.

Nel 1276, durante la dinastia Yuan, venne costruito lo gnomone gigante in muratura nella città di Gaocheng (Fig. 6.2), nel luogo in cui, come vedremo,

---

[5] (Needham, 1959, p .287).

Fig. 6.2 Sinistra: Osservatorio di Gaocheng. Destra: Gnomone dell'Osservatorio di Beijing. (© Antica Piattaforma di Osservazione, Beijing)

secondo i Riti di Zhou, si troverebbe il centro della Terra. Si tratta di una costruzione per misurare la lunghezza dell'ombra del Sole al momento del passaggio al meridiano nel corso dell'intero anno. La struttura attuale è stata restaurata in epoca Ming. L'ombra dello gnomone viene proiettata su una scala graduata, lunga 12,62 m, che ha un canale per l'acqua al fine di verificarne l'orizzontalità.

Un altro importante gnomone con un funzionamento simile a quello dell'osservatorio di Gaocheng si trova all'Osservatorio Imperiale di Beijing (Fig. 6.2 a destra), che prenderemo in esame più avanti.

Una torre astronomica ancora più antica sopravvive in Korea a Gyeongju, chiamata *Cheomseongdae* (torre per l'osservazione delle stelle) costruita tra il 632 e il 647. La torre ha un diametro di 5,7 metri alla base, è alta 9,4 metri ed è sormontata da una struttura quadrata (Fig. 6.3 a sinistra); la costruzione è formata da 365 blocchi di granito, un numero che mette in relazione ogni blocco con un giorno dell'anno. Non si conosce quali strumenti fossero usati sulla torre.

Tubo di osservazione. Questo strumento è specificamente cinese. Si tratta di un tubo rettilineo di bambù senz'alcuna lente al suo interno, non va quindi confuso con un cannocchiale. Il più antico riferimento a un tubo di osservazione lo troviamo nel *Zhoubi* dove viene descritto come usarlo per determinare il diametro del sole (Fig. 6.3 a destra):

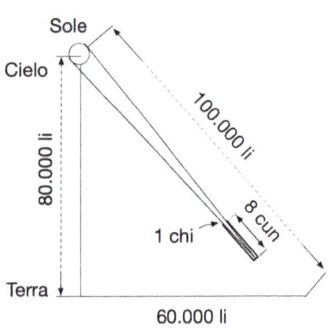

Fig. 6.3 Sinistra: Torre astronomica Coreana, Cheomseongdae. Destra: calcolo del diametro del sole secondo il trattato *Zhoubi*

"... prendi un tubo del diametro di un cun e lungo 8 chi. Cattura la luce [attraverso il tubo] e osservala: il foro copre interamente la luce e il sole riempie perfettamente il foro. Così vedi che una quantità di otto *cun* dà un *chi* di diametro. ... La distanza obliqua del sole dalla posizione del tubo è 100.000 *li*. Ragionando sulle proporzioni, otto *li* danno un *li* di diametro, così 100.000 *li* danno 1250 *li* di diametro. Così possiamo stabilire che il diametro del sole è 1250 *li*."[6]

Durante le dinastie Qin e Han un *chi* valeva circa 23 cm., mentre durante la dinastia Tang era pari a circa 30 cm. Il *cun* inoltre era un decimo di *chi*. Questo strumento è chiamato "asta di bambù per il calcolo del sole" 太阳计算竹竿 (*taiyang jisuan zhugan*). L'uso del tubo di osservazione migliorava il puntamento ed escludeva l'influenza di altre sorgenti di luce. Veniva anche usato nelle costruzioni per individuare l'orientamento a nord osservando la stella polare di notte, o a sud osservando la luce del sole attraverso il tubo.

Nel trattato *Sui Shu* vengono descritti due strumenti particolari: "sfera celeste"[7] 璇玑 (*xuanji*) e la bilancia o misuratore di giada 玉衡 (*yuheng*). Non è chiaro il loro uso, tuttavia sembrano correlati alla sfera armillare, infatti si

---

[6] (Cullen, 1996) p. 127–128.
[7] 璇玑, un termine astronomico che ha vari significati, tra cui: un antico strumento astronomico fatto di giada; e le prime quattro stelle del Grande Carro. https://baike.baidu.com/item/璇玑/21. Ultimo accesso ottobre 2024.

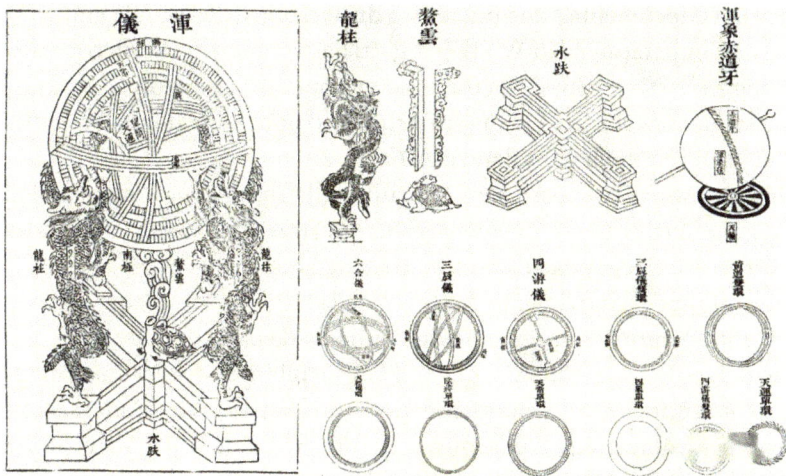

Fig. 6.4 Disegno tecnico dell'Armilla Equatoriale di Su Song. Sulla destra si possono osservare le componenti principali: il cerchio con l'orizzonte e l'equatore celeste, l'eclittica, l'asse di rotazione nord-sud e l'asse est-ovest. Il montaggio lungo l'asse nord-sud permette di inseguire un astro durante la rotazione terrestre

legge: "Il termine '琁玑' si riferisce alla sfera armillare (浑天仪)."[8], mentre il misuratore di giada potrebbe essere un tubo di osservazione. Come vedremo più avanti il tubo di osservazione era parte della sfera armillare; non sono stati scoperti finora tubi di osservazione isolati risalenti a tempi antichi. Tuttavia alcuni oggetti in giada potrebbero essere tubi di osservazione primitivi, come il *cong* (Fig. 2.1).[9]

Su Song progettò un tubo metallico con un diametro interno molto piccolo in modo da ridurre la riflessione della luce nella parete interna. Shen Kuo osservò che un diametro troppo grande comportava errori elevati e propose di ridurre il diametro interno a 3 *fen* (circa 0,94 cm). A sua volta Guo Shoujing propose di porre due fili paralleli attraverso ciascuna estremità del tubo per collimare meglio la mira. Un miglioramento definitivo fu di eliminare il tubo conservando solo i cerchi estremi con i fili di collimazione.

Un particolare strumento di mira, la cui invenzione è attribuita a Ipparco o ad Archimede, è la *diottra*, citata da Tolomeo nell'Almagesto e da Pappo Alessandrino. Si tratta un una barra di circa due metri che ha due pinnule, una delle quali forata e l'altra che può scorrere lungo la barra.

Armille. Purtroppo non sono sopravvissuti esemplari delle armille più antiche. Possiamo farci una idea della loro struttura osservando il disegno di Su Song (vedi

---

[8] *Sui Shu*, vol 19.14.34–35 https://ctext.org/wiki.pl?if=gb&chapter=263828&remap=gb, Ultimo accesso novembre 2024.
[9] Needham avanza l'ipotesi che il vaso di giada *cong* fosse un primitivo tubo di mira chiamato *Yuheng* 玉衡 che letteralmente significa "giada per misurare" o "bilancia di giada." (Needham,1959) p. 334–336.

Fig. 6.4). La documentazione più antica disponibile delle armille cinesi risale al tempo dell'imperatore Han Wu Dì[10], infatti l'astronomo Yu Xi riferisce che Louxia Hong 落下閎 (−130 −70) costruì su ordine dell'imperatore uno strumento, chiamato *huntian* 混天. Con questo strumento poté individuare i termini solari con cui venne compilato il calendario *Taichu li*.

Altri strumenti sarebbero stati costruiti nella stessa epoca, ma non è chiaro se si tratti effettivamente di sfere armillari, tuttavia nella storia della dinastia Han Orientale si legge che l'astronomo Geng Shouchang 耿壽昌 (I sec. AEC) avrebbe misurato il movimento del sole e della luna con strumenti "circolari."

L'anello equatoriale fu aggiunto nell'anno 84 da parte degli astronomi Fu An e Jia Kui. Nel 125 l'astronomo Zhang Heng avrebbe costruito un'armilla completa di orizzonte e anello meridiano, dotando lo strumento di un meccanismo di movimento alimentato dall'acqua, la cui precisione, nell'arco di un giorno, era di circa 1–2 minuti. Zhang Heng costruì due tipi diversi di armille, una per le osservazioni e l'altra per il calcolo e per dimostrare i moti celesti e le posizioni degli astri. La loro precisione, tuttavia, era ancora insufficiente per rilevare l'equazione del tempo[11], che in Europa fu misurata solo nel XVII secolo, dopo l'invenzione degli orologi, con un errore di pochi secondi.

Le armille di Zhang Heng sono descritte nel libro dei Sui[12], la prima aveva una circonferenza di circa 3,36m. Veniva utilizzata in una stanza chiusa e l'addetto doveva dichiarare quando una stella appariva per la prima volta, quando raggiungeva il meridiano e quando tramontava. Gli astronomi all'esterno potevano confermare quanto dichiarato dall'addetto o rilevare differenze. Si trattava quindi di una sorta di globo celeste su cui si poteva osservare il moto degli astri. Questo strumento era molto pesante e difficile da trasportare, perciò l'astronomo Fen ne costruì uno più piccolo in cui ogni grado era suddiviso in tre frazioni e la circonferenza misurava 2,5 m. circa. Queste armille comprendono il cerchio dell'eclittica e dell'equatore, inclinati tra di loro di 24°. Nel libro dei Sui vengono descritte altre armille con dimensioni diverse, ma tutte sembra montassero lo strumento di misurazione in giada citato tra i tubi di osservazione.

Un'altra descrizione dettagliata della struttura della sfera armillare compare nello scritto di Li Chunfeng *Tianwen zhi* 天文志 (Registro astronomico), che comprendeva suddivisioni lungo l'anello equatoriale e diversi anelli per rappresentare l'eclittica e l'orbita lunare mettendone in evidenza l'inclinazione rispetto all'equatore celeste.

---

[10] (Chang, Wang, Sun, Huang, & Chen, 2001). Vedi anche Morgan D.P. 2016.
[11] L'equazione del tempo è la differenza tra l'ora solare locale e l'ora civile, ovvero quella indicata da un orologio meccanico, dovuta alla diversa durata del giorno al variare delle stagioni nel corso dell'anno.
[12] *Sui Shu* vol 19.14.34–35, https://ctext.org/wiki.pl?if=gb&chapter=263828&remap=gb, vol 19.14.34–35 ultimo accesso novembre 2024.

Intorno al 720, l'imperatore Xuanzong della dinastia Tang ordinò la costruzione di uno strumento armillare per calcolare con precisione le eclissi. Yi Xing si incaricò del progetto e, per misurare con esattezza l'inclinazione dell'orbita lunare, ideò un meccanismo in grado di seguire il moto celeste. Questo meccanismo era azionato da una clessidra ad acqua con scappamento, molto simile a quella creata da Su Song[13] che esamineremo più avanti.

L'uso di questo strumento è descritto nel *Jin Shu* 晋书 (Storia della dinastia Jin) di Li Chunfeng, dove si legge che il sistema era operato da due astronomi, un all'interno dell'edificio osservava la posizione di un astro come indicata dall'armilla orologio e quello all'esterno controllava la posizione dell'astro, permettendo così di sincronizzare l'orologio con il cielo stellato. Questa descrizione conferma come l'uso dell'armilla fosse duplice: aiuto alla osservazione e misuratore del tempo, inglobando le due funzioni essenziali per il calcolo del calendario.[14]

L'apice della costruzione delle armille si ebbe durante la dinastia dei Song settentrionali, ma dopo la caduta della dinastia mongola nel 1368, la tecnologia declinò e con il tempo si perse la conoscenza del loro utilizzo, fino all'arrivo dei missionari gesuiti, che fecero costruire nuove armille, di cui parleremo più avanti.

Il sistema di movimento dell'armilla equatoriale cinese è basato sulla rotazione attorno a un asse orientato come l'asse terrestre. Questa soluzione anticipa l'adozione della montatura equatoriale del telescopio proposta da Robert Hooke nel 1670 ed effettivamente costruita dal secolo successivo fino ai perfezionamenti di Joseph von Fraunhofer nel 1824.[15]

Globi celesti. Il globo celeste venne ideato dall'astronomo Zhang Heng nel 125 circa, durante la dinastia Han Orientale. Questo strumento, in bronzo e con un diametro di circa 3,37 m, aveva il cerchio meridiano e l'orizzonte suddiviso in 365,25 unità, mostrava la posizione delle stelle e delle costellazioni e serviva a illustrare il moto celeste, in quanto poteva ruotare attorno all'asse. La descrizione di questa macchina si trova nel Libro dei Song, in cui si legge che andò perduto quando cadde la dinastia dei Jin Occidentali e la capitale venne portata a Nanjing.

Durante i Tre Regni (Wu orientali), a quanto si apprende dagli annali dei Jin, vennero costruiti globi celesti da Wang Fan 王蕃 (228-266), e Gong Heng 公衡 (222-280).

Nel 420 la dinastia Liu Song conquistò nuovamente Chang'an e ritrovò lo strumento, ormai in parte corroso dal tempo. Erano scomparse le suddivisioni in gradi e non era rimasto nulla delle rappresentazioni della luna e dei pianeti.

---

[13] (Needham, Wang, & de SollaPrice, 1986).
[14] *Jin Shu*, https://ctext.org/wiki.pl?if=gb&chapter=993298&remap=gb 16. Ultimo accesso dicembre 2024.
[15] (King, 1955) p.170–188.

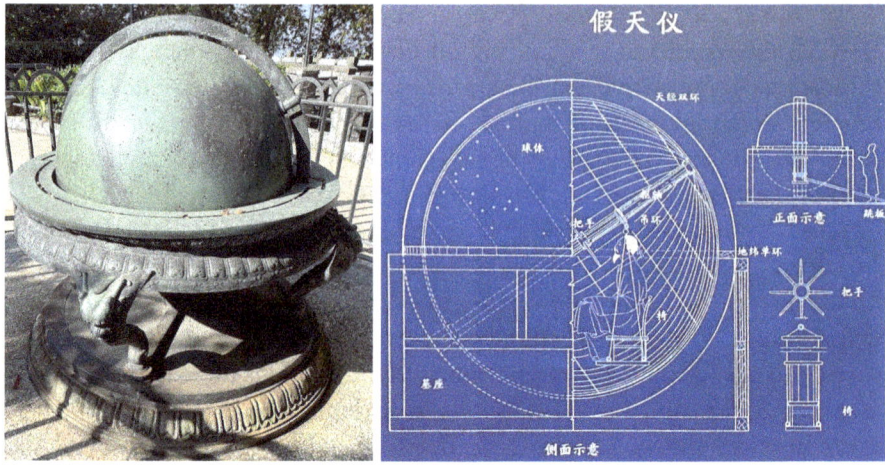

Fig. 6.5 Sinistra: globo celeste copia del 1903. (© Osservatorio della Montagna Purpurea, Nanjing.) Destra: Disegno schematico del planetario di Guo Shoujing. (© Museo Nazionale Beijing)

L'imperatore Wu Di 宋武帝 (Dinastia Liu Song) nel 436 ordinò che venisse fuso un nuovo globo, cui provvide Qian Lezhi 錢樂之 (420–479). Il globo aveva un diametro di 6,08 *chi* (circa 1,4 m) e una circonferenza di 18,26 *chi* (4,22m ca.) da cui si evince che il valore di π era approssimato a 3. Con queste misure si può ricavare che 1 grado centesimale della circonferenza di 365,25 unità corrisponde a 5 *fen* (1,15 cm). Il sole, la luna e i pianeti erano collegati all'eclittica; un orologio ad acqua guidava lo strumento e mostrava il giorno e la notte e la posizione delle stelle come apparivano in cielo.[16] Tra il 424 e 453 Qian Lezhi costruì un altro globo segnando con perle di diversi colori le stelle individuate dai tre grandi astronomi: quelle di Shi Shen erano colorate in rosso, quelle di Gan De in nero e quelle di Wu Xien in bianco.[17]

La costruzione di globi sembra interrompersi prima della dinastia Tang, infatti l'ultimo globo di cui si ha conoscenza fu costruito da Geng Xun 耿恂 (581–617) durante la dinastia Sui. Era azionato ad acqua e veniva osservato in una stanza buia verificando contemporaneamente i moti reali del cielo. La costruzione di macchine azionate ad acqua verrà ripresa, come vedremo, durante la dinastia Song. I globi azionati ad acqua venivano chiamati *Ling Long Yi* 玲珑仪.

Nei globi più antichi le stelle dell'emisfero meridionale erano assenti, esse vennero infatti inserite nei globi costruiti dopo l'arrivo dei Gesuiti, i quali introdussero anche la suddivisione trasversale e i gradi sessagesimali. Il globo in Fig. 6.5 a

---

[16] *Songshu* p. 296, in (Chang, Wang, Sun, Huang, & Chen, 2001).
[17] (Needham, 1959), p .263

Fig. 6.6 Sinistra: ricostruzione del planetario progettato da Guo Shoujing. A destra: vista dell'interno. (© Antica Piattaforma di Osservazione, Beijing)

sinistra, chiamato *huntianyi* 浑天仪, è una copia costruita nel 1903, negli ultimi anni della dinastia Qing, e ha un diametro di 0,9 m. Le stelle, comprese quelle dell'emisfero meridionale, sono segnate con la loro magnitudo.

Guo Shoujing progettò un globo celeste cavo, perforato per rappresentare le stelle fisse, azionato anch'esso ad acqua. Gli astronomi potevano sedersi su un sedile sospeso all'interno del globo rotante per vedere la luce del giorno entrare attraverso i fori, con un effetto molto simile a quello di un moderno planetario. Nell Fig. 6.5 lo schema del progetto.

Una ricostruzione di questo planetario, chiamato 假天仪 (*jia tianyi*) si trova nei giardini dell'Osservatorio Imperiale di Beijing (Fig. 6.6).

Orologi solari, lunari e stellari. L'uso dell'ombra per misurare il tempo di giorno è la forma più antica. Tuttavia, nell'antica Cina, l'osservazione notturna era di fondamentale importanza per determinare le posizioni in relazione alle stelle circumpolari e ai 28 *xiu*. Questo metodo osservativo portò allo sviluppo di orologi stellari e lunari.

In epoca Han troviamo orologi solari in pietra orizzontali, chiamati *rigui* 日晷, con un foro al centro, forse per uno gnomone, e 69 fori periferici corrispondenti alle suddivisioni in *ke* di circa 17 ore diurne massime (Fig. 6.7 a sinistra in alto). Si ritiene che l'ora venisse misurata ponendo un piccolo bastone nei fori periferici e osservando il momento in cui l'ombra cade nel foro centrale.

Lo strumento per la misurazione dell'ombra al solstizio è uno strumento differente, non ha una funzione di orologio ma di misura della lunghezza dell'ombra, è costituito da uno gnomone verticale che proietta l'ombra su un piano ed è chiamato *guibiao* 圭表, di cui vediamo un esempio in Fig. 6.2 a destra.

Fig. 6.7 Orologi solari. Sinistra in alto: meridiana di epoca Han. Sinistra in basso: meridiana di epoca Qing, parte dell'Armilla Semplificata. (© Osservatorio della Montagna Purpurea, Nanjing.) Destra in alto: Meridiana equatoriale. (© Antica Piattaforma di Osservazione, Beijing.) Destra in basso: orologio lunare. (© Antica Piattaforma di Osservazione, Beijing)

Una caratteristica distintiva di molti orologi solari cinesi, è l'orientamento del piano su cui viene proiettata l'ombra dello gnomone. Infatti, come abbiamo visto, l'astronomia cinese si basa su un riferimento equatoriale/polare, piuttosto che su quello rispetto all'eclittica. Per questo motivo, gli orologi solari hanno il piano di proiezione parallelo all'equatore celeste, con lo gnomone perpendicolare ad esso e rivolto verso il nord celeste (Fig. 6.7 a sinistra in basso). In questa meridiana il cerchio più esterno indica le 24 ore, i cerchi più interni indicano le doppie ore come riassunte in Tab. 3.5.

Un altro tipo di orologio solare è la meridiana scafo (Fig. 6.8). Questi strumenti, costruiti anche in Occidente, vengono menzionati in scritti risalenti al −100 circa. Ci sono numerose varianti di meridiane portatili, le più semplici,

Fig. 6.8 Inventata da Guo Shuojing, la Meridiana a scafo ha incise le coordinate equatoriali. L'ombra proiettata da un foro nello gnomone sulla cavità permette di leggere l'ora; l'accuratezza dovuta al piccolo foro, un focalizzatore, permette anche di leggere l'inizio e la fine di un'eclissi solare. Lungo il bordo si legge una suddivisione in 24 ore. (© Antica Piattaforma di Osservazione, Beijing)

chiamate a "dittico" sono a forma di piccola scatola il cui coperchio è fermato da un filo sottile che proietta l'ombra su una scala graduata incisa; la scatola spesso contiene anche una bussola per il corretto orientamento. Ricordiamo che la bussola venne inventata in epoca Han intorno al II sec. AEC. Veniva chiamata *si nan* (司南 indicatore del sud). L'uso prevalente era geomantico in relazione ai principi del *feng shui*. L'uso per l'orientamento in navigazione è documentato a partire dalla dinastia Song. Per l'uso astronomico bussole portatili più complesse riportano il tracciato del percorso solare per le diverse latitudini. È molto probabile che questi tipo di meridiane siano il frutto dei contatti con la civiltà araba.

Anche l'orologio lunare, 太阴 (*Tai yin*[18]), ha il piano di proiezione orientato come l'equatore celeste, ne vediamo un esempio in figura (Fig. 6.7 a destra in basso). È composto da tre parti: un disco contrassegnato con i giorni del calendario agricolo dal primo al trentesimo giorno, un secondo disco, chiamato disco del giorno, e un terzo contrassegnato con le dodici ore tradizionali, chiamato disco del tempo. L'indicatore mobile è usato per allineare la Luna e indicare l'ora.

Orologi a combustione. Un altro modo per misurare intervalli di tempo era quello di bruciare lentamente dell'incenso. Questi orologi a combustione potevano essere dei semplici bastoncini o coni di incenso o anche delle tavolette in bronzo o argento in cui veniva inciso profondamente un percorso in forma di labirinto lungo il quale si spostava la brace dell'incenso che iniziava a bruciare

---

[18] L'espressione *tai yin* significa grande *yin*, con il significato di ombra, oscuro, attributo della Luna e in opposto a *yang* attribuito al Sole.

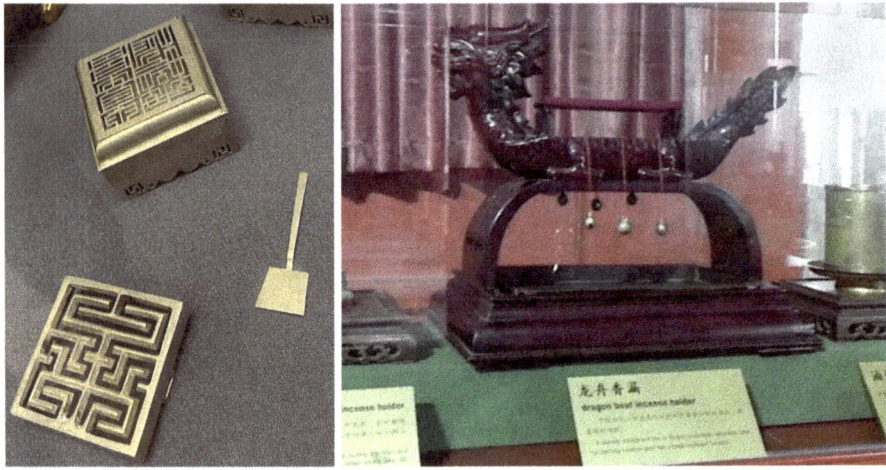

Fig. 6.9 Misurazione a combustione. Sinistra: orologio a traccia di incenso. (© Museum of History of Science, Oxford) Destra: orologio allarme a combustione. (© Museo Imperiale Beijing)

partendo dal centro. La lunghezza di ogni tratto era in relazione all'intervallo di tempo che occorreva per bruciare l'incenso. Questi orologi venivano chiamati *xiang zhong* 香钟 (orologio a incenso o orologio profumato) (Fig. 6.9 a sinistra).

Nella Fig. 6.9 a destra vediamo un sistema di misurazione in cui viene bruciato un filo cui sono sospese delle sferette. Quando il filo brucia, la sferetta cade in una coppa metallica che risuona come una sveglia. Questi sistemi venivano usati prevalentemente per determinare il tempo di esecuzione di qualche compito, ad esempio durante gli esami imperiali. Anche i missionari gesuiti descrissero questi strumenti nelle loro relazioni, spiegandone gli usi, in parte religiosi ma anche come orologi sveglia.

Clessidre ad acqua. Le clessidre ad acqua per la misurazione del tempo furono introdotte fin dal −VII secolo, un metodo che presto trovò applicazione nelle osservazioni astronomiche. Le clessidre più antiche ritrovate risalgono alla prima dinastia Han. I tipi di clessidre, chiamate *louke* 漏刻 si possono suddividere tra quelle in cui l'acqua esce da un contenitore e quelle in cui l'acqua entra. Entrambi i tipi potevano essere composte da più contenitori in cascata.

Uno dei limiti principali delle clessidre è la costanza del flusso, infatti durante lo svuotamento la pressione del fluido diminuisce con conseguente riduzione della velocità con cui il liquido esce dal contenitore. In secondo luogo il tasso di flusso d'acqua è inversamente proporzionale alla viscosità, che dipende dalla temperatura. I liquidi tendono generalmente a diventare meno viscosi all'aumentare della temperatura. Nel caso dell'acqua, la viscosità varia di un fattore di circa sette tra zero e 100 gradi Celsius. Di conseguenza, un orologio ad acqua funzionerebbe circa sette volte più velocemente a 100 °C che a 0 °C. A 20° Celsius l'acqua è circa il 25 percento più viscosa che a 30 °C. La variazione di un grado Celsius, nell'intervallo della temperatura ambiente, produce una variazione di viscosità di circa il 2%.[19]

Un orologio ad acqua che tiene il tempo con precisione a una temperatura costante guadagnerebbe o perderebbe circa 30 secondi al giorno se la temperatura variasse di ± 1° Celsius. Un errore accettabile per le osservazioni astronomiche nell'antichità non doveva superare un minuto al giorno, il che richiedeva probabilmente un controllo accurato della temperatura affinché la variazione non superasse 1/30° Celsius. L'imprecisione è ancora maggiore quando la variazione di temperatura si estende oltre l'intervallo 20°… 30°, in particolare durante l'inverno quando le osservazioni erano compiute sia all'interno che all'esterno degli edifici. Una regolazione giornaliera poteva certamente impedire l'accumularsi dell'errore, è tuttavia facile immaginare che una serie di osservazioni notturne estese nell'arco di alcune ore non potevano fornire risultati certi e confrontabili.

Per ogni problema erano state escogitate diverse tipologie di clessidre con sistemi di regolazione automatici relativamente efficaci. L'effetto sifone si basa su una regolazione fine delle differenti altezze tra i due estremi del sifone, esso era usato già al tempo della dinastia Han, e si trovano descrizioni del suo uso durante la dinastia Sui. Un'altra soluzione è una valvola galleggiante conica, descritta nello scritto *Kitab al-hiyal* (Libro delle macchine ingegnose) dei fratelli Banū Mūsā, pubblicato nell'850 e ripresa anche da Leonardo da Vinci.[20]

Nelle clessidre a più livelli la regolazione del flusso avviene ad ogni livello mantenendo la stessa altezza d'acqua in ogni vasca. Mantenere il livello nella prima vasca è difficile, la soluzione venne trovata durante la dinastia Song Settentrionali da Yan Su 燕肅 (961–1040), uno studioso che contribuì a comprendere il meccanismo delle maree. Egli inventò la *clessidra loto*, con due vasche, regolando il traboccamento della prima.

L'indicazione del tempo può essere letta su una scala graduata incisa all'interno o all'esterno del contenitore, oppure mediante un galleggiante che segue lo spostamento del livello dell'acqua. L'indicatore galleggiante era stato introdotto in Grecia da Ctesibio (III sec. AEC). La clessidra riprodotta in Fig. 6.10, è dotata di un indicatore galleggiante che scorre di fronte alla scala con le indicazioni delle ore. Yi Xing durante la dinastia Tang ideò una sorta di mulino ad acqua che poteva fornire energia per un orologio e che venne sviluppato e perfezionato nella Torre Astronomica di Su Song, che esamineremo più avanti.

Clessidre ad acqua meccaniche. È opinione comune che gli orologi siano un'invenzione del mondo occidentale e che i cinesi non li conoscessero. Una delle ragioni di questa convinzione deriva dai resoconti dei Gesuiti, in parti-

---

[19] (Hwang, Yan, & Lin, 2021) https://doi.org/10.5194/ms-12-203-2021 Ultimo accesso febbraio 2024.
[20] (Hill, 1979).

Fig. 6.10 Orologio ad acqua in bronzo, dinastia Yuan, 1316. L'intero strumento è composto da quattro recipienti in bronzo: il recipiente del sole, il recipiente della luna, il recipiente delle stelle e il recipiente di raccolta dell'acqua. Sulle pareti dei recipienti sono incisi rispettivamente disegni del sole, della luna, della costellazione dell'Orsa Maggiore e degli otto trigrammi (a destra). Il coperchio del recipiente di raccolta ha al centro un'asta graduata in bronzo con le ore indicate; davanti all'asta è posizionata una freccia di legno galleggiante, la cui parte inferiore è una tavoletta di legno chiamata "barca galleggiante", che, risalendo, indica l'ora sull'asta graduata in bronzo (al centro). (© Museo Nazionale, Beijing)

colare dal racconto dell'enorme interesse suscitato tra gli alti funzionari cinesi che Matteo Ricci frequentava, per gli orologi meccanici con suoneria che egli offriva in dono.[21] Abbiamo accennato al fatto che molte sfere armillari costruite nei secoli precedenti erano dotate di meccanismi per inseguire il movimento del cielo, ed alcune si potevano considerare veri e propri orologi. Oltre ai casi già ricordati, negli annali della dinastia Sui viene descritto il lavoro di Geng Xun 耿恂 (557–618). La sua conoscenza del cielo lo portò a diventare astronomo reale, e durante questo servizio costruì una sfera armillare che non veniva azionata manualmente, ma da un meccanismo ad acqua. In seguito offrì all'imperatore Wen Di (dinastia Sui) una sorta di clessidra cronometro, che interrompeva il flusso d'acqua dopo brevi intervalli di tempo. Altre macchine vennero costruite in particolare durante la dinastia Tang e la dinastia Song. Questi meccanismi, azionati ad acqua o a mercurio, furono perfezionati e applicati anche ai globi celesti.

---

[21] La "campana che suonava da sola" impressionò in particolare il Prefetto Wan Pang che nel 1583 invitò Ricci a lasciare Macao per stabilirsi a Zhaoqing. (Fontana, 1996) p.59.

Gli studi di Joseph Needham, Wang Ling e Derek de Solla Price[22] condotti su documenti risalenti alle epoche citate, hanno permesso di individuare un grande numero di sfere armillari e globi celesti azionati ad acqua, e i miglioramenti progressivi nella tecnica costruttiva.[23]

Durante le dinastie Sui e Tang, e successivamente durante la dinastia Song, emersero tre figure importanti che diedero contributi fondamentali alla costruzione delle clessidre meccaniche: Yi Xing, Shen Kuo e Su Song.

Poiché gli antichi strumenti erano danneggiati e imprecisi, Yi Xing, che aveva contribuito alla riforma del calendario *Dayan li*, si dedicò al progetto di nuovi strumenti e costruì un modello di una sfera armillare che comprendeva un anello per l'eclittica e un tubo di osservazione posizionato sull'asse dell'eclittica. L'imperatore approvò la costruzione in bronzo di questa originale sfera armillare, che fu pronta nel 724 e venne usata per aggiornare la posizione di 150 stelle.

Yi Xing si dedicò quindi al progetto e alla costruzione di una sfera celeste meccanica con ingranaggi, mossa da un sistema idraulico in modo da riprodurre il moto del sole, della luna e dei pianeti. La descrizione di questa macchina si ritrova in due scritti, uno del 945 e uno del 1046.[24] In sintesi l'azione della macchina si può descrivere nel seguente modo: nel corso di una giornata il globo compie una completa rotazione. Attorno al globo ci sono due anelli sui quali sono segnati il sole e la luna; mentre il globo ruota verso ovest nelle 24 ore, l'anello del Sole compie una rotazione in senso inverso di un grado e quello della luna ruota, sempre verso est, di 13,368421 gradi. Compiute 29 rotazioni e una frazione il sole e la luna si incontrano. Dopo 365 rotazioni il sole ha compiuto una rivoluzione completa.

Ricordando che una rivoluzione solare si compie in 365,25 giorni, la frazione che si somma alle 29 rotazioni si può calcolare nel seguente modo:

$$\frac{365,25}{13,368421 - 1} = \frac{27759}{940} = 29,530851189493$$

che approssima il periodo del moto sinodico lunare. Scomponendo il rapporto in fattori primi si può ricavare una possibile configurazione di ingranaggi che attuano questo periodo:

$$\frac{19 \times 3 \times 487}{4 \times 47 \times 5}$$

Questo strumento svolgeva anche le funzioni di un orologio, segnando con un colpo di tamburo sia lo scoccare della coppia di ore, sia ogni singolo quarto: si tratta del più antico orologio meccanico cinese conosciuto.

---

[22] (Needham, Wang, & de SollaPrice, 1986).
[23] Joseph Needham stima che l'errore di un orologio ad acqua meccanico è dell'ordine di 100 second al giorno (Needham, 1965) p .459 nota a.
[24] (Needham, Wang, & de SollaPrice, 1986) p .74–78.

La descrizione, prosegue ricordando che tutti i movimenti erano frutto di ingranaggi, ganci e meccanismi di stop (ovvero lo scappamento). Quando fu completata nel 725 venne chiamata *Vista a volo d'uccello della Mappa Sferica dei Cieli Mossa ad Acqua.*

Questa macchina era stata descritta da Padre Gaubil (1689–1759) gesuita astronomo e missionario in Cina. Ferdinand Berthoud, nella sua storia dell'orologeria del 1802, riporta la seguente descrizione della macchina costruita dall'astronomo cinese Y-Hang[25] nel 720:

> L'acqua faceva muovere diverse ruote e per mezzo di esse si rappresentava il movimento proprio e il movimento comune del Sole, della Luna e dei cinque pianeti; le congiunzioni, le opposizioni, le eclissi di Sole e di Luna; le occultazioni delle stelle e degli altri pianeti. Si vedeva la durata dei giorni e delle notti per Si-Gan-Fu, le stelle visibili e non visibili sull'orizzonte. Due stili (o lancette) indicavano giorno e notte il kéh, la centesima parte del giorno, e le ore. Quando lo stilo si trovava sul kéh appariva improvvisamente una piccola statua di legno, che batteva un colpo su un piccolo cimbalo e subito scompariva. Quando lo stilo era sull'ora una statua di legno compariva sulla scena e batteva su una campana; una volta dato il colpo si ritirava.[26]

Abbiamo già esaminato il contributo di Shen Kuo nella matematica. Nel suo scritto *Mengxi Bitan,* tra i molti temi che tratta, affronta anche studi di astronomia, progettando miglioramenti nelle sfere armillari, nello gnomone e nelle clessidre in relazione alle quali scriveva[27]:

> "Gli astronomi avevano due tipi di strumenti; la sfera armillare per misurare il cielo e il globo celeste, che è essenzialmente una immagine del cielo."

Shen Kuo, con la collaborazione di Wei Pu 魏朴, aveva osservato gravi errori nelle misure lunari basate sulle antiche teorie di Yi Xing della dinastia Tang, vecchie ormai di 350 anni. Registrarono diligentemente l'orbita lunare tre volte per notte nel corso di cinque anni. Ma il loro lavoro incontrò resistenza e invidia dai funzionari e dagli altri colleghi astronomi, offesi dalla insistenza a criticare il lavoro di Yi Xing. Dopo aver dimostrato l'errore lunare con uno gnomone, Wei e Shen ottennero il riluttante consenso dei ministri per la correzione. Tuttavia, nonostante la correzione, i ministri, che si ritenevano offesi dalla presenza di Wei Pu, un uomo comune, rifiutarono il tracciamento dei movimenti planetari proposto da Wei e Shen, preferendo il modello antiquato. Di conseguenza solo gli errori più gravi vennero corretti, deludendo Shen che lamentò l'influenza negativa dei "creatori di calendari" sulla sua ricerca.

---

[25] Si tratta dell'astronomo I-Hsing secondo la trascrizione Wade-Giles, o Yi Xing secondo la trascrizione pinyin.
[26] (Berthoud Tome II 1802, p. 178).
[27] Ivi p .61.

Su Song nacque a Xiamen, nella provincia di Fukien. Nel corso della sua carriera coprì numerosi incarichi pubblici, progredendo gradualmente nella carriera burocratica.

All'inizio della carriera fu incaricato di contribuire alla preparazione di editti Imperiali e di offrire consigli all'imperatore e ai ministri più importanti. Durante l'impero di Yingzon (1063–1067) della dinastia Song Settentrionale, Su Song divenne Supervisore dello staff del Ministero delle Finanze e ricevette una onorificenza riservata ai funzionari più incorruttibili. In questo periodo Su Song era associato a un partito conservatore Confuciano.

Ricevette spesso incarichi speciali all'estero, in particolare nei paesi del Nord nel Regno Liao delle popolazioni mongole, una opportunità che gli permise di acquisire conoscenze utili per il calcolo dei calendari e le conoscenze di astronomia. Durante una sua visita alla corte Liao, Su Song dovette presentare omaggi formali per il giorno del solstizio, ma il suo calendario lo prevedeva con un giorno di anticipo rispetto a quello locale. Questo episodio provocò una accesa discussione con gli astronomi mongoli. Nel tentativo di recuperare la brutta figura riuscì a cavarsela riconoscendo la migliore accuratezza del metodo dei mongoli, ma sostenne che la differenza dal suo metodo era minima e si sarebbe manifestata solo se il ritardo accumulato fosse caduto alla mezzanotte, sostenendo la natura convenzionale che aveva la scelta dell'inizio del giorno. Al ritorno in patria riferì l'episodio mettendo in luce gli errori dei calendaristi imperiali, i quali vennero puniti.[28]

Circa dodici anni dopo il suo incarico diplomatico nei Paesi del Nord, fu promosso alla carica di *Viceministro alla destra del Ministro del Personale* e allo stesso tempo *Direttore Superiore della Cancelleria Imperiale*.

In questo periodo si svolse anche la sua attività scientifica. Nel 1086, l'imperatore emise un ordine per l'esame degli strumenti astronomici esistenti e per la costruzione di un orologio astronomico che potesse eguagliare o superare quelli costruiti all'inizio della dinastia o prima ancora, ai tempi della dinastia Tang. A Su Song fu chiesto di suggerire il nome di una persona qualificata per svolgere il lavoro. Egli scrisse un documento per l'imperatore spiegando perché proponeva il matematico e ingegnere Han Gong-Lian 韓公廉, che non era un membro dell'Ufficio Astronomico ma un funzionario del Ministero del Personale a cui apparteneva lo stesso Su Song.

Su Song aveva ormai raggiunto l'età di 75 anni ed era stato insignito di numerosi titoli: Gran Protettore dell'Esercito, Marchese *K'ai-Guo* di *Wu-Gung*. Fu anche uno dei precettori dell'erede imperiale. Alla sua morte lasciò una importante raccolta di opere letterarie.

Su Song non conosceva solo l'astronomia e la scienza del calendario. Nel 1070 scrisse *Bencao Tujing* 本草图经 (Farmacopea illustrata), un trattato di botanica, zoologia e mineralogia farmaceutica, che contiene preziose informazioni sulla

---

[28] (Needham 1965, p. 447).

metallurgia del ferro e dell'acciaio nell'XI secolo e sull'uso terapeutico di farmaci come l'efedrina.

La torre astronomica di Su Song. Nel 1088 con l'aiuto di Han Gong-Lian venne completato un prototipo in legno perfettamente funzionante da sottoporre all'approvazione imperiale. Due anni dopo vennero fusi in bronzo la sfera armillare e il globo celeste. Costruita nella capitale dell'epoca, Kaifeng, la torre astronomica aveva un meccanismo attuato da una ruota ad acqua che metteva in rotazione una sfera armillare posta sulla sommità della torre e un globo celeste sul piano superiore all'interno; nella Fig. 6.12 vediamo un disegno schematico. La torre è alta 12 metri, la sfera armillare posta sulla sommità della torre serviva per l'osservazione e la determinazione delle coordinate degli astri. Al piano intermedio è collocato un globo celeste su cui vengono segnati gli astri. Il livello inferiore ospita un vero e proprio orologio, mosso dal sistema ad acqua e con uno scappamento per la suddivisione degli istanti di tempo. L'ora viene indicata da cinque ruote sovrapposte che riportano i simboli delle ore.

Le forme decorative hanno un alto valore simbolico: i sostegni a forma di Drago, simbolo di buon auspicio e simbolo dell'imperatore e la tartaruga su cui poggia la struttura e che tradizionalmente sostiene l'intera Terra. Nelle figure

Fig. 6.11 Ricostruzione della Torre di Su Song. Modello in scala ridotta. (© Antica Piattaforma di Osservazione, Beijing)

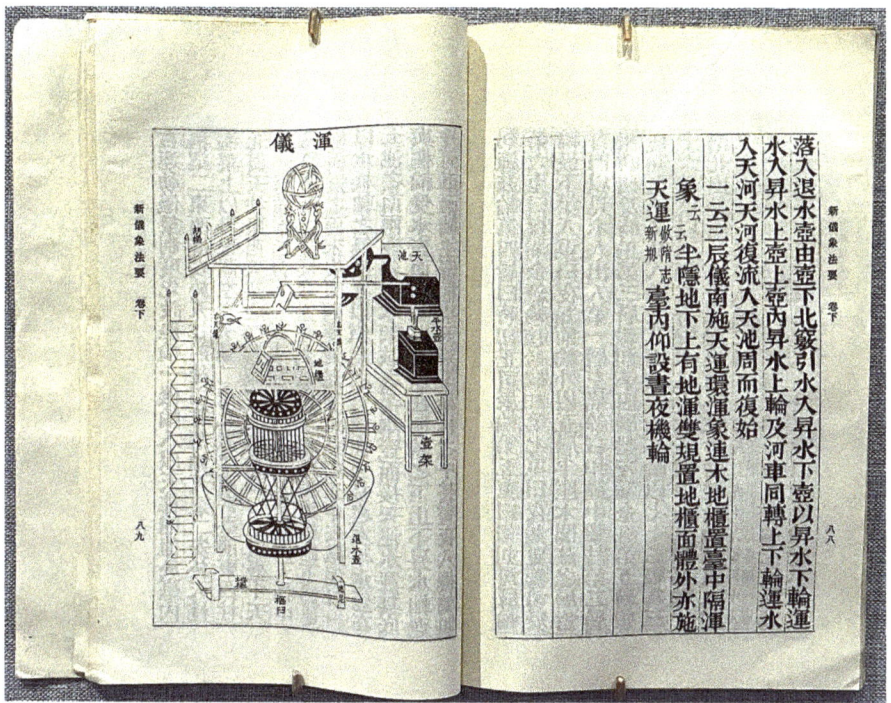

Fig. 6.12 Una pagina dello scritto di Su Song. Revisione di Qian Xizuo, dinastia Qing. Copia pubblicata nel 1937. In cima la sfera armillare. Sulla destra la riserva d'acqua. Sullo sfondo la grande ruota che opera con un meccanismo di scappamento. In primo piano le ruote che mostrano le ore. (© Museo Nazionale di Beijing)

Fig. 6.11 e Fig. 6.13 vediamo alcuni dettagli del modello in scala ridotta conservato all'Osservatorio Astronomico Imperiale di Beijing.

Nel 1092 Su Song iniziò a scrivere la monografia *Xin Yixiang Fayao* 新儀象法要 (che J. Needham traduce come *Il nuovo progetto per l'armilla e il globo*) che spiegava il funzionamento di una macchina astronomica, completata e presentata ufficialmente nel 1094. In questo trattato Su Song ricorda che gli strumenti principali del passato erano la sfera armillare equatoriale con il tubo di osservazione, la sfera armillare dimostrativa con un movimento meccanico che riproduceva i moti celesti e il globo celeste su cui erano riportate le posizioni degli astri, anch'esso mosso da un meccanismo che lo faceva ruotare secondo il periodo annuale.

Il sistema di scappamento è illustrato nella figura Fig. 6.14. Il movimento dell'intera macchina proviene dalla grande ruota e viene trasferito con assi e ingranaggi alle ruote del sistema di raffigurazione delle ore, al globo celeste e infine all'armilla in cima alla torre. L'ingranaggio per il movimento della sfera armillare e del globo celeste si basa su ruote da 600 denti e pignoni da 6 denti, in modo che 100 rotazioni al giorno dell'asse motore producano una rotazione al giorno

Fig. 6.13 Sfera armillare, globo celeste, indicazione delle ore e scappamento. Ricostruzione della Torre di Su Song. Modello in scala ridotta. (© Antica Piattaforma di Osservazione, Beijing)

dell'armilla e del globo. Un passo del ciclo di rotazione corrisponde a una divisione temporale di 2' 15."

La torre fu smontata nel 1275 durante l'invasione Mongola (dinastia Yuan) e portata a Beijing, ma nessuno riuscì a rimontarla. La monografia di Su Song fu ristampata più volte fino alla metà del XIX secolo. Needham, Wang e de Solla Price hanno tradotto questo scritto e in particolare il terzo capitolo che contiene la descrizione dettagliata del meccanismo.[29]

L'introduzione del meccanismo a scappamento fu una importantissima evoluzione degli orologi ad acqua, permetteva infatti di risolvere i problemi di irregolarità dovuti ai cambiamenti di temperatura e alle difficoltà di calibrare con precisione il flusso d'acqua. Il tempo di riempimento delle piccole palette (vedi 12 in Fig. 6.14) era infatti molto più regolare.

Orologi meccanici in Occidente e in Cina. La costruzione di macchine per la misurazione del tempo fa la comparsa in Occidente nel tardo Medioevo. Questi primi orologi non avevano certamente una precisione sufficiente per contribuire alle misure astronomiche.

---

[29] (Needham, Wang, & de SollaPrice, 1986).

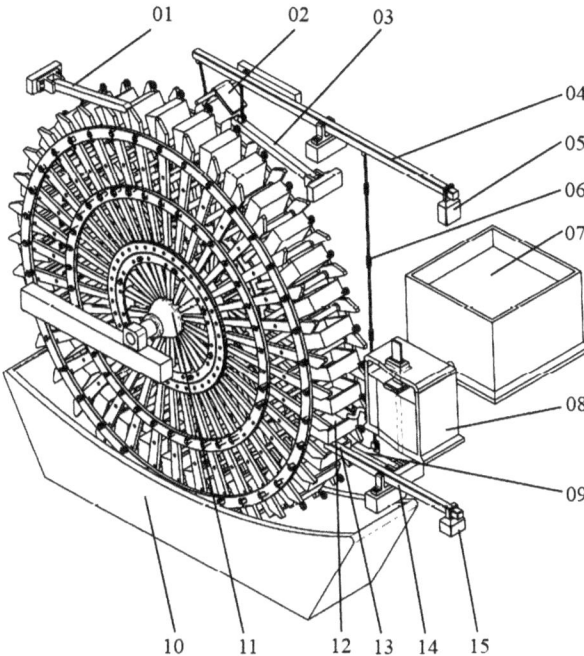

Fig. 6.14 Schema dello scappamento. La ruota è costituita da palette che possono ruotare singolarmente su un fulcro con un contrappeso. In questo modo, ogni paletta, una volta riempita d'acqua, ruota e versa l'acqua. Una volta svuotata, la paletta torna nella sua posizione normale. Le palette sono montate sui raggi della ruota su cui agiscono le altre leve per fermare e rilasciare la rotazione. Ogni misurino viene riempito in circa 24 secondi. Il blocco (02) ferma la ruota. L'acqua viene versata dal serbatoio a livello costante (08) nella paletta (12). Quando il 12 è pieno, muove la leva (13) sollevando il contrappeso (15) e abbassando il lato (13) della leva (14). Questa azione tira la catena (06) e solleva il blocco di arresto (02) attraverso la leva 04. La ruota è ora libera di ruotare mentre la paletta viene svuotata, lasciando libere le leve (14) e (04) per il ripristino. La livella (04) è collegata con una molla al blocco di arresto (02) che ritorna in posizione di arresto. La leva (01) agisce per evitare un contraccolpo durante la rotazione della ruota. L'intera successione di scatti avviene in un istante

La storia dello sviluppo degli orologi in occidente è lunga e ricca di invenzioni, qui mi limito a ricordare pochi fatti.

Il principio alla base della misurazione del trascorrere del tempo consisteva nel contare oscillazioni, anziché misurare quantità di acqua o sabbia come nelle clessidre tradizionali. I due principali problemi erano mantenere costanti le oscillazioni e contarle con precisione. La soluzione fu trovata con l'invenzione dello scappamento, che non solo stabilizza l'oscillazione, ma consente anche di contarne il numero. Non si sa con certezza chi abbia inventato lo scappamento in Occidente. Von Bertele[30] riferisce che lo scappamento a verga fu inventato da San Gerberto che divenne Papa

---
[30] (von Bertele 1953, p. 802).

Silvestro II (970–1003). Tuttavia, esistono documenti che descrivono un orologio meccanico realizzato da Pacifico (776–846), arcidiacono di Verona.[31]

Galileo studiò l'oscillazione del pendolo e scoprì l'isocronismo per piccole oscillazioni, oltre al fatto che la frequenza dipende dalla lunghezza del pendolo. Galileo non costruì un orologio a pendolo, che fu invece sviluppato nel 1657 da Christiaan Huygens (1629–1695). Da allora, innumerevoli innovazioni hanno portato alla costruzione di orologi sempre più precisi, fino all'invenzione della misurazione elettronica e atomica.

Gli orologi costruiti da Jost Bürgi dopo il 1586, utilizzati per le osservazioni astronomiche avevano una precisione ±30." Il pendolo di Huygens era poco più preciso ±20" ma molto irregolare per lunghi intervalli di tempo. L'introduzione dello scappamento ad ancora verso la fine del '600 portò l'errore a ±10." Occorre attendere il 1710 quando George Graham introdusse l'ancora a riposo portando l'errore al di sotto di ± 3."[32]

Gli orologi meccanici appaiono in Cina con i missionari gesuiti. Lo stesso Matteo Ricci consegnò ai funzionari Imperiali, come dono per l'imperatore, un pendolo, un orologio da tasca, un grande orologio con suoneria e carillon e un clavicordo.[33] L'Imperatore ordinò che i Padri gesuiti venissero al Palazzo Imperiale giungendo fino al secondo recinto per caricare gli orologi e insegnare agli Eunuchi come mantenerli. Fece anche costruire un'alta torre nel giardino del Palazzo per porvi il grande orologio. Gli orologi occidentali furono una sorta di cavallo di troia per permettere ai Gesuiti di installarsi a Beijing, poiché gli Eunuchi temevano di non essere in grado di mantenere gli orologi dopo la partenza dei missionari. Per tutto il '700 i commercianti occidentali importarono in Cina innumerevole pendole con suonerie, automi, orologi da tasca smaltati secondo lo stile orientale.

Nel 1680 l'imperatore Kangxi fece installare nel Palazzo Imperiale una officina per la costruzione di orologi da tasca. Venivano prodotte soprattutto copie di orologi Svizzeri o Francesi, di modesta qualità per la meccanica, e con casse riccamente decorate nello stile locale (Fig. 6.15).

La maggior parte degli orologi e degli automi veniva importata dall'Europa e divenne subito un simbolo di status. In particolare durante il regno di Qianlong 乾隆帝 (1735–1796) la Corte Imperiale, nobili e alti funzionari acquistarono orologi di produzione Inglese e Francese riccamente decorati e spesso arricchiti con automi (Fig. 6.16 a destra). Alcuni imprenditori Svizzeri si insediarono a Canton, il primo fu il ginevrino Charles de Constant (1762–1835), che vi giunse nel 1782 con l'intenzione di mettere in piedi una fabbrica e di sviluppare i commerci con l'Occidente. L'iniziativa non ebbe successo, rientrato in Europa lasciò

---

[31] (Berthoud Tome I 1802, p. 47).
[32] (von Bertele 1953) p. 800. Vedi anche (Marini, 2024).
[33] (Chapuis, 1919).

6 Gli strumenti astronomici   261

Fig. 6.15 Sinistra: Fabbriche a Canton nel 1840. Destra: Orologi da tasca prodotti in Cina tra il 1700 e il 1730, in stile Luigi XIV

Fig. 6.16 Sinistra: Orologio con foliot e pesi con le indicazioni delle 12 ore doppie, epoca Qing, costruzione Cinese. Destra: Orologio meccanico di epoca Qing. (© Museo Nazionale di Nanjing)

numerosi scritti e lettere che descrivono con vivezza come si svolgevano i commerci, sotto il rigoroso controllo delle autorità Cinesi.[34]

---

[34] (Chapuis, 1919) p. 53–58.

Una produzione autonoma di orologi comparve in Cina solo agli inizi del XIX secolo, ancora per merito di imprenditori Svizzeri. Il primo a insediarsi a Canton come orologiaio fu Édouard Bovet, che nel giugno 1818 partì da Londra, dove era espatriato durante la Restaurazione, e giunse a Canton nell'agosto dello stesso anno. Raggiunto negli anni successivi dai figli fondò una produzione di orologi che ebbe grande successo.

6.2 Gli osservatori astronomici

Non ci sono documenti precisi che dimostrino l'esistenza di osservatori astronomici in Occidente nelle epoche più antiche e nel periodo ellenistico. È del tutto ragionevole tuttavia ipotizzare che le *ziggurat* Sumere, considerate siti religiosi, fossero luoghi in cui potevano essere montati strumenti fiduciari e gnomoni per l'osservazione del cielo. Analoga funzione potevano avere i *tell* (strutture collinari) e templi antichi disposti in modo da segnalare eventi astronomici particolari come solstizi o equinozi, come il già citato caso del tempio di Abu Simbel in Egitto.

L'osservatorio astronomico in senso stretto è tuttavia una struttura più complessa, dotata di strumenti specifici e nella quale operano specialisti nel corso dell'intero anno.

Durante il periodo Arabo nel medio Oriente e nell'Asia Centrale, furono costruiti vari osservatori, tra cui i più importanti si trovavano a Baghdad (825), a Cordoba (1198 ca.), Maragheh (1259), a Samarcanda (1428) e nel corso del XVI sec. a Istanbul.

Il primo osservatorio in Europa fu creato nel 1568 dal Landgravio Guglielmo IV a Kassel, nell'Assia. In Danimarca nel 1584 Tycho Brahe costruì Uraniburg sull'isola di Hven. A partire dal '600 vennero creati osservatori in tutte le principali città Europee: Leida (1632), Copenaghen (1637), Parigi (1667) Greenwich (1675), Berlino (1705), Bologna (1714), Delhi (Jantar Mantan) (1724), Praga (1720–1750), Pulkovo (1839), Sidney (1858), Mount Palomar in California (1904). Gli strumenti in uso erano principalmente astrolabi, quadranti, gnomoni e sfere armillari zodiacali, fino alla invenzione del telescopio che rivoluzionò completamente i metodi osservativi.

In Cina, l'importanza del calendario fece sì che, fin dalla dinastia Han, venissero istituiti in tutte le capitali luoghi per l'osservazione astronomica, documentati negli annali imperiali. Nel corso dei secoli gli osservatori si estendevano entro un intervallo di latitudine da 30,25° a Lin-an 臨安, capitale durante la dinastia Song Meridionale, a 40,20° a Datong 大同 capitale nell'epoca della dinastia Wei Settentrionale.

Nel 1279, durante la dinastia Yuan, Guo Shoujing individuò 27 siti di osservazione distribuiti nel territorio dell'Impero per raccogliere dati osservativi completi con il *Test dei Quattro Mari* (vedi oltre). Due antichi osservatori sono

Fig. 6.17 Sinistra: le località in cui vennero posti gli osservatori astronomici coordinati da Guo Shoujing. Una versione ad alta risoluzione si può scaricare da qui: https://github.com/user-attachments/assets/65bb49e6-c14a-4bf0-8399-f076d767a2c8. Destra: Osservatorio di Dengfeng, "Torre senz'ombra"

di particolare importanza, il più antico è quello di Dengfeng, l'altro è quello di Beijing, nel quale lo studio e l'osservazione astronomica proseguì fino al crollo dell'Impero Qing nel 1912 e la nascita della Repubblica di Cina, quando vennero creati osservatori dotati di strumenti moderni, primo tra tutti quello di Nanjing.

Nell'Osservatorio di Nanjing sulla Montagna Purpurea, costruito nel 1934 e trasformato oggi in un museo, si trovano gli strumenti antichi di epoca Ming, precedenti all'arrivo dei missionari gesuiti, mentre all'Osservatorio Astronomico Imperiale di Beijing, oggi un museo, sono conservati gli strumenti costruiti dai Gesuiti prendendo come modello gli strumenti di Tycho Brahe.

Osservatorio di Dengfeng. Questo osservatorio si trova nella città di Gaocheng, nella provincia di Henan, è un luogo dove già in epoca Zhou venivano fatte misure dell'ombra del sole.

Tra le testimonianze più antiche delle osservazioni astronomiche compiute in questo luogo c'è una stele posta nel 723 durante la dinastia Tang, sul cui lato a sud è scritto "Torre del Duca di Zhou per misurare l'ombra del Sole." La base ha la forma di una piramide tronca, alta 1,98 m, sulla quale è posta una colonna in pietra della stessa altezza, la base della pietra dista 37 cm dalla base della piramide (Fig. 6.17 a destra). In occasione del solstizio di estate, a mezzogiorno, l'ombra della colonna non supera il bordo della base, ed è quindi chiamata *"Torre senza Ombra."* Questa località, nei *Riti di Zhou*, è considerata il centro della Terra 地中 *Dizhong,* un luogo in cui l'ombra proiettata da uno gnomone di 8 *chi* al solstizio di estate misura 1 *chi* e mezzo. Qualche studioso ritiene che il nome stesso della Cina, *Zhong Guo* 中国, derivi da questo. La latitudine di Dengfeng è circa 34° Nord, e non ha particolari proprietà come l'equatore o il tropico con latitudini

0° e 23,7°, è quindi molto più probabile che i Signori della regione volessero semplicemente sottolineare l'importanza delle loro terre. In questa località Guo Shoujing fece costruire lo gnomone gigante (Fig. 6.2 a sinistra) per compiere la campagna di misure nota come Test dei Quattro Mari[35] *Sihai Ceshi* 四海测试.

Il Test dei Quattro Mari. Il nome di questa missione si rifà alla concezione antica della cosmologia *Hun Tian*, secondo la quale la terra era interamente circondata dal mare. Nel 1279 Guo Shoujing propose a Kublai Khan di effettuare rilevamenti astronomici in tutto il territorio dell'Impero. Guo fece notare che nella dinastia Tang, l'astronomo Yi Xing aveva guidato un gruppo per effettuare misurazioni astronomiche in 13 punti di osservazione in tutto il Paese. Yi Xing tra il 721 e il 725 infatti condusse una campagna di misure della latitudine in nove posizioni tra i 17,4° dell'estremo sud (nell'attuale Vietnam) e i 40° presso l'attuale Lin-Xian nel Shanxi.[36] La distanza a terra lungo il meridiano era di 7973 *li*, circa 3500 km. Misurando l'ombra al solstizio con uno gnomone venne misurata la distanza a terra di 1° di latitudine riportando il valore di 350 *li* e 80 *bu* (circa 175 km.).

Poiché il territorio della dinastia Yuan era ancora più vasto di quello della dinastia Tang, Guo sottolineò l'importanza di effettuare misurazioni in luoghi diversi per rilevare l'ora, i termini solari e della luna, la differenza tra il giorno e la notte in diverse parti del Paese, e la posizione del sole, della luna e delle stelle nella sfera celeste. Kublai approvò la proposta, dando così inizio al Test dei Quattro Mari.[37]

Guo Shoujing diresse il Test dei Quattro Mari, istituendo 27 osservatori in tutto il Paese, dal Sichuan-Yunnan e alla pianura fluviale a sud, al mar cinese meridionale nell'isola di Huangyan, e fino alla Siberia a nord (Fig. 6.17 a sinistra). Il numero di misurazioni, l'ampia area geografica, l'alto grado di precisione e il gran numero di partecipanti non hanno precedenti nella storia dell'astronomia cinese e mondiale, ed è stata realizzata 620 anni prima che lo stesso rilevamento geodetico fosse effettuato in Occidente.[38]

Guo Shoujing viaggiò per migliaia di miglia da Shangdu (Duolun) e Dadu attraverso l'Henan fino al Mar Cinese Meridionale e partecipò personalmente al test. A quel tempo, Gaocheng (città di Guyang) era sotto la giurisdizione della provincia di Henan (presso l'antica capitale Luoyang), e i risultati delle osservazioni erano imprecisi come riportato negli Annali astronomici della dinastia Yuan.

---

[35] "*Essendo l'acqua in tutte le direzioni, viene chiamata i 'Quattro Mari'.*" Suí Shū, Volume 19, Trattato 14: Astronomia, Parte Prima. https://ctext.org/wiki.pl?if=gb&chapter=263828&remap=gb. Ultimo accesso novembre 2024.

[36] (Needham, 1959), p. 292–293. La longitudine era probabilmente 107.15° est e le località indicate sono diverse anche se relativamente prossime.

[37] Nella antica cultura cinese si riteneva che la Cina fosse circondata da quattro mari *Si Hai* (四海): a est il Mar Cinese Orientale, a ovest un mare immaginario oltre le terre desertiche, a sud il Mar Cinese Meridionale e a nord ancora un mare immaginario, probabilmente legato a racconti sul grande lago Baikal o alle regioni siberiane. L'idea dei Quattro Mari completa la nozione di *Tianxia, Tianxia Si Hai* (天下四海) che significa "sotto il cielo e nei quattro mari" creando una visione completa dell'unità del mondo.

[38] Ricordiamo che la spedizione di de Maupertuis per la misurazione del Meridiano risale al 1739 (de Maupertuis, 1739).

La piattaforma di osservazione a Dengfeng, chiamata anche torre di Gaocheng, fatta costruire da Guo Shoujing è composta da due parti: la terrazza e una scanalatura orizzontale in pietra a nord del corpo (vedi Fig. 6.2 a sinistra). L'edificio della terrazza è alto 8,9 metri, mentre l'altezza totale della sala dell'osservatorio in cima alla terrazza è di 11,96 metri. La parte inferiore della terrazza ha una lunghezza di 16,85 metri a est, 16,37 metri a nord, 16,37 metri a sud e 16,85 metri a ovest. La parte superiore misura 8,05 metri a est, 8,05 metri a nord, 7,55 metri a sud e 7,55 metri a ovest. Sulla sommità della terrazza è possibile collocare strumenti astronomici per osservare il sole, la luna e le stelle. Tra le due camere di osservazione si trova la traversa, un'asta di rame lunga 1,97 metri e con un diametro di 0,08 metri. L'ombra della traversa viene proiettata su un basamento posto sul lato nord, che misura 31,39 metri di lunghezza, 0,53 metri di larghezza e 0,4 metri di altezza, ed è composto da 36 blocchi di pietra. Su questo basamento è incisa una scanalatura con acqua per verificare che sia perfettamente orizzontale, e una scala graduata per misurare la lunghezza dell'ombra a mezzogiorno, quando il sole raggiunge il suo culmine. Guo Shoujing utilizzò questo strumento per determinare la durata dell'anno tropico.

All'inizio della dinastia Yuan, gli strumenti astronomici rimasti dalle dinastie Song e Jin erano logori e inutilizzabili. Guo Shoujing li riprogettò e, in tre anni, ricreò più di dieci tipi di strumenti astronomici. Tra questi, il principale era la combinazione di tre strumenti: l'Armilla semplificata (Fig. 6.19) che permetteva di misurare la latitudine e longitudine equatoriale; la meridiana, per osservare il movimento del sole, della luna e delle stelle senza essere ostacolati dagli anelli sugli strumenti antichi; lo gnomone di 8 piedi con il focalizzatore.

L'Osservatorio di Beijing nasce in epoca Yuan (1271–1368) nella nuova capitale Dadu, nel periodo in cui avvenne la grande revisione del Calendario e dei metodi di calcolo. Nell'Osservatorio di Dadu vennero installati nuovi grandi strumenti. In seguito la dinastia Ming trasferì la capitale inizialmente a Nanjing, dove venne creato un nuovo osservatorio, e successivamente, nel 1421, nuovamente a Beijing. L'Osservatorio Imperiale venne ricostruito nel 1442 in epoca Ming. L'Osservatorio è posto su una piattaforma costruita nell'angolo sud-est dei bastioni delle mura della città interna. Anche l'edificio sottostante e il giardino vennero costruiti nella stessa epoca (Fig. 6.20).

Gli strumenti astronomici in bronzo che si trovavano presso l'Osservatorio di Nanchino, vennero descritti dettagliatamente da Matteo Ricci. Durante una visita all'Osservatorio di Pechino, vide alcuni strumenti molto simili e ritenne che fossero opera dello stesso costruttore, anche per via delle decorazioni.[39] Gli strumenti di Pechino erano stati fusi in bronzo durante la dinastia Yuan.

---

[39] (Needham, 1959) p. 367–368.

Fig. 6.18 Sfera Armillare del 1437. (© Osservatorio della Montagna Purpurea, Nanjing)

Fig. 6.19 Armilla semplificata del 1437 dal progetto di Gu Shoujìng. A destra il cerchio equatoriale. (© Osservatorio della Montagna Purpurea, Nanjing)

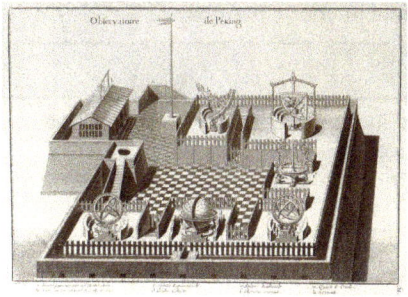 

Fig. 6.20 Sinistra: L'osservatorio in una stampa del 1737. Destra: La piattaforma dell'Osservatorio oggi

Ricci descrisse 4 strumenti in particolare. Il primo è un globo il cui diametro era tale da "*non poter essere racchiuso tra le braccia di tre uomini.*" Sul globo erano incisi i paralleli e i meridiani distanziati di un grado. Il globo era inserito in un grande cubo di bronzo che serviva da piedistallo, dentro al quale si poteva entrare per operare. Ricci osservò che sul globo non erano incise stelle, lo riteneva quindi un lavoro incompiuto. Da questa descrizione tuttavia riconosciamo il planetario di Guo Shoujing di Fig. 6.5 e Fig. 6.6.

Il secondo strumento descritto da Ricci è una grande sfera armillare, di cui notò che al centro c'era un tubo di osservazione anziché la sfera della terra. Ricci osservò anche la suddivisione in 365 gradi e qualche minuto, corrispondente quindi alla suddivisione in 365,25 *du*. Si tratta della sfera armillare equatoriale *chidao jingwei yi* 赤道经纬仪 in Fig. 6.18.

Il terzo strumento è lo gnomone che Ricci descrisse con cura, notando il sottile canale d'acqua per verificarne il posizionamento orizzontale. Ricci ipotizzò giustamente che lo strumento fosse destinato a determinare solstizi ed equinozi. Si tratta di uno strumento simile allo gnomone di Fig. 6.2 a destra.

Il quarto strumento infine era costituito, secondo la descrizione di Ricci, da 3 o 4 astrolabi affiancati. Ricci non riesce a comprenderne con chiarezza l'uso, riconosce un cerchio orientato come l'equatore, un secondo cerchio ortogonale a questo e disposto verso nord e sud e un cerchio disposto in verticale che può ruotare attorno al proprio diametro. I grandi cerchi hanno l'alidada e un tubo di osservazione. Si tratta dell'armilla semplificata *Jian yi* 简仪 che vediamo in Fig. 6.19.

La dotazione di strumenti dell'osservatorio di Dadu risale ai secoli precedenti alla visita di Ricci e tra questi, negli annali, sono descritte 8 sfere armillari in bronzo costruite tra il 979 e il 1124. Altre tre sfere armillari risalivano all'ultimo decennio del XIII secolo, al tempo della dinastia dei Song Meridionali. Negli annali della dinastia Yuan, *Yuan Shu* vengono ricordati alcuni strumenti

Tabella 6.1 Strumenti dell'Osservatorio Imperiale in epoca Yuan

	Pinyin	Cinese	Descrizione
1	Línglóng yí	玲珑仪	Sfera armillare ingegnosa (il secondo strumento descritto da Ricci)
2	Jiǎn yí	简仪	Armilla semplificata (il quarto strumento descritto da Ricci)
3	Hún Tiānxiàng	渾天象	Globo celeste (il primo strumento descritto da Ricci)
4	Yǎng yí	仰仪	Meridiana a scafo (Fig. 6.8 a destra)
5	Gāo biāo	高表	Gnomone alto. Probabilmente simile a quello in Fig. 6.2 a sinistra
6	Lǐ Yún yí	李云仪	Cerchio rotante verticale, compreso in 2. (Parte del quarto strumento descritto da Ricci)
7	Zhèng lǐ yí	正理仪	Strumento di verifica. Probabilmente il tubo di osservazione di 1
8	Jīng fú	景符	Focalizzatore (Fig. 5.25)
9	Gui ji	归纪	Tavola di osservazione. Probabilmente un adattamento dello gnomone e del focalizzatore per osservare la Luna
10	Rì yuè yī	日月仪	Strumento per osservare eclissi. Non è spiegato
11	Xing Gui	星归	Quadrante stellare, probabilmente un notturnale
12	Ding Shi yí	丁是仪	Strumento per determinare il tempo. Probabilmente parte di 2 o un altro nome per 11
13	Zhéng fǎng àn	正方案	
14	Hou shi yi	后世仪	Strumento per osservare il Polo. Probabilmente il tubo di osservazione dello strumento 2
15	Jiu biao xuan	舊標選	Nove indicatori sospesi. Probabilmente riferito a una groma* o a un filo a piombo per verificare la calibrazione di uno strumento
16	Zheng Yi	正仪	Strumento di rettifica. Uso incerto
17	Zuo zheng yi	作正仪	Strumento di rettifica. Uso incerto

* La *groma* di epoca Etrusca era usato per misurare campi, verificando l'ortogonalità dei confini. Era dotato di 4 fili a piombo fissati ai quattro bracci per verificare la verticalità.

dell'Osservatorio Imperiale costruiti tra il 1276 e il 1279, che elenchiamo in Tab. 6.1.[40]

Tre strumenti del primo Osservatorio di epoca Ming esistono ancora: la sfera armillare (Fig. 6.18), l'armilla semplificata (Fig. 6.19) e un globo celeste (Fig. 6.4 a sinistra). L'armilla semplificata, progettata e costruita da Guo Shoujing nel 1279, fu distrutta nel 1723. Un secondo strumento simile fu costruito nel 1430 ed è quello sopravvissuto e oggi conservato all'osservatorio di Nanjing dove fu portato nel 1933 durante la guerra Cino-Giapponese, dove si trovano anche gli altri due strumenti più antichi.

---

[40] Ivi p. 369–370 Le denominazioni di Needham sono tratte dalle cronache *Yuan Shu*.

Joseph Needham definisce l'armilla semplificata come un *torquetum* (vedi più avanti), ma a differenza del torquetum ideato da Petrus Apianus, l'armilla semplificata di Guo Shoujing non permette la lettura delle coordinate eclittiche, introdotte soltanto dopo l'arrivo dei missionari gesuiti.

Questo strumento è composto da due parti. La prima è una armilla equatoriale, costituita da due cerchi ortogonali. Il primo cerchio, con cui si determina la declinazione, ha l'asse orientato verso il nord celeste. Il secondo cerchio è ortogonale al precedente e viene usato per determinare l'ascensione retta. La seconda parte è anch'essa composta da due cerchi ortogonali, quello verticale ha l'asse di rotazione rivolto verso lo zenit del luogo e permette la lettura dell'azimut sul cerchio orizzontale; l'alidada montata sul cerchio verticale indica l'altitudine. Alla base dello strumento si trova una meridiana per leggere l'ora delle osservazioni solari.

L'osservatorio di Beijing rimase in funzione anche durante la dinastia Qing. Il calcolo del calendario proseguì secondo gli standard introdotti dai missionari gesuiti e utilizzando gli strumenti ancora in dotazione dalle epoche precedenti.

Nel 1669, su ordine dell'imperatore Kangxi, Ferdinand Verbiest fece costruire i nuovi strumenti astronomici. I vecchi strumenti di epoca Yuan o Ming vennero rimossi dalla piattaforma astronomica sul muro orientale e vennero montati i nuovi strumenti.

Tutti questi strumenti vennero completati nel 1673. Ferdinand Verbiest nel 1674 pubblicò *Ling tai yi xiang zhi* 灵台仪象志 (Il registro delle osservazioni celesti della Torre Spirituale) un'opera in 16 volumi, i primi quattro dei quali riguardano la costruzione, l'installazione e l'uso dei sei nuovi strumenti astronomici simili a quelli di Tycho Brahe. I volumi dal quinto al quattordicesimo contengono varie tavole astronomiche. Sono descritte 1366 stelle con le coordinate eclittiche, equatoriali e la magnitudo. Le stelle sono denominate con i nomi tradizionali cinesi e sono numerate. Gli ultimi due volumi contengono 117 illustrazioni e gli schemi degli strumenti (Fig. 6.21). L'importanza di quest'opera fu tale che l'imperatore Qianlong nel 1752 la fece includere tra i trattati da studiare per sostenere l'Esame Imperiale.

In totale l'osservatorio era dotato di 10 strumenti, due di epoca Ming e 8 costruiti in epoca Qing sotto la guida di Verbiest e Strumpf. Nella figura Fig. 6.20 a sinistra possiamo vedere come erano disposti gli strumenti sulla terrazza.

In un resoconto pubblicato sulla rivista Nature nel 1890[41] leggiamo:

"Il Sig. Thomas Child, che è appena ritornato da Beijing, ci ha spedito delle fotografie molto belle di due interessanti strumenti astronomici antichi dell'Osservatorio di Beijing. Questi strumenti sono i più antichi al mondo, sono stati fatti per ordine dell'imperatore Kublai KhanKublai Khan nel 1279. Sono dei bronzi

---

[41] Nature Vol .41, Nov. 21, 1889. p .66 https://archive.org/details/in.ernet.dli.2015.228314/page/n103/mode/2up?q=Thomas Child. Ultimo accesso novembre 2024.

Fig. 6.21 Illustrazioni dal *Nuovo Trattato degli Strumenti Astronomici della Piattaforma Celeste* di Ferdinand Verbiest. Sinistra: Cerchio Azimutale. Destra: Istruzioni per la costruzione degli strumenti

di splendida fattura in perfette condizioni, sebbene siano stati esposte all'esterno per più di 600 anni. Essi in precedenza si trovavano sulla terrazza dell'Osservatorio, ma sono stati spostati nella loro posizione attuale per lasciare posto agli otto strumenti costruiti dal Gesuita Padre Verbiest nel 1670, durante il regno dell'imperatore K'ang Hsi della attuale dinastia." (Fig. 6.22)

Thomas Child fece numerose fotografie degli strumenti astronomici, ancora oggi esposte all'Osservatorio.

L'imperatore Kangxi incaricò il gesuita tedesco Kilian Strumpf (1655–1720) di realizzare uno strumento che unificasse le due funzioni del quadrante e del cerchio azimutale. La data è dubbia, tra il 1723 e il 1715, alcuni sostenevano che si trattasse di un dono del re Luigi XIV all'imperatore Kangxi[42], ma Strumpf difese con determinazione il suo lavoro. È tuttavia interessante notare che le decorazioni degli strumenti di Verbiest, realizzate nello stile tradizionale cinese, sono del tutto differenti da quelle dello strumento di Strumpf, che vediamo in Fig. 6.31, il quale è invece in stile rinascimentale francese. Per questo lavoro Strumpf fece fondere molti degli antichi strumenti che erano stati ricoverati in un magazzino. Si salvarono soltanto l'Armilla semplificata, la Sfera Armillare e il Globo Terrestre.[43]

La Nuova Armilla. Nel 1744 l'imperatore Qianlong ordinò la costruzione di una nuova armilla costruita secondo i principi tradizionali delle armille equatoriali Cinesi ma con la suddivisione in 360° come nella astronomia occidentale. Fu co-

---

[42] (Yip, 2006) p .84.
[43] (Needham, 1959) p. 380.

Fig. 6.22 Osservatorio di Beijing, vista dalla terrazza. 1890

struita da Ignatius Kögler e Augustein de Hallerstein. Venne denominata *Jiheng Fuchen Yi* 玑衡抚辰仪, che si può tradurre come Sfera Armillare Elaborata (Fig. 6.28 a destra). *Jiheng* è il nome di uno strumento antico con cui il Sovrano Imperiale compiva misure astronomiche che gli permettevano di portare pace e ordine ai cinque pianeti. Per costruire la Nuova Armilla vennero impiegati dieci anni ed entrò in uso nel 1754. Era dotata di viti di aggiustamento per spostamenti micrometrici, ed era facilmente smontabile per sostituire parti usurate. L'uso principale consisteva nella misurazione del tempo solare vero. Fu l'ultimo grande strumento in bronzo costruito in Cina. In questa armilla il cerchio dell'orizzonte e il cerchio dell'eclittica sono assenti, è quindi molto differente da tutte le altre.

A completare gli strumenti dell'Osservatorio c'erano orologi solari e gnomoni. L'orologio solare riprodotto nella Fig. 6.7 a sinistra ha la disposizione classica delle meridiane Cinesi: il disco è inclinato e parallelo all'equatore, lo gnomone è quindi ortogonale ad esso ed orientato come l'asse terrestre verso il polo nord. In questa disposizione il sole proietta l'ombra dello gnomone su un lato durante l'intervallo estivo da marzo a settembre. Anche il lato opposto era inciso con le indicazioni orarie e raccoglieva l'ombra nel corso del periodo invernale da settembre a marzo. In questa riproduzione l'ombra è proiettata sul lato meridionale in quanto la foto è stata ripresa nel mese di ottobre.

Nella Fig. 6.2 a destra lo gnomone dell'Osservatorio Imperiale impiegato per determinare la durata dell'anno tropico. La parte in bronzo di questo strumento risale al 1440, la base in marmo attuale venne ricostruita nel 1744.

Il disastro dell'osservatorio. Con questa espressione si ricorda in Cina il drammatico periodo che precede la caduta della dinastia Qing. Nel 1900, durante la rivolta dei Boxer, gli eserciti delle potenze occidentali alleate invasero Pechino.

Già nel 1860, gli Inglesi, al comando di Lord Elgin, avevano saccheggiato e distrutto il Palazzo d'Estate *Yihe Yuan* 颐和园. Ora, i soldati francesi e tedeschi saccheggiarono l'Osservatorio, rubando gli strumenti storici.

L'esercito Francese portò alla propria Ambasciata l'armilla semplificata, l'armilla equatoriale, l'armilla eclittica, lo strumento azimutale e il quadrante, ma restituirono gli strumenti un anno dopo.

I Tedeschi si impossessarono del globo celeste, della nuova armilla, dello strumento alt-azimutale, della sfera armillare e del sestante. Questi strumenti vennero portati in Germania ed esposti al palazzo di Sanssouci a Potsdam (Fig. 6.23).

Per poter proseguire le osservazioni astronomiche i funzionari dell'Ufficio Astronomico fecero costruire rapidamente due strumenti: un globo celeste e un piccolo Teodolite Azimutale.

Alla conferenza di pace di Versailles nel 1919 la Cina, quale paese vincitore, ottenne la restituzione degli strumenti sottratti dai Tedeschi nel 1900. Per il tramite dell'Ambasciata Olandese essi vennero restituiti nel 1921 e posti nuovamente sulla piattaforma dell'Osservatorio.

Dieci anni dopo, nel 1931, iniziò la invasione Giapponese della Cina. Gli antichi strumenti di epoca Ming – la sfera armillare, l'armilla semplificata, il globo celeste, il piccolo teodolite azimutale, nonché lo gnomone, vennero portati a Nanjing. Gli otto strumenti costruiti in epoca Qing su progetto dei missionari gesuiti rimasero a Beijing.

Fig. 6.23 Gli strumenti nei giardini del Castello di Sanssouci a Potsdam. Si nota il sestante, il globo celeste e la sfera armillare

Il Governo repubblicano nel 1934 fece costruire il nuovo Osservatorio a Nanjing, sulle Montagne di Porpora. Già nel 1900 era stato costruito a Shanghai un Osservatorio moderno. Pertanto nel 1929 l'attività dell'antico Osservatorio di Beijing terminò, e divenne il primo museo astronomico cinese. Dopo la fondazione della Repubblica Popolare di Cina, il museo venne associato al Planetario di Beijing. Nel 1956 venne deciso il restauro degli strumenti, concluso il quale l'antico Osservatorio venne riaperto al pubblico come mostra permanente.

Nel 1976 ci fu un terremoto a Tangshan, meno di 200 km da Beijing, che provocò centinaia di migliaia di morti e gravi danni alla struttura della antica piattaforma. Nell'estate del 1979 le forti piogge provocarono il crollo del lato orientale della piattaforma. Gli strumenti in pericolo vennero spostati e venne avviato un progetto di restauro che eliminò la piattaforma di terra e mattoni, costruendo al suo posto un edificio per l'esposizione di oggetti e documenti sulla storia dell'astronomia cinese. Nel 1983 l'antico osservatorio venne riaperto al pubblico con il nome di Antico Osservatorio di Beijing.

Nel 1996 vennero costruite copie in bronzo degli strumenti di epoca Qing che si trovano sulla terrazza. Le copie sono oggi esposte nei giardini del museo.

L'Osservatorio di Nanjing conserva alcuni strumenti originali e alcuni documenti della storia dell'astronomia cinese.

Istituito nel 1928, entrò in funzione nel 1934 come centro dell'Istituto di Astronomia dell'Academia Sinica. Venne dotato fin dall'inizio di strumenti moderni di produzione occidentale. Durante la Guerra Cino-Giapponese e la II Guerra Mondiale, l'osservatorio venne trasferito a Kunming nello Yunnan. Ritornò a Nanjing nel 1946, a Kunming rimase una base di osservazione che nel 1972 dette origine all'Osservatorio Astronomico dello Yunnan. Nel 1950 gli osservatori astronomici della Chiesa Francese vennero inglobati nell'Osservatorio della Montagna Purpurea unendo gli osservatori di Xujiahui e Sheshan. Nel 1962 venne fondato l'Osservatorio di Shanghai.

Dopo il periodo di difficoltà dovuto alla guerra, l'Osservatorio della Montagna Purpurea si impegnò ad organizzare il sistema degli osservatori Cinesi e dopo la fine della Rivoluzione Culturale definì gli obiettivi strategici nello studio della radio astronomia, della astronomia spaziale e della meccanica celeste applicata.

Il Museo dell'Osservatorio venne fondato nel 1950 ed oggi ospita documenti di storia dell'Astronomia cinese e mondiale, tra cui una copia della Mappa Stellare di Dunhuang (la copia della parte meteorologica non è esposta).

Nel Giardino si trovano gli strumenti costruiti nel 1437: la Sfera Armillare (Fig. 6.18) basata sul progetto di Zhang Heng, l'Armilla Semplificata (Fig. 6.19) ideata da Guo Shoujing, il globo celeste è una copia del 1903 (Fig. 6.5 a sinistra), e lo Gnomone (Fig. 6.2 a destra) progettato da Guo Shoujing.

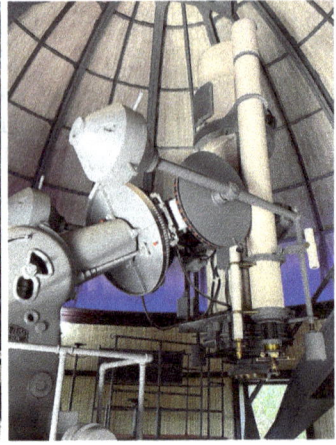

Fig. 6.24 Cupola del telescopio Rifrattore del 1934. (© Osservatorio Astronomico della Montagna Purpurea, Nanjing)

Il globo celeste ha un diametro di 0,9 m. e ha segnate 1448 stelle. La sfera armillare ha due suddivisioni per la lettura delle coordinate, una di 365,25 unità e una suddivisa in 100 unità.

Il telescopio moderno in Fig. 6.24 è uno strumento di grandi dimensioni, costruito dalla Zeiss nel 1934. All'epoca era il più grande telescopio astronomico dell'Estremo Oriente. Lo specchio principale del telescopio ha un'apertura di 60 centimetri, un riflettore con una lunghezza focale di 3 metri. Dopo l'aggiunta dello specchio secondario Cassegrain, la lunghezza focale totale del sistema è di 10 metri; accanto al telescopio si trova un rifrattore per la guida con un'apertura di 20 centimetri e una lunghezza focale di 3 metri. Il diametro della cupola di osservazione è di 8 metri, con una piattaforma di osservazione sollevabile.

Nel 1937, prima dell'invasione giapponese di Nanjing, la parte principale del telescopio venne imballata e trasferita a Kunming nello Yunnan. Dopo la guerra venne nuovamente trasportata alla Montagna Purpurea. Negli anni '50 il telescopio venne riparato, aggiungendo apparecchiature fotografiche, spettrografi e in seguito sensori digitali. Questo telescopio era usato principalmente per l'osservazione delle stelle e degli oggetti del sistema solare.

Descrizione degli strumenti dell'Osservatorio Imperiale di Beijing. Attorno ad ogni strumento sulla terrazza si trova un muretto di protezione con un bassorilievo di nuvole ed animali.

Armilla Equatoriale *chidao jingwei yi* 赤道经纬仪 (Fig. 6.25) presenta la suddivisione trasversale (Fig. 6.35 a sinistra), per poter rilevare frazioni di grado. Si tratta di una tecnica utilizzata ampiamente da Tycho Brahe e che ritroviamo nei

Fig. 6.25 Armilla Equatoriale. Destra: la suddivisione trasversale. Si osservano anche le indicazioni numeriche ogni dieci suddivisioni. (© Antica Piattaforma di Osservazione, Beijing)

migliori strumenti costruiti nel corso del XVI secolo. Il valore del grado d'angolo è 1/360, come nella tradizione occidentale. Nella Fig. 6.25 a destra i componenti: 1. Meridiano; 2. Cerchio equatoriale; 3. Asse polare; 4. Cerchio Ascensione Retta; 5. Arco di sostegno; 6. Polo nord; 7. Sostegno con nuvole; 8. Drago. È composta da due parti: la gabbia dei cerchi esterni fissi (1, 5, 6) e la gabbia interna dei cerchi mobili (2, 4). È sostenuta da un drago e da un arco di nuvole. I quattro piedi appoggiano su leoni ed hanno viti per l'allineamento orizzontale. Misura 2,3m x 1,78m x 3,2m; pesa 2.172 kg.

Globo Celeste *hun tianxiang* 混天象 (Fig. 6.26). Ricordiamo che Zhang Heng aveva ideato e costruito un globo celeste mosso da un sistema idraulico, che veniva chiamato *Hun Tian Xiang*. Questo globo venne progettato dal gesuita Ferdinand Verbiest sulla base della concezione di Zhang Heng. Questo globo, che riporta le stelle secondo la loro magnitudo, la via lattea, le costellazioni cinesi e alcune costellazioni Occidentali, è l'ultimo rimasto in Cina. Nella Fig. 6.26 a destra i componenti: 1. Polo Nord; 2. Equatore; 3. Eclittica; 4. Meridiano; 5. Orizzonte; 6. Tempo solare; 7. Zenit. La sfera ruota attorno a un asse imperniato sul polo nord (1). Il cerchio 6 può essere vincolato alla rotazione del globo e ruotare indipendentemente. Una scatola di ingranaggi (non visibile)

Fig. 6.26 Globo Celeste. Si osserva a sinistra la via lattea e le stelle di dimensioni diverse. Nella parte sotto l'orizzonte, a destra, si possono notare le stelle del cielo meridionale. (© Antica Piattaforma di Osservazione, Beijing)

trasmette il movimento. L'arco meridiano può rotare tramite ingranaggi posti sotto, per allineare il globo a latitudini diverse. Il cerchio dell'orizzonte (5) è graduato per misurare l'azimut, e sono incise le 12 doppie ore. Il cerchio della base può essere regolato orizzontalmente mediante tre viti. Il cerchio dell'orizzonte è sostenuto da quattro teste di drago. L'opera misura 2,66m x 2,66m x 2,76m; pesa 3.850 kg.

Cerchio Azimutale *di ping jing yi* 地平经仪 (Fig. 6.27) è ripreso da uno strumento simile di Tycho Brahe, con esso si può misurare l'azimut in particolare per gli astri vicini all'orizzonte, e non ha dispositivi per la misurazione dell'altitudine. Anche questo strumento è riccamente decorato. Al centro la posizione dello zenit è indicata dal simbolo del fuoco, lungo i bracci di sostegno si attorcigliano due dragoni. A differenza degli altri strumenti non è circondato da un muretto, i blocchi di pietra stabilizzano la macchina contro possibili forti venti. Lungo il bordo del cerchio sono segnati i gradi in 360-esimi. Nella Fig. 6.27 a destra i componenti: 1. Cerchio dell'azimut; 2. Asse diametrale; 3. Gnomone; 4. Fili di sostegno; 5. Alidada. I fili di sostegno, ora scomparsi, congiungevano gli estremi dell'alidada con due fori posti in cima allo gnomone. Lo gnomone punta verso lo zenit. In cima allo gnomone c'è una sfera infuocata sostenuta da due nuvole di fuoco e dai due dragoni che sostengono i supporti laterali. Altri due draghi sostengono il cerchio dell'orizzonte. Uso: ruotare l'alidada finché i due fili guida sono allineati con l'astro, sul cerchio dell'orizzonte si rileva l'azimut. Misura 2,57m x 2,57m x 3,19m; pesa 1.811 kg.

Fig. 6.27 Sinistra: Cerchio Azimutale. (© Antica Piattaforma di Osservazione, Beijing)

Nuova Armilla *jiheng fuchen yi* 玑衡抚辰仪, (Fig. 6.28) fu costruita da Kögler e de Hallerstein, nel 1744. Si tratta di una armilla eclittica. Nella Fig. 6.28 a destra i componenti: 1. Cerchio Meridiano; 2. Equatore Celeste; 3. Cerchio Ascensione Retta; 4. Arco di sostegno; 5. Cerchio Orario; 6. Tubo di osservazione; 7. Sostegno diametrale. È composta da tre parti:

- la gabbia esterna, *Liuheyi* (cerchio dei 6 punti cardinali) (1, 2);
- la gabbia intermedia, chiamata *Sanchenyi* (cerchio dei tre oggetti stellari) (3, 4)
- la gabbia interna, chiamata *Siyouyi* (cerchio dei quattro movimenti) (5, 6, 7).

Il cerchio meridiano è sostenuto da nuvole, l'equatore celeste, orientato est-ovest, è sostenuto da nuvole e draghi e la base appoggia su otto leoni. Misura 3,69m x 2,16m x 3,36m; pesa 5.145 kg.

Quadrante *xiangxian yi* 象限仪, (Fig. 6.29) anch'esso ispirato agli strumenti di Tycho Brahe. ha un raggio di circa 6 piedi. Lo strumento può ruotare attorno all'asse verticale; sul quarto di cerchio era montata una alidada per misurare la altitudine di un astro. Per offrire una lettura accurata era dotato di un nonio, oggi scomparso. Due Dragoni sostengono i bracci verticali, l'arco superiore è decorato con forme di nubi e al centro dell'arco sono raffigurati un Drago e il Sole. Ha la medesima funzione del cerchio verticale dell'armilla semplificata.

Nella Fig. 6.29 a destra i componenti: 1. Asse verticale; 2. Arco graduato; 3. Alidada; 4. Punto di mira; 5. Decorazione con nuvole; 6. Sostegni a forma

Fig. 6.28   Nuova Arnilla. (© Antica Piattaforma di Osservazione, Beijing)

Fig. 6.29   Quadrante. (© Antica Piattaforma di Osservazione, Beijing)

6 Gli strumenti astronomici

Fig. 6.30 Sestante. (© Antica Piattaforma di Osservazione, Beijing)

di drago. Uso: Localizzare l'astro con l'alidada ruotando la struttura attorno l'asse verticale, lungo l'arco graduato si legge l'altitudine. Misura 4,63m x 2,3m x 3,63m; pesa 2.483 kg.

Sestante *jixian yi* 纪限仪 (Fig. 6.30). Il sestante presenta grande somiglianza con i sestanti costruiti da Habermel e Jost Bürgi che costruirono gli strumenti di Tycho Brahe (Fig. 7.8). È il primo sestante costruito in Cina, anch'esso progettato da Verbiest. L'alidada misura l'angolo lungo un arco di 60°, che può essere orientato liberamente ruotando il sistema attorno all'asse verticale, e ruotando il piano dell'arco con un ingranaggio. In questo modo si può allineare lo strumento al piano individuato da due stelle e dal centro di rotazione dell'alidada stessa e misurarne la distanza angolare.

Nelle figure Fig. 6.30 al centro e a destra i componenti: 1. Asse piccolo; 2. Asta radiale; 3. Arco graduato; 4. Maniglia; 5. Alidada; 6 Tubi di mira laterali; 7. Maniglia; 8. Pignone; 9. Ingranaggio semicircolare. Il supporto è decorato con un drago attorcigliato. Uso: lo strumento permette sei funzioni, la principale è la distanza angolare tra due astri. Se la distanza è troppo piccola si traguarda una stella con l'asse piccolo e l'altra con uno dei due tubi laterali. Dalla misura ricavata si sottrae un angolo di 10 gradi. Misura 2m x 2m x 3,34m; pesa 802 kg.

Strumento Alt-Azimutale *diping jingwei yi* 地平经纬仪 (Fig. 6.31). Questo strumento, costruito da Strumpf, riunisce le funzioni del cerchio azimutale e del quadrante. Gli astronomi per maggiore precisione operavano in coppia, in tal modo gli errori di misura venivano compensati, tuttavia a volte l'osservazione era condotta da un solo astronomo che avrebbe dovuto spostarsi per misurare l'altitudine e l'azimut su due macchine diverse, con errori rilevanti dovuti alla

Fig. 6.31 Strumento Alt-Azimutale. (© Antica Piattaforma di Osservazione, Beijing)

rotazione della Terra. Nella Fig. 6.31 a destra i componenti: 1. Cerchio dell'azimut; 2. Struttura del quadrante; 3. Alidada; 4. Asse verticale. Lo strumento è sostenuto da colonne di stile rinascimentale. Uso: Localizzare l'astro ruotando la struttura e l'alidada, lungo l'arco della struttura si legge l'altitudine, lungo il cerchio orizzontale si legge l'azimut. Misura 4,67m x 1,84m x 4,12m; pesa 7.368 kg.

Sfera Armillare del 1437 *hún yí* 浑仪. Nella Fig. 6.18 abbiamo riprodotto la sfera armillare del 1437, conservata all'Osservatorio della Montagna Purpurea di Nanjing. I componenti (vedi Fig. 6.32) sono: 1. Meridiano; 2. Orizzonte; 3. Cerchio equatoriale fisso; 4. Eclittica; 5. Cerchio equatoriale mobile: 6. Coluro solstiziale; 7. Coluro equinoziale; 8. Tubo di osservazione; 9. Polo nord; 10. Polo sud; 11. Montagne disposte nelle direzioni cardinali intermedie. È composta di tre parti: la gabbia esterna, *Liuheyi* (armilla dei 6 punti cardinali) (1, 2, 3); la gabbia intermedia, chiamata *Sanchenyi* (armilla dei tre oggetti stellari) (4, 5, 6, 7); la gabbia interna, chiamata *Siyouyi* (armilla dei quattro movimenti) (8, 9, 10). Il cerchio meridiano è sostenuto da una colonna poggiata su una tartaruga e quattro draghi. Ai quattro angoli NE, NO, SE, SO quattro montagne di nuvole che in passato erano legate con catene ai draghi. Misura 2,45m x 2,45m x 3,09m; pesa 10.000 kg.

6 Gli strumenti astronomici   281

Fig. 6.32 Sfera Armillare del 1437. (© Osservatorio della Montagna Purpurea, Nanjing)

Fig. 6.33 Componenti dell'armilla semplificata del 1437. (© Osservatorio della Montagna Purpurea, Nanjing)

Armilla semplificata *jiǎn yí* 简仪 . In Fig. 6.19 vediamo lo strumento completo conservato all'Osservatorio della Montagna Purpurea di Nanjing. I componenti sono evidenziati nella Fig. 6.33. A sinistra l'armilla aquatoriale: 1. Cerchio equatoriale; 2. Cerchio della declinazione; 3. Alidada; 4. Cerchio di osservazione polare; 5. Meridiana. A destra l'armilla azimutale: 6. Cerchio dell'altitudine; 7. Indicatore; 8. Alidada; 9. Cerchio azimutale. I sostegni sono decorati con nu-

Fig. 6.34 Elementi decorativi degli strumenti astronomici. Sinistra: Armilla semplificata la Tartaruga su cui sono appoggiati i supporti. Centro il Drago dei sostegni. Osservatorio della Montagna Purpurea, Nanjing. Destra particolare dello gnomone. (© Antica Piattaforma di Osservazione, Beijing)

Fig. 6.35 Sinistra: La suddivisione trasversale per rilevare frazioni di grado. Si nota la numerazione ogni dieci gradi. A destra in alto e in basso dettagli del sistema di puntamento delle armille, con reticoli e un tubo di osservazione. (© Antica Piattaforma di Osservazione, Beijing)

vole e dragoni e appoggiano su tartarughe. Misura 4,4m x 2,98m x 2,84m; pesa 14.000 kg.

Nella Fig. 6.34 vediamo alcuni particolari decorativi. Nella mitologia e nella cultura cinese, la tartaruga e il drago sono simboli potenti e carichi di significato. La tartaruga è un simbolo che rappresenta la longevità, la stabilità e la saggezza. È spesso associata al nord e all'elemento acqua, e si crede abbia il potere di sostenere il mondo. Il drago, *lóng* 龙, è un simbolo di potere, nobiltà, forza e buona fortuna. È associato all'est, all'elemento legno e alla primavera. Insieme alla tigre bianca e all'uccello vermiglio costituiscono i Quattro Simboli *si xiang* 四象, rappresentano le quattro direzioni cardinali, le stagioni e gli elementi nella cosmologia cinese.

Nella Fig. 6.35, vediamo alcuni particolari tecnici per l'osservazione e la misurazione. Due reticoli allineati agli estremi dell'alidada e un tubo di osservazione, che anticipa il telescopio, permettevano di puntare gli oggetti celesti con grande precisione.

Armilla Eclittica *huángdào jīngwěi yí* 黄道经纬仪 (Fig. 6.36). Questo strumento serviva per osservare i moti apparenti del Sole e dei pianeti lungo l'eclittica, determinare solstizi, equinozi e coordinate eclittiche. È complementare all'armilla equatoriale.

Nella Fig. 6.36 a destra i componenti: 1. Cerchio Meridiano; 2. Cerchio della longitudine; 3. Cerchio zodiacale o eclittico, inclinato di 23,5°; 4. Tubo di mira; 5. Cerchio Polare. Il cerchio meridiano è sostenuto da due draghi. Il diametro del cerchio maggiore è circa 3,2 m l'altezza totale è 4,5 m. Pesa circa 2.000 kg

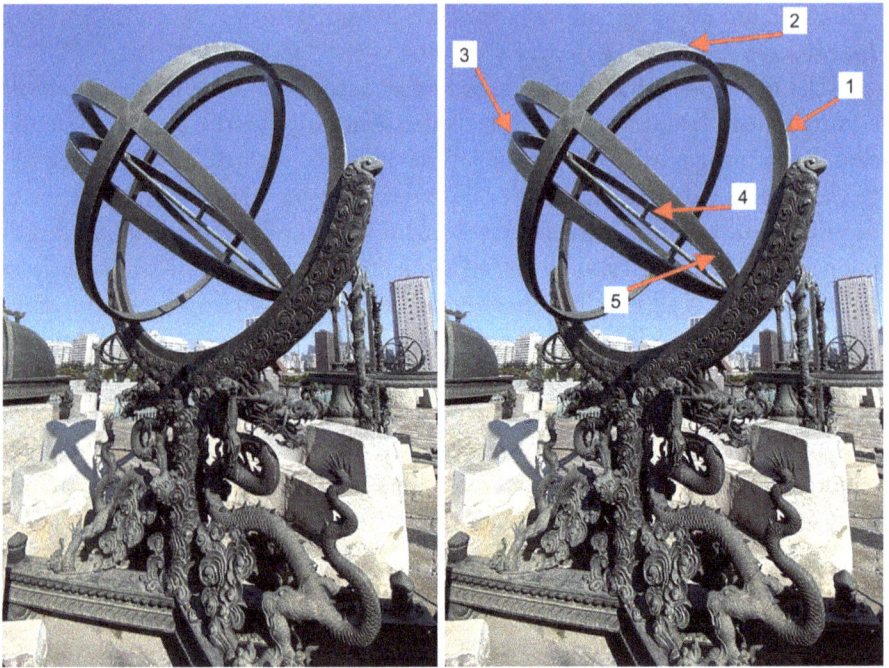

Fig. 6.36 Armilla eclittica. (© Antica Piattaforma di Osservazione, Beijing)

7

L'astronomia in Occidente

7.1 I metodi e le scoperte dalle origini al XVII secolo

Per comprendere appieno le peculiarità dell'astronomia cinese, è utile esaminare brevemente i principali sviluppi tecnici e scientifici che permisero all'astronomia occidentale, dalle sue origini fino alla fine del XVII secolo, di raggiungere una comprensione approfondita della cinematica celeste.[1] Mi limiterò a considerare gli aspetti che caratterizzano la natura matematica dell'astronomia occidentale e gli strumenti e i metodi osservativi.

Durante le civiltà Babilonese ed Egizia, il tema centrale all'attenzione degli astronomi era la determinazione del calendario. La metodologia osservativa aveva lo scopo di individuare i periodi del moto solare e lunare e le rispettive posizioni nel cielo. Il sistema di riferimento che venne adottato era basato sulle coordinate eclittiche (vedi appendice A). La posizione del sole veniva determinata osservando la levata o il tramonto eliaco delle stelle dello zodiaco. La determinazione delle posizioni della luna era facilitata dalla possibilità di osservarla di notte in relazione alle stelle. La metodologia Egizia, che identificava tre sole stagioni, era più approssimata, in particolare l'arrivo della inondazione del Nilo veniva fatto coincidere con il sorgere eliaco della stella Sirio, chiamata in Egitto *sepdet*.

Il secondo problema che suscitava il grande interesse degli astronomi dell'Occidente antico riguardava il moto dei pianeti, in particolare il carattere erratico dovuto al moto retrogrado apparente. Esso si manifesta nel moto di ogni pianeta, con particolare evidenza nei pianeti esterni e in minor misura in quelli interni, meno facilmente osservabili per la vicinanza al Sole. Quando vengono osservati in opposizione al Sole, si nota che il loro moto antiorario rispetto alle stelle fisse

---

[1] (Marini, 2024a).

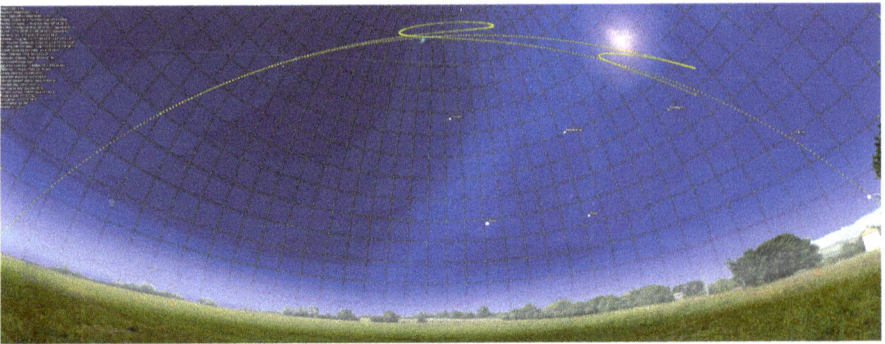

Fig. 7.1 Moto retrogrado di Marte in un intervallo di due anni, simulazione con il programma Stellarium

si interrompe e si inverte, facendo retrocedere la posizione apparente del pianeta rispetto alle stelle. Questo moto inverso si interrompe dopo qualche tempo e riprende il moto diretto. Nella Fig. 7.1 vediamo una simulazione del moto retrogrado di Marte con il programma Stellarium.[2]

Il moto dei pianeti, del sole e della luna era posto in relazione a una serie di costellazioni lungo il loro percorso: lo zodiaco.

La posizione degli astri mobili nello zodiaco suscitava grande interesse per fini astrologici. Gli astronomi assumevano il ruolo di astrologi e divinatori, osservando il cielo per prevedere eventi futuri ed esaminando le disposizioni dei pianeti al momento della nascita, nel tentativo di svelare il destino. Nello schema (Fig. 5.26 a sinistra) si riconosce nei triangoli la sequenza dei segni zodiacali e i simboli dei pianeti con la loro longitudine espressa in gradi alla data e ora di nascita della persona per cui l'oroscopo è stato formulato. Alle configurazioni di opposizione o congiunzione planetaria viene attributo inoltre un rilievo importante per determinare quale elemento del carattere dovrebbe prevalere.

Prevedere con precisione le posizioni zodiacali dei pianeti richiedeva la capacità di calcolarne la posizione, tenendo conto delle difficoltà imposte dal loro moto retrogrado. Gli astronomi greci raccolsero l'eredità delle culture babilonese ed egizia, aggiornando i cataloghi stellari babilonesi e individuando le anomalie nel moto del Sole e della Luna che causavano le diverse durate delle stagioni e dei mesi.

Eudosso di Cnido (408–355/353 a.C.), che studiò anche in Egitto dove apprese i principi della astronomia egizia, formulò un modello dei moti planetari basato su sfere concentriche a cui erano fissati i pianeti, che ruotavano attorno alla Terra. Le sfere di Eudosso non erano oggetti concreti, ma modelli concettuali, in coerenza con il modo in cui i filosofi greci concepivano la matematica come strumento di astrazione.

Molti altri astronomi si impegnarono attorno alla teoria delle sfere di Eudosso, ma fu soprattutto Aristotele (384–322 a.C.) che, nel XII libro della "Metafisica"

---

[2] https://stellarium.org/it/.

(cap. VIII), descrisse il modello di Eudosso, modificato da Callippo di Cizico (IV secolo a.C.) per meglio rappresentare il moto di Marte. Secondo Aristotele il cielo rappresentava la perfezione della natura con la sua immutabilità, mentre i moti dei pianeti, del Sole e della Terra, dovevano soddisfare un principio di perfezione rappresentato dalla forma circolare e sferica. L'autorità di Aristotele influenzò profondamente gli studi astronomici fino al Rinascimento, quando l'idea di immutabilità fu definitivamente superata con la scoperta dei satelliti di Giove da parte di Galileo Galilei e, con Kepler, venne abbandonato il principio di circolarità dei percorsi planetari.

Ipparco (-190, -120) misurò la durata dell'anno in 365 giorni, 5 ore, 55 minuti, 12 secondi (365,2467 in forma decimale), ed ipotizzò che il moto dei pianeti potesse essere descritto geometricamente come un moto combinato: il pianeta ruota con velocità costante attorno ad un centro che a sua volta ruota lungo una circonferenza più grande, sempre a velocità costante, che ha al suo centro la Terra. Il cerchio su cui si muove il pianeta viene chiamato epiciclo e il cerchio più grande è il deferente (vedi Fig. A.13). Il deferente, a sua volta, non ha come centro la Terra, ma un punto ad essa vicino, per poter giustificare la variazione della distanza del corpo celeste dalla Terra. Quando il pianeta si muove lungo l'arco esterno dell'epiciclo rispetto al deferente, segue il moto del deferente stesso. Quando invece si sposta lungo l'arco interno dell'epiciclo, il pianeta procede in senso inverso al moto lungo il deferente, spiegando così il moto retrogrado di qualunque pianeta. Restava aperto un problema: come giustificare la velocità variabile dei corpi celesti, che già Ipparco identificò come anomalia solare o lunare?

Fu Claudio Tolomeo ($+100$, $+175$ ca.) ad escogitare una soluzione modificando il modello geometrico e cinematico dell'epiciclo. Tolomeo introdusse *l'equante*: un punto posto in posizione simmetrica della Terra rispetto al centro del deferente. L'equante diviene il centro attorno a cui il centro dell'epiciclo ruota con velocità costante. In questo modo la velocità apparente varia tra il perigeo e l'apogeo (Fig. 7.2).

Dopo la scomparsa della Biblioteca di Alessandria nel 415, la cultura Araba riuscì a preservare molti scritti Greci, tra cui l'Almagesto, la principale opera di Tolomeo, tradotta in arabo durante il regno di Harun al-Rashid (785–809) da un testo ritrovato a Cipro. Occorre attendere il 1175 perché Gerardo da Cremona traducesse dall'arabo in latino l'Almagesto di Tolomeo, diffondendo così le teorie astronomiche prodotte dal pensiero Greco.

A partire dal XIII secolo riprese il dibattito tra gli studiosi dell'Occidente sulla validità della teoria degli epicicli. Benché con il modello matematico di Tolomeo fosse possibile calcolare e preparare tavole astronomiche con le efemeridi del sole, della luna e dei pianeti, la tecnica di calcolo risultava molto complessa.

Le *Tavole Alfonsine*, derivate dalle tavole dell'*Almagesto*, pubblicate da un gruppo di studiosi presso la corte di Alfonso X di Castiglia (1221–1284), furono uno strumento importantissimo per l'avvio delle prime esplorazioni e per la navigazione

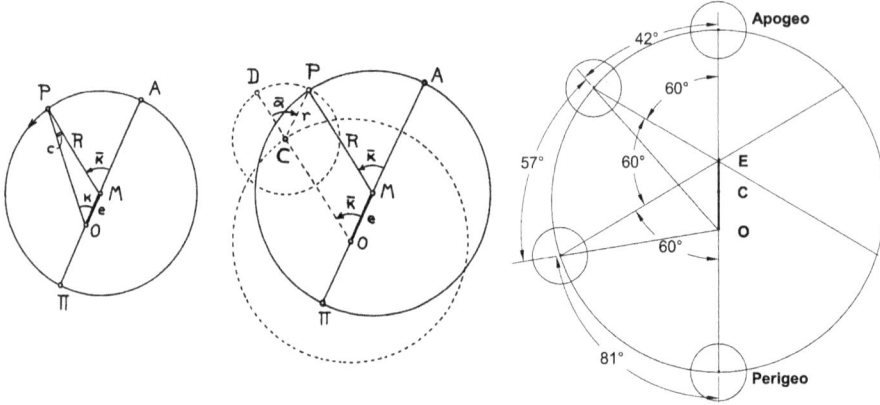

Fig. 7.2 Sinistra e centro: gli schemi di Tolomeo che illustrano l'equivalenza tra moto epiciclico e moto eccentrico: O è la Terra, P il pianeta, M il centro del moto, A e π apogeo e perigeo, C è il centro dell'epiciclo. L'equivalenza è evidente dal fatto che OCPM è un parallelogramma. Destra: il modello cinematico di Tolomeo. O è la posizione della Terra, C è il centro del moto circolare del centro dell'epiciclo, E è il punto equante. Durante il moto il centro dell'epiciclo percorre archi uguali rispetto ad E ma archi diseguali rispetto ad O. Pertanto il pianeta, osservato dalla Terra, appare cambiare la velocità tra l'apogeo e il perigeo

e rimasero in uso per altri duecento anni. Georg von Peuerbach (1423–1461), che aveva pubblicato una nuova traduzione dell'Almagesto, e Johannes Müller da Königsberg (1436–1476), detto Regiomontano, rilevarono errori e limiti delle efemeridi Tolemaiche e si impegnarono a correggerle.

Nicolò Copernico (1473–1543) scrisse nel 1514 un breve trattato, *Commentāriolus* in cui emergeva una nuova visione: il Sole era posto al centro e ogni pianeta ruotava attorno ad esso, e la Luna sempre attorno alla terra. Tutti i pianeti si potevano muovere indipendentemente l'uno dall'altro, con moto circolare uniforme, salvando così il principio Aristotelico. Il moto retrogrado era facilmente comprensibile ponendo il Sole al centro, mentre per trattare le anomalie Copernico continuò ad avvalersi degli epicicli. Egli tuttavia era riuscito ad eliminare l'equante, l'invenzione di Tolomeo che aveva reso estremamente complesso il modello cinematico dei moti celesti ed infrangeva il principio Aristotelico della perfezione dei moti circolari. La teoria completa di Copernico vide la luce poco prima della sua morte, nel 1543, *De Revolutionibus Orbium Coelestium*. Era nato il *Sistema Solare*. Il modello eliocentrico proposto da Copernico ispirò la pubblicazione delle *Tavole Pruteniche* nel 1551, nuove tavole di efemeridi create da Erasmus Reinhold (1511–1553).

Il balzo che portò la scienza occidentale a comprendere pienamente i moti celesti è frutto di un convergere di fattori, eventi, luoghi, scienziati, tecnici e mecenati. Nella seconda metà del '500 il re Federico II di Danimarca (1534–1588) offrì a Tycho Brahe (1546–1601) l'isola di Hven su cui erigere il grande osservatorio astronomico Uraniburg. Tycho Brahe fece costruire strumenti di osservazione estremamente accurati con l'aiuto del meccanico, matematico e astronomo Jost Bürgi (1552–1631), il quale, oltre a collaborare nelle osservazioni astronomiche, inventò, prima di Napier, i logaritmi, facilitando enormemente i calcoli. Bürgi collaborò anche con il Landgravio Guglielmo IV di Kassel (1532–1592), che aveva costruito nel 1560 un osservatorio astronomico da cui osservò e catalogò un centinaio di stelle.

Johannes Kepler (1571–1630), che aveva trascorso i primi anni di studio a Graz, nel 1600 venne invitato a Praga dall'imperatore Rodolfo II di Asburgo (1552–1612), dove già si era recato Brahe dopo aver lasciato la Danimarca. A Praga, Kepler incontrò e collaborò con Bürgi, e lavorò sui dati raccolti da Tycho Brahe, che erano i più precisi mai ottenuti. Nel 1609, pubblicò *Astronomia Nova*, in cui espose la sua nuova teoria dei moti ellittici, abbandonando definitivamente il principio degli epicicli. Successivamente, nel 1627, riuscì a pubblicare le *Tavole Rudolfine*, in cui utilizzò i dati di Tycho per descrivere il modello del cielo con una precisione senza precedenti. La scoperta dei moti ellittici, con le leggi che li governano, spiegava pienamente tutti i problemi che l'astronomia precedente aveva ancora lasciato irrisolti.

Il colpo finale alla visione Aristotelico-Tolemaica del cielo lo diede Galileo Galilei (1564–1642), che, avvalendosi del cannocchiale, inventato dall'olandese Hans Lippershey (1570–1619), osservò i satelliti di Giove e nel 1609 pubblicò il *Sidereus Nuncius*, in cui annunciava questa scoperta, ponendo fine alla visione di un cosmo immutabile e perfetto. Infine Isaac Newton (1642–1727) nel 1687 pubblicò il trattato *Philosophiae Naturalis Principia Mathematica* definendo le leggi fisiche che governano i moti planetari.

Nel corso di questo breve excursus storico sono emerse le principali caratteristiche metodologiche dell'osservazione astronomica nell'Occidente.

- In primo luogo l'identificazione delle costellazioni Zodiacali, le case astrologiche lungo le quali scorrono il sole e i pianeti.
- In secondo luogo la rappresentazione delle coordinate celesti nel sistema di riferimento eclittico o zodiacale
- In terzo luogo il metodo osservativo della levata eliaca delle costellazioni per determinare il cambiamento della casa zodiacale.
- In quarto luogo la descrizione del Cielo che è fondata su un modello matematico e fisico, e comprende quindi la descrizione geometrica e cinematica dei moti celesti e i fondamenti dinamici della gravitazione.

Nel 1587, quando Matteo Ricci giunse in Cina, la scienza occidentale si trovava ancora in un momento di transizione, era basata sui metodi e sul modello di Tolomeo, ma al contempo aveva sviluppato delle tecniche di osservazione estremamente precise per merito di Tycho Brahe che aveva profondamente rinnovato gli strumenti osservativi.

7.2 Gli strumenti astronomici dell'Occidente

Nel corso dei secoli vennero inventati e costruiti innumerevoli strumenti per osservare e misurare il cielo. Gli strumenti più antichi degli egizi, babilonesi e greci erano simili agli strumenti cinesi, quali gnomoni, meridiane, clessidre. È probabile che gli obelischi egizi avessero anche una funzione di gnomoni. Tra i reperti archeologici si trovano clessidre che si diffondono in tutte le regioni mediterranee (Fig. 7.3 a sinistra). Abbiamo già descritto le armille occidentali, la testimonianza del loro uso anche in epoca romana deriva da numerose raffigurazioni, come quella di Stabia (Fig. 7.3 a destra) e le molte raffigurazioni della musa Urania che tiene in mano una armilla.

Le misure più delicate riguardavano le misure degli angoli tra gli astri e quelle dell'altezza o della declinazione. Gli strumenti di misura principali dell'astronomia occidentale antica sono il quadrante, la balestriglia e il triquetrum.

Quadrante astronomico. Probabilmente inventato dai Caldei o dai Babilonesi, il quadrante astronomico (Fig. 7.4) era utilizzato per misurare l'altezza di una stella rispetto all'orizzonte. Molti quadranti di epoca araba permettono di leggere sul retro anche il valore del seno e del coseno di un angolo misurato con lo strumento. Conoscendo la latitudine e misurando la declinazione è possibile conoscere l'ora locale. I requisiti di misurazione sempre più precisi portarono alla costruzione di quadranti di grandi dimensioni; nel 995 Abu al-Wafa al Buzjani (940–998) costruì un quadrante con un raggio di circa 670 cm, mentre

Fig. 7.3 Sinistra: Vaso per orologio ad acqua egizio. XXX Dinastia, −380 −343. Destra: frammento dell'affresco che raffigura una sfera armillare, metà I sec. (© Museo di Stabia)

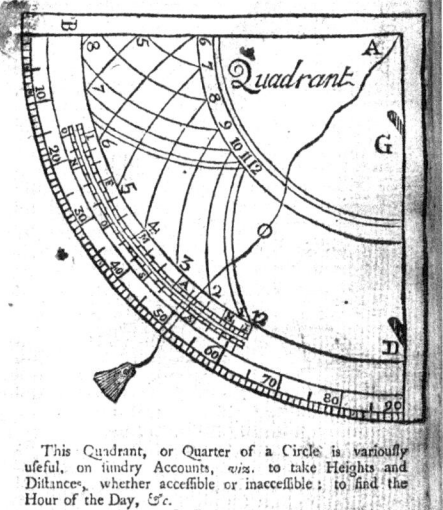

Fig. 7.4 Quadrante astronomico. È un quarto di cerchio graduato con cui misurare altezze e angoli

il quadrante di Hamid ibn al Khidr al-Khojandi (940–1000) misurava circa 17 metri.

Balestriglia. Noto in inglese come *cross staff*, in francese *arbalestrille* e *balestilla* in spagnolo, da cui l'equivalente termine italiano, fu uno strumento astronomico descritto per la prima volta nel 1328 dall'astronomo ebreo catalano Levy Ben Gerson (1288–1344), tanto da essere chiamato dai cristiani anche *bastone di Giacobbe* (Jacob staff) (Fig. 7.5 sinistra).

Fu inizialmente impiegato nelle osservazioni dei fenomeni celesti: l'astronomo e matematico tedesco Regiomontano lo utilizzò per misurare il diametro di una cometa comparsa nel 1472 che 210 anni dopo sarà conosciuta come cometa di Halley.

Introdotto sulle navi nella prima metà del '500, ad opera dei portoghesi che la chiamavano *tavoletas da Índia*, un nome che fa supporre una sua origine orientale, consisteva di un'asta di legno lunga 1,5–1,8 m, su cui era segnata una suddivisione e lungo la quale poteva scorrere una traversa, il *martello*, la cui estremità superiore serviva a traguardare un corpo celeste mentre con l'estremità inferiore veniva traguardato l'orizzonte. La misura rilevata era proporzionale alla tangente dell'angolo sotteso, che poteva essere convertita in valore angolare con l'uso di tavole trigonometriche. Per osservare il sole si proiettava l'ombra della sua estremità superiore sul martello più piccolo fissato all'estremità inferiore dell'asta; per evitare l'abbagliamento si ricorreva all'uso di un vetro affumicato. Notiamo la somiglianza d'uso con il metodo di Zheng He per rilevare l'altitudine in navigazione.

Fig. 7.5 Sinistra: Balestriglia. Destra: Disegno del Triquetrum di Copernico

Triquetrum Si tratta di un altro strumento per traguardare la posizione degli astri e ricavare angoli in particolare per determinare la parallasse di pianeti e comete (Fig. 7.5 a destra). La struttura è molto semplice: due aste di uguale lunghezza, di cui una dotata di un perno che scorre lungo una fessura della terza asta, formano un triangolo isoscele in cui la terza asta è la corda dell'angolo tra le altre due. Orientando l'asta mobile verso un astro, si può ricavare l'angolo dalla misura della sua corda. Si tratta di uno strumento molto antico, in uso già nel periodo classico in Grecia.

Strumenti più moderni, sviluppati dopo la diffusione della conoscenza della trigonometria, e quindi specificamente occidentali, sono l'astrolabio e il sestante.

Astrolabio L'invenzione dell'astrolabio risale al −II secolo, probabilmente da parte di Ipparco di Nicea, ma strumenti così antichi non sono sopravvissuti. Gli astronomi arabi costruirono innumerevoli astrolabi perfezionandolo e arricchendolo di funzioni (Fig. 7.6). A causa della precessione degli equinozi, essi rilevarono spostamenti di longitudine dell'ordine di un grado nell'arco di circa 70 anni, di conseguenza gli astrolabi venivano frequentemente ricostruiti per aggiornare le coordinate celesti.[3]

L'astrolabio (Fig. 7.7) è composto da un disco principale, chiamato *mater*, con un anello (il *trono*) per tenerlo sospeso con un dito, il bordo della *mater* è

---

[3] Chi fosse interessato ad approfondire la storia e i maggiori costruttori trova una sintetica esposizione nel lavoro di Darin Hayton (Hayton, 2012).

7 L'astronomia in Occidente

Fig. 7.6 Astrolabio. (© Museo dell'Arte Islamica, Il Cairo)

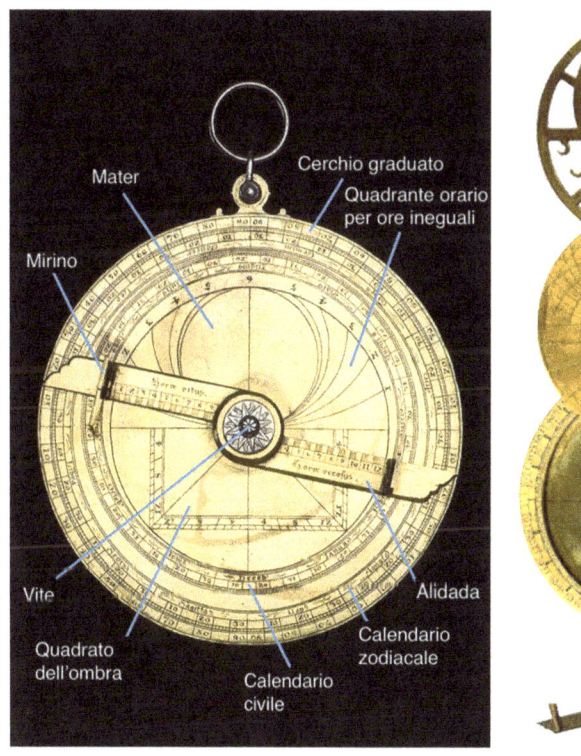

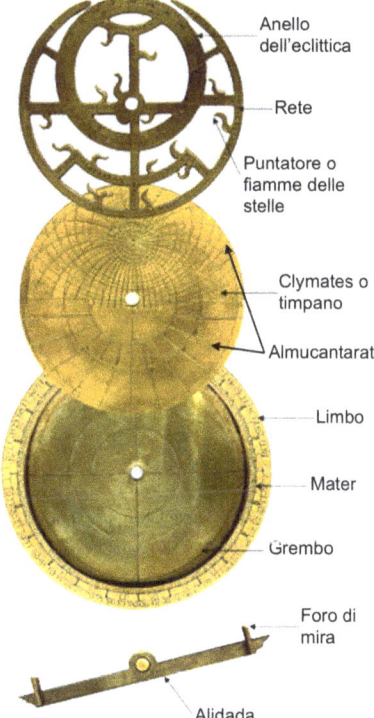

Fig. 7.7 Componenti di un astrolabio

rilevato e viene chiamato *limbo*. Sul retro della mater ci sono varie incisioni, come lo zodiaco, tabelle di altitudine, calendari ecc.

All'interno della mater viene inserito un disco, chiamato *climates* o *timpano*, e un disco traforato chiamato *rete*. Sul bordo della *mater* è incisa una scala graduata da 0° a 360° suddivisa in 24 settori, corrispondenti alle ore, 12 diurne e 12 notturne. In corrispondenza del *trono* è segnato il meridiano locale. Sul disco del *timpano* sono anche segnati i tropici, l'equatore celeste e l'orizzonte, e i meridiani celesti, tracciati con la proiezione stereografica (vedi Appendice A) centrata sul polo Nord. Il *timpano* viene cambiato in relazione alla latitudine del luogo di osservazione. L'insieme degli archi paralleli all'orizzonte e che hanno altitudine costante viene chiamata *almucantarat*, sul *limbo* sono segnati gli angoli di altitudine.

Le punte delle piccole fiamme della *rete* traforata identificano la posizione delle stelle più luminose raffigurate sulla proiezione della sfera celeste. Negli astrolabi più complessi ci sono fino a 33 stelle principali, l'astrolabio in figura ne indica una dozzina. Ruotando la rete in modo da far coincidere l'indicatore dell'ora con l'ora corrente, le stelle della rete appariranno nella posizione celeste corretta.

Tutti i componenti sono tenuti insieme da un perno su cui è incernierata la *alidada*, un indicatore mobile che ha un foro a una estremità e dall'altro una sorta di pinna; tenendo sospeso l'astrolabio si ruota l'alidada fino a puntare il foro verso il sole in modo che la luce venga proiettata sulla pinna opposta. Sul quadrato dell'ombra (*umbra*) inciso sul verso della *mater* si può leggere l'altezza del sole (Fig. 7.7 a sinistra).

Per determinare la longitudine del sole si legge sul retro dell'astrolabio la data del calendario e si allinea l'alidada rilevando la posizione zodiacale e i gradi corrispondenti.

Esistevano anche astrolabi in cui l'indicazione delle ore teneva conto della diversa durata del giorno tra estate e inverno (ore ineguali). A questo scopo venivano incise delle curve che mostravano la diversa durata del giorno al variare delle stagioni.

Gli astrolabi più semplici venivano costruiti per determinare la latitudine e l'ora in navigazione e possono essere considerati l'antecedente del sestante. Gli astrolabi più completi possono essere utilizzati per molti calcoli: misurare l'altezza di un edificio, determinare l'ora in base alla posizione del sole o delle stelle, determinare l'alba o il tramonto, determinare la posizione dei pianeti in una certa data per gli oroscopi, determinare l'ora di specifiche preghiere o festività religiose. Oltre all'astrolabio per la determinazione dell'ora notturna veniva usato il **notturnale** o **notturlabio**. È uno strumento che deriva dall'astrolabio. Il notturlabio, o notturnale, funziona centrando la Stella Polare attraverso il foro centrale. Successivamente, si allinea l'alidada con le stelle α (Dubhe) e β (Merak) dell'Orsa Maggiore, permettendo di leggere l'ora cor-

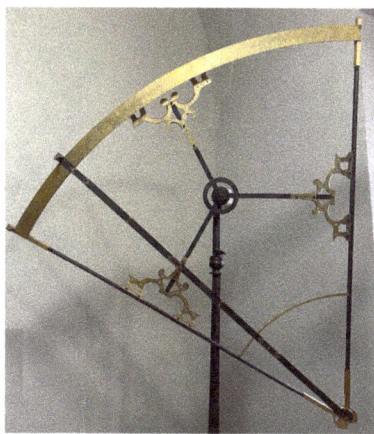 

Fig. 7.8 Sinistra: Sestante di Habermel, 1600. (© Clementinum, Praga). Destra: Dettaglio del sestante di Bürgi, 1600. (© Museo Nazionale della Tecnica, Praga)

rente sul disco. In questo processo, le due stelle fungono da lancette di un orologio celeste, indicando l'ora con la loro posizione rispetto alla Stella Polare (Fig. 7.9 destra).

Sestante Una funzione simile all'astrolabio la svolge il sestante (Fig. 7.8), strumento principe per la determinazione della latitudine in mare e, se si ha a disposizione un orologio di precisione, per determinare anche la longitudine. Naturalmente il sestante richiede il sussidio di tavole astronomiche, a differenza dell'astrolabio che già comprende le coordinate delle stelle principali.

Tycho Brahe per misurare la distanza angolare tra due astri fece costruire da Jost Bürgi e Erasmus Habermel (1530 ca. – 1606) diversi sestanti e quadranti.

Il sestante veniva montato su un supporto rigido e sospeso per il baricentro in modo che fosse perfettamente bilanciato. Dopo averlo ruotato attorno all'asse verticale per allinearlo all'azimut si poteva misurare l'altezza di un astro. Per misurare la distanza angolare tra due astri veniva ruotato in modo da allineare il piano dello strumento con il piano individuato dai due astri e dal centro di osservazione. Si può notare in Fig. 7.8 a destra la suddivisione trasversale per misurare le frazioni di grado.

Questi strumenti furono utilizzati a lungo anche dagli astronomi arabi e persiani. La loro funzione, come abbiamo visto, era essenzialmente quella di misurare gli angoli verticali per determinare le coordinate celesti, puntando alle stelle con varie soluzioni. Solo con l'invenzione del telescopio e in particolare della montatura equatoriale, divenne finalmente facile orientare l'osservazione verso l'astro desiderato e leggere le coordinate su scale graduate fissate rigidamente allo strumento. Si tratta del resto delle configurazioni tipiche delle armille cinesi.

Fig. 7.9 Sinistra: Equatorium, XV sec., il quadrante in alto indica le posizioni di Mercurio, quello in basso a sinistra le posizioni di Marte. (© Museum History of Science, Oxford) Destra: Notturnale. (© Museo Nazionale della Tecnica, Praga)

Oltre agli strumenti di osservazione e misura alcuni strumenti sono stati concepiti per agevolare il calcolo. Tra questi troviamo l'equatorium, le *volvelle* e il torquetum.

Equatorium. Si tratta di uno strumento meccanico che permette di localizzare la posizione del Sole, della Luna e dei 5 pianeti rispetto al cerchio zodiacale, senza dover ricorrere a calcoli e tabelle di efemeridi. L'uso principale di questo strumento è quello di trovare le posizioni dei pianeti per la preparazione degli oroscopi astrologici. Alcuni sono dotati di un meccanismo per ogni pianeta che simula il moto ad epiciclo. L'equatorium deriva dall'astrolabio, comprende puntatori mobili per indicare la posizione dei pianeti rispetto allo zodiaco e può anche essere privo di meccanismi. (Fig. 7.9 sinistra).

Le Volvelle La volvelle è un calcolatore analogico in carta che permette di leggere le coordinate degli astri e i principali fenomeni astronomici, direttamente su scale graduate segnate sul bordo, eseguendo così le funzioni dell'equatorium. È costituito da uno o più dischi di carta sovrapposti e imperniati al centro, su cui sono riportati nella periferia la suddivisione in gradi, i segni zodiacali, e linee che servono a determinare le date degli eventi. Giovanni Sacrobosco (John of Holywood, 1195–1256), utilizza volvelle nel suo trattato *De Sphaera Mundi*. Di straordinaria bellezza e accuratezza sono quelle create da Petrus Apianus[4] per la sua opera *Astronomicum Caesareum*, pubblicata nel 1540 e dedicata all'imperatore Carlo V. Apianus, che venne nominato Cavaliere e Matematico di corte dall'impe-

---

[4] (Apianus, 1540).

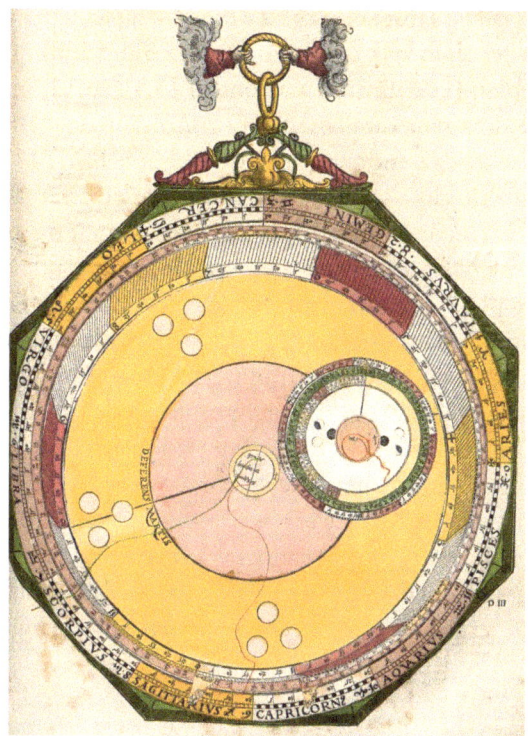

Fig. 7.10 Volvelle Equatorium di Marte, Petrus Apianus. Si osserva che il disco più grande, il deferente, è decentrato e il suo asse di rotazione è sull'equante, il disco più piccolo è l'epiciclo. I fili servono a determinare le posizioni angolari e zodiacali

ratore, era un astronomo di valore, che ideò questi strumenti per semplificare il calcolo delle efemeridi basato sulla teoria di Tolomeo. Apianus elaborò dalle tabelle dell'Almagesto dei diagrammi, con i quali costruì dischi mobili. Lungo i bordi dei dischi erano segnati i gradi, mentre dei fili, fissati al centro e tirati verso i bordi, permettevano di individuare con precisione la data, la longitudine e la latitudine di un evento astronomico. L'*Astronomicum Caesareum* contiene circa 30 volvelle. In Fig. 7.10 si può osservare la volvelle per determinare la longitudine di Marte.

Torquetum Ideato da Regiomontano e descritto dettagliatamente da Petrus Apianus nella sua opera *Astronomicum Caesareum*, è uno strumento che permette di misurare contemporaneamente le coordinate celesti nei tre sistemi di riferimento: quello alt-azimutale, quello eclittico e quello equatoriale. Convertire le coordinate da un sistema di riferimento all'altro era un procedimento di calcolo complicato, soggetto facilmente ad errori. Il Torquetum è una sorta di calcolatore analogico. È costituito da tre piani su cui sono incise le indicazioni in gradi. Il piano orizzontale corrisponde al piano dell'orizzonte del luogo, il primo piano inclinato è parallelo all'equatore celeste ed è incernierato sul piano orizzontale per poterlo orientare secondo la latitudine del luogo. Sul piano equatoriale è quindi montato il terzo piano con una inclinazione di 23,5° pari all'inclinazione dell'eclittica, mediante una struttura chiamata *basilica*. Ortogonalmente a quest'ultimo piano dell'eclittica è montato un disco, chiamato *crista,* con una alidada con cui si rileva la altitudine o la declinazione dell'astro osservato. Alla base della *crista* è montata una seconda alidada per rilevare l'azimut o l'ascensione retta.

Per la misura delle coordinate alt-azimutali la struttura deve essere ripiegata in modo che i tre piani siano tutti orizzontali e la crista allineata sul meridiano locale. Per la misura delle coordinate equatoriali il piano equatoriale deve essere inclinato di un angolo pari alla colatitudine del luogo (90°-latitudine). Lo zero dell'ascensione retta viene posto in corrispondenza del punto vernale (intersezione tra piano eclittico e piano dell'orbita) e lo zero della declinazione corrisponde all'equatore. Infine, per la lettura delle coordinate eclittiche, il piano eclittico viene inclinato mediante la basilica di 23,5°, lo zero dell'alidada della crista viene allineato allo zero del piano dell'eclittica. La longitudine viene misurata a partire dallo zero del punto vernale con l'alidada alla base della crista e la latitudine viene letta con l'alidada sul disco della crista (Fig. 7.11). Possiamo

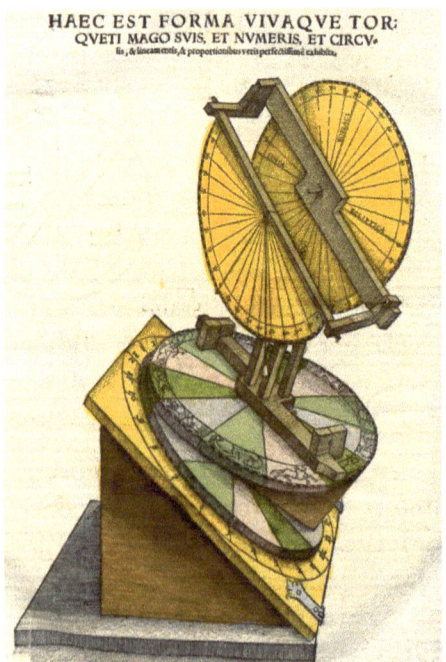

Fig. 7.11 Sinistra: Il Torquetum di Petrus Apianus. Destra: Torquetum, tardo XVI sec. (© Museo Nazionale della Tecnica, Praga)

notare la grande differenza del torquetum rinascimentale con l'armilla semplificata di Guo Shoujing, impropriamente chiamata torquetum.

Nel corso del '600 nascono strumenti di osservazione che sono l'evoluzione più sofisticata dei tubi di osservazione: gli strumenti di transito e i telescopi.

Strumenti di transito. Ole Rømer (1644–1710) costruì il primo strumento per osservare il passaggio al meridiano di un astro, un cannocchiale posto in posizione fissa sul meridiano del luogo che poteva spostarsi solo in elevazione. Con questo strumento Rømer poté determinare le coordinate di numerose stelle con grande precisione. Accompagnato da un orologio, lo strumento permetteva di registrare l'istante del transito osservato al telescopio. L'oggetto osservato poteva venire centrato con grande precisione mediante un reticolo montato nell'oculare. Di notte il reticolo poteva venire illuminato con lucerne o candele poste a lato della montatura.

Nella Fig. 7.12 vediamo anche diversi orologi, uno dei quali, in basso, è un orologio a pendolo che compie un'oscillazione molto ampia, quindi molto probabilmente non isocrono, tuttavia con questi strumenti Rømer riuscì a misurare gli istanti di occultazione del satellite Io quando la terra era in opposizione o in congiunzione con Giove, rilevando una differenza di circa 22'. Imputando questa differenza al tempo impiegato dalla luce per coprire la maggiore o minore distanza della Terra da Giove, ricavò una stima della velocità dell'ordine di 200.000 km/sec.

Sfere armillari. Come abbiamo chiarito il sistema di riferimento celeste in uso in Occidente a partire dal tempo di Ipparco era il sistema eclittico o zodiacale, mentre quello usato dai cinesi era il sistema equatoriale, che in Europa venne in-

Fig. 7.12 Ole Rømer e il suo strumento di transito

trodotto da Tycho Brahe. La maggiore semplicità del sistema equatoriale permetteva la costruzione di macchine anche di grandi dimensioni. L'armilla equatoriale si prestava molto meglio alla misura delle coordinate celesti dei corpi luminosi o delle stelle, era quindi soprattutto uno strumento di osservazione.

Probabilmente il sistema primitivo più semplice era un unico cerchio orientabile come il meridiano o come l'equatore celeste, su cui fare scorrere un elemento fiduciario come l'alidada per identificare l'angolo orario o l'angolo di declinazione.

La sfera armillare è uno strumento di grande importanza sia nella storia dell'astronomia cinese sia in quella occidentale (Fig. 7.13 a destra). Le coordinate dei corpi celesti erano inizialmente espresse come latitudine e longitudine celeste, un sistema adottato fin dal tempo di Ipparco e con il quale vennero nei secoli seguenti compilate le tavole astronomiche. In questo sistema di riferimento la longitudine celeste era misurata lungo l'eclittica, che corrisponde al cerchio dello zodiaco, e la latitudine celeste è l'altezza dell'astro dall'eclittica lungo l'arco del meridiano. L'armilla zodiacale è descritta nell'Almagesto di Tolomeo (Fig. 7.13 a sinistra). Tycho introdusse un nuovo sistema di riferimento, il sistema equatoriale in cui le coordinate sono espresse come ascensione retta (AR) e declinazione (δ). La AR è misurata rispetto lungo l'equatore celeste e la declinazione è l'angolo misurato lungo il meridiano dall'equatore. Questa innovazione si accompagna alla costruzione della *armilla equatoriale*, che ha un solo asse orientato verso il polo nord celeste.

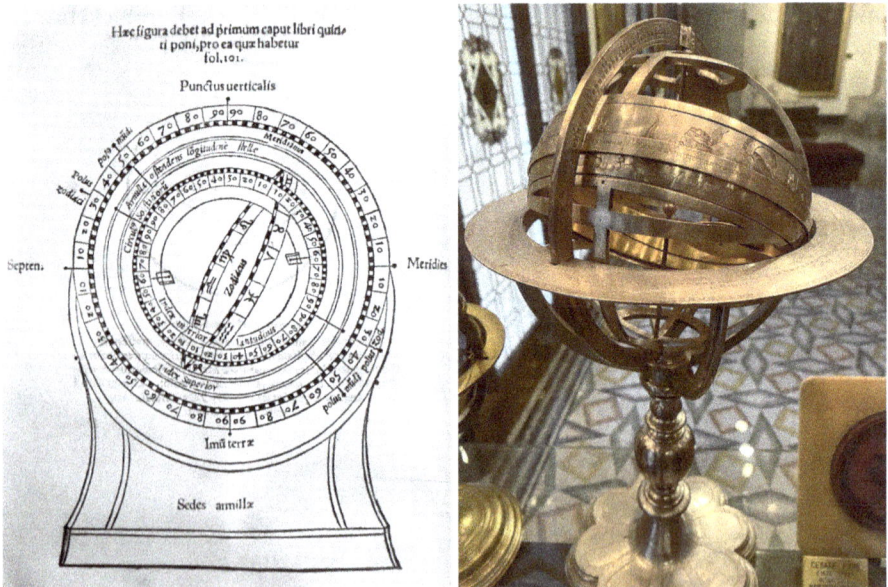

Fig. 7.13 Sinistra: l'Armilla di Tolomeo illustrata nell'Alamagesto. Destra: armilla zodiacale, XVII sec. (© Veneranda Biblioteca Ambrosiana, Milano)

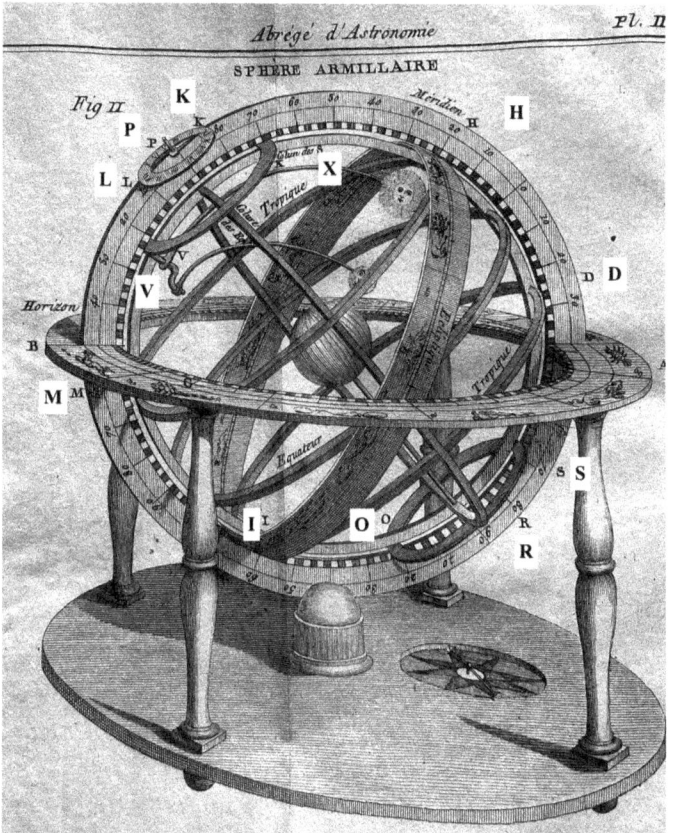

Fig. 7.14 Sfera armillare. Lalande Pl. II. Cit

In generale l'armilla è composta da anelli metallici graduati che rappresentano l'eclittica, i meridiani, l'equatore, il tropico del cancro e il tropico del capricorno paralleli all'equatore; infine può comprendere i coluri, ovvero i cerchi massimi che passano per i solstizi e gli equinozi. Si tratta, dunque, di un modello tridimensionale meccanico del sistema di coordinate celesti, che include i cerchi fondamentali per determinare le posizioni degli astri. Alcune armille racchiudono al centro un globo terrestre e, in alcuni casi, rappresentano anche il Sole e la Luna. Ruotando il globo terrestre secondo l'ora e la stagione le coordinate astronomiche sono messe in relazione con le posizioni dello zodiaco.

Le sfere armillari più antiche risalgono al −II secolo e furono probabilmente inventate da Eratostene. Numerose sfere armillari vennero costruite a partire dal XV secolo.

Esaminiamo in dettaglio una sfera armillare servendoci della illustrazione (Fig. 7.14) riportata nel manuale di astronomia di Jerome Lalande.[5]

---
[5] (Lalande 1795).

L'anello orizzontale sostenuto dai quattro piedi rappresenta l'orizzonte, ortogonalmente a questo anello e incastrato in due intagli, c'è un altro anello che rappresenta il meridiano del luogo (indicato col nome in figura), ovvero l'arco di massima culminazione del sole. Il cerchio dell'orizzonte è fisso sul supporto, quello del meridiano può ruotare scorrendo negli intagli modificano l'orientamento dell'asse a seconda della latitudine di osservazione. All'interno si trova una gabbia costituita da cerchi mobili che ruotano attorno ad un asse PR. Ci sono 4 cerchi: l'equatore, l'eclittica, e i coluri (denominati in figura: *Colur des S[olstice]* e *Colur des Eq[uinox]*). Il coluro dei solstizi passa dai poli e dai punti dei solstizi, è un meridiano che serve a misurare l'obliquità dell'eclittica. Tutti gli astri posti su questo meridiano hanno una ascensione retta di 90° o 270°. Il coluro degli equinozi passa sempre per i poli e per i punti equinoziali, è perpendicolare al primo, tutti gli astri su questo coluro hanno ascensione retta di 0° o 180°. Altri quattro cerchi più piccoli sono i cerchi tropicali (HM e DI) e i cerchi polari (SO e XV). Non servono per le osservazioni astronomiche ma alla geografia per indicare le regioni temperate e polari. Lo Zodiaco (I) è una fascia dell'eclittica con una estensione di 17°, 8°30' da ciascun lato, e indica lo spazio occupato dalle orbite dei pianeti, le cui inclinazioni rispetto all'eclittica sono comprese entro questo intervallo. La terra è rappresentata da un piccolo globo al centro della sfera. Attorno al polo P si trova un anello KL su cui sono segnate le 24 ore; un indicatore solidale con l'asse PR indica l'ora al variare della rotazione della parte mobile della sfera. Al di sotto c'è un disco su cui è fissato in V un braccio che porta con un arco il Sole e con un secondo arco più piccolo la Luna. I due astri possono così essere ruotati attorno alla Terra. Infine alla base c'è una bussola per orientare verso Nord l'asse PR e una bolla di livello per disporre l'oggetto in modo perfettamente orizzontale.

È evidente che le armille costruite in occidente non erano strumenti osservativi. Si tratta di strumenti dimostrativi e in alcuni casi di calcolo analogico delle posizioni del Sole o della Luna.

Gli strumenti costruiti nel XVI secolo per spiegare il modello planetario di Tolomeo non sono sfere armillari, sono chiamate *theoricae orbium* in quanto ideate per spiegare la teoria delle sfere celesti.

Theoricae orbium[6] Nel corso del XV e XVI secolo il modello planetario di Tolomeo era ancora largamente accettato dagli studiosi. In particolare Georg von Peuerbach[7] aveva cercato di descrivere un nuovo modello di sfere omocentriche per poter costruire i meccanismi dei moti planetari.

Un tentativo di costruzione tridimensionale della *theorica orbium* viene esposta da Johann Schöner nella *Opera mathematica* del 1551.[8] Il costruttore di

---

[6] Teorie degli orbes. Il termine orbis denota le sfere celesti che sostengono e trascinano i pianeti nel loro moto, secondo il modello di Eudosso e di Aristotele.
[7] (Peuerbach, 1562).
[8] (Gingerich, 1977) Versione digitale: adsabs.harvard.edu. Ultimo accesso febbraio 2024.

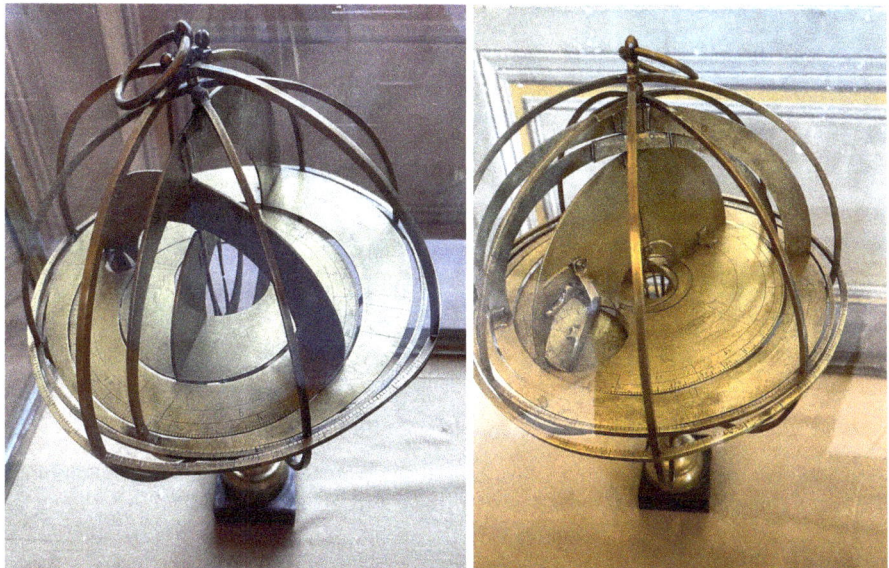

Fig. 7.15 Sinistra: Theorica Lunae. Destra: Theorica Mercurii 1557. (© Musei Vaticani, Galleria Urbano VIII)

strumenti astronomici, Gerolamo Della Volpaia (1530–1613 ca.) realizzò varie macchine per illustrare il moto di Mercurio e di altri pianeti.

Il modello del moto di Mercurio (Fig. 7.15) presenta una costruzione particolare che mette in luce la difficoltà di fabbricare un modello meccanico secondo la teoria delle sfere omocentriche. Possiamo notare che le varie sfere (rappresentate con dischi) sono imperniate in modo eccentrico l'una con l'altra per poter rappresentare la precessione degli apsidi di Mercurio. Le opere di Gerolamo della Volpaia sono la materializzazione della teoria planetaria di Peuerbach. Otto Gingerich[9] propose di denominare questo strumento *orbarium*, per distinguerlo meglio dalla sfera armillare.

Gli *orbaria* di Peuerbach sono pensati come gusci e sono di due tipi: di spessore uniforme o non uniforme, in modo che il pianeta possa muoversi eccentricamente. Era impossibile realizzare un meccanismo che mostrasse il movimento di quattro sfere concentriche, ognuna delle quali ruotava attorno al proprio asse. Questi strumenti si limitavano, nella migliore delle ipotesi, a essere mossi a mano, raffigurando così la Terra, il Sole e un solo pianeta o la Luna. Tutti i tentativi di capire come il movimento si potesse trasferire all'intero cosmo non ebbero successo.

Telescopi. Come detto il telescopio venne inventato da Hans Lippershey nel 1608. Galileo lo perfezionò, ma altri contribuirono al suo sviluppo, come Chri-

---

[9] Ibidem.

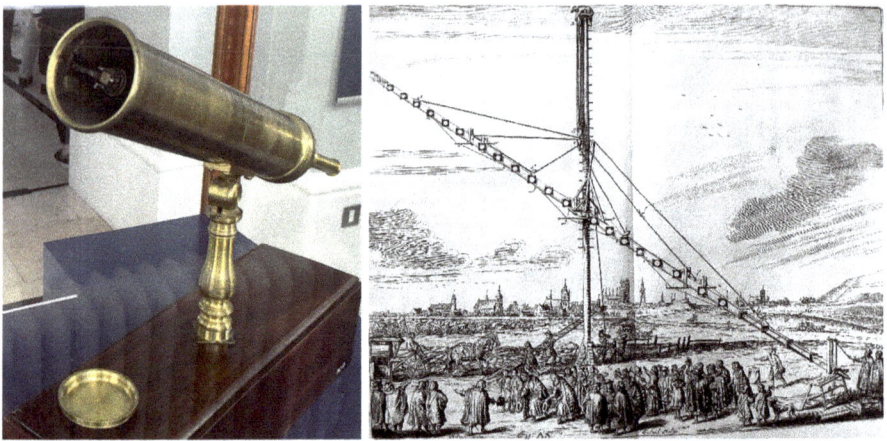

Fig. 7.16 Sinistra: Telescopio a riflessione di Gregory. (© Science Museum, Edinburg) Destra: Il telescopio rifrattore di Hevelius (1611–1687), lungo 60 piedi

stiaan Huygens che inventò un oculare in uso ancora oggi. Nel corso del XVII secolo Giuseppe Campani (1635–1715), di Roma, costruì telescopi di grande lunghezza che venivano orientati con l'uso di corde in analogia al governo delle vele dei vascelli (Fig. 7.16 a destra). Uno di questi telescopi fu installato all'Osservatorio Astronomico di Parigi, e con questo strumento Giovanni Domenico Cassini (1625–1712) scoprì la struttura in bande degli anelli di Saturno e 4 dei suoi satelliti.

Lo Scozzese James Gregory (1638–1675) progettò prima di Newton il telescopio a riflessione, che offriva una luminosità molto maggiore del telescopio galileiano e con una lunghezza molto contenuta (Fig. 7.16 a sinistra).

Gli strumenti di Tycho Brahe Dedichiamo un paragrafo specifico a questo tema per la sua relazione diretta con gli sviluppi dell'astronomia cinese dopo l'arrivo dei missionari gesuiti. Purtroppo l'osservatorio Uraniburg di Hven e le sue macchine sono scomparse, tuttavia ne abbiamo una conoscenza precisa poiché nel 1598 Tycho Brahe pubblicò, in onore dell'imperatore Rodolfo II, l'opera *Astronomiae Instauratae Mechanica* (Meccanica dell'astronomia riformata), in cui gli strumenti che utilizzava per le proprie osservazioni sono descritti e raffigurati con eleganti disegni e con descrizioni dettagliate per l'uso (Fig. 7.17). La caratteristica principale di questi strumenti è la loro dimensione e la presenza della suddivisione trasversale per rilevare frazioni di grado.

Essi sono

- 8 quadranti di varie dimensioni e forma
- 1 grande quadrante murale
- 1 grande semicerchio

- 1 triquetrum
- 1 sestante
- 1 strumento per la misura della parallasse
- 1 armilla zodiacale
- 3 armille equatoriali
- 3 sestanti di diversa foggia
- 1 strumento per la misura delle altezze
- 1 grande globo celeste su cui venivano riportate le posizioni delle stelle

A Uraniburg (Fig. 7.18) Tycho aveva organizzato una serie di servizi tecnici, tra cui laboratori con compassi di proporzione e righelli di precisione per la fabbricazione degli strumenti. Oltre a ciò aveva fatto costruire una fabbrica di carta con cui imprimeva una filigrana sui fogli per certificare l'originalità dei suoi studi.

La precisione degli strumenti di Tycho Brahe era dovuta in primo luogo alla professionalità dei maestri costruttori, tra i quali abbiamo già citato Jost Bürgi.

Fig. 7.17 Alcuni strumenti di Tycho Brahe. (Da: Astronomiae Instauratae Mechanica)

Fig. 7.18 Modello dell'Osservatorio di Uraniburg. (© Deutsches Museum, Monaco.) Si notano le arnille sulle logge dell'edificio

Dobbiamo anche ricordare che nel corso del XVI e XVII secolo in tutta Europa fiorì la costruzione di raffinati e accurati strumenti di misura per soddisfare le esigenze della nascente scienza sperimentale.

8

Conclusioni

8.1 Due concezioni del cosmo: organicismo e meccanicismo

Il cosmo, nell'astronomia greca, è visto come un sistema ordinato e intelligibile, il cui studio è parte integrante della filosofia naturale. A partire dal Rinascimento, l'astronomia occidentale si è sviluppata secondo un paradigma meccanicistico, influenzato dalla filosofia naturale greca e successivamente dalla rivoluzione scientifica. La scienza occidentale ha sempre enfatizzato l'importanza della verifica empirica delle osservazioni. Osservazioni precise e ripetibili sono alla base delle teorie scientifiche, e l'invenzione del telescopio, insieme all'uso di strumenti di misurazione avanzati, ha giocato un ruolo cruciale. Inoltre, l'uso della geometria per descrivere i fenomeni celesti è una caratteristica distintiva dell'astronomia occidentale che risale ai tempi di Eudosso di Cnido. Il metodo scientifico che ha prevalso in Occidente si è sviluppato inizialmente attraverso l'uso della geometria e della matematica per descrivere i moti celesti e, a partire dal XVI secolo, ha portato a considerare il cosmo come una macchina governata da leggi fisiche precise e prevedibili. Questa visione riduce l'universo a componenti separati che interagiscono in modo meccanico.

D'altro canto, l'astronomia cinese si distingue per la centralità del principio dell'armonia, la funzione politica e divinatoria del calendario, e la sistematicità delle osservazioni. Essa era profondamente radicata in una visione olistica e armonica dell'universo, dove le osservazioni celesti erano strettamente legate alla filosofia daoista, confuciana e buddhista, che vedevano il cielo e la terra come interconnessi e in equilibrio. L'astronomia cinese, non aveva un interesse teorico, era utilizzata per scopi pratici, come la creazione di calendari agricoli e la previsione di eventi celesti significativi. Le eclissi e altri fenomeni eccezionali, come comete e asteroidi, erano interpretati come segnali che potevano influenzare il mandato celeste degli imperatori. L'astronomia cinese vanta una lunga tradizione di osservazioni sistematiche e registrazioni accurate dei fenomeni celesti. Gli astronomi cinesi hanno documentato comete, supernove e altri eventi con una precisione che oggi ci stupisce.

La concezione organica della scienza cinese si riferisce a una visione del cosmo come un organismo vivente, interconnesso, in equilibrio e in continua trasformazione. In questa visione, l'universo è considerato un sistema armonioso, dove ogni parte è interdipendente e contribuisce al funzionamento del tutto. Le teorie scientifiche cinesi spesso integravano filosofia, medicina e cosmologia, ponendo particolare enfasi sui cicli naturali e sulle forze vitali come il *qi*. I principi cosmologici dei Cinque Elementi (legno, fuoco, terra, metallo, acqua), dello Yin e Yang, la numerologia e le sue connessioni con la musica sono costantemente presenti e ispirano lo studio del cielo. Su di essi si fondano anche i metodi di calcolo dei cicli lunari e solari con cui si calcolavano i calendari.

Principi filosofici. L'astronomia occidentale, a partire dall'antica Grecia, è stata profondamente influenzata dall'intento di comprendere le cause dei fenomeni celesti. Questo approccio causale affonda le sue radici nella nozione di causa-effetto, un concetto fondamentale della filosofia greca, in particolare nel pensiero di Aristotele. Egli introdusse l'idea che ogni evento ha una causa specifica, e questo principio divenne una pietra angolare della scienza occidentale. Aristotele riteneva che i movimenti celesti del sistema geocentrico fossero governati da cause naturali e il moto celeste fosse regolato da un "motore immobile", che in epoca cristiana venne interpretato come Dio. Tolomeo, con il suo Almagesto, sviluppò ulteriormente questo sistema, creando un modello matematico-geometrico dettagliato dell'universo geocentrico.

Con il Rinascimento e la rivoluzione scientifica, astronomi come Copernico, Kepler, Galileo e Newton trasformarono radicalmente l'astronomia. Copernico introdusse il modello eliocentrico, Kepler formulò le leggi dei moti planetari, Galileo utilizzò il telescopio per smentire la perfezione immutabile del cielo confermando il sistema copernicano, e Newton spiegò i movimenti celesti attraverso la legge di gravitazione universale. Questi scienziati non si limitarono a descrivere i fenomeni, ma cercarono di comprenderne le cause, applicando la fisica e la matematica per costruire un quadro coerente dell'universo.

Tre momenti principali caratterizzano l'evoluzione dei modelli teorici dell'Occidente:
- il modello geocentrico di Aristotele e Tolomeo, con l'universo dominato da sfere celesti e la teoria degli epicicli;
- il sistema copernicano, che introdusse una visione eliocentrica sfidando il geocentrismo;

- le leggi di Kepler e Newton, che integrarono l'osservazione con una spiegazione causale dei fenomeni celesti, passando dal modello geometrico cinematico alla dinamica del moto. Questi sviluppi segnano la crescente comprensione delle leggi naturali che governano l'universo.

L'astronomia cinese, strettamente connessa al proprio sistema filosofico, poneva l'accento sull'armonia tra cielo, terra e umanità. Gli astronomi osservavano e registravano i fenomeni celesti poiché si credeva che questi fossero legati all'equilibrio cosmico, il cui riflesso si manifestava anche nell'ordine sociale. L'universo era considerato un organismo vivente e interconnesso, dove gli eventi celesti influenzavano il destino dell'impero. Questa visione, consolidata attraverso il modello cosmologico *Xuan Ye* (il cielo infinito, opera misteriosa), rimase invariata per secoli, senza modifiche significative. La figura dell'astronomo era strettamente subordinata all'imperatore, il Figlio del Cielo, e il calendario annuale era fondamentale per stabilire i riti e le funzioni del governo. Di conseguenza, la pratica dell'astronomia non era guidata dall'interesse personale per la conoscenza, ma era esclusivamente al servizio del potere imperiale.

I concetti filosofici fondativi dell'astronomia cinese si possono riassumere nel Principio *Yin* e *Yang* e nei Cinque Elementi. Questi concetti filosofici erano integrati nelle interpretazioni astronomiche. L'armonia tra gli elementi e le forze naturali era considerata più importante dell'identificazione di cause dirette e specifiche, riflettendo una visione olistica del cosmo.

Il rapporto cielo-terra-imperatore aveva un potente valore simbolico. L'astronomia aveva lo scopo di giustificare il Mandato del Cielo degli imperatori, e dipendeva direttamente dal potere dell'imperatore. Le osservazioni astronomiche dovevano riflettere un ordine cosmico che sosteneva l'autorità imperiale. Questa visione si rifletteva anche nel carattere cinese per "re" (王, *wang*), che simboleggia il legame tra cielo, terra e umanità..[1]

La creazione di calendari accurati era fondamentale per l'agricoltura e i riti civili e religiosi, con cui l'imperatore esercitava il Mandato del Cielo, di cui il più importante era il sacrificio del solstizio di inverno, celebrato dall'imperatore. Era il rito che celebrava la crescita dello *yang*, principio luminoso e attivo, e la decrescita dello *yin*, principio oscuro e passivo e che rinnovava il ciclo vitale. Gli astronomi cinesi svilupparono sofisticati strumenti, come gnomoni e armille per misurare le posizioni degli astri. Per prevedere eclissi e altri eventi celesti idearono metodi algebrici avanzati di interpolazione polinomiale, concentrandosi più sull'accuratezza delle previsioni che sulla comprensione delle cause sottostanti.

Ritroviamo il valore simbolico del rapporto cielo-terra-imperatore nel concetto di *dizhong*, centro della Terra. Nei *Riti di Zhou*, il *dizhong* rappresenta il

---

[1] Il tratto verticale indica il legame tra il cielo (la barra orizzontale in alto), la terra (la barra orizzontale in basso) e l'uomo (la barra intermedia).

punto simbolico in cui cielo e terra si incontrano, un luogo ideale per stabilire un regno, riflettendo l'armonia cosmica. riflette l'idea che la capitale dell'impero, considerata il centro della civiltà, sia il luogo da cui l'imperatore, come "Figlio del Cielo", stabilisce l'ordine e diffonde la virtù attraverso il rituale e il governo morale. Questo centro era pensato per essere in armonia con i quattro punti cardinali e con il cosmo, secondo una struttura organizzativa basata sulla centralità del potere imperiale per mantenere la stabilità e l'equilibrio nel regno e nell'universo. L'idea di *dizhong* influenzò la localizzazione delle antiche capitali cinesi, spesso situate in prossimità del Monte Song, considerato un centro sacro. Anche durante la dinastia Yuan, quando la capitale si spostò a Beijing, l'influenza del *dizhong* rimase evidente, come dimostra la costruzione dell'osservatorio di Dengfeng, situato a 34,5° di latitudine, come il Monte Song.

La causalità. Il concetto di causa e il rapporto causa-effetto differiscono notevolmente tra Occidente e Cina. Aristotele distingueva tra quattro cause: materiale, formale, efficiente e finale, quindi comprendere un fenomeno significa identificare tutte le cause che lo determinano. Nella filosofia scolastica medievale, il principio di causalità contribuisce a dimostrare l'esistenza di Dio come causa prima, e tutta la teoria delle sfere celesti presuppone un "motore immobile" che causa la rotazione delle sfere a cui i pianeti e le stelle sono fissati. Durante il Rinascimento, la ricerca delle cause divenne il compito prioritario della scienza e degli scienziati. Nell'età moderna, filosofi come David Hume e Immanuel Kant discussero profondamente il concetto di causalità: Hume sollevò dubbi sulla nostra capacità di percepire direttamente le cause, suggerendo che la causalità è più una questione di abitudine mentale che una qualità intrinseca del mondo. Kant sostenne che la causalità è una categoria fondamentale del nostro intelletto, necessaria per interpretare l'esperienza.

Il pensiero cinese tradizionale, pur trattando il tema della causalità, ha una prospettiva diversa rispetto a quella occidentale. Nel daoismo, la causalità non è centrale: il Dao rappresenta l'ordine naturale dell'universo, un flusso continuo e spontaneo di eventi. Comprendere il Dao significa armonizzarsi con il flusso naturale delle cose, piuttosto che ricercare una spiegazione causale lineare degli eventi. Sebbene il confucianesimo si occupi delle cause e degli effetti delle azioni umane, la sua attenzione è rivolta principalmente all'etica e alla moralità. Le relazioni causali sono quindi interpretate in termini di comportamento e virtù umane, piuttosto che come leggi universali della natura. Il buddhismo, che ebbe grande influenza in Cina, introdusse il concetto di "origine dipendente." Secondo questo concetto tutti i fenomeni esistono e si manifestano in relazione ad altri fenomeni, cioè, nulla esiste in modo indipendente o intrinseco, ma è invece il risultato di una complessa rete di cause e condizioni interconnesse. L'idea di origine dipendente ha influenzato la filosofia cinese introducendo una prospettiva più dinamica e interconnessa della realtà, e ha trovato terreno fertile nel pensiero daoista e confuciano, che già riconoscevano l'interdipendenza tra uomo, natura e cosmo. Questa visione olistica che pone l'accento sull'interdipendenza, si distingue dalla causalità occidentale, che ha cominciato a esplorare la complessità solo in epoca contemporanea.

Nel *Libro dei Mutamenti* (*Yijing*), scritto in epoca Zhou (−1045ca. −256), il sistema di divinazione si fonda sui concetti di cambiamento e trasformazione costante, rappresentati dai simboli degli esagrammi e trigrammi. Ogni simbolo non rappresenta un evento fisso o singolo, ma una fase in un ciclo continuo, in cui ogni cosa è interconnessa e in trasformazione. Questo approccio implica una forma di causalità ciclica, diversa dalla causalità lineare a cui è più familiare il pensiero occidentale. Nel pensiero occidentale, la causalità è generalmente interpretata come lineare: un evento (A) causa un altro evento (B) in una sequenza diretta e temporale, espressa come "A causa B." Questo approccio cerca di individuare relazioni dirette e, in molti casi, invariabili, che spiegano i fenomeni in modo razionale.

Al contrario, il pensiero cinese, e in particolare quello esposto nell'*Yijing*, vede la causalità come parte di un ciclo di eventi interconnessi, dove ogni fenomeno è legato al successivo e dove non esiste un punto iniziale o finale definito. Eventi e condizioni fluiscono in un equilibrio dinamico, partecipando a un flusso naturale (道, Dao) che non richiede una catena causale rigida, ma una comprensione dell'interdipendenza e del momento opportuno (时, *shí*) per agire o comprendere. Questo porta a un contrasto tra la sistematicità della causalità occidentale e l'armonia come valore fondamentale nel pensiero cinese. In Cina, la causalità è filtrata attraverso una prospettiva etica e morale: ogni fenomeno o azione si inserisce in una rete che influenza non solo la natura, ma anche il comportamento umano e l'ordine sociale. L'accento è posto sul mantenimento dell'armonia con il flusso naturale, piuttosto che sull'analisi delle cause specifiche di ogni singolo evento. Questa visione ha portato a un limitato interesse cinese per spiegazioni causali lineari dei fenomeni astronomici, come il moto dei pianeti. Piuttosto che cercare leggi fisse che governano i movimenti planetari, il pensiero cinese vede i fenomeni celesti come parte di un equilibrio cosmico più ampio, dove la comprensione si concentra sull'armonia con il tutto e sull'adattamento al ritmo naturale, anziché sulla ricerca di cause specifiche e univoche.

Il tempo. Abbiamo già accennato a come il concetto di tempo nell'Occidente sia prevalentemente lineare, un continuo che procede in modo inesorabile. Nell'antica Grecia, si distingueva tra *Kairos* e *Chronos*: *Chronos* rappresentava il tempo quantitativo e cronologico, mentre *Kairos* era il momento opportuno, qualitativamente significativo. Durante l'età cristiana, si sviluppa l'idea di un tempo interiore, legato alla dimensione spirituale dell'esperienza umana.

Una concezione lineare del tempo è coerente con una idea di progresso, inteso come una successione di eventi che si muovono verso stadi superiori. Nel pensiero greco antico, l'idea di progresso moderno inizia a emergere solo in forma embrionale. In epoca romana, Lucrezio (98–55 AEC), nel suo poema *De Rerum Natura*, introduce una visione evolutiva della società umana: descrive l'avanzamento materiale e sociale dell'umanità, dall'originaria condizione primitiva a una più complessa, grazie all'apprendimento e alla tecnologia. Tuttavia, Lucrezio non propone un progresso morale né un miglioramento illimitato, ma vede nella storia umana un movimento di accrescimento della capacità pratica e organizzativa, ancorato a una concezione materialista e epicurea, senza un fine ultimo.

Questa visione, pur introducendo una progressione, differisce dalla concezione ciclica del tempo, ancora predominante nell'antichità, e anticipa in parte la concezione moderna di progresso. La visione lineare del tempo trova un consolidamento definitivo con il Cristianesimo, che introduce una narrazione creazionista e una progressione verso un fine ultimo. Nel XIX secolo, con il positivismo e l'ideologia del progresso illimitato, questa concezione del progresso diventa un valore ideologico largamente accettato, portando alla piena affermazione dell'idea di miglioramento continuo nella società.

D'altro canto, la concezione ciclica del tempo nel pensiero cinese, la pratica daoista del *wu wei* (non-azione) e il disinteresse per le cause degli eventi nella storiografia hanno avuto importanti conseguenze sulla nozione di progresso, in particolare quello scientifico e tecnico. Il *wu wei* suggerisce l'idea di agire solo quando le circostanze sono favorevoli, sfruttando il flusso naturale degli eventi. Questo riflette chiaramente l'idea di tempo come *kairos*: non è importante agire costantemente, ma agire nel momento più opportuno per ottenere il massimo risultato con il minimo sforzo.

La concezione di progresso nella società cinese era limitata alla sfera tecnica e alla crescita morale individuale, perseguita attraverso lo studio dei classici confuciani, senza includere il progresso sociale o economico. Questa visione restrittiva rallentò da un lato la diffusione del pensiero scientifico occidentale, che iniziò a radicarsi in Cina solo alla fine del XIX secolo, e dall'altro impedì una comprensione adeguata delle motivazioni e delle azioni delle potenze occidentali durante l'epoca delle conquiste imperialistiche. I mandarini cinesi facevano fatica a comprendere non solo le pressioni per l'apertura commerciale, ma anche, e soprattutto, l'interesse delle potenze straniere per lo sviluppo industriale del paese. L'intoccabilità delle tradizioni si manifestava, ad esempio, negli ostacoli posti alla costruzione delle ferrovie, temendo che queste potessero disturbare o distruggere i sepolcri degli antenati. Questa incomprensione, insieme al conflitto che ne seguì, fu ulteriormente aggravata dalla politica colonialista delle potenze occidentali.

La concezione lineare del tempo, associata all'idea di progresso, e quella ciclica, legata alla staticità dei riti, rappresentano principi opposti che hanno influenzato lo sviluppo dell'astronomia: mentre in Occidente il tempo lineare ha promosso una visione dell'astronomia come disciplina in continua evoluzione e crescita di conoscenza, in Cina il tempo ciclico ha portato a considerare l'astronomia come strumento per preservare l'armonia naturale e tradizionale.

La società cinese imperiale risulta cristallizzata e statica, governata dalla burocrazia confuciana e dagli editti imperiali, tesi a conservare il Mandato del Cielo. L'imperatore e l'intera società cinese erano tenuti a seguire scrupolosamente i Riti, descritti in numerosi trattati. Violare i Riti poteva attirare l'ira celeste, il pericolo più temuto, che si manifestava sotto forma di disastri naturali con conseguenze devastanti come carestie, distruzioni e morte.

Astronomia matematica. In Occidente, l'astronomia matematica ha le sue radici nella concezione pitagorica, che vedeva nei numeri e nelle proporzioni matematiche gli strumenti fondamentali per comprendere l'ordine cosmico. Pitagora e i suoi seguaci ritenevano che l'universo fosse governato da principi matematici, visione che si sviluppò ulteriormente con Euclide, il cui trattato, *Elementi*, costituì il fondamento della geometria. La geometria fu essenziale per la descrizione dell'universo, e divenne un modello di rigore logico e dimostrativo per altre discipline. Questa tradizione influenzò pensatori come Platone, Aristotele e Tolomeo, e raggiunse il suo apice durante il Rinascimento, quando la matematica fu considerata il linguaggio della creazione divina. Scienziati come Kepler, Galileo e Newton interpretarono l'universo come un sistema governato da leggi matematiche armoniose e intelligibili. In particolare, la geometria si rivelò centrale per descrivere i moti planetari e le orbite. Cartesio, con il suo metodo basato sul dubbio sistematico e sull'uso rigoroso della ragione, enfatizzò ulteriormente l'importanza della matematica, aprendo la strada alla scienza meccanicistica, che descriveva la natura attraverso leggi matematiche. La combinazione di geometria e ragione consolidò l'idea che l'universo potesse essere compreso e spiegato tramite il linguaggio matematico.

L'astronomia cinese si fondava anch'essa sulla matematica, ma privilegiava i calcoli aritmetici e algebrici rispetto a quelli geometrici. Per rispondere a esigenze pratiche della società, come l'agricoltura, la divinazione e la gestione del tempo, i matematici cinesi svilupparono metodi avanzati basati su serie numeriche, tabelle e formule. I problemi principali riguardavano la determinazione della durata dei cicli principali con cui elaborare i dati osservativi. Ciò permise di affrontare il calcolo dei calendari determinando i termini solari, il ritmo delle stagioni, le fasi lunari, la previsione delle eclissi e il calcolo delle posizioni planetarie. Diversamente dai greci, che modellavano il movimento degli astri tramite la geometria, i cinesi miravano a ottenere previsioni accurate attraverso calcoli numerici. D'altra parte le imprecisioni dei metodi di calcolo venivano attribuite all'accumularsi di discrepanze dovute a piccolissime variazioni del moto degli astri. Queste irregolarità dei moti celesti non potevano venire spiegate e neppure calcolate con i metodi matematici, e ciò imponeva l'aggiornamento frequente dei calendari. Nel Libro degli Yuan, *Yuan shu,* si compara il calendario *Shoushi li* con alcuni altri calendari precedenti, verificando la capacità di ritrovare le date del solstizio di inverno del passato. *Shoushi li* concorda 39 volte e fallisce 10, meglio di tutti i calendari considerati. I fallimenti vengono tuttavia giustificati con comportamenti "erratici" del sole: 日度失行 (*ri du shi xing*).[2] Questo tipo di analisi, che assegna al sole una sorta di libertà inaccessibile all'analisi razionale, esclude ogni possibilità di sviluppare una credenza nell'esistenza di tecniche matematiche immutabili e predittive, almeno per quanto riguarda il sole. La matematica onnipotente, ossia la matematica divina, dotata di un potere predittivo illimitato, è così esclusa a priori, e il "grande libro della natura" non può essere stato scritto nel linguaggio della matematica, come auspicavano gli scienziati dell'Occidente.

I metodi osservativi praticati in Occidente e in Cina differiscono significativamente. Una delle principali differenze riguarda il sistema di coordinate celesti utilizzato per individuare la posizione degli astri. In Occidente, si utilizzava un sistema basato sulle coordinate eclittiche.[3] In questo modo veniva posta una attenzione particolare al moto dei corpi celesti in relazione alle costellazioni zodiacali.

In Occidente, il metodo della levata eliaca, che consisteva nell'osservare il primo apparire di una stella all'alba, era fondamentale per determinare il passaggio degli astri tra le diverse costellazioni zodiacali. L'osservazione della posizione dei pianeti rivestiva un ruolo centrale nell'astrologia occidentale, che interpretava il carattere e il destino di una persona in base alle posizioni reciproche dei pianeti e alla loro collocazione all'interno delle costellazioni zodiacali.

Un altro metodo osservativo di grande importanza era il passaggio al meridiano, che veniva utilizzato per rilevare la longitudine o l'ascensione retta delle stelle fisse e dei pianeti.

In Cina si adottava un sistema di coordinate equatoriali, che spostava l'attenzione verso le posizioni delle stelle in un contesto più ampio, utilizzando come riferimento l'intera volta celeste, vista come un'entità unitaria. Anche gli astronomi cinesi avevano identificato l'eclittica come la traiettoria lungo la quale si muovevano i corpi celesti, ma non la associavano alle stelle o agli asterismi come avveniva in Occidente. La loro attenzione era rivolta a catalogare le posizioni stellari in un sistema assoluto, piuttosto che a seguire i moti planetari rispetto alle costellazioni zodiacali. Oltre a ciò, la suddivisione delle 28 case lunari (*xiu*) era riferita alle posizioni della Luna nel corso del suo moto celeste.

---

[2] (Martzloff, 2016) p. 45.
[3] Alcuni studiosi ritengono che Ipparco abbia realizzato il suo primo catalogo stellare utilizzando coordinate equatoriali anziché eclittiche, anche se in epoca ellenistica il sistema di coordinate eclittiche era adottato universalmente.

Pur usando il metodo del passaggio al meridiano, la misurazione delle posizioni delle stelle e dei pianeti veniva rilevata "per opposizione", sfruttando le stelle circumpolari. Questo metodo, più indiretto, si allineava con un'astrologia meno focalizzata sulle posizioni dei pianeti e maggiormente orientata all'armonia complessiva del cielo. Secondo i principi daoisti, il carattere umano era influenzato non solo dagli astri, ma dall'intera natura circostante, riflettendo una visione olistica rispetto al sistema zodiacale occidentale.

Strumenti di osservazione. All'epoca del trattato *Zhoubi* e fino alla creazione del calendario *Taichu li*, quindi fino al I secolo AEC, in Cina gli strumenti principali per l'osservazione erano lo gnomone, utilizzato per determinare solstizi ed equinozi, e la clessidra, impiegata per la misurazione del tempo. La cosmologia *Gai Tian* delle epoche più antiche, immaginava il cielo come un baldacchino che ruotava trascinando con sé il Sole e gli astri. Con l'introduzione delle armille nel I secolo dell'era corrente, in particolare grazie a Zhang Heng, iniziò una nuova fase dell'astronomia basata sulla cosmologia *Hun Tian*, che concepiva il cielo come una sfera. La misurazione degli angoli era espressa in *du*, una unità di lunghezza piuttosto che un'unità angolare. L'uso delle armille permise di applicare il concetto di misurazione angolare, migliorando la precisione nella determinazione delle posizioni degli astri. I cerchi armillari però non erano suddivisi in 360° ma in 365,25 unità, pari alla durata dell'anno tropico.

Le armille cinesi erano dotate di un tubo di osservazione o di reticoli di riferimento che consentivano di centrare con precisione le stelle. Un altro aspetto distintivo delle armille cinesi era la montatura equatoriale, che permetteva di seguire il movimento di una stella con una sola rotazione intorno all'asse polare, un concetto che anticipa i principi dei telescopi moderni. Questa soluzione consentiva agli astronomi cinesi di misurare gli angoli con maggiore precisione rispetto agli strumenti occidentali dell'epoca tolemaica.

In Occidente, l'armilla venne introdotta probabilmente da Tolomeo ma aveva caratteristiche diverse: non si trattava di uno strumento per osservare, ma di uno strumento per rappresentare la suddivisione della volta celeste. Lo strumento osservativo principale, sviluppato soprattutto in epoca araba, era l'astrolabio con cui si poteva misurare l'altezza di un astro rispetto all'orizzonte e ricavare la latitudine nel riferimento eclittico. L'evoluzione dell'astrolabio portò all'invenzione del sestante, che garantiva una maggiore precisione nella misurazione degli angoli, soprattutto nella navigazione. Gli astronomi occidentali inventarono una grande varietà di strumenti, come il triquetrum, il bastone di Giacobbe, il quadrante, sfruttando i principi della trigonometria.

In Cina l'astrolabio era sconosciuto; la navigazione e l'orientamento si basavano principalmente sulla bussola magnetica, che rispondeva pienamente alle necessità pratiche. I viaggi marittimi si svolgevano prevalentemente lungo le rotte costiere, dove i navigatori potevano seguire punti di riferimento terrestri visibili. La bussola consentiva di mantenere una direzione stabile anche in condizioni di visibilità ridotta. Inoltre, la stessa bussola era ampiamente utilizzata nei lunghi viaggi terrestri, dove la conoscenza dei punti cardinali risultava essenziale per attraversare vasti territori. Nonostante l'estensione dell'impero cinese, non emerse il bisogno di sviluppare tecniche avanzate per determinare con precisione la longitudine. La Cina, già dalla prima unificazione sotto i Qin, disponeva di una vasta rete di strade e di mappe topografiche dettagliate, che permettevano spostamenti efficienti e precisi. Inoltre, la decisione dell'impero Ming di interrompere le esplorazioni marittime di Zheng He contribuì a limitare lo sviluppo della navigazione oceanica a lungo raggio. Questa scelta politica segnò un ritorno alla navigazione costiera e ridusse la necessità di strumenti per la navigazione in alto mare, come quelli successivamente sviluppati in Europa per le esplorazioni intercontinentali.[4]

In Occidente, strumenti come l'astrolabio e i primi orologi astronomici rinascimentali apparsi sulle torri civiche e i campanili delle chiese, non avevano solo scopi pratici, ma anche educativi e divulgativi, offrendo al pubblico una rappresentazione del cosmo e contribuendo a trasformare la visione dell'universo.

In Cina, invece, gli strumenti astronomici erano utilizzati principalmente per scopi pratici legati alla previsione degli eventi celesti e alla gestione del calendario. Sebbene fossero tecnologicamente avanzati, come dimostrato dalla Torre Astronomica di Su Song e dal complesso meccanismo dell'orologio ad acqua, in Cina mancava una dimensione divulgativa rivolta al pubblico. Il sapere astronomico era riservato alla corte imperiale e agli astronomi ufficiali, poiché strettamente connesso alla legittimità del potere imperiale e al mantenimento del Mandato del Cielo.

Per quanto riguarda la misurazione del tempo, l'orologio ad acqua in Cina venne perfezionato in un sofisticato strumento per segnare le ore. Sebbene orologi ad acqua fossero diffusi in varie parti del mondo, fu in Cina che venne inventato per la prima volta un meccanismo di scappamento per il conteggio del tempo e delle sue frazioni. I primi riferimenti a questo meccanismo risalgono al periodo di Yi Xing intorno all'ottavo secolo, e sono citati anche in documenti del decimo secolo. Alla fine dell'undicesimo secolo la Torre Astronomica di Su Song integrava un meccanismo ad acqua per far muovere strumenti astronomici e segnare l'ora.

La tecnologia. In Occidente, il rapporto tra scienza e tecnica presenta un'impostazione diversa rispetto a quella cinese. Pappo Alessandrino (circa 290–350 EC), che raccolse in un'opera in otto volumi la matematica greca, distingueva tra la meccanica e il sapere matematico e astronomico, classificando la meccanica come una disciplina inferiore rispetto a quelle astronomico-matematiche, pur riconoscendo l'abilità straordinaria dei suoi praticanti. Pappo affermava che nessuno poteva ec-

---

[4] (Wang, 2021).

cellere in entrambe le aree disciplinari. Questo disprezzo per la meccanica era già evidente nel pensiero di Platone, il quale affermava che "*il costruttore di macchine va disprezzato, va chiamato bánausos (βαναυσος – volgare, ignobile) per offenderlo*" e aggiungeva che "*... nessuno vorrebbe dare la propria figlia in sposa a uno di questi personaggi.*"[5] Fu solo con Newton che la meccanica acquisì la dignità di uno studio scientifico.

In Cina, al contrario, la tecnica occupava un ruolo centrale, e l'artigiano godeva di grande rispetto, più del commerciante o dell'agricoltore. Spesso, l'artigiano era anche un letterato, incarnando l'ideale daoista del "saper fare." L'apprendimento del saper fare non avveniva attraverso parole o testi scritti, ma tramite l'esempio e la pratica diretta. Questo approccio è simile alla disciplina del kung-fu, in cui la fiducia assoluta nel maestro è essenziale. L'artigiano cinese era come un cuoco che, con destrezza, sezionava la carne muovendo il coltello senza mai forzarlo, seguendo i percorsi naturali dei muscoli e delle ossa.[6] L'abile cuoco si fa guidare dal *dao* 道 (la via) mentre usa lo strumento tecnico *qi* 器. La coppia *qi* e *dao* esemplifica l'idea di cosmotecnica, la perfezione non si raggiunge con lo strumento ma seguendo la *via*.[7]

In sintesi, la Cina sviluppò una scienza che manteneva una stretta armonia con il cosmo, dove tecnica e conoscenza si fondevano in un approccio pratico e rispettoso dei ritmi naturali. In Occidente, invece, la scienza era più incline a spingere la tecnologia oltre i limiti naturali, cercando di superare le sfide con strumenti sempre più avanzati.

L'influenza dell'Occidente. Molti studi hanno cercato di individuare possibili influenze dell'astronomia e della scienza occidentale su quella cinese, a partire dall'astronomia Babilonese.[8] In generale gli studiosi concordano nell'escludere influenze dirette fino al periodo Alessandrino. Abbiamo visto che la nozione delle case lunari *xiu* e i *nakshatra* indiani presentano significative differenze che inducono anche in questo caso ritenere scarsa l'influenza dell'astronomia indiana.

Anche in seguito, nonostante gli intensi scambi commerciali, si deve attendere il periodo islamico per osservare opportunità significative di scambio scientifico. Durante la dinastia Tang, con la diffusione dell'Islam, il primo ambasciatore arabo giunse in Cina nel 651, durante l'espansione del califfato dei Rashidun, e fu sotto il califfato degli Omayyadi (661–750) che gruppi di popolazioni di cultura e fede islamica si insediarono in Cina. Durante la dinastia Song, la presenza islamica si estese ulteriormente, portando anche alla collaborazione con

---

[5] (Rossi, 2016) Ed. Kindle.pos. 490.
[6] L'esempio del cuoco è raccontato negli scritti di Zhuangzi 庄子 (IV sec. AEC), considerato un precursore di Laozi. Vedi anche (Hui, 2021) p. 91–92.
[7] (Hui, 2021) p. 66 sgg. Yuk Hui ricorda che *Qi* 器 significa strumento, utensile e più generalmente oggetto tecnico *qijù* 器具.
[8] Uno studio approfondito su questo tema è (Steele, 2013).

astronomi di origine persiana e indiana. Nonostante ciò, la struttura, i metodi e gli scopi dell'astronomia cinese rimasero sostanzialmente invariati. Gli studi sui moti celesti e i perfezionamenti delle mappe stellari non apportarono significativi cambiamenti al modello cosmologico dominante, emerso dal confronto tra le tre visioni cosmologiche delle origini *Gai Tian*, *Hun Tian*, *Xuan Ye*, che rimase invariato anche dopo l'arrivo dei Gesuiti.

Recentemente, sono stati trovati documenti genealogici di una famiglia a cui apparteneva l'astronomo arabo Ma Yize 马依泽 (910–1005), che contribuì alla preparazione del calendario *Yingda li* 应大历 (Calendario della Grande Risposta), pubblicato nel 963 e il cui autore era Wang Chune 王处讷. Questi documenti confermano l'origine araba di Ma Yi Ze, che introdusse in Cina il sistema di suddivisione della settimana in sette giorni[9], ciascuno riferito ai sette astri mobili. Nonostante questo rilevante contributo, gli aspetti tipici dell'astronomia occidentale rimasero comunque in gran parte ignoti o trascurati, anche durante la dinastia Yuan, quando venne creato il calendario *Shoushi li*. Nel 1267, quando l'astronomia cinese entrò in contatto con quella araba tramite l'astronomo Jamal al-Din, portatore delle conoscenze tolemaiche, tali idee non furono tuttavia integrate nei metodi astronomici cinesi.

La conoscenza scientifica portata dai Gesuiti nel XVI secolo fu accolta come una "nuova scienza"[10], ma il pensiero cinese iniziò a contribuire significativamente a questa scienza solo nel XX secolo, dopo la caduta dell'Impero. La penetrazione della scienza occidentale in Cina fu un processo molto lungo. Solo alla fine del XIX secolo vennero istituite le prime università organizzate secondo il sistema occidentale, in particolare con la "Riforma dei Cento Giorni" nel 1898. Questo movimento riformista fu accelerato dal rientro di molti giovani inviati a studiare in Giappone, in Europa e negli Stati Uniti sia dal governo imperiale sia dai mercanti più benestanti. Un esempio significativo riguarda le figlie di Charlie Soong (宋嘉樹 in pinyin Sòng Jiāshù) (1863–1918), Ailing 宋蔼龄, Chingling 宋庆龄 e Meiling 宋美龄, che studiarono negli Stati Uniti e, al loro rientro, sposarono figure politiche di primo piano, rispettivamente H.H. Kung (Kong Xiangxi 孔祥熙), Sun Yat-sen (Sun Zhongshan 孙中山) e Chiang Kai-shek (Jiang Jieshi 蒋介石), svolgendo un ruolo politico e sociale di grande rilievo.[11]

---

[9] "La settimana planetaria fu introdotta per la prima volta in Cina dai cosiddetti nestoriani o, più precisamente, dai membri della Chiesa Cristiana Siriaca Orientale (la comunità cristiana del mondo sasanide) nel 781. In quell'occasione fu coniato per la prima volta un neologismo cinese per indicare la domenica. Come ha dimostrato il celebre sinologo francese Paul Pelliot, la parola *yaosenwen* (曜森文), iscritta alla fine della famosa stele nestoriana scoperta a Xi'an e datata al settimo giorno del primo mese [lunare] dell'era Jianzhong della dinastia Tang (data giuliana: domenica 4/2/781), corrisponde a una traslitterazione fonetica cinese del termine pehlevico *evšambat*, che significa "domenica". Per quanto ne sappiamo, questo termine compare una sola volta e non è stato tramandato nei calendari cinesi giunti fino a noi." (Martzloff, 2016) p. 135.
[10] La nozione di novità è presente con continuità nei canoni astronomici cinesi. Ibidem p. 49.
[11] (Chang J., 2020).

8.2 La rivoluzione scientifica in Cina

La riflessione sul perché la Cina non abbia vissuto una Rivoluzione Scientifica come quella occidentale è stata oggetto di ampio dibattito. In molti campi della tecnica e della scienza, la Cina anticipò di secoli il mondo occidentale con invenzioni come la polvere da sparo, la bussola, la produzione di porcellane, la carta e la stampa a caratteri mobili e la scienza medica introducendo la medicina forense durante la dinastia Song. La tecnica dell'agopuntura risale ai periodi proto storici come la farmacologia, documentata con testi di epoca Han. Joseph Needham osservava che la civiltà cinese, dal primo millennio fino al XVI secolo, era estremamente efficiente nell'acquisizione di conoscenze sulla natura e nella loro applicazione pratica. Tuttavia, egli si poneva una domanda cruciale:

> "Perché la scienza moderna, la matematizzazione delle ipotesi riguardanti la Natura, con tutte le sue implicazioni per la tecnologia avanzata, ha visto il suo sviluppo fulminante in occidente al tempo di Galileo? Perché la scienza moderna non si è sviluppata nella civiltà Cinese …?"[12]

E aggiungeva:

> "Perché tra il primo secolo dell'era antica e il quindicesimo secolo dell'era moderna la civiltà Cinese era più efficiente di quella occidentale nell'applicare la conoscenza umana naturale ai bisogni umani pratici?"[13]

La domanda di Needham ha spesso ricevuto critiche, in quanto rivela un possibile pregiudizio culturale occidentale, forse sottovalutando che il pensiero cinese sviluppò una forma di conoscenza scientifica profondamente diversa da quella occidentale, radicata nei principi del daoismo e del confucianesimo.

Harrison[14] osserva che l'idea di leggi matematiche della natura è tipicamente occidentale e ha radici nelle concezioni religiose, dove la scienza si propone di ricostruire un legame naturale perduto tra mente umana e natura, scoprendo le leggi promulgate da Dio. Questo conferisce alla scienza occidentale una dimensione teologica: comprendere le leggi della natura significa rivelare il disegno divino. La concezione che la matematica può permettere di descrivere e comprendere l'universo ha radici nel pensiero greco. La matematica era intesa come una struttura razionale intrinseca all'universo, priva di implicazioni religiose. In parte, questa ricerca dell'ordine naturale corrisponde alla concezione daoista, che, pur priva di un'intenzione teologica, considera il rapporto tra uomo e natura come una via di integrazione e armonia con il cosmo. In Cina, la scienza e la tecnica non erano separate dall'etica e dal rispetto per l'ordine naturale. Il

---

[12] (Needham, Science and Society in East and West, 2004).
[13] Ibidem.
[14] (Harrison, 2012).

principio daoista del *wu wei* riflette questa prospettiva, suggerendo che la conoscenza scientifica e tecnica debba svilupparsi in armonia con la natura, seguendo un percorso diverso da quello occidentale. Qui, l'innovazione non consiste nel dominare o trasformare la natura, ma nel rispettare i suoi ritmi e adattarsi ad essi, creando una scienza in sintonia con l'ordine naturale. Anne Cheng coglie in questa concezione, risalente al periodo Han, una dimensione antropo-cosmologica, che unisce l'uomo e il cosmo: *"Il pensiero correlativo antropo-cosmologico celebra ovunque la ritrovata unità tra Cielo e Uomo che caratterizza il pensiero Han, e vi conferisce la potenza di una visione globalizzante."*[15]

Yuk Hui, esplora il legame tra tecnica e cosmo definendo la "cosmotecnica", espressione dell'unificazione tra ordine cosmico e ordine morale attraverso le attività tecniche. Questo legame si riflette nel principio del Mandato del Cielo che sottolinea la base cosmologica del governo cinese. In questo contesto, non esistono fratture tra conoscenza, etica sociale e pratica tecnica.[16] La cosmologia, secondo Hui, era tanto una ontologia morale, quanto una cosmologia morale. Nel pensiero cinese, ricorda Hui, la tecnica è sempre subordinata all'ordine cosmologico, non può quindi supplire o perfezionare la natura.

Nathan Sivin ha esaminato criticamente la "domanda di Needham", sostenendo che non coglie la complessità della realtà cinese. Sivin sottolinea che la struttura sociale cinese riservava a un'élite il compito di studiare, mentre gli artigiani, che realizzarono le grandi invenzioni, non erano coinvolti in discussioni filosofiche o scientifiche. Ciò rivelava un'assenza di intellettuali interessati alla comprensione della natura nel senso occidentale. Tra gli studiosi più prolifici, Sivin cita Shen Kuo, vissuto nel XI secolo, il quale incarnava un pensiero scientifico avanzato per il suo tempo. Tuttavia, Sivin confessa di non essere riuscito a trovare in Shen Kuo l'unità interna della scienza cinese che cercava. Come Sivin afferma: *"La scienza cinese si sviluppò senza le dicotomie tra mente e corpo, oggettivo e soggettivo, e persino onda e particella. In Occidente, le prime due erano già radicate nel pensiero scientifico ai tempi di Platone. Galileo, Cartesio e altri le portarono nell'epoca moderna, separando il regno della scienza fisica dalla sfera dell'anima, che rimaneva decisamente off-limits per innovatori laici come loro. Queste distinzioni permisero agli scienziati della prima modernità di rivendicare autorità sul mondo fisico, sostenendo che la conoscenza puramente naturale non poteva entrare in conflitto con l'autorità della religione stabilita, e quindi non poteva minacciarla."*[17]

Altri studi, come quelli citati da Roger Hart[18], esplorando la presunta assenza della scienza nell'antica Cina, si sono concentrati su spiegazioni sociali, politiche, filosofiche o linguistiche, spesso mantenendo la dicotomia tra Cina e Occidente.

---

[15] (Cheng, 2000) p. 305.
[16] (Hui, 2021).
[17] (Sivin, 1982).
[18] (Hart, 1999).

Hart ha messo in dubbio l'esistenza di una definizione condivisa di "scienza", sottolineando che la scienza occidentale è spesso identificata con la ragione e la razionalità, rafforzando l'associazione tra scienza e Occidente.

Lam Lui approfondisce la varietà di definizioni di *scienza* e rileva come, fin dal tempo dei filosofi greci, in Occidente l'attenzione fosse rivolta alla "Filosofia Naturale", che concentra l'oggetto dei sui studi su tutto ciò che è esterno all'uomo. In Cina, al contrario, il focus della scienza è sempre stato l'uomo come individuo e come parte di una struttura sociale. Questa attenzione particolare è proprio il fondamento di una tradizione medica originale e di notevole efficacia. Egli quindi conclude rilevando come la questione in gioco sia stata mal posta.[19]

David De Saeger e Erik Weber[20], concordano con Roger Hart che termini come "scienza", "scienza moderna" e "civiltà" siano concetti impropri per un'indagine storiografica. Di conseguenza, la domanda di Needham dovrebbe essere frammentata in sotto-domande più specifiche, del tipo: "Perché [una posizione sociale, un'istituzione, una tecnologia o un metodo] si è sviluppata in Europa ma non in Cina?." Nonostante sia possibile rispondere a sotto-domande specifiche, ridefinire la questione originale come una loro congiunzione fallisce perché non esiste una chiara definizione di "scienza." Abbreviare queste risposte in "Perché la scienza moderna si è sviluppata in Europa e non in Cina?" impone un concetto arbitrario e a-storico. Senza un elenco esaustivo di sotto-domande, non si possono costruire esperimenti mentali adeguati a rispondere alla domanda totale. Pertanto, la domanda di Needham, nella sua formulazione originaria, non può essere risolta.

Mackerras[21], infine, apprezzando il contributo di Needham nel dimostrare lo sviluppo di un pensiero scientifico nella storia cinese, propone di invertire la domanda: perché la scienza moderna è emersa in Occidente piuttosto che in Cina?

Joseph Needham stesso, negli ultimi anni dei suoi studi, per superare le critiche di "centralità dell'Occidente", avanzò l'idea di un approccio "mondiale" allo studio della storia della scienza, che chiamava "redistribuzione globale del merito", un concetto che espose nel libro *The Grand Titration*.[22] Needham riconosceva che le scoperte scientifiche sono il risultato di un processo globale, non attribuibile esclusivamente a una singola civiltà. Al tempo stesso, sottolineava la discontinuità temporale tra la scienza antica, come quella cinese e greca, e la scienza moderna, sviluppatasi prevalentemente in Occidente. Le ragioni di questa divergenza sono quindi complesse e riconducibili a fattori sociali, culturali e filosofici, che in parte abbiamo incontrato in questo libro. Su questa riflessione si imposta il ribaltamento proposto da Mackerras, che sposta l'attenzione sulle

---

[19] (Lam, 2023).
[20] (De Saeger & Weber, 2011).
[21] (Mackerras, 2018).
[22] (Needham, 1979).

crisi ambientali, etiche e sociali globali. La separazione tra scienza, tecnica ed etica, tipica dell'approccio occidentale, avrebbe infatti contribuito a profondi squilibri: la crisi ambientale, causata da un approccio strumentale alla natura e dal consumo eccessivo di risorse; le disuguaglianze sociali, aggravate dalla distribuzione diseguale dei benefici tecnologici e dai costi ecologici; e una crisi etica, che minaccia la dignità e i diritti umani. Mackeras auspica quindi di reintegrare l'etica nel progresso scientifico e tecnologico, al fine di ristabilire un rapporto equilibrato con la natura e promuovere un benessere globale più sostenibile e inclusivo. Approfondire queste dinamiche potrebbe offrire nuove prospettive per affrontare le sfide del mondo contemporaneo.

A Richiami di astronomia, mappe celesti e cronologia

A.1 Astronomia posizionale

L'astronomia posizionale tratta le posizioni dei corpi celesti descritte in coordinate sferiche in relazione al tempo.[1]

Coordinate terrestri. Sulla Terra indichiamo le coordinate geografiche di un punto mediante la latitudine e la longitudine. La longitudine λ misura la distanza angolare dal meridiano 0 di Greenwich, si può esprimere anche come latitudine est o ovest. La latitudine ϕ misura la distanza angolare lungo il meridiano a partire da 0° posto all'equatore. Si distingue naturalmente la latitudine Nord e la latitudine Sud (Fig. A.1). Un terzo parametro indica l'altitudine di un punto sulla terra rispetto al livello del mare. Esso è correlato alla distanza dal centro della Terra che non è uniforme.

Coordinate celesti. Le coordinate celesti costituiscono un sistema di riferimento tridimensionale espresso in forma polare, ovvero con due angoli e una distanza dal centro. Per identificare una posizione celeste si immagina una rete di cerchi massimi tra loro ortogonali (meridiani e paralleli celesti). Una coppia di valori misurati lungo i meridiani e i paralleli determina la posizione angolare nel cielo. La distanza dalla terra nelle regioni prossime al Sistema solare è indicata in Unità Astronomiche (UA).

Per oggetti a distanza superiore all'estensione del Sistema solare le distanze sono misurate in anni-luce, pari al tempo che impiega la luce di un corpo celeste a raggiungere la Terra.

---

[1] Un testo di riferimento sulla astronomia posizionale è (McNally, 1974). Per una rapida introduzione si vedano gli appunti di Fiona Vincent: https://www.elsolieltemps.com/pdf/llibres/83.pdf. Ultimo accesso gennaio 2024.

324   A Richiami di astronomia, mappe celesti e cronologia

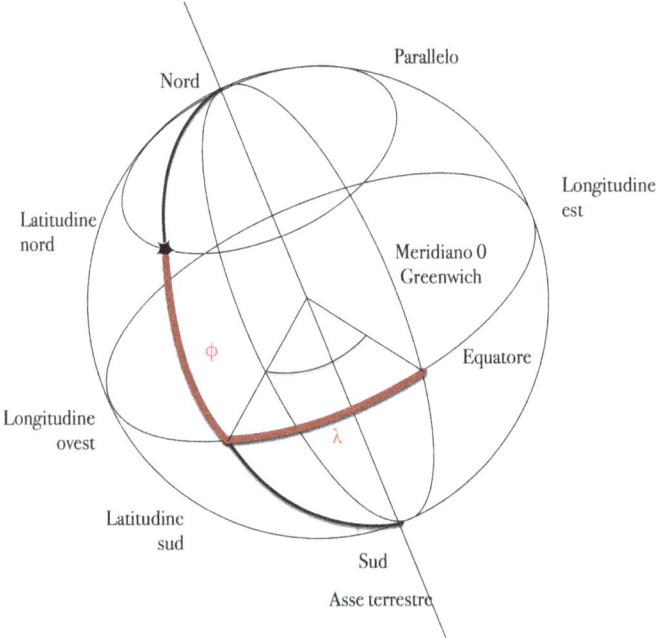

Fig. A.1 Coordinate terrestri

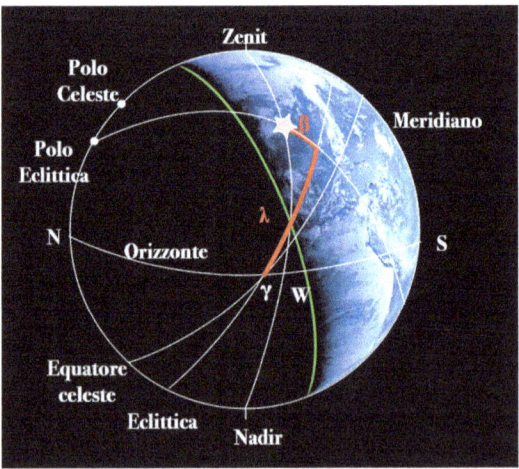

Fig. A.2 Coordinate equatoriali

Coordinate equatoriali. Le coordinate equatoriali (Fig. A.2) sono indipendenti dal punto di osservazione. L'uso di queste coordinate, sistematicamente utilizzate in Cina, venne introdotto in occidente da Tycho Brahe, anche se in passato erano state usate da Ipparco. Il sistema di riferimento viene individuato mediante: il *polo nord celeste* e, ortogonalmente ad esso, il *piano equatoriale celeste*. La declinazione misura la distanza angolare dei *paralleli di declinazione* (paralleli al piano equatoriale) dal polo nord celeste. I cerchi ortogonali ai paralleli di declinazioni e passsanti per il polo nord celeste identificano i *cerchi orari* o *meridiani celesti*.

Gli angoli coordinati vengono chiamati *Ascensione Retta (AR o α)*, che è l'angolo misurato in senso antiorario a partire dal punto γ di Ariete, *e la* declinazione *(δ)* che indica la distanza angolare dal piano equatoriale (tra −90° e +90°).

Con queste coordinate ogni corpo celeste ha una posizione determinata che muta solo in conseguenza dei cambiamenti di orientamento dell'asse terrestre, nella scala dei tempi della precessione degli equinozi.

Ascensione Retta e declinazione sono anche usati per determinare il punto di mira di un telescopio, una volta che il suo asse di AR sia stato orientato verso il polo nord celeste.

Coordinate Alt − azimutali o orizzontali. Questo sistema di riferimento (Fig. A.3) dipende strettamente dal punto di osservazione, che è a sua volta localizzato sulla superficie terrestre. L'emisfero centrato su questa posizione rappresenta la regione visibile del cielo, delimitata dal piano dell'orizzonte.

I riferimenti sono: l'*orizzonte astronomico*, ovvero l'intersezione tra la sfera celeste e il piano orizzontale passante dal punto di osservazione; l'asse verticale è la linea congiungente lo *zenit* e il *nadir* quindi ortogonale al piano dell'orizzonte.

Un fascio di piani paralleli al piano di orizzonte interseca sull'emisfero celeste visibile dei cerchi chiamati *paralleli di altitudine*. Ortogonalmente ad essi si identifica un fascio di cerchi massimi passanti per lo zenit e il nadir chiamati *cerchi azimutali* o *cerchi meridiani*.

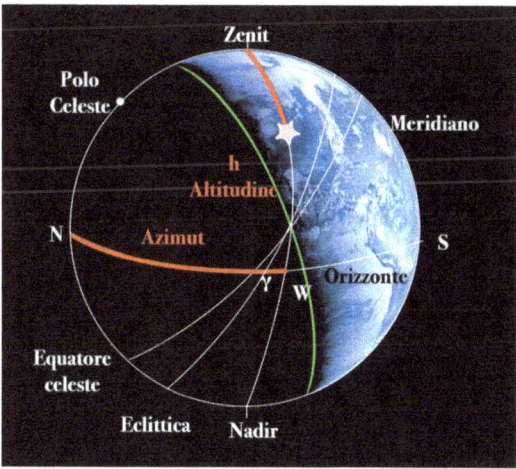

Fig. A.3 Coordinate alt azimutali

Un meridiano particolare è il *meridiano celeste locale*, il cerchio passante per il nord e lo zenit. Nel corso delle 24 ore il meridiano locale è attraversato dai corpi celesti quando raggiungono la *culminazione*. Il momento del passaggio alla culminazione è anche chiamato *transito*. Il transito del Sole corrisponde al mezzogiorno locale.

In questo Sistema di riferimento le due coordinate angolari sono:

azimut che misura l'angolo lungo l'orizzonte, misurato a partire dal punto nord – a sua volta intersezione tra il cerchio di orizzonte e il cerchio meridiano – e il cerchio massimo passante per il corpo celeste. L'azimut è compreso tra 0° e 360°. Nell'astronomia moderna il punto 0° è il punto sud.

Altitudine è l'angolo tra la linea d'orizzonte e il corpo celeste misurato lungo il meridiano che lo attraversa; nell'astronomia antica si misurava quest'angolo a partire dallo zenit. Esso è compreso tra 0° e 90°.

Coordinate eclittiche. In questo sistema di riferimento (Fig. A.4) la *longitudine* (longitudine eclittica da non confondere con la longitudine terrestre) è l'angolo λ misurato a partire dal punto γ al punto di intersezione tra il meridiano eclittico e il piano dell'eclittica stessa.

La *latitudine* (latitudine eclittica da non confondersi con la latitudine terrestre) è l'angolo β misurato lungo il meridiano eclittico del corpo celeste a partire dal piano della eclittica. I valori variano tra 0° e 90° e possono essere negativi se il corpo celeste è al di sotto dell'eclittica. Le coordinate eclittiche sono indipendenti dal punto di osservazione. Inoltre le coordinate misurate in tempi molto lontani possono essere agevolmente aggiornate sommando l'angolo di precessione equinoziale accumulato.

La longitudine eclittica nell'antichità era suddivisa in 12 parti corrispondenti alle costellazioni zodiacali. Ciascuna parte ha una estensione di 30° e

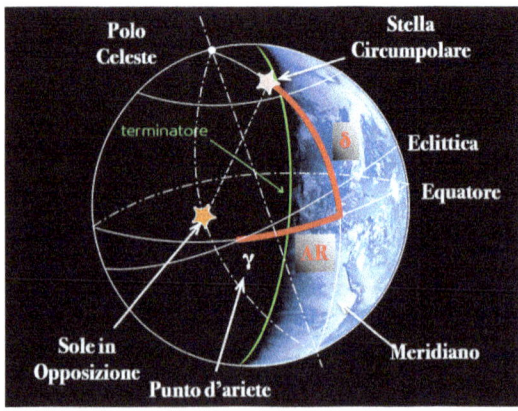

Fig. A.4 Coordinate eclittiche

l'origine è sempre nell'Ariete, pertanto una stella con longitudine 78° è nella regione dei Gemelli più 18°, la sua longitudine veniva perciò denotata come *18° nei Gemelli*.

Trasformazioni di coordinate. Le trasformazioni di coordinate possono aiutare il lettore a comprendere il livello di conoscenze matematiche che era necessario nella astronomia antica.

Gli angoli di AR, azimut o longitudine possono essere espressi in ore, minuti, secondi o in gradi tra 0° e 360° e loro frazioni espresse come arcominuto, arcosecondo, per distinguerli dalle frazioni orarie. È sufficiente ricordare che 1 ora corrisponde a 15°, pertanto per convertire da gradi ad ora è sufficiente moltiplicare per 4 o dividere per convertire da ore a gradi.

Equatoriali da/a eclittiche. Definiamo le variabili:

α ascensione retta.

δ declinazione.

λ longitudine eclittica misurata dall'equinozio di primavera lungo l'eclittica, punto gamma di Ariete Υ. È denotata anche come HA (hour angle, angolo orario).

β latitudine eclittica.

ε inclinazione dell'eclittica rispetto all'equatore Terrestre. Si usa il valore 23,4392911°.

A e h sono azimut e altitudine.

Le equazioni di trasformazione sono, da equatoriali ad eclittiche, (Eq. 1):

$$\tan \lambda = \frac{\sin \alpha \cos \varepsilon + \tan \delta \sin \varepsilon}{\cos \alpha}$$

$$\sin \beta = \sin \delta \cos \varepsilon - \cos \delta \sin \varepsilon \sin \alpha$$

(Trasformazione da equatoriale ad eclittiche) (1)

Da eclittiche ad equatoriali (Eq. 2):

$$\tan \alpha = \frac{\sin \lambda \cos \varepsilon - \tan \beta \sin \varepsilon}{\cos \lambda}$$

$$\sin \delta = \sin \beta \cos \varepsilon + \cos \beta \sin \varepsilon \sin \lambda$$

(Trasformazione da eclittiche a equatoriali) (2)

Alt-azimutali da/a equatoriali. Le coordinate ascensione retta α e declinazione δ possono essere trasformate in coordinate alt-azimutali conoscendo la latitudine del punto di osservazione e l'ora.

t è il tempo.
Φ è la latitudine del punto di osservazione e PZ è la co-latitudine (90°− Φ).
A è l'azimut, **h** è la altitudine.
$H = t - \alpha$.
La trasformazione da equatoriale a Alt-azimutale al tempo t è (Eq. 3):

$$\sin(h) = \sin(\delta)\sin(\Phi) + \cos(\delta)\cos(\Phi)\cos(H)$$
$$\sin(A) = -\sin(H)\cos(\delta)/\cos(h)$$
$$\cos(A) = \{\sin(\delta) - \sin(\Phi)\sin(h)\}/\{\cos(\Phi)\cos(h)\}$$

(Trasformazione da equatoriale ad alt-azimutale) (3)

La trasformazione inversa da Alt-azimutale ad equatoriale al tempo t, con $\alpha = t - H$, sono (Eq. 4):

$$\sin(\delta) = \sin(h)\sin(\Phi) + \cos(h)\cos(\Phi)\cos(A)$$
$$\sin(H) = -\sin(A)\cos(h)/\cos(\delta)$$
$$\cos(H) = \{\sin(h) - \sin(\delta)\sin(\Phi)\}/\cos(\delta)\cos(\Phi)$$

(Trasformazione da Alt-azimutale a equatoriale) (4)

Le trasformazioni di coordinate celesti richiedono moltiplicazioni di seni e coseni. Le formule di prostaferesi e di Werner (John Werner 1462–1522) consentono di convertire somme di seni e coseni in moltiplicazioni e viceversa.

$$\sin\alpha \cos\beta = \frac{1}{2}[\sin(\alpha + \beta) + \sin(\alpha - \beta)]$$

$$\cos\alpha \cos\beta = \frac{1}{2}[\cos(\alpha + \beta) + \cos(\alpha - \beta)]$$

$$\sin\alpha \sin\beta = \frac{1}{2}[\cos(\alpha - \beta) - \cos(\alpha + \beta)] \quad \text{(Formule di Werner)}$$

(5)

Angolo orario. L'ascensione retta è in diretta corrispondenza con l'angolo orario, usato in navigazione. In astronomia è definito come distanza angolare dal meridiano locale al meridiano dell'oggetto celeste (chiamato anche cerchio orario) procedendo verso ovest lungo l'equatore celeste. La relazione con l'Ascensione Retta è data dall'equazione

$$AOL_{oggetto} = TSG + longitudine_{osservatore} - AR_{oggetto}$$

dove AOL è l'angolo orario locale, TSG è il tempo siderale di Greenwich, a sua volta misurato come distanza angolare tra il meridiano dell'osservatore e il punto gamma. Questi valori possono essere espressi in gradi o in ore, ricordando che 1h = 15°.

Congiunzione. Si manifesta quando l'angolo tra Sole-Terra-Astro è minimo, ovvero il Sole la Terra e l'astro (in generale un pianeta) appaiono molto vicini nel cielo (Fig. A.5 al centro).

Opposizione. È la configurazione inversa. Si manifesta quando un pianeta si trovo in posizione opposta rispetto al Sole. Quando un pianeta è in congiunzione con la Terra si trova nelle migliori condizioni di osservazione (Fig. A.5 al centro).

Magnitudo apparente delle stelle. La magnitudo m delle stelle è una misura della lucentezza. La scala della magnitudo apparente venne definita in periodo ellenistico, probabilmente da Ipparco e in seguito consolidata da Tolomeo nell' Almagesto. La scala inizialmente partiva da 0 per le stelle più luminose, e proseguiva fino a 6 per quelle appena visibili. Tra un valore e l'altro si stimava un dimezzamento della luminosità, è quindi una misura soggettiva. Il momento migliore per accertare la luminosità era l'alba o il tramonto, quando le stelle appaiono o scompaiono gradualmente. Valori negativi della magnitudo indicano stelle di luminosità maggiore. La stella di riferimento per la magnitudo m = 0 è Vega; Sirio ha magnitudo m ≈ −1.45. La scala comprende anche la luna, m = −12 e il sole m = −26.8.

Parallasse. La parallasse è la differenza nella posizione apparente di un oggetto osservato da due diverse posizioni, misurato con l'angolo che formano le due line di visione. Gli astronomi usano il principio della parallasse per misurare la

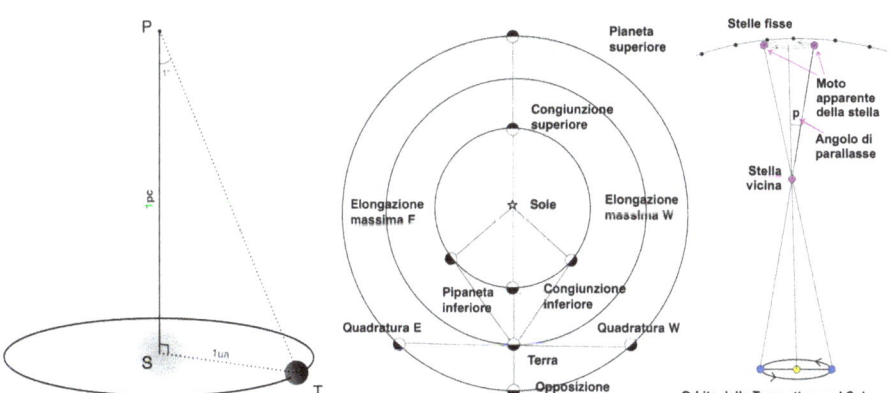

Fig. A.5 Sinistra: Parsec. Centro: Congiunzioni, Opposizioni e Quadrature. Destra: Parallasse

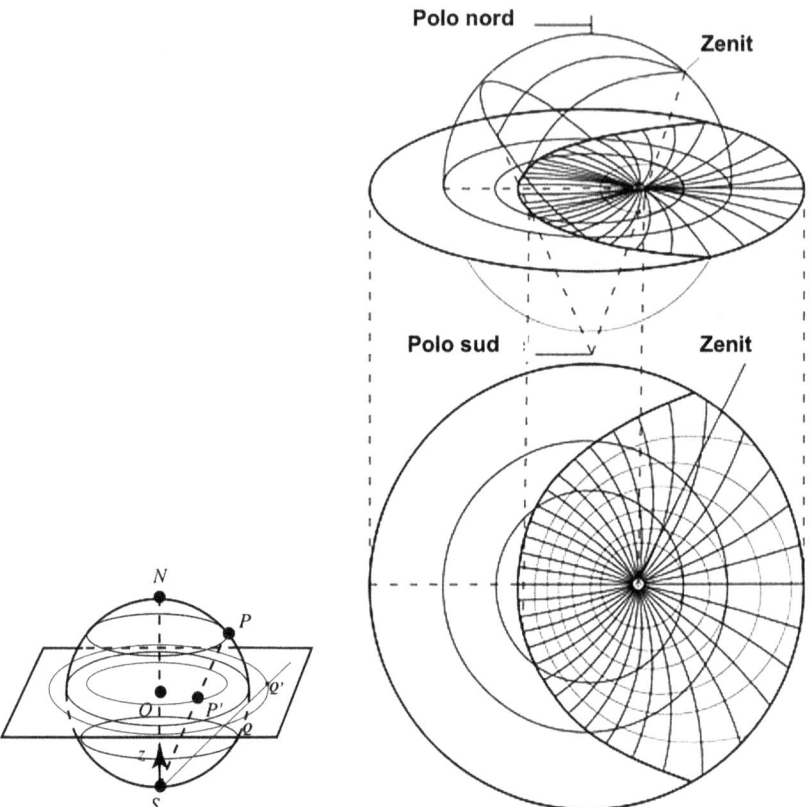

Fig. A.6 Proiezione stereografica in coordinate alt-azimutali

distanza da un corpo celeste. In questo caso la parallasse è il semi-angolo tra le due linee di vista del corpo celeste relative a due posizioni opposte della Terra rispetto al Sole lungo la sua orbita. Per distanze astronomiche molto elevate la distanza astronomica viene espressa come *parsec* invece che come unità astronomica (UA) come in Fig. A.5 a destra.

Proiezione stereografica. La proiezione stereografica mappa tutti i punti P dell'emisfero superiore in punti P' sul piano orizzontale e all'interno del cerchio di intersezione. Tutti i punti Q dell'emisfero inferiore sono proiettati nel punto Q' al di fuori del cerchio di intersezione e non vengono segnati. (vedi Fig. A.6).

Le coordinate sferiche sulla superficie della sfera siano (φ, θ) dove φ è l'angolo zenitale, $0 \le \varphi \le \pi$, e θ l'azimut, $0 \le \theta \le 2\pi$. Sul piano di proiezione le coordinate polari sono (R, Θ). La proiezione è calcolata con l'Eq. 6.

$$(R, \Theta) = \left(\frac{\sin \varphi}{1 - \cos \varphi}, \theta \right) = \left(\frac{\cot \varphi}{2}, \theta \right) \quad \text{(Proiezione stereografica)} \tag{6}$$

Julian day (giorno Giuliano). Il Julian Day fu ideato dal matematico Giuseppe Scaligero nel 1583. Egli scelse come data di origine, ovvero il JD = 0, il 1° gennaio −4712, creando un metodo di calcolo per contare il numero di giorni tra due eventi astronomici.

Per verificare le date degli eventi astronomici riportati dalle osservazioni storiche occorre calcolare il numero di giorni trascorsi dall'evento registrato secondo il calendario contemporaneo. A tale scopo si fa uso del Julian Day, che è il numero dei giorni trascorsi dall'anno −4712. Per tradizione il Julian Day (JD) ha inizio al mezzogiorno del meridiano di Greenwich, che corrisponde alle ore 12 del Tempo Universale. Il metodo tiene conto della riforma Gregoriana, così che il giorno 4 ottobre 1582 nel calendario Giuliano, corrisponde al 15 ottobre 1582 del calendario Gregoriano.

Conoscendo il JD di due eventi si calcola facilmente il tempo trascorso con semplici operazioni aritmetiche di somma o differenza.

L'uso del Julian Day rende il calcolo uniforme e indipendente dalle riforme dei calendari che si sono succedute nel corso dei secoli. Occorre anche tenere presente che la riforma Gregoriana in Inghilterra venne accettata nel 1752 e in Turchia nel 1927.

L'astronomia cinese adottava un metodo simile, fondato sul ciclo sessagenario e sul ciclo di 7 mesi intercalari nell'arco di 19 anni. Il primo anno del calendario *Taichu li* si trovava 143.127 anni dopo il Grande Inizio. Contando all'indietro dal momento del solstizio invernale del −105, si determina l'anno zero del calendario *Santong li*: il 2 dicembre −143.232.

Il metodo di calcolo del Julian Day, che riportiamo nel riquadro, è molto semplice. Nell'algoritmo la funzione fix prende la parte intera di un numero decimale. La costante 4716 è scelta per evitare valori negativi nel calcolo; la costante 30,6001 è scelta per evitare problemi di approssimazione numerica dei numeri in virgola mobile con il computer.

```
%% Y è l'anno, M il mese (1, ...,12), D il giorno del mese con
cifre decimali per indicare frazioni del giorno (es. 15.5 indica
giorno 15 ore 12).
if M=1 or M=2 then
Y= Y-1
M= M+12
end
%% se la data cade in gennaio o in febbraio il mese
è 13 o 14 dell'anno precedente.
La funzione fix prende la parte intera di una divisione
if calendar_type ='Gregorian'
     then
A = fix(Y/100)      B = 2 - A + fix(A/4)
     else
If calendar_type = 'Julian'
     then B=0
endif
```

A Richiami di astronomia, mappe celesti e cronologia

```
%% infine si calcola il julian Day JD
JD = fix(365,25 *(Y+4716)) + fix(30,6001*(M+1)) + D + D - 1524,5
```

A causa della precessione degli equinozi lo standard internazionale ha aggiornato il Julian Day all'anno 2000, quindi nel calcolo astronomico è necessario dichiarare se si utilizza JD2000.

A.2 Unità di misura antiche

Il valore delle unità di misura cinesi è cambiato notevolmente nel corso del tempo. Qui mi limito a indicare i valori che si ritiene fossero in vigore in Zhou, Qin, Han e Tang e nelle epoche successive fino alla fine della dinastia Qing.

Le misure di lunghezza, come **cùn** (寸) e **chì** (尺), variano leggermente tra le epoche: la misura del **cùn** oscilla tra 3 e 3,33 cm nelle epoche Ming e Qing, mentre **chì** varia tra 30 e 33,3 cm.

Le unità come **lǐ** (里) e **mǔ** (亩) sono rimaste abbastanza stabili nel corso delle epoche, con leggere variazioni tra Yuan e Qing.

Tabella A.1 Misure di lunghezza

Unità di misura		Relazione	Zhou	Qin	Han	Tang
háo	毫	10 háo = 1 fá	0.01 mm	0.01 mm	0.01 mm	0.01 mm
fá	发	10 fá = 1 lí	0.1 mm	0.1 mm	0.1 mm	0.1 mm
lí	里	1 lí ≈ 500 m	1 mm	1 mm	1 mm	1 mm
fēn	份	10 fēn = 1 cùn	1 cm	1 cm	1 cm	1 cm
cùn	寸	10 cùn = 1 chì	3.2 cm	2.34 cm	2.3 cm	3 cm
chì	尺	10 chì = 1 zhàng	32 cm	23.4 cm	23 cm	30 cm
zhàng	丈	10 zhàng = 1 yǐn	3.2 m	2.34 m	2.3 m	3 m
yǐn	引	-	32 m	23.4 m	23 m	30 m
bù	步	5 chì = 1 bù	1.6 m	1.4 m	1.4 m	1.5 m
zhǐ	咫	8 cùn = 1 zhǐ	2.5 cm	2.3 cm	2.3 cm	2.8 cm
xún	寻	8 chì = 1 xún	320 m	234 m	230 m	300 m
cháng	常	2 xún = 1 chang	300 m	200 m	200 m	250 m
duān	端	2 chang = 1 duan	30 cm	20 cm	20 cm	25 cm
liáng	两	2 tuan = 1 liang	3 cm	2 cm	2 cm	3 cm
pǐ	匹	2 liang = 1 pi	0.3 cm	0.2 cm	0.2 cm	0.25 cm

Tabella A.2 Misure di superficie

Unità di misura		Relazione	Zhou	Qin	Han	Tang
lǐ	里	1 lí = 300 bu (步)	576 m^2	600 m^2	600 m^2	576 m^2
mǔ	亩	1 mu = 100 chi^2 (尺^2)	240 m^2	250 m^2	240 m^2	240 m^2
chi^2	尺^2	1 chi^2 = 100 cùn^2 (寸^2)	0.1 m^2	0.1 m^2	0.1 m^2	0.1 m^2
cùn^2	寸^2	1 cùn^2 = 100 fēn^2 (分^2)	0.01 m^2	0.01 m^2	0.01 m^2	0.01 m^2
fēn^2	分^2	1 fēn^2 = 100 lí^2 (厘^2)	0.001 m^2	0.001 m^2	0.001 m^2	0.001 m^2
lǐ^2	厘^2	1 lí^2 = 100 háo^2 (毫^2)	0.0001 m^2	0.0001 m^2	0.0001 m^2	0.0001 m^2
háo^2	毫^2	1 háo^2 = 100 sī^2 (丝^2)	0.00001 m^2	0.00001 m^2	0.00001 m^2	0.00001 m^2

Tabella A.3 Misure di volume

Unità di misura		Relazione	
shēng	升	10 shēng = 1 dǒu	≈ 0.2 L
dǒu	斗	10 dǒu = 1 shí	≈ 2 L
shí	石	1 shí = 10 dǒu	≈ 20 L
hé	合	10 hé = 1 shēng	≈ 0.02 L
sháo	勺	10 sháo = 1 hé	≈ 0.01 L
zhōng	钟	1 zhōng = 10 shí	≈ 200 L
gě	合	100 gě = 1 hé	≈ 0,02 L

Tabella A.4 Misure di peso

Unità di misura		Relazione	Zhou	Qin	Han	Tang	Altre epoche
zhū	铢	24 zhū = 1 liǎng	0.67 g	0.62 g	0.6 g	0.625 g	0.67 g
liǎng	两	16 liǎng = 1 jīn	16 g	15.6 g	15 g	31.25 g	16 g
jīn	斤	30 jīn = 1 jun	256 g	250 g	300 g	500 g	256 g
jūn	钧	4 jun = 1 dàn	13.5 kg	7.5 kg	9 kg	15 kg	13.5 kg
dàn	担	1 dàn = 100 jīn	135 kg	75 kg	90 kg	150 kg	135 kg
qián	钱	10 qián = 1 liǎng	3.2 g	3.12 g	3 g	5 g	3.2 g
fēn	分	10 fēn = 1 qián	0.32 g	0.312 g	0.3 g	0.5 g	0.32 g
háo	毫	10 háo = 1 fēn	0.032 g	0.0312 g	0.03 g	0.05 g	0.032 g
sī	丝	10 sī = 1 háo	0.0032 g	0.00312 g	0.003 g	0.005 g	0.0032 g

Sebbene ci siano state alcune piccole variazioni locali e temporali nelle misure di volume, le unità principali come **shēng** (升), **dǒu** (斗) e **shí** (石) hanno mantenuto una notevole continuità nel tempo. Tuttavia, la standardizzazione e l'uso potevano variare a seconda delle regioni e delle esigenze economiche del periodo.

Il sistema di pesi ha avuto una maggiore continuità nel corso delle epoche, con il **jīn** stabilizzato a 500 g.

A.3 Mappe celesti

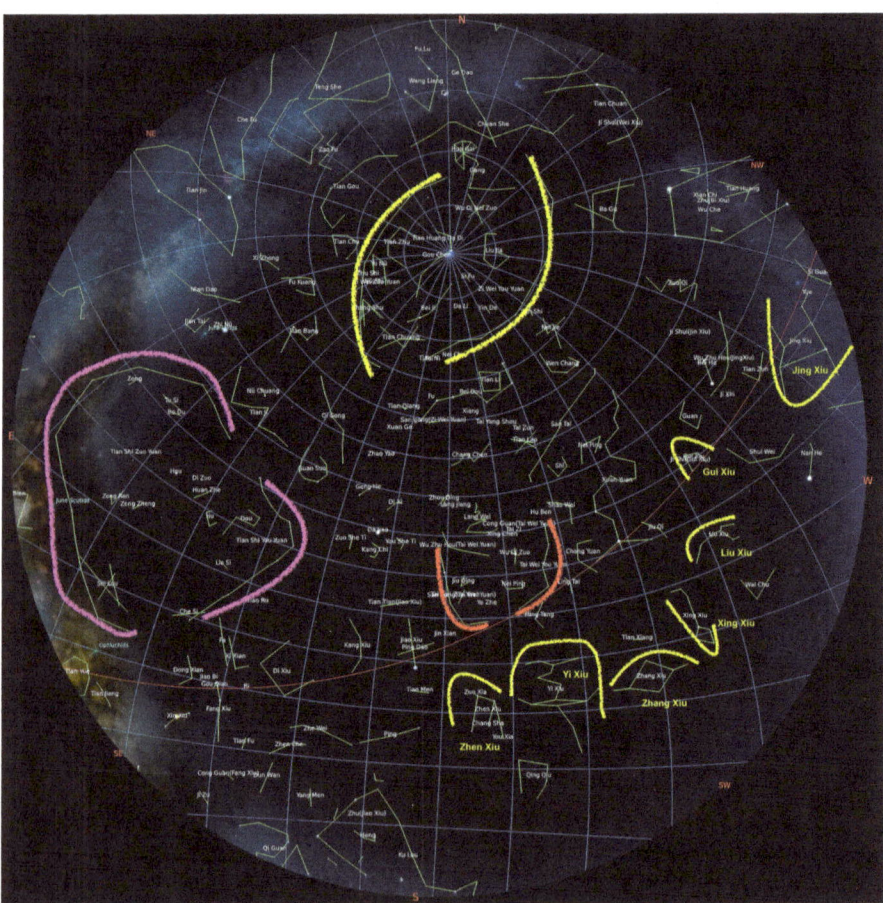

Fig. A.7 Il Cielo al solstizio di Estate, latitudine dell'Osservatorio Imperiale di Beijing. In giallo il Recinto del Palazzo di Porpora; in rosso il Recinto del Palazzo Supremo; in fucsia il Recinto del Mercato Celeste. In rosso l'Eclittica. Sempre in giallo i nomi dei 7 *xiu* che compongono l'Uccello Vermiglio del Sud: *Jing* (pozzo), *Gui* (fantasma), *Liu* (salice), *Xing* (stella), *Zhang* (rete stesa), *Yi* (ali), *Zhen* (carro). Una versione ad alta risoluzione si può scaricare da qui: https://github.com/user-attachments/assets/4217af67-a5db-4c9b-89c2-df8f72cf7126

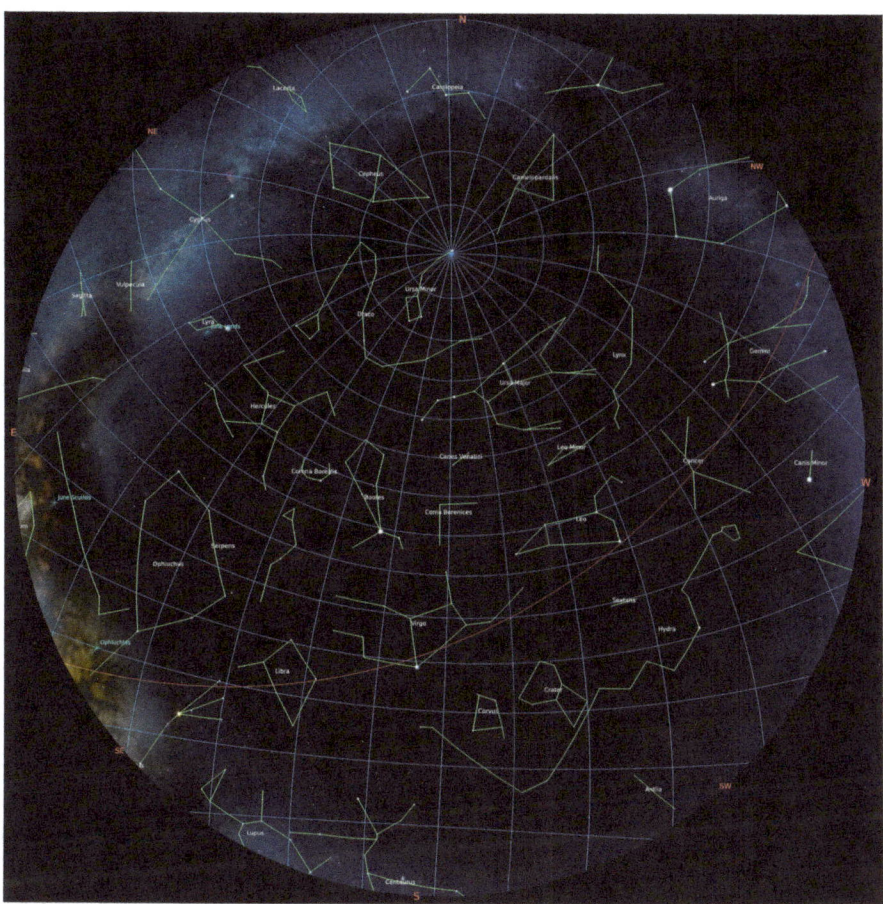

Fig. A.8 Costellazioni occidentali. Il Cielo al solstizio di Estate, latitudine dell'Osservatorio Imperiale di Beijing. Una versione ad alta risoluzione si può scaricare da qui: https://github.com/user-attachments/assets/f7ba0733-10b4-4667-b422-5c16ce947f1e

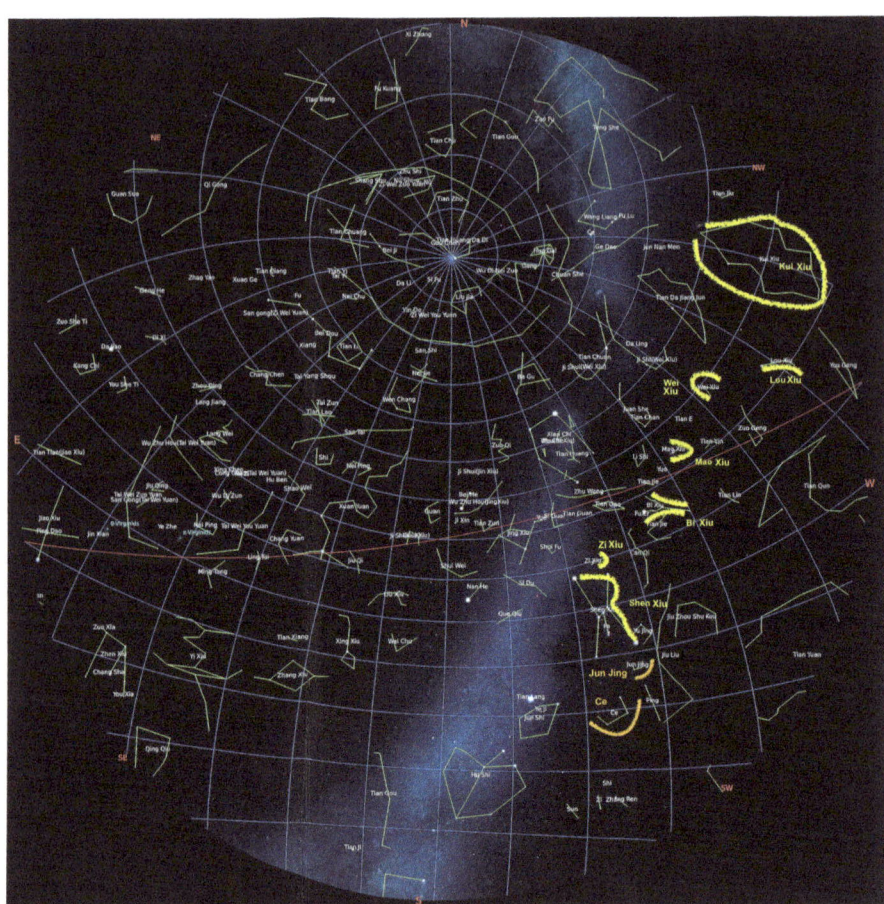

Fig. A.9 Equinozio di Autunno. In giallo gli asterismi della Tigre Bianca dell'Ovest con 7 sette *xiu* che la compongono: *Kui* (Gambe), *Lou* (Legame), *Wei* (Stomaco), *Mao* (Testa pelosa), *Bi* (Rete), *Zi* (Becco di Tartaruga), *Shen* (Tre Stelle). Notiamo che l'asterismo Shen è composto in parte della costellazione di Orione. In arancione due asterismi, legato alla figura di Orione, il Guerriero, il "pozzo dei soldati" *Jun Jing*, e la "latrina dei soldati" *Ce*. Una versione ad alta risoluzione si può scaricare da qui: https://github.com/user-attachments/assets/eceaa73f-a2a3-40a2-b185-c1b95b143833

A Richiami di astronomia, mappe celesti e cronologia

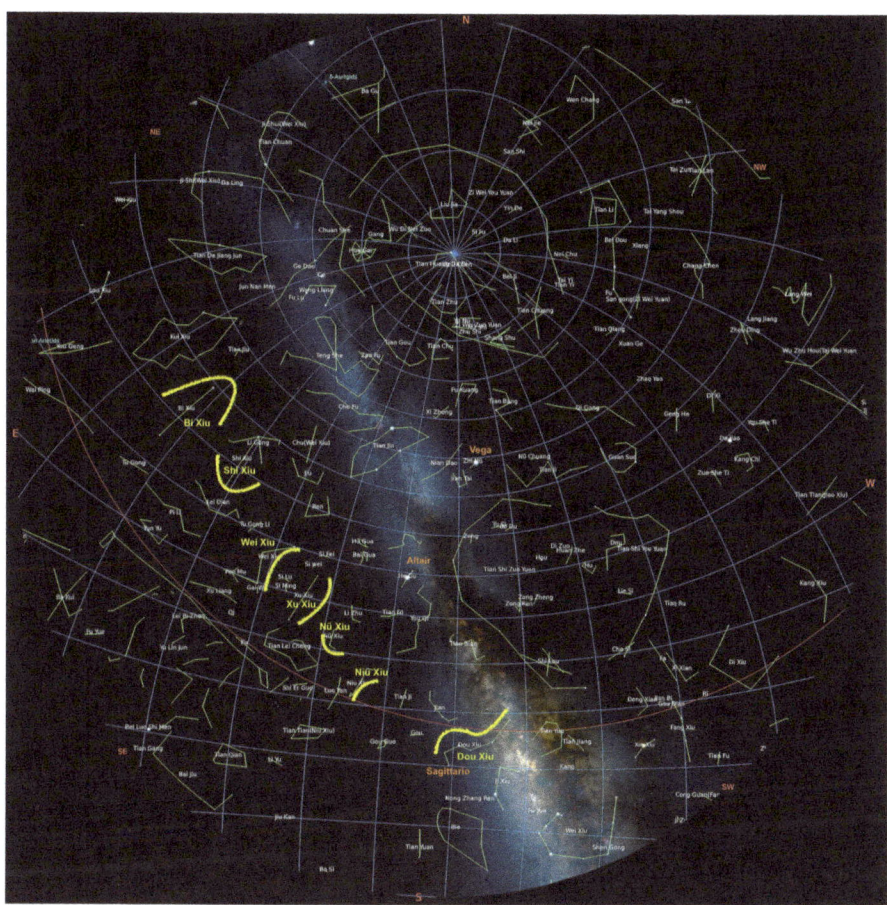

Fig. A.10 Equinozio di Primavera. In giallo gli asterismi della Tartaruga Nera del Nord: *Bi* (Muro), *Shi* (Accampamento), *Wei* (Tetto), *Xu* (Vuoto), *Nü* (Ragazza), *Niu* (Bue), *Dou* (Mestolo Meridionale). In arancione sono indicate le stelle Altair e Vega, legate al mito di Niulang e Zi Nü, e l'asterismo *Dou*, di cui fa pare il "mestolo meridionale" e le cui stelle fanno parte della costellazione del Sagittario. Una versione ad alta risoluzione si può scaricare da qui: https://github.com/user-attachments/assets/99da8948-8450-46db-b44b-116b4f75f066

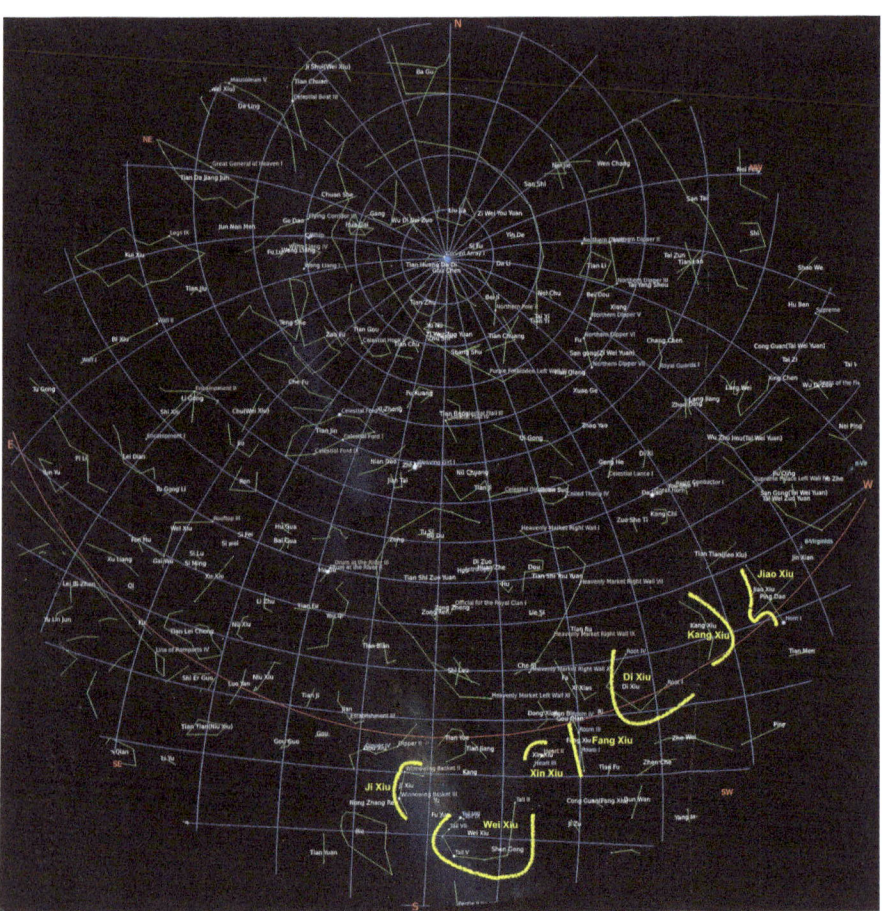

Fig. A.11 Il Cielo del 17 marzo. In giallo gli asterismi del Drago Azzurro dell'Est: *Jiao* (Corno), *Kang* (Collo), *Di* (Radice), *Fang* (Stanza), *Xin* (Cuore), *Wei* (Coda), *Ji* (Setaccio). Una versione ad alta risoluzione si può scaricare da qui: https://github.com/user-attachments/assets/4c59e9e4-4524-4481-ad83-139633c4af44

A Richiami di astronomia, mappe celesti e cronologia   339

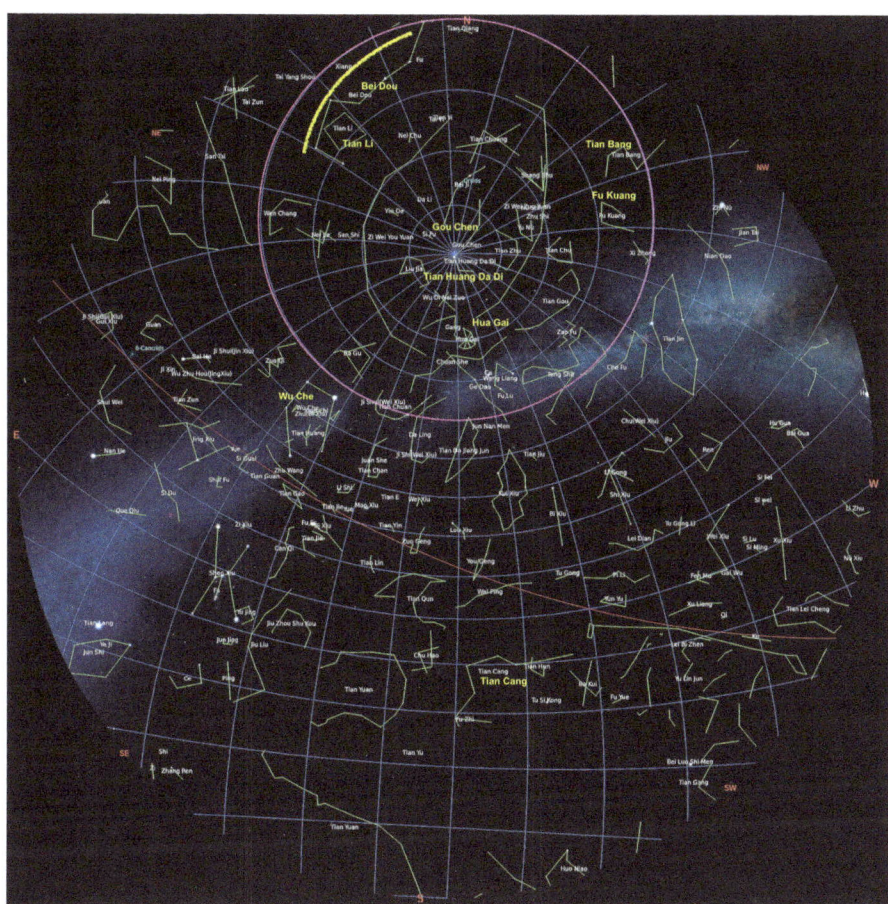

Fig. A.12 Il cerchio fucsia racchiude le costellazioni circum polari. Alcune costellazioni sono: *Bei Dou* (Grande Carro o Mestolo del Nord), *Gou Chen* (Difensore Celeste), *Wu Che* (Cinque Carri), *Hua Gai* (Baldacchino Splendente), *Fu Kuang* (Sala della Fortuna), *Tian Bang* (Scettro Celeste), *Tian Li* (Ufficio Celeste), *Tian Huang Da Di* (Imperatore Celeste e Grande Sovrano), *Tian Cang* (Granaio Celeste). Una versione ad alta risoluzione si può scaricare da qui: https://github.com/user-attachments/assets/38bd1688-0844-4415-8bb2-25ede63745d3

A.4 Il Testo dell'iscrizione della Stele di Suzhou

苏州石刻《天文图》碑文

　　太極未判，天、地、人三才函於其中，謂之"混沌"云者，言天地人渾然而未分也。太極既判，輕清者為天，重濁者為地，清濁混者為人。清者為氣也，重濁者形也，形氣合者人也。故凡氣之發見於天者，皆太極中自然之理。運而為日月，分而為五星，列而為二十八舍，會而為斗極，莫不皆有常理，與人道相應，可以理而知也。今略舉其梗概，列之于下。

　　天體圓，地體方。圓者動，方者靜。天包地，地依天。

　　「**天體**」:周圍皆三百六十五度四分度之一，徑一百二十一度四分度之三。凡一度為百分，四分度之一即百分中二十五分也，四分度之三即百分中七十五分也。天左旋，東出地上，西入地下，動而不息。一晝一夜，行三百六十六度四分度之一(緣日東行一度故。天左旋三百六十六度，然後日復出於東方)。

　　「**地體**」:徑二十四度，其厚半之，勢傾東南，其西北之高不過一度。邵雍謂"水火土石合而為地"，今所謂"徑二十四度"者，乃土石之體爾。土石之外，水接於天，皆為地體。地之徑亦得一百二十一度四分度之三也。

　　「**兩極**」:南北上下樞是也。北高而南下，自地上觀之，「**北極**」出地上三十五度有餘，「**南極**」入地下亦三十五度有餘。兩極之中，皆去九十一度三分度之一，謂之「**赤道**」，橫絡天腹，以紀二十八宿相距之度。大抵兩極正居南北之中，是為天心，中氣存焉。其動有常，不疾不徐晝夜循環，幹旋天運，自東而西，分為四時，寒暑所以立，陰陽所以和，此後天之太極也。先天之太極，造天地於無形;後天之太極，運天地於有形。三才妙用盡在是矣。

　　「**日**」:太陽之精，主生養恩德，人君之象也。人君有道則日五色，失道則日露其慝，譴告人主而儆戒之。如史志所載"日有食之"，"日中烏見"，"日中黑子"，"日色赤"，"日無光"，或"變為孛星，夜見中天，光芒四溢"之類是也。日體徑一度半，自西而東，一日行一度，一歲一周天，所行之路謂之「**黃道**」，與赤道相交，半出赤道外，半入赤道內。冬至之日，黃道出赤道外二十四度，去北極最遠，日出辰，日入申，故時寒，晝短而夜長。夏至之日，黃道入赤道內二十四度，去北極最近，日出寅，日入戌，故時暑，晝長而夜短。春分、秋分，黃道與赤道相交當兩極之中，日出卯，日入酉，故時和晝夜均焉。

　　「**月**」:太陰之精，主刑罰、威權，大臣之象。大臣有德，能盡輔相之道，則月行其度。或大臣擅權，貴戚宦官用事，則月露其慝而變異生焉。如史志所載"月有食之"，"月掩五星"，"五星入月"，"月光晝見"，或"變為彗星陵犯紫宮、侵掃列舍"之類是也。月體徑一度半，一日行十三度百分度之三十七，二十七日有餘一周天，所行之路謂之「**白道**」，與黃道相交，半出黃道，外半入黃道內，出入不過六度，如黃道出入赤道二十四度也。陽精猶火，陰精猶水，火則有光，水則會影。故月光生於日之所照，魄生於日之所不照,當日則光明,就日則光盡。與日同度謂之「**朔**」(月行潛於日下,與日會也),邇一遟三謂之「**弦**」(分天體為四分,謂初八日及二十三日,月行近日一分謂之邇一,遠日三分謂之遟三。邇日一分受光之半,故半明半魄如弓張弦,上弦昏見,故光在西;下弦旦見,故光在東也),衡分天中謂之「**望**」(謂十五日之昏,日入西,月出東,東西相望,光滿而魄死也),光盡體伏謂之「**晦**」(谓三十日月行近於日光體皆不見也),月行於白道,與黃道正交之處在朔,則日食,在望則月食。「**日食**」者,月體掩日光也,「**月食**」者,月入暗虛不受日光也(暗虛者,日正對照處)。

「**經星**」:三垣、二十八舍中外官星是也。計二百八十三官,一千五百六十五星,其星不動。「**三垣**」:紫微、太微、天市垣也。「**二十八舍**」:東方七宿,角、亢、氐、房、心、尾、箕,為蒼龍之體;北方七宿,斗、牛、女、虛、危、壁,為靈龜之體;西方七宿,奎、婁、胃、昴、觜、紫[2]、參,為白虎之體;南方七宿,井、鬼、柳、星、張、翼、軫,為朱雀之體。中外官星:在朝象官,如三台、諸侯、九卿、騎官、羽林之類是也。在野象物,如雞狗狼魚龜鱉之類是也。在人象事,如離宮、閣道、華蓋、五車之類是也。其餘因義制名,觀其名,則可知其義也。經星皆守常位,隨天運轉,譬如百官萬民各守其職業,而聽命於七政。七政之行,至其所居之次,或有進退不常、變異失序,則災祥之應,如影響然,可占而知也。

「**緯星**」:五行之精,木曰歲星,火曰熒惑,土曰填星,金曰太白,水曰辰星,併日月而言謂之「**七政**」,皆麗于天。天行速,七政行遲,遲为速所带,故與天俱東出西入也。五星輔佐日月斡旋,五氣如六官分職而治,號令天下,利害安危由斯而出。至治之世,人事有常,則各守其常度而行。其或君侵臣職,臣專君權,政令錯繆,風教陵遟,乖氣所感,則變化多端,非復常理。如史志所載"熒惑入於匏瓜,一夕不見",匏瓜在黃道北三十餘度,或勾巳而行,光芒震曜如五斗器。"太白忽犯狼星",狼星在黃道南四十餘度,或晝見,經天與日爭明,甚者變為妖星。"歲星之精變為攙搶","熒惑之精變為蚩尤之旗","填星之精變為天賊","太白之精變為天狗","辰星之精變為柱矢"之類。如日之精變為孛,月之精變為彗,政教失於此,變異見於彼,故為政者尤謹候焉。

「**天漢**」:四瀆之精也。起於鶉火,經西方之宿而過北方,至於箕尾而入地下。

「**二十四氣**」:本一氣也。以一歲言之,則一氣耳;以四時言之,則一氣分為四氣;以十二月言之,則一氣分為六氣。故六陰、六陽為十二氣。又於六陰、六陽之中,每一氣分為初、終,則又裂為二十四氣。二十四氣之中,每一氣有三應,故又分而為三候,是為七十二候。原其本始,實一氣耳。自一而為四,自四而為十二,自十二為二十四,自二十四為七十二,皆一氣之節也。

「**十二辰**」:乃十二月斗綱所指之地。斗綱所指之辰,即一月元氣所在。正月指寅,二月指卯,三月指辰,四月指巳,五月指午,六月指未,七

---

[2] Questo è un errore di trascrizione. Leggasi 毕(*Bi*).

月指申, 八月指酉, 九月指戌, 十月指亥, 十一月指子, 十二月指丑, 謂之「**月建**」。天之元氣無形可見, 觀斗綱所建之辰即可知矣。「斗」有七星, 第一星曰魁, 第五星曰衡, 第七星曰杓, 此三星謂之「斗綱」。假如建寅之月, 昏則杓指寅, 夜半衡指寅, 平旦魁指寅, 他月倣此。

「十二次」:乃日月所會之處。凡日月一歲十二會, 故有十二次。建子之月, 次名元枵;建丑之月, 次名星紀;建寅之月, 次名析木;建卯之月, 次名大火;建辰之月, 次名壽星;建巳之月, 次名鶉尾;建午之月, 次名鶉火;建未之月, 次名鶉首;建申之月, 次名實沈;建酉之月, 次名大梁;建戌之月, 次名降婁;建亥之月, 次名陬訾。

「十二分野」:即辰次所臨之地也。在天為十二辰、十二次, 在地為十二國、十二州。凡日月之交食, 星辰之變異, 所臨分野, 占之或吉或凶, 各有當之者矣。

A.5 Cronologia delle scoperte degli strumenti astronomici

Astronomia occidentale			Astronomia cinese		
Egitto: calendario	−XXV sec			−2400	Rilevazione posizioni delle stelle
Babilonia	−1300	Catalogo MUL. APIN		−1361	Prima registrazione di una eclissi solare
Babilonia	−1150	Osservazione prima cometa		−1339	Osservazione della prima nova
Assurbanipal	−VII	Effemeridi cuneiformi		−600	Scoperta del ciclo lunare di 19 anni
Euclide	−V sec	*Geometria*			
Anassagora	−500 −428 ca.	Teoria delle eclissi			
Metone di Atene	−432 sec	Ciclo lunare 19 anni			
Callippo di Cizico	−IV sec	Ciclo lunare 72 anni			
Eudosso di Cnido	−408 −355	Sfere Omocentriche	Gān Dé, Wū Xián, ShiShēnfu	−370 −270	Mappa stellare, eclissi come occultazione. Moto retrogrado di Marte e Venere. Stima dei periodi di Giove, Mercurio, e Venere. Osservazione del satellite di Giove. Osservazione macchie solari
Aristotele	−380 −322				
Arato di Soli	−315 −240	*Phaenomena* Mitologia delle costellazioni			
Aristarco di Samo	−310 −230	Ipotesi Eliocentrica			
Archimede	−287 −212	*Sphaeropaeia* citata da Cicerone		−240	Primo avvistamento cometa di Halley

A Richiami di astronomia, mappe celesti e cronologia

Astronomia occidentale			Astronomia cinese		
Ctesibio	−285 −222	Clessidra ad acqua		−II sec.	Numeri negativi nel calcolo
Eratostene di Cirene	−267 −194	Misura inclinazione eclittica e raggio terrestre		−I sec.	Invenzione della sfera armillare equatoriale
Apollonio di Perga	−262 −190	Moto con epiciclo			
Ipparco di Nicea	−190 −120	Durata dell'anno, anomalia solare precessione degli equinozi, epiciclo e deferente. Mappa stellare con 850 astri			
M. T. Cicerone	−105 −43	De Republica			
Giulio Cesare	−100 −44	Calendario Giuliano	Deng Ping	−104	Primo Calendario *Taichu li*
			Liu Xin	−50 −23	Stima del periodo di Giove e Saturno. Standardizzazione delle misure
			Liú Xiàng	−79 −8	Osservazione delle macchie solari
			Jia Kui	30–101	Inclinazione eclittica 24°
Hyginus	I sec	Traduzione *Phaenomena*	Zhāng Héng	78–139	Cosmologia Xuan Ye. Invenzione del sismografo, durata dell'anno 365,25 giorni. Costruzione Armilla ad acqua e Globo Celeste
Erone	I sec	Meccanica	Li Fan	85	Stima dei periodi planetari
Claudio Tolomeo	100–175	Equante, *Almagesto*, inclinazione eclittica 23,5°. Coordinate di 1028 stelle	Liu Hong	129–210	Inclinazione eclittica 23,5°; stima dell'inclinazione dell'orbita lunare 6°,1; descrizione dei tipi di eclissi e delle loro fasi

Astronomia occidentale			Astronomia cinese		
			Sun Zi	III sec	Soluzione empirica del problema dei resti
			Yang Wei	237?	
			Yu Xi	307–345	Precessione degli equinozi
			Chén Zhuó	310	Mappa stellare con 1565 astri
Pappo di Alessandria	290–350	Meccanica e Geometria	Gan Zhuo	321–379	Astronomia e divinazione
			Qian Lezhi	436	Costruzione Globo celeste
			He Zheng-tien	Song	Ciclo 19 anni e 7 intercalari
			Zǔ Chōngzhī	429–500	Approssimazione di π, Ciclo 391 anni e 144 intercalari
			Li Chunfeng	602–670	Mappa stellare di Dunhuang con 1464 stelle
			Yi Xing	683–727	Armilla in bronzo con meccanismo ad acqua
Pacifico di Verona	776–846	Primo orologio meccanico			
al-Sufi	903–986	Libro delle Costellazioni	Yan Su	960–1040	Comprensione delle maree
Ibn al-Haytham	965–1038	Ottica e propagazione della luce	Yang Wei-te	1054	Osservazione della nova del Granchio
Gerardo da Cremona	1114–1187	Traduzione latina dell'*Almagesto*	Jiǎ Xiàn	1000 c.	Triangolo di Tartaglia
			Su Song	1020–1101	Torre astronomica con orologio ad acqua
			Shěn Kuò	1031–1065	Catalogo con 1464 stelle, invenzione del Bastone di Giacobbe
			Zhu Xi	1130–1200	Comprensione delle eclissi
			Huang Shang	1146–1194	Mappa stellare di Suzhou
			Qin Jiushao	1208–1261	Teorema Cinese dei resti 1247
			Guō Shǒujìng	1231–1316	Riforma del calendario *Shoushi-li*

Astronomia occidentale			Astronomia cinese		
Levy Ben Gerson	1288–1344	Invenzione del Bastone di Giacobbe			
Nasir al-Din	1267–1319	Rifrazione della luce			
Alfonso X di Castiglia	1221–1284	*Tavole Alfonsine*			
Giovanni Dondi	1330–1388	Astrario 1364			
Georg Peuerbach	1423–1461	*Theoricae Orbium*			
Regiomonano	1436–1483	Correzione effemeridi Tolemaiche			
Cristoforo Colombo	1473–1506	Scoperta dell'America			
Nicolaus Copernico	1473–1546	*Commentariolius* *De revolutionibus orbium coelestium*			
Gregorio XIII	1502–1585	Calendario Gregoriano			
Erasmus Reinhold	1511–1553	*Tavole Pruteniche*			
Gerolamo della Volpaia	1530–1613	*Theoricae* e Arnille			
Guglielmo IV di Kassel	1532–1592	Osservatorio astronomico di Kassel			
Tycho Brahe	1546–1601	Osservatorio di Hven			
John Napier	1550–1617	Invenzione logaritmi			
Jost Bürgi	1552–1632	Globi e orologi, invenzione logaritmi			
Galileo Galilei	1564–1642	*Sidereus Nuncius, Dialogo sopra i due massimi sistemi*, Satelliti Medicei, Macchie solari	Matteo Ricci	1552–1610	Traduzione della Geometria di Euclide
Hans Lippershey	1570–1619	Invenzione telescopio	Adam Schall von Bell	1591–1666	Costruzione di nuovi strumenti

Astronomia occidentale			Astronomia cinese		
Johannes Kepler	1571–1630	*Mysterium Cosmographicum, Astronomia Nova*	Ferdinand Verbiest	1623–1688	Direzione Osservatorio Imperiale
Christiaan Huygens	1629–1695	Planetario	Yang Guangxian	1597–1669	Direzione Osservatorio Imperiale
James Gregory	1638–1675	Telescopio a riflessione	Thomas Pereira	1688–1708	Direzione Osservatorio Imperiale
Gottfried W. von Leibniz	1646–1718	Macchina calcolatrice	Kilian Strumpf	1655–1720	Direzione Osservatorio Imperiale. Costruzione di nuovi strumenti
Isaac Newton	1643–1727	*Principia Mathematica*	Ignatius Kögler	1680–1746	Direzione Osservatorio Imperiale. Costruzione di nuovi strumenti. Nuovo calendario *Guǐmǎo lì*
Ole Rømer	1644–1710	Strumento del passaggio, stima della velocità della luce	Antoine Gaubil	1689–1759	Direzione Osservatorio Imperiale

A.6 Glossario astronomico di base

Altitudine vedi coordinate alt-azimutali.

Anno nodale è il periodo di tempo che intercorre tra due passaggi consecutivi della Luna attraverso lo stesso nodo della sua orbita. I nodi lunari sono i due punti in cui l'orbita della Luna attraversa il piano dell'eclittica, ovvero il piano orbitale della Terra attorno al Sole. L'anno nodale misura il tempo necessario affinché la Luna ritorni allo stesso nodo, cioè allo stesso punto dove la sua orbita interseca l'eclittica. La durata media dell'anno nodale è di circa **346,62 giorni**, ed è più breve di un anno solare. Questo fenomeno è influenzato dalla **precessione dei nodi lunari**, che si spostano lentamente all'indietro lungo l'eclittica, completando una rotazione completa ogni circa 18,6 anni.

Anno tropico è il periodo di tempo che intercorre tra due successivi passaggi del Sole allo stesso punto dell'equatore celeste, ovvero due equinozi di primavera consecutivi. In altre parole, è il tempo necessario affinché la Terra completi una rivoluzione attorno al Sole rispetto alle stagioni. L'anno tropico ha una durata media di circa **365 giorni, 5 ore, 48 minuti e 45 secondi**, ed è leggermente più breve dell'anno siderale, a causa del fenomeno della precessione degli equinozi, che sposta gradualmente il punto d'equinozio lungo l'eclittica.

Anno siderale è il tempo che impiega la Terra per compiere un'orbita completa attorno al Sole, misurata rispetto alle stelle fisse. In altre parole, è il periodo necessario affinché il Sole ritorni alla stessa posizione apparente rispetto alle stelle sullo sfondo. La durata media dell'anno siderale è di circa **365 giorni, 6 ore, 9 minuti e 10 secondi.** Questo periodo è leggermente più lungo dell'anno tropico, poiché l'anno tropico tiene conto della precessione degli equinozi, un lento spostamento dell'asse di rotazione terrestre che accorcia il ciclo stagionale.

Anomalia è una misura angolare che descrive la posizione di un oggetto (come un pianeta o una cometa) lungo la sua orbita ellittica attorno al Sole, o attorno a un altro corpo celeste.

Apsidi sono i punti di massima e minima distanza di un corpo celeste dal fuoco in cui è collocato il centro di rotazione; sono il perielio e l'afelio nel caso della terra, il perigeo e l'apogeo nel caso della luna.

Armilla eclittica o Armilla Zodiacale è una armilla disposta secondo il Sistema di coordinate eclittiche. Il cerchio zodiacale è disposto parallelamente al piano dell'eclittica. Permette di rilevare le coordinate di latitudine e longitudine celeste.

Armilla equatoriale è disposta secondo il Sistema di coordinate equatoriali. Nei paesi occidentali è stata introdotta da Tycho Brahe, mentre in Cina era l'unico tipo di armilla fino alla introduzione della astronomia occidentale da parte di Gesuiti. Il cerchio equatoriale è parallelo al piano equatoriale celeste. Premette di rilevare l'ascensione retta e la declinazione.

Ascensione Retta o AR vedi coordinate equatoriali.

Azimut vedi coordinate alt-azimutali.

Coluri sono due cerchi massimi passanti per il polo nord celeste, il **coluro equinoziale** attraversa i punti equinoziali ed è ortogonale al **coluro solstiziale.**

Culminazione è l'istante di transito al meridiano locale di un astro.

Declinazione vedi coordinate equatoriali.

Eclittica è il piano immaginario lungo il quale si svolge l'orbita apparente del Sole intorno alla Terra. È una proiezione dell'orbita terrestre sullo sfondo delle stelle fisse. Poiché la Terra orbita attorno al Sole con un'inclinazione di 23,5° rispetto al suo piano orbitale, l'eclittica appare inclinata rispetto all'equatore celeste. La maggior parte dei pianeti del sistema solare orbita attorno al Sole all'interno della fascia dell'eclittica.

Eccentricità è il rapporto tra le semi-distanza d tra i fuochi e il semiasse maggiore. Si calcola con la seguente formula

$$e = \frac{d}{a}; \quad e = \sqrt{a^2 - b^2}$$

dove: a è il semiasse maggiore, b è il semiasse minore, d è la semi-distanza tra i fuochi, e e l'eccentricità.

Epitrocoide curva generata dalla rotazione di un punto attorno ad un cerchio di raggio r (l'epiciclo) il cui centro si sposta lungo un cerchio di raggio R (il deferente):

$$x = (R + r) \cos \theta - d \cdot \cos\left(\frac{R+r}{r}\theta\right)$$
$$y = (R + r) \sin \theta - d \cdot \sin\left(\frac{R+r}{r}\theta\right)$$

dove d è la distanza del punto mobile dal centro dell'epiciclo (vedi Fig. A.13).

Equatore Celeste è la proiezione dell'equatore terrestre sulla sfera celeste. È una linea immaginaria che circonda la sfera celeste, equidistante dai poli celesti, e divide il cielo in due emisferi: l'emisfero celeste settentrionale e quello meridionale.

Equinozio è l'istante in cui il Sole attraversa l'equatore celeste e in cui il giorno e la notte hanno eguale durata.

Levata eliaca è il momento del primo sorgere di una stella o di un pianeta all'orizzonte orientale poco prima dell'alba, dopo essere stato invisibile per un periodo a causa della vicinanza apparente al Sole. Questo evento avviene quando la stella o il pianeta appare sufficientemente lontano dal Sole per essere visibile appena prima dell'alba.

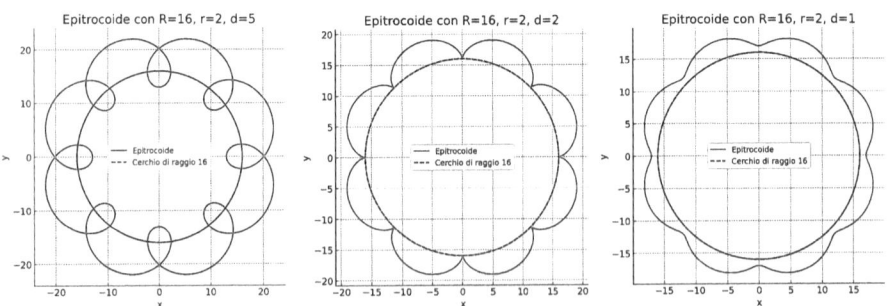

Fig. A.13 Epitrocoide ed epiciclo

Longitudine celeste è l'arco di eclittica compreso tra il punto gamma e il piede del meridiano di eclittica che passa per l'astro.

Meridiano è un cerchio massimo passante dai poli e dallo zenith e nadir del luogo.

Meridiano eclittico è ogni cerchio massimo sulla sfera celeste che passa per i poli dell'eclittica.

Mese Sinodico è il periodo di tempo che intercorre tra due medesime successive fasi lunari, pari, circa, a 29 giorni, 12 ore, 44 minuti o 29,5306 giorni.

Mese Sidereo è il tempo che la Luna impiega per compiere un'orbita completa attorno alla Terra rispetto alle stelle fisse, pari, circa, a 27 giorni, 7 ore, 43 minuti o 27,3215 giorni.

Mese Draconico è il tempo che intercorre tra due passaggi consecutivi della Luna attraverso lo stesso nodo della sua orbita, pari, circa, a 27 giorni, 5 ore, 5 minuti o 27,2118 giorni.

Nadir è il punto diametralmente opposto allo zenith.

Nodi sono i punti di intersezione tra il piano dell'eclittica e il piano di rotazione della luna.

Nutazione è la deviazione oscillatoria dell'asse di rotazione terrestre dal suo movimento conico di precessione intorno al polo celeste. Ha con un'ampiezza massima di 9 secondi di angolo e periodo di 18,6 anni circa. Le perturbazioni esercitate dal Sole sul moto della Luna provocano un moto retrogrado dei nodi con un periodo di 18 anni circa. Questo moto genera una variazione della declinazione lunare che a sua volta agisce sull'asse terrestre in combinazione con l'azione del sole.

Parsec (abbreviato **pc**) Il parsec è un'unità di misura per esprimere le distanze tra gli oggetti celesti al di fuori del sistema solare. Il termine "parsec" deriva dall'abbreviazione di "parallax second", che si riferisce alla parallasse di un secondo d'arco. Un parsec corrisponde alla distanza da cui la parallasse di un oggetto astronomico è di un secondo d'arco, ed è approssimativamente pari a circa 3,26 anni luce o circa $3,086 \times 10^{13}$ chilometri. (vedi Fig. A.5 a sinistra).

Periodi planetari. Riassumiamo in Tab. A.5 i periodi planetari attualmente accertati.

Periodo sidereo è il tempo impiegato da un corpo celeste per ritornare nello stesso punto rispetto alle stelle fisse. In generale per periodo di rivoluzione intendiamo rivoluzione siderea media (Tab. A.5).

Tabella A.5 Periodi planetari

	Periodo Sidereo	Periodo Sinodico	
Mercurio	0,241 anni	0,317 anni	115,9 giorni
Venere	0,615 anni	1,599 anni	583,9 giorni
Luna	0,0748 anni	0,0809 anni	29,5306 giorni
Marte	1,881 anni	2,135 anni	780,0 giorni
Giove	11,87 anni	1,092 anni	398,9 giorni
Saturno	29,45 anni	1,035 anni	378,1 giorni

Periodo sinodico è il tempo impiegato da un oggetto celeste per ritornare nella stessa posizione relativamente al punto di osservazione terrestre, è il periodo orbitale apparente. Il periodo sinodico di un pianeta, in particolare, è il tempo che impiega il pianeta, osservato dalla Terra, per ritornare nella stessa posizione del cielo, rispetto al Sole. In altre parole è il tempo che passa tra due congiunzioni successive col Sole, ed è il periodo orbitale apparente (visto dalla Terra) dell'oggetto. La rivoluzione sinodica differisce dalla rivoluzione siderale perché la Terra stessa gira intorno al Sole (Tab. A.5).

Periodo tropico è il tempo tra due passaggi dell'oggetto celeste alla propria posizione di Ascensione Retta.

Punto Vernale o equinoziale di primavera o primo punto di Ariete o γ d'Ariete è l'intersezione tra l'equatore celeste e l'eclittica. Il suo punto opposto è chiamato *punto equinoziale di autunno.*

Solstizio è l'istante in cui il Sole inverte il suo spostamento apparente verso nord o verso sud; la posizione in cui la notte ha la durata maggiore o minore (invernale/estivo).

Suddivisione trasversale, ideata da Jost Bürgi, è una tecnica per frazionare gli intervalli di un grado mediante linee diagonali che intersecano archi concentrici tracciati lungo la scala di misura (vedi Fig. 7.8 destra).

Tramonto eliaco è il momento che identifica l'ultima visibilità di una stella o di un pianeta all'orizzonte occidentale subito dopo il tramonto del Sole, prima che diventi invisibile per un periodo a causa della vicinanza apparente al Sole. Questo fenomeno segna il momento in cui la stella o il pianeta appare così vicino al Sole che non può più essere visto dopo il tramonto.

Unità Astronomiche – UA. La distanza della terra dal sole: 1 UA = distanza Terra-Sole = 149.597.870.700 m.

Zenith è il punto posto verticalmente sopra l'osservatore.

B Note lessicali e glossari cinesi

I caratteri cinesi. Il termine generale che si può usare per denotare i caratteri cinesi è *sinogramma*. I sinogrammi cinesi, chiamati *hànzì* (汉字), sono classificati in sei diverse categorie principali, secondo una teoria risalente alla dinastia Han Orientale e introdotta da Xǔ Shèn 许慎, (ca. 58–147 d.C.):

- **Pittogrammi** (*xiàngxíng*, 象形): rappresentazioni stilizzate di oggetti fisici, come il sole 日 (*rì*) o la montagna 山 (*shān*).
- **Caratteri indicativi** (*zhǐshì*, 指事): caratteri che rappresentano concetti astratti o idee attraverso simboli semplici, come "sopra" 上 (*shàng*) o "sotto" 下 (*xià*).
- **Caratteri fonosemantici** (*xíngshēng*, 形声): caratteri che combinano un elemento semantico (che indica il significato) e uno fonetico (che suggerisce la pronuncia). Ad esempio, 河 (*hé*), "fiume," combina il radicale dell'acqua 氵 (che indica il significato) con 可 (*kě*) che suggerisce la pronuncia.
- **Composti Ideografici** (*huìyì*, 会意): caratteri formati combinando due o più elementi per creare un nuovo significato. Ad esempio, 明 (*míng*), "luminoso," è composto da "sole" 日 (*rì*) e "luna" 月 (*yuè*).
- **Caratteri con significato esteso** (*zhuǎn zhù*, 转注): caratteri che condividono una radice comune e hanno significati correlati, spesso derivati da un significato originale. Ad esempio 老 (*lǎo*) "vecchio" e 考 (*kǎo*), "esaminare"; entrambi derivano da un concetto di "anzianità" o "esperienza".
- **Prestito fonetico** (*jiǎ jiè,* 假借): caratteri utilizzati per rappresentare parole con la stessa pronuncia ma significati diversi, spesso perché non esisteva un carattere specifico per quella parola. Ad esempio (*zì*) 自 "sé stesso"; Originariamente rappresentava il naso, ma è stato prestato per indicare "sé stesso".

Romanizzazione. Sono stati proposti diversi metodi di trascrizione in caratteri latini dei sinogrammi cinesi e, più in generale, di altre lingue asiatiche. Nelle opere di origine francese, fino alla metà del Novecento, veniva utilizzato il sistema di trascrizione dell'École Française d'Extrême-Orient (E.F.E.O.). Le pubblicazioni anglosassoni, a partire dalla metà dell'Ottocento, adottavano invece il sistema Wade-Giles. Durante la Seconda Guerra Mondiale, le truppe statunitensi svilupparono il sistema di trascrizione Yale.

Dopo la fondazione della Repubblica Popolare Cinese nel 1949, il governo prese l'iniziativa di semplificare i sinogrammi per facilitare l'alfabetizzazione popolare. Nel 1959 venne pubblicato una prima raccolta di 810 caratteri semplificati, nel 1964 venne pubblicato il "Dizionario Generale dei Caratteri Semplificati" con circa 2000 caratteri. Infine nel 1986 venne fatta una revisione.

Il sistema moderno di trascrizione Pinyin è stato introdotto con la fondazione della Repubblica Popolare di Cina. Dal 1971, il Pinyin è diventato lo standard di trascrizione ufficiale in Cina, e dal 1982 è riconosciuto come standard ISO. Il Pinyin include anche simboli tonali, necessari per distinguere diverse parole omofone. Una tabella di conversione tra le varie notazioni si può trovare al seguente link: https://www.tuttocina.it/tuttocina/lingua/wg.htm.

In questo libro ho adottato la romanizzazione Pinyin. Tuttavia, nella letteratura pubblicata prima della riforma della lingua cinese, e in alcuni casi anche in testi recenti, viene utilizzata la trascrizione Wade-Giles. Quando possibile, ho convertito la trascrizione in Pinyin, omettendo i simboli tonali nel testo, che invece vengono riportati nei glossari. I simboli tonali sono quattro segni che indicano l'intonazione e permettono di distinguere parole omofone come, ad esempio: 圭 (guī) giada, 晷 (guǐ) orologio solare, 号 (hào) numero o segno, 好 (hǎo) bene o buono, 朋 (péng) amico, 碰 (pèng) urtare o colpire.

Sui nomi cinesi. Spesso, le persone vengono menzionate con nomi diversi, ed è quindi opportuno chiarire come venivano trattati i nomi nella Cina antica. I nomi erano composti da un nome proprio, *míngzi* 名字 e da un cognome *xìng* 姓 che rappresentava la famiglia d'origine e precedeva sempre il nome proprio. Alle persone di classe elevata, in occasione del conseguimento di un titolo accademico o del superamento di un esame, veniva attribuito un nome di cortesia *zì* (字) o un nome d'arte *hào* 号. Ad esempio Confucio aveva come nome Kǒng Qiū (孔丘), e nome di cortesia Zhòngní (仲尼). Laozi (老子), che significa "maestro anziano", aveva come nome Li Er (李耳) e nome di cortesia Boyang (伯阳). Nel caso di omonimie veniva anche usato uno pseudonimo.

Gli imperatori venivano denominati in vari modi: nome alla nascita (名, *míng*), nome templare (庙号, *miàohào*), nome postumo (谥号, *shìhào*), nome dell'era (年号, *niánhào*) Il nome templare veniva utilizzato per le iscrizioni su tavole per ricordare o venerare un Imperatore. Durante il suo regno l'imperatore sceglieva un nome dell'era, che poteva anche cambiare nel corso del regno per celebrare un evento rilevante. Ad esempio all'imperatore Taizong della dinastia Tang (唐太宗) alla nascita gli venne attribuito il nome Lǐ Shìmín (李世民), il nome templare era Tàizōng (太宗), il nome postumo Wénhuángdì (文皇帝) e infine il nome dell'era Zhēnguān (贞观) ovvero il periodo (627–649). In generale per tutti i nomi ho adottato quello più diffuso nella letteratura.

Tra i nomi di imperatori si incontra spesso Taizu 太祖, Grande Progenitore, si tratta di un appellativo del fondatore di una dinastia.

Glossario. Nel corso dei secoli la nomenclatura astronomica si è spesso modificata. Nel glossario ho riassunto i termini principali riportati nel testo, richiamando anche altri termini di uso frequente. Il glossario con ordinamento pinyin riporta i segni di intonazione; il glossario con ordinamento alfabetico riporta i termini nella lingua italiana e la trascrizione pinyin.

B.1 Glossario – ordinamento pinyin

Pinyin	Traduzione	Caratteri Cinesi	Note
Bàbà	Padre	爸爸	
Bāguà	Otto Trigrammi	八卦	
Bái dào	Strada bianca	白道	Orbita lunare
Báihǔ	Tigre Bianca	白虎	
Bān Shuò	Promulgazione del novilunio	颁朔	Pratica calendariale di epoca antica
Běi	Nord	北	
Běi Dǒu	Mestolo del nord	北斗	Costellazione del Grande Carro
Bèi Xīng	Cometa: Stella con coda	孛星	Tipo di cometa
Běijīng	Capitale del nord	北京	Il nome è stato attribuito a partire della dinastia Ming
Bì	Femore o coscia. In astronomia Gnomone	髀	Bastone nel significato di indicatore o gnomone nel titolo di *Zhoubi Suan Jing*
Biàn	Discutere, Argomentare	辩	
Biàn	Distinguere, Discernere	辨	
Biǎo	Orologio solare	表	Più propriamenteo Gnomone

Pinyin	Traduzione	Caratteri Cinesi	Note
Bīngmǎyǒng	Esercito di Terracotta	兵马俑	
Bójué	Conte	伯爵	
Cán yuè	Luna calante	残月	
Cháng Jiang/Yangtzi	Fiume Azzurro	长江	
Cháng'ān	Antica capitale Xi'An	长安	
Cháng'é	Chang'e	嫦娥	Figura mitologica, dea della Luna
Chángchéng	Grande Muraglia	长城	
Chángxīng	Cometa: Stella Lunga	長星	
Cháo	Dinastia	朝	
Chén	Quinto dei 12 rami terrestri	辰	Associato al Drago e alle ore tra le 7:00 e le 9:00
Chén	Suddito, Cortigiano	臣	大臣 (dàchén) Ministro
Chì Dào	Strada Rossa	赤道	Equatore Celeste
Chì Jīng	Ascensione Retta	赤经	
Chì Wěi	Declinazione	赤纬	
Chìdào Jīngwěi Yí	Armilla Equatoriale	赤道经纬仪	
Chǒu Shí	Turno di Guardia: Quarto turno	丑时	h: 1–3
Chū	Apparire, comparire	出	Levata eliaca del sole 日出 o della luna 月出
Chǔ Guó	Stato di Chu	楚国	
Chū rù xiāng bǔ	Metodo "togliere da una parte e aggiungere all'altra per bilanciare"	出入相补	Metodo di comparazione di aree di figure piane per composizione e scomposizione
Chūnfēn	Equinozio di Primavera	春分	
Chúnhuǒ	Fuoco della Quaglia	鹑火	Costellazione che rappresenta la regione di sud-est
Chūnqiū	Primavere e Autunni	春秋	
Chūnqiū Jīng	Classico di Primavere e autunni	春秋经	Uno dei Cinque Classici del Canone Confuciano
Ci	Momento, tappa, stazione	次	Corrisponde al concetto di tempo Καιρός
Cóng	Tubo rituale di giada	琮	Probabilmente usato come tubo di mira
Dà Yùnhé	Gran Canale	大运河	Collega Hangzhou a Beijing
Dàdū	Dadu (antica Capitale)	大都	Capitale della dinastia Yuan
Dào	Via, Dottrina, Insegnamento	道	

Pinyin	Traduzione	Caratteri Cinesi	Note
Dào / Dào Lǐ	Dao, Via / Dottrina del Dao	道 / 道理	Principio fondante del Daoismo
Dàxué	Grande Studio	大学	Uno dei Quattro Libri del Canone Confuciano
Dàyǎn Shù	Grande metodo esteso	大衍术	Teorema cinese dei resti
Dàyuè	Mese lungo	大月	Mese di 30 giorni
Dì / Dìqiú	Terra / Globo terrestre	地 / 地球	
Dìmìng	Mandato terrestre	地命	
Dì píng jīng wěi Yí	Teodolite Azimutale	地平经纬仪	
Dì Zhóu	Asse terrestre	地轴	
Dìdì	Fratello Minore	弟弟	
Dìlǐ Tú	Mappa Terrestre	地理图	
Dìngshuo	Metodo delle Fasi lunari	定朔	Basato su osservazioni
Dìzhī	Rami Terreni	地支	Con i 10 tronchi celesti forma il ciclo sessagesimale
Dìzhōng	Centro della Terra	地中	
Dōng	Est	东	
Dōng Zhōu	Zhou Orientale	东周	o Posteriore
Dōngzhì	Solstizio di Inverno	冬至	
Dǒugǒng	Mensole a incastro	斗拱	Sistema dell'architettura Ming. di mensole in legno a incastro per sostenere i tetti di templi e palazzi
Dù	Angolo	度	
Dù	Grado (Divisione In 365 ¼)	度	
É méi yuè	Luna crescente	蛾眉月	
Èrlǐgǎng	Erligang – Civiltà neolitica	二里岗	
Èrlǐtóu	Erlitou – Civiltà neolitica	二里头	Associata alla dinastia Xia
Ěryǎ	Libro della eleganza o della Precisione	尔雅	Primo Dizionario Cinese, parte del Canone Confuciano
Érzi	Figlio	儿子	
Fǎ	Legge, regola	法	In generale anche metodi o principi in contesti filosofici o scientifici
Fǎn	Moti Planetari: Inversione	返	
Fáng	Camera, dimora	房	
Fēng shuǐ	Vento e acqua	风水	Pratica geomantica

Pinyin	Traduzione	Caratteri Cinesi	Note
Fènghuáng	Fenice	凤凰	Uccello mitologico simbolo di rinascita e prosperità, associato all'imperatrice
Fēnmǔ	Denominatore	分母	Termine matematico
Fēnzǐ	Numeratore	分子	Termine matematico
Fù	Fu, stile letterario Han	赋	
Fù Jǔ	Quadrante per la Declinazione	复矩	
Fú Xī	Fu Xi (Figura Mitologica)	伏羲	Uno dei Tre Augusti
Fù Yuán	Eclissi di Sole: Ultimo Contatto	复圆	Fase finale dell'eclissi
Gǎi Tiān	Cielo a Baldacchino	盖天	Cosmologia Gai Tian
Gānzhī	Tronchi Celesti e Rami Terreni	干支	Denota il ciclo sessagenario
Gēgē	Fratello Maggiore	哥哥/大哥	
Gēng Diǎn	Turni di Guardia Notturna	更点	
Gōngjué	Duca	公爵	
Gōu	Cateto corto	勾	Lato del triangolo rettangolo
Gōugǔ Dìnglǐ	Teorema di Pitagora	勾股定理	
Gǔ	Cateto lungo	股	Lato del triangolo rettangolo
Guānjiàn Shíkè	Momento opportuno	关键时刻	Corrisponde al concetto greco di Kairos
Guī	Tartaruga	龟	Associato alla longevità e alla saggezza
Guī biǎo	Misuratore dell'ombra (圭 tavola di giada, 表 asta dello gnomone)	圭表	Strumento antico per misurare l'ombra proiettata dal sole
Guī Yǐng	Ombra dello Gnomone	晷影	
Hài Shí	Turno di Guardia: Secondo turno	亥时	h: 21–23
Hàn Bā Lǐ	Khanbalik	汗八里	Capitale dell'impero Mongolo, attuale Beijing
Hànlín Yuàn	Accademia Hanlin	翰林院	Fondata durante la dinastia Tang
Hànzì	Sinogramma	汉字	Caratteri cinesi
Hé	He (Figura mitologica) / Armonia	和	
Héng	Peso o misura	衡	
Hóngjīn	Turbanti Rossi	红巾	
Hou Han	Han Posteriore	後漢	Periodo dei Dieci Regni
Hou Jin	Jin Posteriore	後晉	Periodo dei Dieci Regni

Pinyin	Traduzione	Caratteri Cinesi	Note
Hou Liang	Liang Posteriore	後梁	Periodo dei Dieci Regni
Hou Tang	Tang Posteriore	後唐	Periodo dei Dieci Regni
Hòu Yì	Hou Yi	后羿	Figura leggendaria, l'arciere, del mito di Chang'e
Hou Zhou	Zhou Posteriore	後周	Periodo dei Dieci Regni
Hóujué	Marchese	侯爵	Titolo nobiliare
Huá Gài	Costellazione del Baldacchino Imperiale	华盖	
Huáng Hé	Fiume Giallo	黄河	
Huángdào	Strada Gialla	黄道	Eclittica
Huángdào yóuyí	Astrolabio eclittico	黄道游仪	
Huángjīn	Turbanti Gialli	黄巾	
Huángzhōng	Grande Campana Gialla	黄钟	Prima nota musicale della scala cinese, associata all'elemento Terra
Huixing	Cometa	彗星	
Huìyì	Caratteri Composti Associativi	会意	Caratteri formati combinando due o più caratteri per formare un nuovo significato
Hún	Fluttuante	渾	
Hùn / Hún	Miscela, caos	混	Carattere moderno alternativo a 渾
Hùn Tiān	Cielo fluttuante	混天	Cosmologia Hun Tian. Sfera Celeste
Hún Tiān Yí	Sfera Armillare	混天仪	
Hún Tiānxiàng	Rappresentazione del cielo fluttuante	渾天象	Globo celeste, strumento descritto da Matteo Ricci
Hún Yí	Sfera Arrnillare	浑仪	
Hùnxiàng	Sfera Celeste	混象	
Huǒ	Fuoco	火	
Huǒ Zhèng	Amministratore del Fuoco	火正	
Huǒxīng	Stella di Fuoco, Marte	火星	Chiamato anche 荧惑 yínghuò, Stella Splendente
Jí	Punto estremo, confine	極	Polo Nord 北極 běijí. Polo Sud 南極 nánjí
Jiā	Scuola, Casa, Famiglia	家	
Jiǎ tiānyí	Planetario	假天仪	Il termine moderno per planetario è 天文馆 (Tiān Wén Guǎn)
Jiǎgǔwén	Scrittura su ossa oracolari	甲骨文	Dinastia Shang

Pinyin	Traduzione	Caratteri Cinesi	Note
Jiāliáng	Unità di misura standardizzata	家良	Strumento di misura di volumi
Jiǎn Yí	Armilla Semplificata	简仪	Inventata da Guo Shoujing
Jiànkāng	Jiankang	建康	Antico nome di Nanjing
Jiāo Chū	Nodo ascendente	交初	Intersezione tra Eclittica e Orbita Lunare
Jiāo Zhōng	Nodo discendente	交中	Secondo Needham. Denota l'aspetto geometrico dell'intersezione.
Jìdū	Nodo Discendente	計都	Termine di origine indiana, di valore astrologico
Jiějiě	Sorella Maggiore	姐姐	
Jiéqì	Termini Solari	节气	24 periodi del calendario solare
Jihéng Fǔchén Yí	Sfera Armillare Elaborata	玑衡抚辰仪	Nuova Armilla del 1744 costruita da Ignatius Kögler
Jìn	Avanzare	进	Riferito ai moti planetari
Jīn	Metallo	金	Uno dei cinque elementi
Jīng	Classico, Canone	經	Riferito a scritti antichi
Jìng Tiān	Onora il Cielo	敬天	
Jǐngfú	Focalizzatore	景符	Utilizzato d Guo Shoujing
Jīnxīng	Stella di Metallo	金星	Venere
Jìsuàn	Computazione, calcolo	计算	
Jìxià	Accademia Jixia	稷下	Fondata nel −318, nello Stato Qi
Jìxiàn Yuàn	Accademia degli Studiosi Meritevoli	集賢院	Fondata nel 725, dinastia Tang
Jūn	Sovrano	君	
Jūnzǐ	Uomo Virtuoso / Nobile	君子	
Kāifēng	Kaifeng	开封	Antica capitale, in particolare durante la dinastia Song
Kāihuáng	Codice delle Leggi Kaihuang	开皇律	Dinastia Sui
Kēdǒu wén	Scrittura a girino	蝌蚪文	Antico stile calligrafico cinese con tratti simili a girini, con una "testa" più spessa e una "coda" sottile e allungata
Kējǔ	Esame Imperiale	科举	
Kuī tū yuè	Luna gibbosa calante	亏凸月	
Láng xīng	Stella del Lupo	狼星	Stella Sirio, α Canis Majoris
Lè	Gioia, Felicità, Godimento	乐	
Lì	Cronologia, Calendario	历	

B Note lessicali e glossari cinesi

Pinyin	Traduzione	Caratteri Cinesi	Note
Lì	Rito, cerimonia	禮	
Lì Yuán	Origine del calendario	历元	Data di riferimento per i calcoli astronomici
Liàng	Capacità, volume	量	
Lǐbù Shàngshū / Dà Zōng Bó	Ministro dei Riti	礼部尚书 / 大宗伯	
Lièhù zuò	Costellazione di Orione	猎户座	
Lǐjì	Libro dei Riti	礼记	Uno dei Cinque Libri del Canone Confuciano
Línglóng yí	Strumento raffinato	玲珑仪	Globo Celeste azionato ad acqua
Lóng	Drago	龙	Animale mitologico
Lóngshān Wénhuà	Longshan – Civiltà neolitica	龙山文化	
Lòukè	Clessidra ad acqua	漏刻	
Lǜ	Velocità, tasso	率	Velocità con cui viene percorso un *du*
Lúnyǔ	Analecta, Dialoghi di Confucio	论语	Uno dei Cinque Libri del Canone Confuciano
Luò Shū	Diagramma del fiume Luo	洛书	Schema di quadrato magico
Luóhóu	Nodo Ascendente	羅睺	Termine di origine indiana, di valore astrologico. Un altro termine è 交升 Jiāo Shēng
Luópán Pài	Scuola della bussola	罗盘派	Setta che pratica geomanzia *feng shui*
Māmā	Madre	妈妈	
Mǎn yuè	Luna piena	满月	
Mǎnzhōuguó	Manchukuo	满洲国	Impero fantoccio durante l'occupazione Giapponese (1932–1945)
Mǎo	Quarto dei 12 rami terrestri	卯	Associato alla Lepre e alle ore tra le 5:00 e le 7:0
Mǎo yǎn	Mortasa	卯眼	Tecnica costruttiva in legno a incastro, metodo "Tenone e Mortasa"
Mèimèi	Sorella Minore	妹妹	

Pinyin	Traduzione	Caratteri Cinesi	Note
Mengzi	Mencio	孟子	Uno dei Quattro Libri del Canone Confuciano
Míng	Nome	名	
Míng	Luce, chiaro, luminoso	明	
Míng Táng	Sala della Luminosità	明堂	Luogo rituale
Míng Zǐ	Cosmogonia Hun Tian, prima fase	明滓	
Mù	Legno	木	Uno dei cinque elementi
Mùxīng	Stella di Legno	木星	Giove
Nán	Sud	南	
Nánjing	Capitale del sud	南京	Il nome è stato attribuito a partire dalla dinastia Ming
Nánjué	Barone	男爵	Titolo nobiliare
Nèi Suàn	Matematica "esoterica"	内算	Riferito a calcoli segreti
Nì	Moto retrogrado	逆	Riferito ai moti planetari
Nián	Anno	年	Anno civile, può avere durate diverse
Niúláng	Mandriano, pastore	牛郎	Figura mitologica
Niúláng Xīng	Stella di Niulang	牛郎星	Altair, αAquilae
Nǔ'ér	Figlia	女儿	
Nǚwā	Nüwa	女娲	Divinità mitologica
Pánghóng	Cosmogonia Hun Tian, seconda fase	旁鸿	
Péng Xīng	Cometa dalla coda come una tenda	篷星	
Péngyǒu	Amico	朋友	
Píngshuò	Mese lunare standardizzato	平朔	Basato su periodi medi
Qì	Qi (Soffio Vitale)	气	Caratteri classici 氣
Qì	Strumento, dispositivo	器	
Qì / Qìjù	Utensile / Strumento	器 /器具	
Qián Fǎ	Regola del Cielo	乾法	Costante del calendario *Qiānxiàng Li*
Qiān Niú	Altair (α Aquilae)	牵牛	
Qílín	Unicorno, chimera	麒麟	Animale mitologico
Qīng Lóng	Drago Azzurro	青龙	Uno dei quattro Palazzi Celesti
Qiufēn	Equinozio di Autunno	秋分	
Rén	Uomo virtuoso / Virtù umana	仁	
Rì	Sole	日	
Rì dù shī xíng	Moto erratico del sole	日度失行	Lett. il corso del sole ha perso il suo cammino

Pinyin	Traduzione	Caratteri Cinesi	Note
Rì fǎ	Costante del giorno	日法	Costante per il calcolo del calendario
Rì Guǐ	Orologio solare	日晷	
Rìshí	Eclissi di Sole	日食	
Rùnyuè	Mese intercalare	闰月	Mantiene la corrispondenza tra mesi e stagioni
Sānguó	Tre Regni	三国	220–280 d.C.
Sānhuáng	Tre Augusti	三皇	Re mitologici dell'antichità
Sǎoxīng	Cometa: Stella Spazzante	掃星	
Shàngdì	Sovrano massimo	上帝	Termine anche usato dai Gesuiti per denotare Dio
Shàngdū	Xanadu / Kaiping	上都	Capitale dell'impero Yuan
Shàngxián	Luna: Primo Quarto	上弦	
Shēn	Settimo dei 12 rami terrestri	申	Associato alla Scimmia e alle ore tra le 15:00 e le 17:00
Shēng	Nascere	生	
Shēnxiù sì	Betelgeuse (stella)	参宿四	Stella della costellazione di Orione
Shí	Ora	时	
Shí è [bù shè]	Dieci malvagità [imperdonabili]	十恶[不赦]	
Shǐ Guān	Scriba	史官	
Shī Jīng	Classico delle Odi	詩經	Uno dei Cinque Libri del Canone Confuciano
Shí Shēn	Eclissi di Sole: Fase Massima	食申	
Shí'èr Fēnyè	Dodici Domini	十二分野	Suddivisione astrologica del Cielo
Shìbīng de cèsuǒ	Costellazione della Latrina dei Soldati	士兵的厕所	
Shìbīng Shìchǎng	Costellazione del Mercato dei Soldati	士兵市场	
Shíjiān	Tempo	时间	Corrisponde al concetto greco di Chronos
Shíkè	Istante, momento	时刻	Corrisponde al concetto greco di Kairos
Shòu	Longevità	寿	Carattere tradizionale 壽
Shòu	Garantire, concedere, impartire	授	
Shù	Compassione	恕	
Shù	Numero	数	
Shū	Libro	书	Carattere tradizionale 書
Shū Jīng	Classico dei Documenti	經	Uno dei Cinque Classici Wǔ Jīng

Pinyin	Traduzione	Caratteri Cinesi	Note
Shuǐ	Acqua	水	Uno dei cinque elementi
Shuǐxīng	Stella Di Acqua	水星	Mercurio. Chiamato anche 辰星 Chinxing, Stella del Tempo
Shùn	Moto diretto	順	Riferito ai moti planetari
Shuò	Luna: Novilunio	朔	
Shùshù	Calcolo	数术	Comprende astronomia, musica, divinazione
Shùxué	Matematica	数学	Studio della matematica, metà XIX sec.
Shùzì	Cifra, numero	数字	
Sì Fēn Fǎ	Metodo delle Quattro divisioni	四分法	Suddivisione dell'anno in quattro parti uguali
Si Hai	Quattro Mari	四海	Completa il concetto di Tianxia delimitando il mondo con 4 mari nelle quattro direzioni cardinali
Si Hai cè shì	Test dei Quattro Mari	四海测试	Campagna di misure condotta da Guo Shoujing
Sī nán	Indicatore del sud	司南	Bussola antica
Sì Xiàng	Quattro simboli	四象	Quattro simboli cosmologici: Drago Azzurro, Tartaruga Nera, Tigre Bianca e Uccello Vermiglio
Sìshū	Quattro libri	四书	Quattro Libri, Parte del Canone Confuciano
Suàn	Computare, calcolare	计算	
Suànfǎ	Metodo di calcolo, Algoritmo	算法	
Suànshù	Procedura di calcolo, arte, tecnica	算術	
Suì	Anno	岁	Intervallo tra due solstizi invernali, simile all'anno tropico
Suìxīng	Stella dell'anno	岁星	Giove
Suìxīng yuè jiè	Sconfinamento della stella dell'anno	岁星越界	Riferito al fenomeno astronomico dovuto alla corrispondenza parziale tra il periodo di Giove e la durata dell'anno
Sǔn tóu	Tenone	榫头	Tecnica costruttiva in legno ad incastro, metodo "Tenone e Mortasa"
Tài Bǔ	Grande Divinatore	太卜	
Tài Xué	Accademia Imperiale	太學	Fondata nel –124, dinastia Han

Pinyin	Traduzione	Caratteri Cinesi	Note
Tài yīn	Grande oscurità	太阴	Significa anche orologio lunare
Tàibái	Grande bianco	太白	Altro nome di Venere
Tàijí	Tàijí	太极	Principio cosmico, universale
Tàijítú	Diagramma del Tàijí	太极图	Simbolo dell'unità primordiale
Tàipíng	Regno Celeste della Grande Pace	太平天國	Movimento religioso e politico, 1850–1864
Tàishǐ	Grande Astrologo	太史	
Tàiwēi Yuán	Recinto del Palazzo Supremo	太微垣	Suddivisione celeste
Tàiyáng jìsuàn zhúgān	Asta di bambù per il calcolo del sole	太阳计算竹竿	Strumento di osservazione
Tàiyuán	Cosmologia Hun Tian Fase 3	太元	
Tàizǔ	Grande progenitore	太祖	Riferito al fondatore di una dinastia imperiale
Tang Cháo	Dinastia Tang	唐朝	618–907 d.C.
Tiān	Cielo	天	
Tiān Huáng Dà Dì	Costellazione dell'Imperatore Celeste	天皇大帝	Suddivisione celeste
Tiān Wén Guān / Sī Tiān	Astronomo Reale	天文官 / 司天	
Tiānchán	Sostiene il Cielo	天欃	Tipo di cometa
Tiāndì	Universo	天地	Nel senso di mondo naturale, unione di cielo e terra
Tiāngān	Tronchi Celesti	天干	Parte del sistema sessagesimale Ganzhi
Tiān Gōng	Palazzo Celeste	天宫	Luogo mitologico
Tiānhé	Fiume celeste	天河	Via Lattea. Anticamente chiamata 天漢 tiānhàn in forma poetica
Tiānmìng	Mandato del Cielo	天命	
Tiānshì Yuán	Recinto del Mercato Celeste	天市垣	Suddivisione celeste
Tiāntán	Tempio del Cielo	天坛	Palazzo dei Riti di Beijing
Tiānwén Tú	Mappa Celeste	天文图	Comprende recinti, eclittica, equatore celeste e *xiu*
Tiānwén Xué	Astronomia	天文学	
Tiānwén Xuéjiā	Astronomo	天文学家	

Pinyin	Traduzione	Caratteri Cinesi	Note
Tiānwéntái	Osservatorio Astronomico	天文台	
Tiānxià	Sotto il Cielo	天下	Concetto filosofico politico espresso come "tutto sotto il Cielo"
Tiānxià sìhǎi	Sotto il cielo e i quattro mari	天下四海	Espressione che delimita l'ecumene
Tiānyuán Shú	Metodo del principio celeste	天元术	Denota l'incognita di una equazione
Tiānzǐ	Figlio del Cielo	天子	Appellativo dell'imperatore
Tǔ	Terra	土	Uno dei cinque elementi
Tuì	Ritirarsi	退	Riferito ai Moti Planetari
Tǔxīng	Stella di Terra	土星	Saturno. Chiamato anche 填星 Tianxing, Stella Centrale
Wàisuàn	Matematica "essoterica"	外算	In contrapposizione alla matematica "esoterica"Nèisuàn.
Wàng	Luna: Plenilunio	望	
Wànwù	Miriadi Di Cose	万物	Riferito a tutte le cose dell'Universo.
Wèi Hé	Fiume Wei	渭河	
Wǔ Jīng	Cinque Classici	五经	I Cinque Libri del Canone Confuciano
Wú Wéi	Inazione, Non Agire, Agire Secondo Natura	无为	Principio daoista. (caratteri classici 無爲)
Wū Yā	Corvo Nero	乌鸦	Macchia solare
Wǔxíng	Cinque Elementi (o Agenti o Fasi)	五行	
Wǔxīng huì zhōng shù	Grande Congiunzione Planetaria	五星會終數	Congiunzione dei 5 pianeti
Xī	Ovest	西	
Xī	Xi (Figura mitologica)	羲	
Xià xián yuè	Luna: Ultimo Quarto	下弦月	
Xià Xiaozheng	Piccolo Calendario della dinastia Xia	夏小正	
Xián	Corda (di una Circonferenza) / Ipotenusa	弦	Quadratura in senso astronomico
Xiāng zhōng	Campana profumata	香钟	Orologio a combustione
Xiàngxíng	Pittogrammi	象形	Caratteri che rappresentano oggetti in forma stilizzata
Xiào Jīng	Classico della Pietà Filiale	孝经	Parte del Canone Confuciano
Xiǎorén	Uomo Meschino	小人	
Xiàoshùn	Pietà Filiale	孝顺	

Pinyin	Traduzione	Caratteri Cinesi	Note
Xiǎoyuè	Mese corto	小月	Mese di 29 giorni
Xiàzhì	Solstizio di Estate	夏至	
Xīn	Cuore	心	
Xīn	Lama (di spada o coltello)	辛	
Xīn xīng	Stella nova	新星	
Xīn yuè	Luna nuova	新月	
Xìng	Essenza	性	Natura morale umana, 人性 rénxìng
Xīng	Stella	星	
Xīng Guǐ	Orologio stellare	星晷	
Xīng Qún	Asterismo	星群	Denota anche ammassi stellari
Xīng Tú	Mappa stellare	星图	
Xíngshēng	Caratteri fonosemantici	形声	Caratteri che combinano un elemento semantico e uno fonetico
Xingwei	Occultazione	星位	
Xīnxīng	Stella Nova	新星	Denominazione moderna, anticamente chiamata stella ospite kè xīng 客星
Xīnxiù èr	Seconda stella della casa lunare "cuore"	心宿二	Antares
Xiongnu	Xiongnu	匈奴	Popolazione nomade dell'Asia centrale
Xiù	Casa Lunare	宿	
Xū	Undicesimo ramo terrestre	戌	Associato al Cane e alle ore tra le 19:00 e le 21:00
Xǔ Kuò	Espansione cosmica	许阔	Fase della cosmogonia antica
Xū Shí	Turno di Guardia: Primo turno	戌时	h: 19–21
Xuán yè	Cosmologia Xuan Ye	玄夜	
Xuánjī	Sfera Celeste	璇玑	Strumento astronomico
Xuánwǔ	Tartaruga Nera	玄武	
Yámén Zhànyì	Battaglia di Yamen	崖门战役	
Yán	Parola, Linguaggio	言	
Yǎng Yí	Strumento rivolto verso l'alto	仰仪	Orologio solare a scafo
Yāpiàn Zhànzhēng	Guerra dell'oppio	鸦片战争	
Yì Jīng	Classico dei Mutamenti	易经	Uno dei Cinque Libri del Canone Confuciano

Pinyin	Traduzione	Caratteri Cinesi	Note
Yí Lǐ	Libro delle Cerimonie	仪礼	Parte del Canone Confuciano, incluso nel Lǐjì
Yìhétuán Yùndòng	Rivolta dei Boxer	义和团运动	Movimento politico anti stranieri (1899–1901)
Yíhéyuán	Palazzo d'estate	颐和园	
Yín	Terzo dei 12 rami terrestri	寅	Associato alla Tigre e alle ore tra le 3:00 e le 5:00 h: 3–5
Yín Shí	Turno di Guardia: Quinto turno	寅时	
Yīn Yáng (Jiā)	Yin Yang (Scuola)	阴阳(家)	
Yíng tū yuè	Luna gibbosa crescente	盈凸月	
Yīnyuè	Musica	音乐	
Yǒu	Decimo dei 12 rami terrestri	酉	Associato al Gallo e alle ore tra le 17:00 e le 19:00
Yù	Giada	玉	
Yǔ	Spazio, Universo, Mondo	宇	
Yuánqì	Energia Primordiale	元气	
Yuè	Luna, Mese	月	
Yuè bǐng	Dolci della Luna	月饼	Dolci tradizionali della festa di metà autunno
Yuè fǎ	Costante della lunazione	月法	Il valore è 2.392
Yuè jian	Mese guida	月建	Anche Fondazione del mese. Il processo che determina quale mese lunare corrisponde a quale stagione solare, garantendo che il calendario rimanga sincronizzato con l'anno solare
Yuè ling	Decreti mensili	月令	
Yuèdào	Orbita Lunare	月道	
Yuèshi	Eclissi di Luna	月食	
Yùhéng	Misuratore o bilancia di giada	玉衡	Tubo di mira o di osservazione
Yúlè	Divertimento	娱乐	
Yún	Nuvola	云	
Yuzhou	Cosmologia Primitiva, fase di formazione dell'universo	宇洲	
Yǔzhòu	Universo	宇宙	In senso astronomico
Zǎojǐng	Soffitto a cassettoni	藻井	
Zēnghóuyī Mù	Tomba del Marchese Yi di Zeng	曾侯乙墓	

B Note lessicali e glossari cinesi

Pinyin	Traduzione	Caratteri Cinesi	Note
Zhān	Predizione	占	
Zhān Bǔ Guān	Interprete delle divinazioni	占卜官	Funzionario di grado basso
Zhān Mèng Zhě	Interprete dei sogni	占梦者	Funzionario di grado basso
Zhānbǔ	Divinazione	占卜	
Zhì	Annotazione, registrazione	志	
Zhīnǚ	Tessitrice	织女	Figura mitologica
Zhīnǚ xīng	Stella della tessitrice	织女星	Vega
Zhǐshì	Caratteri indicativi	指事	Caratteri che rappresentano concetti astratti o idee
Zhongguó Gòngchǎndǎng	Partito Comunista Cinese	中国共产党	
Zhōnghuá Miinguó	Repubblica della Cina	中华民国	
Zhōnghuá Rénmín Gònghéguó	Repubblica Popolare Cinese	中华人民共和国	
Zhōngqiū jié	Festa di metà Autunno	中秋节	
Zhōngyōng	Equilibrio, Giusto Mezzo	中庸	Uno dei Quattro Libri Sishu
Zhōngyuán	Pianure Centrali	中原	Regioni fertili tra i grandi fiumi
Zhòu	Tempo	宙	
Zhōu Lǐ	Riti di Zhou	周禮	Uno dei Cinque Libri del Canone Confuciano
Zhúgān	Tuob di bambù	竹竿	Tubo di osservazione di bambù
Zhū Huī	Eclissi di Sole: Primo Contatto	朱辉	
Zhū Jiāng	Fiume delle Perle	珠江	
Zhu Xīng	Cometa: Stella a Fiamma di Candela	燭星	
Zhǔ Xīng	Stella Determinativa	主星	Stella di riferimento per la misurazione dei 28 Xiu
Zhūquè	Uccello Vermiglio	朱雀	
Zǐ Gōng	Palazzo di Porpora	紫宫	
Zǐ Shí	Turno di Guardia: Terzo turno	子时	h: 23–01
Zǐjué	Visconte	子爵	
Ziwei Yuán	Recinto del Palazzo Di Porpora	紫微垣	
Zuò	Costellazione	座	

B.2 Glossario – ordinamento alfabetico

Traduzione	Pinyin
Accademia degli Studiosi Meritevoli	Jìxiàn Yuàn
Accademia Hanlin	Hànlín Yuàn
Accademia Imperiale	Tài Xué
Accademia Jixia	Jìxià
Acqua	Shuǐ
Altair (α Aquilae)	Qiān Niú
Amico	Péngyǒu
Amministratore del Fuoco	Huǒ Zhèng
Analecta, Dialoghi di Confucio	Lúnyǔ
Angolo	Dù
Anno	Nián
Anno	Suì
Annotazione, registrazione	Zhì
Antica capitale Xi'An	Cháng'ān
Apparire, comparire	Chū
Armilla Equatoriale	Chìdào Jīngwěi Yí
Armilla Semplificata	Jiǎn Yí
Ascensione Retta	Chì Jīng
Asse terrestre	Dì Zhóu
Asta di bambù per il calcolo del sole	Tàiyáng jìsuàn zhúgān
Asterismo	Xīng Qún
Astrolabio eclittico	Huángdào yóuyí
Astronomia	Tiānwén Xué
Astronomo	Tiānwén Xuéjiā
Astronomo Reale	Tiān Wén Guān / Sī Tiān
Avanzare	Jìn
Barone	Nánjué
Battaglia di Yamen	Yámén Zhànyì
Betelgeuse (stella)	Shēnxiù sì
Calcolo	Shùshù
Camera, dimora	Fáng
Campana profumata	Xiāng zhōng
Capacità, volume	Liàng
Capitale del nord	Běijīng
Capitale del sud	Nánjing
Caratteri Composti Associativi	Huìyì
Caratteri fonosemantici	Xíngshēng
Caratteri indicativi	Zhǐshì
Casa Lunare	Xiù
Cateto corto	Gōu
Cateto lungo	Gǔ
Centro della Terra	Dìzhōng
Chang'e	Cháng'é
Cielo	Tiān

B Note lessicali e glossari cinesi 369

Traduzione	Pinyin
Cielo a Baldacchino	Gǎi Tiān
Cielo fluttuante	Hùn Tiān
Cifra, numero	Shùzì
Cinque Classici	Wǔ Jīng
Cinque Elementi (o Agenti o Fasi)	Wǔxíng
Classico dei Documenti	Shū Jīng
Classico dei Mutamenti	Yì Jīng
Classico della Pietà Filiale	Xiào Jīng
Classico delle Odi	Shī Jīng
Classico di Primavere e autunni	Chūnqiū Jīng
Classico, Canone	Jīng
Clessidra ad acqua	Lòukè
Codice delle Leggi Kaihuang	Kāihuáng
Cometa	Huixing
Cometa dalla coda come una tenda	Péng Xīng
Cometa: Stella a Fiamma di Candela	Zhu Xīng
Cometa: Stella con coda	Bèi Xīng
Cometa: Stella Lunga	Chángxīng
Cometa: Stella Spazzante	Sǎoxīng
Compassione	Shù
Computare, calcolare	Suàn
Computazione, calcolo	Jìsuàn
Conte	Bójué
Corda (di una Circonferenza) / Ipotenusa	Xián
Corvo Nero	Wū Yā
Cosmogonia Hun Tian, prima fase	Míng Zǐ
Cosmogonia Hun Tian, seconda fase	Pánghóng
Cosmologia Hun Tian Fase 3	Tàiyuán
Cosmologia Primitiva, fase di formazione dell'universo	Yuzhou
Cosmologia Xuan Ye	Xuán yè
Costante del giorno	Rì fǎ
Costante della lunazione	Yuè fǎ
Costellazione	Zuò
Costellazione del Baldacchino Imperiale	Huá Gài
Costellazione del Mercato dei Soldati	Shìbīng Shìchǎng
Costellazione dell'Imperatore Celeste	Tiān Huáng Dà Dì
Costellazione della Latrina dei Soldati	Shìbīng de cèsuǒ
Costellazione di Orione	Lièhù zuò
Cronologia, Calendario	Lì
Cuore	Xīn
Dadu (antica Capitale)	Dàdū
Dao, Via / Dottrina del Dao	Dào / Dào Lǐ
Decimo dei 12 rami terrestri	Yǒu
Declinazione	Chì Wěi
Decreti mensili	Yuè ling

Traduzione	Pinyin
Denominatore	Fēnmǔ
Diagramma del fiume Luo	Luò Shū
Diagramma del Tàijí	Tàijítú
Dieci malvagità [imperdonabili]	Shí è [bù shè]
Dinastia	Cháo
Dinastia Tang	Tang Cháo
Discutere, Argomentare	Biàn
Distinguere, Discernere	Biàn
Divertimento	Yúlè
Divinazione	Zhānbǔ
Dodici Domini	Shí'èr Fēnyè
Dolci della Luna	Yuè bǐng
Drago	Lóng
Drago Azzurro	Qīng Lóng
Duca	Gōngjué
Eclissi di Luna	Yuèshi
Eclissi di Sole	Rìshí
Eclissi di Sole: Fase Massima	Shí Shēn
Eclissi di Sole: Primo Contatto	Zhū Huī
Eclissi di Sole: Ultimo Contatto	Fù Yuán
Energia Primordiale	Yuánqì
Equilibrio, Giusto Mezzo	Zhōngyōng
Equinozio di Autunno	Qiufēn
Equinozio di Primavera	Chūnfēn
Erligang – Civiltà neolitica	Èrlǐgǎng
Erlitou – Civiltà neolitica	Èrlǐtóu
Esame Imperiale	Kējǔ
Esercito di Terracotta	Bīngmǎyǒng
Espansione cosmica	Xǔ Kuò
Essenza	Xìng
Est	Dōng
Femore o coscia. In astronomia Gnomone	Bì
Fenice	Fènghuáng
Festa di metà Autunno	Zhōngqiū jié
Figlia	Nǚ'ér
Figlio	Érzi
Figlio del Cielo	Tiānzǐ
Fiume Azzurro	Cháng Jiang/ Yangtzi
Fiume celeste	Tiānhé
Fiume delle Perle	Zhū Jiāng
Fiume Giallo	Huáng Hé
Fiume Wei	Wèi Hé
Fluttuante	Hún
Focalizzatore	Jǐngfú
Fratello Maggiore	Gēgē
Fratello Minore	Dìdì

Traduzione	Pinyin
Fu Xi (Figura Mitologica)	Fú Xī
Fu, stile letterario Han	Fù
Fuoco	Huǒ
Fuoco della Quaglia	Chúnhuǒ
Garantire, concedere, impartire	Shòu
Giada	Yù
Gioia, Felicità, Godimento	Lè
Grado (Divisione In 365 ¼)	Dù
Gran Canale	Dà Yùnhé
Grande Astrologo	Tàishǐ
Grande bianco	Tàibái
Grande Campana Gialla	Huángzhōng
Grande Congiunzione Planetaria	Wǔxīng huì zhōng shù
Grande Divinatore	Tài Bǔ
Grande metodo esteso	Dàyǎn Shù
Grande Muraglia	Chángchéng
Grande oscurità	Tài yīn
Grande progenitore	Tàizǔ
Grande Studio	Dàxué
Guerra dell'oppio	Yāpiàn Zhànzhēng
Han Posteriore	Hou Han
He (Figura mitologica) / Armonia	Hé
Hou Yi	Hòu Yì
Inazione, Non Agire, Agire Secondo Natura	Wú Wéi
Indicatore del sud	Sī nán
Interprete dei sogni	Zhān Mèng Zhě
Interprete delle divinazioni	Zhān Bǔ Guān
Istante, momento	Shíkè
Jiankang	Jiànkāng
Jin Posteriore	Hou Jin
Kaifeng	Kāifēng
Khanbalik	Hàn Bā Lǐ
Lama (di spada o coltello)	Xīn
Legge, regola	Fǎ
Legno	Mù
Liang Posteriore	Hou Liang
Libro	Shū
Libro dei Riti	Lǐjì
Libro della eleganza o della Precisione	Ěryǎ
Libro delle Cerimonie	Yí Lǐ
Longevità	Shòu
Longshan – Civiltà neolitica	Lóngshān Wénhuà
Luce, chiaro, luminoso	Míng
Luna calante	Cán yuè
Luna crescente	É méi yuè

Traduzione	Pinyin
Luna gibbosa calante	Kuī tū yuè
Luna gibbosa crescente	Yíng tū yuè
Luna nuova	Xīn yuè
Luna piena	Mǎn yuè
Luna, Mese	Yuè
Luna: Novilunio	Shuò
Luna: Plenilunio	Wàng
Luna: Primo Quarto	Shàngxián
Luna: Ultimo Quarto	Xià xián yuè
Madre	Māmā
Manchukuo	Mǎnzhōuguó
Mandato del Cielo	Tiānmìng
Mandato terrestre	Dìmìng
Mandriano, pastore	Niúláng
Mappa Celeste	Tiānwén Tú
Mappa stellare	Xīng Tú
Mappa Terrestre	Dìlǐ Tú
Marchese	Hóujué
Matematica	Shùxué
Matematica "esoterica"	Nèi Suàn
Matematica "essoterica"	Wàisuàn
Mencio	Mengzi
Mensole a incastro	Dǒugǒng
Mese corto	Xiǎoyuè
Mese guida	Yuè jian
Mese intercalare	Rùnyuè
Mese lunare standardizzato	Píngshuò
Mese lungo	Dàyuè
Mestolo del nord	Běi Dǒu
Metallo	Jīn
Metodo "togliere da una parte e aggiungere all'altra per bilanciare"	Chū rù xiāng bǔ
Metodo del principio celeste	Tiānyuán Shú
Metodo delle Fasi lunari	Dìngshuo
Metodo delle Quattro divisioni	Sì Fēn Fǎ
Metodo di calcolo, Algoritmo	Suànfǎ
Ministro dei Riti	Lǐbù Shàngshū / Dà Zōng Bó
Miriadi Di Cose	Wànwù
Miscela, caos	Hùn / Hún
Misuratore dell'ombra (圭 tavola di giada, 表 asta dello gnomone)	Guī biǎo
Misuratore o bilancia di giada	Yùhéng
Momento opportuno	Guānjiàn Shíkè
Momento, tappa, stazione	Ci
Mortasa	Mǎo yǎn
Moti Planetari: Inversione	Fǎn

Traduzione	Pinyin
Moto diretto	Shùn
Moto erratico del sole	Rì dù shī xíng
Moto retrogrado	Nì
Musica	Yīnyuè
Nascere	Shēng
Nodo ascendente	Jiāo Chū
Nodo Ascendente	Luóhóu
Nodo discendente	Jiāo Zhōng
Nodo Discendente	Jìdū
Nome	Míng
Nord	Běi
Numeratore	Fēnzǐ
Numero	Shù
Nuvola	Yún
Nüwa	Nǚwā
Occultazione	Xingwei
Ombra dello Gnomone	Guǐ Yǐng
Onora il Cielo	Jìng Tiān
Ora	Shí
Orbita Lunare	Yuèdào
Origine del calendario	Lì Yuán
Orologio solare	Biǎo
Orologio solare	Rì Guǐ
Orologio stellare	Xīng Guǐ
Osservatorio Astronomico	Tiānwéntái
Otto Trigrammi	Bāguà
Ovest	Xī
Padre	Bàbà
Palazzo Celeste	Tiān Gōng
Palazzo d'estate	Yíhéyuán
Palazzo di Porpora	Zǐ Gōng
Parola, Linguaggio	Yán
Partito Comunista Cinese	Zhōngguó Gòngchǎndǎng
Peso o misura	Héng
Pianure Centrali	Zhōngyuán
Piccolo Calendario della dinastia Xia	Xià Xiaozheng
Pietà Filiale	Xiàoshùn
Pittogrammi	Xiàngxíng
Planetario	Jiǎ tiānyí
Predizione	Zhān
Primavere e Autunni	Chūnqiū
Procedura di calcolo, arte, tecnica	Suànshù
Promulgazione del novilunio	Bān Shuò
Punto estremo, confine	Jí
Qi (Soffio Vitale)	Qì
Quadrante per la Declinazione	Fù Jǔ

Traduzione	Pinyin
Quarto dei 12 rami terrestri	Mǎo
Quattro libri	Sìshū
Quattro Mari	Si Hai
Quattro simboli	Sì Xiàng
Quinto dei 12 rami terrestri	Chén
Rami Terreni	Dìzhī
Rappresentazione del cielo fluttuante	Hún Tiānxiàng
Recinto del Mercato Celeste	Tiānshì Yuán
Recinto del Palazzo Di Porpora	Ziwei Yuán
Recinto del Palazzo Supremo	Tàiwēi Yuán
Regno Celeste della Grande Pace	Tàipíng
Regola del Cielo	Qián Fǎ
Repubblica della Cina	Zhōnghuá Miinguó
Repubblica Popolare Cinese	Zhōnghuá Rénmín Gònghéguó
Riti di Zhou	Zhōu Lǐ
Ritirarsi	Tuì
Rito, cerimonia	Lì
Rivolta dei Boxer	Yìhétuán Yùndòng
Sala della Luminosità	Míng Táng
Sconfinamento della stella dell'anno	Suìxīng yuè jiè
Scriba	Shǐ Guān
Scrittura a girino	Kēdǒu wén
Scrittura su ossa oracolari	Jiǎgǔwén
Scuola della bussola	Luópán Pài
Scuola, Casa, Famiglia	Jiā
Seconda stella della casa lunare "cuore"	Xīnxiù èr
Settimo dei 12 rami terrestri	Shēn
Sfera Armillare	Hún Tiān Yí
Sfera Armillare Elaborata	Jiheng Fǔchén Yí
Sfera Arrnillare	Hún Yí
Sfera Celeste	Hùnxiàng
Sfera Celeste	Xuánjī
Sinogramma	Hànzì
Soffitto a cassettoni	Zǎojǐng
Sole	Rì
Solstizio di Estate	Xiàzhì
Solstizio di Inverno	Dōngzhì
Sorella Maggiore	Jiějiě
Sorella Minore	Mèimèi
Sostiene il Cielo	Tiānchān
Sotto il Cielo	Tiānxià
Sotto il cielo e i quattro mari	Tiānxià sìhǎi
Sovrano	Jūn
Sovrano massimo	Shàngdì
Spazio, Universo, Mondo	Yǔ
Stato di Chu	Chǔ Guó

Traduzione	Pinyin
Stella	Xīng
Stella del Lupo	Láng xīng
Stella dell'anno	Suìxīng
Stella della tessitrice	Zhīnǚ xīng
Stella Determinativa	Zhǔ Xīng
Stella Di Acqua	Shuǐxīng
Stella di Fuoco, Marte	Huǒxīng
Stella di Legno	Mùxīng
Stella di Metallo	Jīnxīng
Stella di Niulang	Niúláng Xīng
Stella di Terra	Tǔxīng
Stella nova / stella opsite	Xīn xīng / Kè xīng
Strada bianca	Bái dào
Strada Gialla	Huángdào
Strada Rossa	Chì Dào
Strumento raffinato	Línglóng yí
Strumento rivolto verso l'alto	Yǎng Yí
Strumento, dispositivo	Qì
Studio dell'astronomia	Tiānwénxué
Sud	Nán
Suddito, Cortigiano	Chén
Tàijí	Tàijí
Tang Posteriore	Hou Tang
Tartaruga	Guī
Tartaruga Nera	Xuánwǔ
Tempio del Cielo	Tiāntán
Tempo	Shíjiān
Tempo	Zhòu
Tenone	Sǔn tóu
Teodolite Azimutale	Dì píng jīng wěi Yí
Teorema di Pitagora	Gōugǔ Dìnglǐ
Termini Solari	Jiéqì
Terra	Tǔ
Terra / Globo terrestre	Dì / Dìqiú
Terzo dei 12 rami terrestri	Yín
Tessitrice	Zhīnǚ
Test dei Quattro Mari	Si Hai cè shì
Tigre Bianca	Báihǔ
Tomba del Marchese Yi di Zeng	Zēnghóuyī Mù
Tre Augusti	Sānhuáng
Tre Regni	Sānguó
Tronchi Celesti	Tiāngān
Tronchi Celesti e Rami Terreni	Gānzhī
Tubo rituale di giada	Cóng
Tuob di bambù	Zhúgān
Turbanti Gialli	Huángjīn

Traduzione	Pinyin
Turbanti Rossi	Hóngjīn
Turni di Guardia Notturna	Gēng Diǎn
Turno di Guardia: Primo turno	Xū Shí
Turno di Guardia: Quarto turno	Chǒu Shí
Turno di Guardia: Quinto turno	Yín Shí
Turno di Guardia: Secondo turno	Hài Shí
Turno di Guardia: Terzo turno	Zǐ Shí
Uccello Vermiglio	Zhūquè
Undicesimo ramo terrestre	Xū
Unicorno, chimera	Qílín
Unità di misura standardizzata	Jiāliáng
Universo	Tiāndì
Universo	Yǔzhòu
Uomo Meschino	Xiǎorén
Uomo Nobile	Jūnzǐ
Utensile / Strumento	Qì / Qìjù
Velocità, tasso	Lǜ
Vento e acqua	Fēng shuǐ
Via, Dottrina, Insegnamento	Dào
Virtù umana / Uomo virtuoso	Rén
Visconte	Zǐjué
Xanadu / Kaiping	Shàngdū
Xi (Figura mitologica)	Xī
Xiongnu	Xiongnu
Yin Yang (Scuola)	Yīn Yáng (Jiā)
Zhou Orientale	Dōng Zhōu
Zhou Posteriore	Hou Zhou

B.3 Indice delle persone citate

Pinyin	Cinese	Epoca / date	Ruolo
Adam Schall von Bell (Tāng Ruòwàng)	汤若望	Ming / Qing 1591–1666	Missionario gesuita
Ahmad Fanakati (Ā Hémǎ)	阿合马	Yuan, 1282 ca. –1282	Ministro delle Finanze
Giulio Aleni (Ài Rúlüè)	艾儒略	1582–1649	Missionario gesuita
Ān Shìgāo	安世高	150 ca.	Traduttore testi buddhisti
Bān Gù	班固	32–92	Storico, autore *Libro degli Han*
Biàn Gōng	卞公		Calendario *Chóngxuān lì*
Biàn Xīn	编欣	Han Orientale	Astronomo. Calendario *Sifen li* con Li Fan
Cáo Shìfāng	曹士芳	Tang, 780 ca.	Introduce l'uso di funzioni quadratiche
Chiang Kai-shek (Jiǎng Jièshí)	蒋介石	1887–1975	Leader del Kuomintang
Charles Maigrot (Méi Wén Dǐng)	梅文鼎	1652–1730	Missionario gesuita
Charlie Soong (Sòng Jiāshù)	宋嘉樹	1863–1918	Imprenditore, padre delle Sorelle Soong
Chén Zhuó	陳卓	265–316 Wu, Tre Regni	Combina dati di Shi Shen, Gan De e Wu Xian per una carta stellare
Chéng Dàwèi	程大位	Ming, 1533–1606	Matematico
Confucio (Kǒng Fūzǐ)	孔夫子	−552 −479	Filosofo
Dài Dé	大戴	Han Occidentale	Studioso confuciano, *Xia Xiaozheng*
Dèng Píng	邓平	Han Occidentale −104 ca.	Calendario *Taichu li*
Fáng Xuánlíng	房玄龄	Sui, 579–648	Autore *Libro dei Jin*
Ferdinand Verbiest (Nán Huáirén)	南怀仁	1623–1688	Direttore dell'Ufficio Astronomico
Fù Ān	傅安	I sec	Ufficiale, Astronomo
Fù Rénjūn	傅仁均	Tang VII sec.	Astronomo, autore calendario *Wuyin li*
Gabriel de Magalhães (Ān Wénsī)	安文思	1610–1677	Missionario gesuita
Gān Dé	甘德	−370 −270	Uno dei "Tre Maestri". Scrisse *Tianwen Xingzhan*
Gautama Siddha (Qútán Xīdá)	瞿曇悉達	Tang, n. 650 ca.	Astronomo. Introdusse il numero 0. Autore di *Kaiyuan Zhanjing*
Gěng Shòuchāng	耿壽昌	I sec. AEC	Documenta l'uso di strumenti "circolari"

Pinyin	Cinese	Epoca / date	Ruolo
Gěng Xún	耿恂	Sui, 581–617	Astronomo, Inventò sfera armillare ad acqua
Gōng Héng	公衡	Wu orientali, 222–280	Costruì globo celeste
Gōngsūn Lóng	公孙龙	IV sec. AEC	Filosofo, scuola *Míngji*ā
Guōshǒu Jìng	郭守敬	1231–1316	Riforma Yuan del calendario
Guō Xiàn	郭献	Tang, 762	Calendario *Wuji li*
H.H. Kung (Kǒng Xiángxī)	孔祥熙	1881–1967	Ministro delle Finanze della Repubblica di Cina
Hán Fēizi	韩非子	m. −233	Filosofo Legista
Hé	和		Figura mitologica
Hé Chéngtiān	何承天	370–447	Propone il temperamento musicale equabile.
Hóng Xiùquán	洪秀全	Qing	Leader Taiping 1850–1864
Huáng Sháng	黄裳	1146–1194	Disegnò la Mappa di Suzhou e mappa terrestre
Huì Shī	惠施	IV sec. AEC	Filosofo, scuola *Míngji*ā
Jamal al-Din (Zhāmǎ Lādīng)	札马剌丁	Yuan, XIII sec.	Calendario arabo del 1267
Jiǎ Kuí	贾逵	Han, 30–101	Astronomo
Jiǎ Xiàn	贾宪	Song Settentrionale	Matematico, inventò tecniche per la radice quadrata
Juan Alcober (Hán Zàiwàng)	韩再旺	1694–1748	Missionario gesuita
Junnin Tennō	淳仁天皇	733–765	Imperatore Giapponese (periodo Nara)
Laozi	老子	−570–?	Filosofo
Lǐ Bo	李勃	Sui ≈ Tang	Astronomo, padre di Lǐ Chūnfēng
Lǐ Chún Fēng	李淳风	Tang, 602–670	Calendario *Linde* e mappa di Dunhuang
Lǐ Fàn	李梵	Han Orientale	Rileva irregolarità nel moto lunare. Calendario *Sifen li* con Bian Xin
Lì Mǎdòu (Matteo Ricci)	利玛窦	1552–1610	Missionario gesuita
Lǐ Zhì / Lǐ Yě	李治 / 李冶	1192–1279	Matematico. Autore *Ceyuan haijing*
Lǐ Zhīǎo	李之藻	1565–1630	Astronomo, collaboratore con Gesuiti
Lǐ Zìchéng	李自成	Ming, 1606–1645	Generale
Liáng Lìngzàn	梁令瓒	Tang, Attivo tra 720–730	Ingegnere Costruttore strumenti astronomici
Lín Zéxú	林则徐	1785–1860	Ministro incaricato della Guerra all'Oppio
Liú Bǐngzhōngz	刘秉忠	Song / Yuan, 1216–1274	Riforma Yuan del calendario

Pinyin	Cinese	Epoca / date	Ruolo
Liú Hóng	刘洪	Han Orientale, 119–210	Teoria del moto lunare. Calendario *Qianxiang li*
Liú Huī	刘徽	230 ca.	Matematico. Autore *Haidao suanjing*
Liú Jī	刘基	1311–1385	Astrologo e consigliere imperiale
Liú Xī	刘熙	Jin Orientale 281–356	Autore *Antian Lun*
Liu XIang	刘向	−79 −8	Prime osservazioni delle macchie solari
Liú Xiàosūn	刘孝孙	Tang	Astronomo calendarista
Liú Xīn	劉歆	Han Occidentale, −50 ca. +23	Figlio di Liu Xiang, Ministro di Wang Mang, Autore *Santong Li*
Liú Zhuó	刘焯	Sui, 544–610	Astronomo calendarista
Lodovico Buglio (Lì Lèisī)	利类思	1606–1682	
Lóuxià Hóng	落下閎	−130 −70	Calendario *Taichu li* Construì un *huntian*
Mǎ Yīzé	马依泽	910–1005	Astronomo e Astrologo Mussulmano
Mèngzǐ (Mencio)	孟子	Stati Combattenti −372 −289 ca.	Filosofo
Michele Ruggeri (Luó Míngjiān)	羅明堅	Ming 1543–1607	Missionario gesuita
Mòzǐ	墨子	−470 −380	Filosofo scuola *Mojia*
Pedro Sanz (Bì Tiānróng)	毕天荣	1680–1747	Missionario domenicano
Péi Xiù	裴秀	Wei e Jin Occidentali 224–271	Cartografo
Nǔ Wā	女娲		Divinità mitologica, spesso considerata compagna di Fú Xī. Associata alla creazion dell'umanità e alla riparazione del cielo
Qián Lèzhī	錢樂之	420–479	Costruzione di una sfera armillare nel 436
Qín Jiǔsháo	秦九韶	1202–1261	Introduzione dello 0 posizionale
Rǎn Qiú	冉求	Primavere e Autunni, −522 ca. −489 ca.	Allievo di Confucio
Sabatino de Ursis (Xióng Sānbá)	熊三拔	Ming 1575–1620	Missionario gesuita
Shāng Yāng	商鞅	Wei, −390 ca. −338 ca.	Statista, Legista
Shěn Kuò	沈括	1031–1095	Matematico e astronomo
Shī Shén	石申	Stato Wei, IV sec. AEC	Uno dei "Tre Maestri". Scrisse *Tian Wen*
Shìjiāmóuní o Śākyamuny	释迦牟尼	−583 c. −483 c.	Nome Cinese di Buddha, Siddharta Gautama

Pinyin	Cinese	Epoca / date	Ruolo
Sīmǎ Qiān	司马迁	Han, −145 −86	Storico
Sīmǎ Tan	司马谈	Han, −165 −110	Astrologo, padre di Sīmǎ Qiān
Sòng Ǎilíng	宋蔼龄	1888–1973	Figlia di Charlie Soong, moglie di H.H.Kung
Sòng Qìnglíng	宋庆龄	1893–1981	Figlia di Charlie Soong, moglie di Sun Yat-sen, Presidente della Repubblica Popolare di Cina
Sòng Měilíng	宋美龄	1898–2003	Figlia di Charlie Soong, moglie di Chiang Kai-shek
Sū Sòng	苏颂	Song, 1020 ca. −1101	Astronomo, ingegnere
Sun Yat-sen – (Sūn Zhōngshān)	孙中山	1866–1925	"Padre della Cina Moderna"
Sūn Zǐ	孙子	Dinastia Jin, IV sec.	Autore "Teorema cinese dei resti"
Táo Hóngjǐng	陶弘景	456–536	Autore di una Farmacopea
Terrentius, Johan Schreck (Dèng Yùhán)	邓玉函	1576–1630	Missionario gesuita
Wáng Chōng	王充	27–97	Filosofo razionalista
Wáng Chǔnè	王处讷	915–982	Calendario *Yìng Dà Lì*, 963
Wáng Fān	王蕃	228–266	Costruì un globo celeste
Wáng Xīmíng	王希明	Dinastia Tang	Autore di *Bù Tiān Gē*
Wáng Xún	王恂	1235–1281	Matematico, riforma Yuan del calendario
Wáng Yuánlù	王圆箓	1849–1931	Monaco Daoista, custode delle Grotte di Magao
Wáng Zhìyuǎn	王致远	1193–1257	Incisione Mappa di Suzhou
Wèi Pǔ	魏朴	Dinastia Song	Collaboratore di Shen Kuo
Wú Sānguì	吴三桂	1612–1678	Generale Ming
Wū Xián	巫咸	Dinastia Shang	Uno dei "Tre Maestri". Sciamano e divinatore
Xiàng Yǔ	项羽	Dinastia Qin	Generale, rivolta contro la Dinastia Qin, sconfitto da Liu Bang
Xú Áng	徐昂	Dinastia Tang	Autore Calendario *Xuanming li*, 822
Xú Guāngqǐ nome cristiano Paolo Xu (Bǎolù Xú 保禄徐)	徐光啟	1562–1633	Primo convertito, traduce *Elementi* di Euclide con Matteo Ricci
Xǔ Héng	許衡	1209–1281	Astronomo, contribuisce alla riforma del calendario Yuan
Xú Zhēng	徐征	220–280	Cosmologo, contribuisce al calendario *Sanwu liji*
Xúnzǐ	荀子	−305 −235	Filosofo Confuciano
Yán Mǐnchǔ	颜愍楚	Dinastia Sui, 558–619	Ufficiale

B Note lessicali e glossari cinesi

Pinyin	Cinese	Epoca / date	Ruolo
Yàn Sù	燕肃	961–1040	Ingegnere. Inventore della carrozza indicatrice. Autore *Haichao Lun* (Trattato sulle Maree)
Yáng Gōngyì	杨恭懿	1225–1294	Collabora alla riforma Yuan del calendario
Yáng Guāngxiān	楊光先	1597–1669	Astrologo
Yáng Huī	杨辉	Dinastia Song Meridionale	Matematico. Descrive il "Triangolo di Tartaglia"
Yáng Wěi	杨伟	Dinastia Wei	Scrive il calendario *Jingqu Li*
Yáng Zǐqì	杨子器	Dinastia Ming	Magistrato, disegna la mappa di Changshu
Yēlǜ Chǔcái	耶律楚材	1190–1244	Statista riformatore
Yī Xíng	一行	682–727	Astronomo, progetta il calendario *Dayan li*
Yú Xǐ	虞喜	281–356	Cosmologo, scrive *Antian lun*, rileva la precessione degli equinozi
Zēng Zǐ	曾子	−505 −435	Allievo Confucio
Zhāng Bīn	张斌	Dinastia Sui, VI sec.	Calendario *Gài Huáng Lì*
Zhāng Héng	张衡	78–139	Costruisce sfera armillare, inventa un sismografo
Zhāng Lóng	张龙	Dinastia Han Orientale	Collabora con Jia Kui calcolando le fasi lunari
Zhāng Lóngxiáng	张龙祥	Dinastia Wei Settentrionale	Calendario *Zhèngguāng lì*
Zhāng Qiān	张骞	−164 −113	Generale
Zhang Wenqian	张文乾	1217–1283	Riforma Yuan del calendario
Zhang Yi	张毅	XIII sec.	Riforma Yuan del calendario
Zhāng Zhòuxuán	張胄玄	Dinastia Sui, m. 607	Astronomo, collaborò per il calendario *Daye li*
Zhào Shuǎng	赵爽	Dinastia Wu	Commenti a *Zhoubi*, studia terne pitagoriche
Zhēn Luán	甄鸾	557–581	Commenti a *Zhoubi*, collabora al calendario *Tianhe li*
Zhèng Hé	郑和	1371–1473	Ammiraglio Esploratore
Zhuāngzǐ	庄子	−329 −286 ca.	Zhuāng Zhōu. Filosofo Daoista
Zhū Shìjié	朱世傑	1249 ca. −1314 ca.	Matematico, autore *Siyuan Yujian*, ideatore di metodi polinomiali
Zhū Xī	朱熙	1130–1200	Filosofo neo confuciano
Zǔ Chōngzhī	祖冲之	429–500	Matematico e ingegnere
Zhōu Bǐngguān	周秉观	Dinastia Qing	Magistrato, Interviene sulla controversia dei riti
Zuǒ Qiūmíng	左丘明	Periodo delle Primavere e degli Autunni	Storico, autore di *Zuǒ Zhuàn*

B.4 Elenco dei re e imperatori citati

Pinyin	Cinese	Epoca, Durata del regno
Protostoria. 3 Sovrani 三皇, Sān Huáng		
Fú Xī	伏羲	Mitico sovrano e inventore della cultura cinese. Associato alla creazione dei trigrammi bā guà e all'introduzione dell'agricoltura e della pesca.
Suì Rén Dì	燧人帝	Imperatore che accese il fuoco
Shén Nóng Dì	神農帝	Inventore dell'agricoltura e della medicina tradizionale cinese
Protostoria. 5 Imperatori 五帝, Wǔ Dì		
Huáng Dì / Gōng Sūn Xuān Yuán	黄帝 / 公孙轩辕	Imperatore Giallo. Fondatore della civiltà cinese, introdusse la scrittura, i carri e strumenti musicali
Zhuān Xū DI	顓頊帝	Associato all'ordine cosmico e al controllo del mondo
Dì Kù	帝嚳	Associato alla virtù e alla regolamentazione della società
Yáo Dì	尧帝	Ricordato per il suo governo giusto e la scelta di un successore meritevole invece del figlio
Shùn Di	舜帝	Celebre per la sua pietà filiale e il governo saggio
Dinastia Xia e Shang		
Dà Yǔ Dì / Yǔ Wán	大禹帝 / 禹王	Xia ≈ −2000
Shāng Zhòu Wáng / Dì Xīn	商纣王 / 帝辛	Re Zhou dell'ultima dinastia Shang −1075 −1046
Dinastia Zhou		
Zhōu Wǔ Wáng / Jī Fā	周武王 / 姬发	Re Wu di Zhou −1046 −1043
Zhōu Gōng / Jī Dàn	周公 / 姬旦	Duca di Zhōu −1043 −1035; m. −1021 ca.
Zhōu Yōu Wáng / Jī Gōng Shēng	幽王 / 姬宫湦	Zhōu, −781 −771
Dinastia Qin e Han		
Qín Shǐ Huáng Dì / Yíng Zhèng	秦始皇帝 / 嬴政	Primo Imperatore Qin −221 −210
Hàn Gāo Zǔ / Liú Bāng	汉高祖 / 刘邦	Fondatore della dinastia Han −202 −195
Hàn Wǔ Dì / Liú Chè	汉武帝 / 刘彻	Imperatore Wu della dinastia Han −141 −87
Xīn Cháo Huáng Dì / Wáng Mǎng	朝皇帝 / 王莽	Usurpatore della dinastia Han +9 +23
Hàn Zhāng Dì / Liú Dá	汉章帝 / 刘炟	Han 75–88
Periodo dei Tre Regni		
Cáo Cāo / Wèi Wǔ Wáng	曹操 / 魏武王曹操	Signore della guerra e fondatore di Wei 220–265
Liú Bèi / Zhāo Liè Dì	刘备 / 昭烈帝	Fondatore di Shu-Han 221
Sūn Quán / Wú Dà Dì	孙权 / 吴大帝	Fondatore di Wu 229–252
Dinastia Jin e Sette Dinastie		
Jìn Wǔ Dì / Sīmǎ Yán	晋武帝 / 司马炎	Fondatore della dinastia Jin 265–290

B Note lessicali e glossari cinesi

Pinyin	Cinese	Epoca, Durata del regno
Sòng Wǔ Dì / Liú Yù	宋武帝 / 刘裕	Fondatore della dinastia Song del Sud (Liu Song) 420–422
Běi Wèi Tài Wǔ Dì / Tuòbá Tāo	北魏太武帝 / 拓跋焘	Imperatore Taiwu di Wei Settentrionale 423–452
Liáng Wǔ Dì / Xiāo Yǎn	梁武帝 / 萧衍	Fondatore della dinastia Liang Meridionale, 502–549
Běi Zhōu Wǔ Dì / Yǔwén Yōng	北周武帝 / 宇文邕	Imperatore Wu di Zhou Settentrionale, 561–578

Dinastie Sui e Tang

Pinyin	Cinese	Epoca, Durata del regno
Suí Wén Dì / Yáng Jiān	隋文帝 / 杨坚	Fondatore della dinastia Sui 581–604
Suí Yáng Dì / Yáng Guǎng	隋炀帝 / 杨广	Suí, 604–618
Táng Gāo Zǔ / Lǐ Yuān	唐高祖 / 李渊	Fondatore della dinastia Tang, 618–626
Táng Gāo Zōng / Lǐ Zhì	高宗 / 李治	Tang, 649–683
Táng Xuán Zōng / Lǐ Lóng Jī	唐玄宗 / 李隆基	Tang, 712–756
Zhōu Wǔ Hòu / Wǔ Zé Tiān (Imperatrice)	周武后 / 武则天	Tang (Interregno Zhou), 690–705
Táng Wén Zōng / Lǐ Áng	唐文宗 / 李昂	Tang, 827–840
Táng Wǔ Zōng / Lǐ Yán	唐武宗 / 李炎	Tang, 840–846

Dinastia Song

Pinyin	Cinese	Epoca, Durata del regno
Liáo Tài Zǔ / Ā Bǎo Jī	辽太祖 / 阿保机	Fondatore della dinastia Liao 907–926
Sòng Tài Zǔ / Zhào Kuāng Yìn	宋太祖 / 赵匡胤	Fondatore della dinastia Song, 960–976
Sòng Zhēn Zōng / Zhào Héng	宋真宗 / 赵恒	Song, 997–1022
Sòng Rén Zōng / Zhào Zhēn	宋仁宗 / 赵祯	Song, 1022–1063
Sòng Lǐ Zōng / Zhào Yún	宋理宗 / 赵昀	Song Meridionali 1205–1264

Dinastia Yuan

Pinyin	Cinese	Epoca, Durata del regno
Yuán Tài Zǔ / Tiě Mù Zhēn (Genghis Khan)	元太祖 / 铁木真	1158 o 1167–1227
Yuán Shì Zǔ / Hū Bì Liè (Kublai Khan)	元世祖 / 忽必烈	Yuan, 1260–1294

Dinastia Ming

Pinyin	Cinese	Epoca, Durata del regno
Míng Tài Zǔ / Zhū Yuán Zhāng	明太祖 / 朱元璋	Fondatore della dinastia Ming, 1368–1398
Míng Chéng Zǔ / Yǒng Lè Dì	明成祖 / 永乐帝	Ming, 1402–1424
Míng Sī Zōng / Chóng Zhēn Dì	明思宗 / 崇祯帝	Ming, 1627–1644
Míng Guì Wáng / Zhū Yóu Láng	明桂王 / 朱由榔	Ming m. 1662

Dinastia Qing

Pinyin	Cinese	Epoca, Durata del regno
Nǔ'ěr Hā Chì (Nurhaci)	努尔哈赤	1559–1626 (Nel 1616 Fondatore della confederazione Manciù, Jin Posteriore)

Pinyin	Cinese	Epoca, Durata del regno
Qīng Tài Zōng / Huáng Tài Jí	清太宗 / 皇太极	Nel 1636 Cambia nome alla dinastia 1626–1643
Shèzhèng Wáng / Ài Xīn Jué Luó · Duō'ěr Gǔn	摄政王 / 爱新觉罗·多尔衮	Reggente per Shunzhi Di 1643–1650
Qīng Shì Zǔ / Shùn Zhì Dì	清世祖 / 顺治帝	Qing, 1644–1661
Qīng Shèng Zǔ / Kāng Xī Dì	清圣祖 / 康熙帝康熙帝	Qing, 1661–1722
Qīng Gāo Zōng / Qián Lóng Dì	清高宗 / 乾隆帝	Qing, 1735–1796
Qīng Xuān Zōng / Dào Guāng Dì	清宣宗 / 道光帝	Qing, 1820–1850
Qīng Wén Zōng / Xián Fēng Dì	清文宗 / 咸丰帝	Qing, 1850–1861
Qīng Mù Zōng / Tóng Zhì Dì	清穆宗 / 同治帝同治帝	Qing, 1861–1875
Qīng Dé Zōng / Guāng Xù Dì	清德宗 / 光绪帝	Qing 1875–1908
Cí Xǐ Tài Hòu (Imperatrice vedova)	慈禧太后	Qing, 1861–1875, 1875–1908
Qīng Xùn Dì / Ài Xīn Jué Luó · Pǔ Yí	清逊帝 / 爱新觉罗·溥仪	Qing, 1908–1912;
Manciukuò Stato Fantoccio		
Kāng Dé Huáng Dì / Ài Xīn Jué Luó · Pǔ Yí	康德皇帝 / 爱新觉罗·溥仪	Mǎnzhōuguó 1932–1945

C Crediti delle immagini

Immagini, fotografie e schemi, ove non indicato, sono a cura dell'autore.

Fig. 1.2	https://en.m.wikipedia.org/wiki/File:China_administrative_claimed_included.svg Pubblico dominio. Ultimo accesso novembre 2024
Fig. 1.3	https://whatsanswer.com/map/river-map-of-china-china-major-rivers/ Pubblico Dominio. Ultimo accesso novembre 2024
Fig. 2.5	Destra: di Anonymous artist of the Qing dynasty – 18th century album of portraits of 86 emperors of China, with Chinese historical notes. British Library, https://commons.wikimedia.org/w/index.php?curid=51527505 Pubblico dominio, Ultimo accesso novembre 2024
Fig. 2.6	Sinistra: Di User:Miuki – Opera propria, Pubblico dominio, https://commons.wikimedia.org/w/index.php?curid=554877. Centro: https://www.wikiwand.com/it/Han_Wudi Pubblico dominio. Ultimo accesso novembre 2024
Fig. 2.8	Sinistra: https://www.easytourchina.com/fact-v1710-three-kingdoms-period-history-stratagem-and-story Pubblico dominio. Ultimo accesso novembre 2024
Fig. 2.9	Sinistra: Di Yan Li-pen – http://www.mfa.org/collections/search_art.asp? Pubblico dominio, https://commons.wikimedia.org/w/index.php?curid=1971153 . Centro: By Unknown author – Digitized by NPM; image is directly from Shuge, https://commons.wikimedia.org/w/index.php?curid=922552. Pubblico dominio. Destra: Di Wang Qi (1529–1612), https://commons.wikimedia.org/w/index.php?curid=3969740 Pubblico dominio. Ultimo accesso novembre 2024
Fig. 2.11	https://theme.npm.edu.tw/opendata/DigitImageSets.aspx?-sNo=04014666&lang=2&Key=palace%20concert^14^&pageNo=1 Pubblico dominio. Ultimo accesso novembre 2024
Fig. 2.12	Sinistra: By Anonymous – Digitized by NPM; image is directly from Shuge, https://commons.wikimedia.org/w/index.php?curid=3969512. Pubblico dominio. Centro: Di Araniko – Questo file è stato ricavato da un altro file, https://commons.wikimedia.org/w/index.php?curid=4126240 . Pubblico dominio. Ultimo accesso novembre 2024

C Crediti delle immagini

Fig. 2.13 https://commons.wikimedia.org/wiki/File:
郑和第四、五、六次下西洋航线图.jpg Pubblico dominio. Ultimo accesso novembre 2024

Fig. 2.14 Sinistra: By Chinese brother Emmanuel Pereira (born Yu Wen-hui 游文辉) – Unknown source. Pubblico dominio. Ultimo accesso novembre 2024 https://commons.wikimedia.org/w/index.php?curid=85942. Destra: https://commons.wikimedia.org/w/index.php?curid=60400002. Pubblico dominio. Ultimo accesso novembre 2024

Fig. 2.15 Von Matteo Ricci – Image Database of the Kano Collection, Tohoku University Library [2], https://commons.wikimedia.org/w/index.php?curid=8974364 Pubblico dominio. Ultimo accesso novembre 2024

Fig. 3.4 Destra: Di Vjacheslav Rublevskiy – https://www.flickr.com/photos/193162016@N04/51221161306/, https://commons.wikimedia.org/w/index.php?curid=106219380 Pubblico dominio. Ultimo accesso novembre 2024

Fig. 3.7 https://commons.wikimedia.org/w/index.php?curid=107864025 Pubblico dominio. Ultimo accesso novembre 2024

Fig. 3.10 Sinistra: https://it.m.wikipedia.org/wiki/Kairos#/media/File%3AFrancesco_Salviati_-_Il_Tempo_Opportuno.jpg Pubblico dominino. Centro: Di Pierre Mignard – Denver Art Museum, https://commons.wikimedia.org/w/index.php?curid=1275898 Pubblico dominio. Ultimo accesso novembre 2024

Fig. 3.11 https://ytliu0.github.io/ChineseCalendar/sexagenary.html Pubblico dominio. Ultimo accesso novembre 2024.

Fig. 3.12 Sinistra: https://wapbaike.baidu.com/tashuo/browse/content?id=98b0818a98c983e2d4d5e20f Pubblico dominio. Ultimo accesso novembre 2024

Fig. 4.1 Destra: http://annalisasanti.blogspot.com/2019/04/i-quadrati-magici-tra-matematica-arte-e.html Pubblico dominio. Ultimo accesso novembre 2024

Fig. 4.2 Sinistra: https://www.sohu.com/a/441274922_562249 Pubblico dominio. Ultimo accesso novembre 2024

Fig. 4.3 https://history-of-mathematics.org/artifacts/broken-bamboo-problem Pubblico dominio. Ultimo accesso novembre 2024

Fig. 4.6 Sinistra: https://zh.m.wikipedia.org/wiki/李冶 Pubblico dominio. Ultimo accesso novembre 2024
Destra: https://commons.wikimedia.org/wiki/File:Triangle_area_from_3_sides.jpg Pubblico dominio. Ultimo accesso novembre 2024

Fig. 4.8 https://upload.wikimedia.org/wikipedia/commons/9/9b/四元自乘演段图.jpg Pubblico dominio. Ultimo accesso novembre 2024

Fig. 4.9 Sinistra: https://commons.wikimedia.org/w/index.php?curid=19152583 Pubblico dominio. Ultimo accesso novembre 2024

Fig. 4.10 https://mathshistory.st-andrews.ac.uk/HistTopics/Chinese_numerals/ Pubblico dominio. Ultimo accesso novembre 2024

Fig. 4.11 Sotto: https://blog.sciencenet.cn/blog-275648-1250319.html Pubblico dominio. Ultimo accesso novembre 2024. Destra: © National Palace Museum, Taipei. Foto: cortesia Alexios Seilopoulos

Fig. 4.13 By Apoc2400 – Own work, CC0, https://commons.wikimedia.org/w/index.php?curid=8802780 Pubblico dominio. Ultimo accesso novembre 2024

Fig. 4.14 https://old.maa.org/press/periodicals/convergence/mathematical-treasures-zhoubi-suanjing Pubblico dominio. Ultimo accesso ottobre 2024

Fig. 4.15 Sopra: 由 Liu Hui – 1726 Tu Shu Ji Cheng 窥望海岛之图, 公有领 https://commons.wikimedia.org/w/index.php?curid=3419637 Pubblico dominio. Ultimo accesso novembre 2024

C Crediti delle immagini 387

Fig. 4.16   Sinistra: https://zh.wikipedia.org/zh-cn/周髀算經 Pubblico dominio. Ultimo accesso novembre 2024

Fig. 5.3   Sinistra: https://www.viewofchina.com/nuwa-and-fuxi/ Pubblico dominio. Ultimo accesso novembre 2024

Fig. 5.4   Sinistra: https://hk.space.museum/documents/Resources/Teachers-Corner/Constellations-and-Myths/Chinese-Starlore/star-map-northern-dipper.jpg. Pubblico dominio. Ultimo accesso novembre 2024.
Destra: By 梁令瓒 https://commons.wikimedia.org/w/index.php?curid=15886924 Late Sui to early Tang dynasty portrayal of the Five Stars and Twenty-Eight Mansions, by Liang Lingzan (梁令瓒) Pubblico dominio. Ultimo accesso novembre 2024

Fig. 5.5   Sinistra: da de Saussure (cit.). Destra: By 尹真人 – 《性命圭旨》, ISBN 7-5621-0846-3, https://commons.wikimedia.org/w/index.php?curid=62680416 Pubblico dominio. Ultimo accesso novembre 2024. Destra: https://kknews.cc/zh-sg/other/pkyly6e.html#google_vignette Pubblico dominio. Ultimo accesso novembre 2024

Fig. 5.6   Sinistra: da de Saussure. Destra: http://fengshui-chinois-conseils.com/index.php/2019/04/11/qi-cest-quoi-feng-shui/ Pubblico dominio. Ultimo accesso novembre 2024

Fig. 5.7   https://inf.news/en/culture/6f9cf6b293738721d46e16a93f1fe975.html#google_vignette Pubblico dominio. Ultimo accesso novembre 2024

Fig. 5.8   https://www.sohu.com/a/228754502_99925789 Pubblico dominio. Ultimo accesso novembre 2024

Fig. 5.9   http://yzhxxzxy.github.io/cn/starcharts.html Pubblico dominio. Ultimo accesso novembre 2024

Fig. 5.12   http://www.atlascoelestis.com/Dunhuang%20VII%20sec%20base.htm Pubblico dominio. Ultimo accesso novembre 2024

Fig. 5.13   http://www.atlascoelestis.com/Dunhuang%20VII%20sec%20base.htm Pubblico dominio. Ultimo accesso novembre 2024

Fig. 5.16   http://gx.sina.com.cn/lz/liuliuzhou/2015-05-15/10354789.html Pubblico dominio. Ultimo accesso novembre 2024

Fig. 5.18   https://baike.sogou.com/v72942222.htm Pubblico dominio. Ultimo accesso novembre 2024

Fig. 5.19   https://commons.wikimedia.org/w/index.php?curid=451986 Pubblico dominio. Ultimo accesso novembre 2024

Fig. 5.20   https://k.sina.cn/article_2781433635_a5c94f2300100reo7.html Pubblico dominio. Ultimo accesso novembre 2024

Fig. 5.26   Sinistra: da (Cardano, 1663). Destra: da (Kepler, Horoskope Sammlung, 1608)

Fig. 5.28   Sinistra: da Stephenson, cit. Centro: https://en.wikipedia.org/wiki/File:Crab_Nebula.jpg Pubblico dominio. Ultimo accesso novembre 2024. Destra: da: Tychonis Brahe Dani, Astronomiae Instauratae Progymnasmata, 1572

Fig. 5.29   https://feeds-drcn.cloud.huawei.com.cn/landingpage/latest?docid=1051065f44bbdcec01a86e6e4265782b864f4d8&to_app=hwbrowser&dy_scenario=relate&tn=8500372387e0696bcacd83b8fcc20b7c4e31fcf888ce641d39331f25c07d0074&channel=HW_TRENDING&ctype=news&cpid=666&r=CN&ifl=zh_CN&sdkVersion=&emuiver=#/ Pubblico dominio. Ultimo accesso novembre 2024

Fig. 5.35   https://it.wikipedia.org/wiki/Stele_nestoriana Pubblico dominio. Ultimo accesso novembre 2024

C Crediti delle immagini

Fig. 6.1	https://risingtidefoundation.net/2023/09/23/study-of-the-heavens-a-history-of-chinese-astronomy/ Pubblico dominio. Ultimo accesso novembre 2024
Fig. 6.2	Sinistra: http://www.china.org.cn/travel/cultural_relics/2012-08/01/content_26087903_3.htm. Pubblico dominio. Ultimo accesso novembre 2024
Fig. 6.3	Sinistra: Wilson, M. &. N. (2016, September 07). Cheomseongdae Observatory, Gyeongju. World History Encyclopedia. Retrieved from https://www.worldhistory.org/image/5610/cheomseongdae-observatory-gyeongju/ CC-BY 2.0 Ultimo accesso novembre 2024
Fig. 6.4	Da: https://www.sohu.com/a/501797504_772510
Fig. 6.14	Cortesia Dr. Lin Tsung-Yi (Department of Mechanical Engineering, STUT)
Fig. 6.15	Da. Chapuis, cit.
Fig. 6.17	Sinistra: By SS – Own work, CC BY 4.0, https://commons.wikimedia.org/w/index.php?curid=120029026. Pubblico dominio. Ultimo accesso marzo 2024. Destra: © Xu Fenxxian https://www3.astronomicalheritage.net/index.php/show-entity?idunescowhc=1305.png. Pubblico dominio. Ultimo accesso novembre 2024
Fig. 6.20	Sinistra: https://it.m.wikipedia.org/wiki/File:Observatoire_de_Peking.jpg Pubblico dominio. Ultimo accesso novembre 2024
Fig. 6.21	Da: Nuovo Trattato sugli Strumenti Astronomici, Nan Huairen. Cit.
Fig. 6.22	https://en.wikipedia.org/wiki/File:Childe,_Thomas_-_Sternwarte,_Peking_%28Zeno_Fotografie%29.jpg. Pubblico dominio. Ultimo accesso febbraio 2024
Fig. 6.23	Da: (Jun & Rui, 2022) Beijing Ancient Observatory, cit.
Fig. 7.3	https://collezioni.museoegizio.it/it-IT/material/S_8 Pubblico dominio. Ultimo accesso novembre 2024
Fig. 7.4	By George Fisher – The Instructor: or, Young Man's Best Companion. 7th ed. 1744 pp 269, https://commons.wikimedia.org/w/index.php?curid=25703678 Pubblico dominio. Ultimo accesso novembre 2024
Fig. 7.5	Sinistra: https://en.m.wikipedia.org/wiki/File:Jacobstaff.svg Pubblico dominio. Ultimo accesso novembre 2024
Fig. 7.7	Sinistra: https://chsi.harvard.edu/media-gallery/detail/1504948/3847300; Pubblico dominio. Ultimo accesso novembre 2024. Destra: https://www.whipplemuseum.cam.ac.uk/explore-whipple-collections/astronomy/medieval-astrolabe/parts-astrolabe Pubblico dominio. Ultimo accesso novembre 2024
Fig. 7.10	Da: Petrus Apianus Astronomicum Caesareum. Pubblico dominio
Fig. 7.11	Sinistra: Petrus Apianus Astronomicum Caesareum. Pubblico dominio
Fig. 7.12	Da: Acta Eruditorum. Pubblico dominio
Fig. 7.13	Sinistra: Almagesto. Pubblico dominio
Fig. 7.14	Da: Lalande, cit.
Fig. 7.16	Destra: https://commons.wikimedia.org/wiki/File:Houghton_Typ_620.73.451_-_Johannes_Hevelius,_Machinae_coelestis,_1673.jpg Pubblico dominio. Ultimo accesso novembre 2024
Fig. 7.17	Tychonis Brahe Dani, Astronomiae Instauratae Progymnasmata, 1572

D Scritti cinesi

D.1 Classici

D.1.1 Cinque classici

Shūjīng 書經 Classico dei Documenti, Anonimo, Dinastia Zhou, https://ctext.org/wiki.pl?if=gb&res=130046

Shījīng 詩經 Classico delle Odi, Anonimo, Dinastia Zhou / Stati Combattenti, https://ctext.org/book-of-poetry/zh

Yìjīng 易经 Classico dei Mutamenti, Anonimo, Dinastia Zhou, https://ctext.org/book-of-changes/yi-jing/zhs

Lǐjì 礼记 Libro dei Riti, Anonimo, Dinastia Han Orientali, https://ctext.org/liji/zhs

Chūnqiū Jīng 春秋经 Classico delle Primavere e Autunni, Confucio (attrib.), Stati Combattenti, https://ctext.org/chun-qiu-zuo-zhuan/zhs

D.1.2 Quattro libri

Dàxué 大学 Il Grande Studio, Anonimo, Dinastie Qin – Han, https://ctext.org/wiki.pl?if=gb&res=60294&remap=gb

Zhōngyōng 中庸 La Dottrina della Via di Mezzo, Zǐsī (attr.), Stati Combattenti, https://ctext.org/si-shu-zhang-ju-ji-zhu/zhong-yong-zhang-ju/zhs

Lúnyǔ 论语 Dialoghi (o Analecta), Confucio, Stati Combattenti, https://ctext.org/analects/zhs

Mèngzǐ 孟子 Mencio, Stati Combattenti, https://ctext.org/mengzi/zhs

D.1.3 Altri scritti filosofici

Mòjīng 墨經 Canone Mohista, Anonimo, Han, https://ctext.org/mozi/zh

Yuèjīng 樂經 Classico della Musica, Aninimo, Dinastia Zhou, https://ctext.org/wiki.pl?if=gb&res=867073

Classico della Pietà Filiale *Xiaojing* 孝经, https://ctext.org/xiao-jing/zhs

Qí Wù Lùn 齐物论 Discorso sull'Uguaglianza delle Cose, Zhuangzi, https://ctext.org/zhuangzi/adjustment-of-controversies/zhs

Han Feizi 韩非子, https://ctext.org/hanfeizi/zhs

D.1.4 Scritti storici

Shǐjì 史記 Registro storico, Sīmǎ Qiān, Dinastia Han Occidentali, https://ctext.org/shiji/zh

Hanshū 漢书 Libro degli Han, Ban Gu, Dinastia Han Orientali, https://ctext.org/han-shu/ens

Hòuhànshū 后汉书 Storia degli Han Posteriori, Anonimo, Dinastia Han Orientali, https://ctext.org/hou-han-shu/zhs

Sānguózhì 三国志 Registro dei tre Regni, Chén Shòu, Tre Regni, 280 ca., https://ctext.org/sanguozhi/zhs

Sānwǔlìjì 三五历记 Annali dei Tre e Cinque, Xu Zheng, Regno Wu, 223–280

Songshū 宋书 Libro dei Song, Shen Yue, Liu Song, 492–493, https://ctext.org/wiki.pl?if=gb&res=899542&remap=gb

Jìnshū 晋书 Libro dei Jin, Fang Xuanling, DinastiaTang, 648, https://ctext.org/wiki.pl?if=gb&res=899542&remap=gb

Nánshǐ 南史 Libro del Sud, Lǐ Yànshòu, Liang, 659, https://ctext.org/wiki.pl?if=gb&res=694056&remap=gb

Tàipíng Yùlǎn 太平御览 Libro degli Yuan, Anonimo, Song, https://ctext.org/wiki.pl?if=gb&chapter=388051&remap=gb

Yuanshǐ 元史 Letture Imperiali dell'Era Taiping, Anonimo, Yuan, https://ctext.org/wiki.pl?if=gb&chapter=388051&remap=gb

Xīn Táng Shū 新唐书 Libro dei Tang, Anonimo, Tang, https://ctext.org/wiki.pl?if=gb&res=182378&remap=gb

D.1.5 Scritti matematici

Zhōubì Suàn Jīng 周髀算经 Classico del Calcolo Gnomonico Zhou, Anonimo, pre Qin, https://ctext.org/zhou-bi-suan-jing

Jiǔ Zhāng Suàn Shù 九章算术 Regole di Calcolo in 9 capitoli (Nove Capitoli), Anonimo, pre Qin e Han, https://ctext.org/nine-chapters

Hǎi Dǎo Suàn Jīng 海岛算经 Manuale del Calcolo dell'isola, Liu Hui, Han, https://ctext.org/hai-dao-suan-jing/zhs

Sūn Zǐ Suàn Jīng 孙子算经 Manuale di Calcolo di Sun Zi, Sun zi, Dinastie Nord e Sud, https://ctext.org/wiki.pl?if=gb&chapter=620248&remap=gb

Suàn Jīng Shí Shū 算经十书 Dieci classici Computazionali, Anonimo, Sui / Tang, https://ctext.org/wiki.pl?if=gb&res=225922&remap=gb

Cè Yuán Hǎi Jìng 测圆海镜 Classico dello Specchio del Mare per la Misurazione Circolare, Li Zhi, Song/Yuan, https://ctext.org/wiki.pl?if=gb&res=329157&remap=gb

Yì Gǔ Yǎn Duàn 益古演段 Estensioni della vecchia matematica, Li Zhi, Song/ Yuan, https://ctext.org/wiki.pl?if=en&res=400894&remap=gb

Sì Yuán Yù Jiàn 四元玉鉴 Specchio di Giada dei Quattro Elementi, Zhū Shìjié, Song/Yuan, https://ctext.org/wiki.pl?if=gb&res=898340&remap=gb

Shù Shū Jiǔ Zhāng 數書九章 Il libro dei numeri in nove capitoli, Qín Jiǔsháo, Song Meridionali, https://ctext.org/wiki.pl?if=gb&chapter=229456&remap=gb

Xiáng Jiě Jiǔ Zhāng Suàn Fǎ 詳解九章算法 Spiegazione dettagliata degli algoritmi dei Nove Capitoli, Yang Hui, Song Meridionali, https://ctext.org/wiki.pl?if=gb&res=664036

Xúgǔ Zhāiqí Suàn Fǎ 續古摘奇算法 Spiegazione dettagliata di antichi e straordinari algoritmi, Yang Hui, Song Meridionali, https://ctext.org/wiki.pl?if=gb&res=139193

D.1.6 Scritti di astronomia

Huáinánzǐ Tiānwén Xùn 淮南子·天文訓 Trattato di Astronomia del Maestro Huainan, Zhāng Héng, https://ctext.org/huainanzi/tian-wen-xun/zh

Tiānwénshū 天文书 Libro del Cielo, Zhāng Héng, https://ctext.org/wiki.pl?if=gb&res=501424&remap=gb

Āntiān Lùn 安天論 Trattato sulla Stabilità Celeste, Liu Xi, https://ctext.org/text.pl?node=362013&if=gb ;cap. 9

Tiānwénzhì 天文志 (Libro degil Han) Trattato di Astronomia, Fan Ye, https://ctext.org/hou-han-shu/zhi/zhs

Bù Tiān Gē 步天歌 Canto del Cammino Celeste, Wang Ximin, Tang, https://web.archive.org/web/20160305145211/http://www.lcsd.gov.hk/CE/Museum/Space/archive/Research/Literature/c_research_literature_9.htm

Lǜlì Zhì 律历志 Trattato sui Tubi Sonori e i Canoni Astronomici (Hanshū), Li Chunfeng, https://ctext.org/han-shu/lv-li-zhi/zhs

Wǔxíng Zhì 五行志 Trattato sui 5 elementi, Li Chunfeng, https://ctext.org/han-shu/wu-xing-zhi/zhs

Kāiyuán Zhānjīng 開元占經 Classico della divinazione dell'era Kaiyuan, Gautama Siddha, https://ctext.org/wiki.pl?if=gb&chapter=706675

Tàipíng Yùlǎn 太平御览 Letture dell'era Taiping, 15 capitoli di astronomia e meteorologia. Anonimo, Song, https://ctext.org/taiping-yulan/zh

Xīn Yīxiàng Fǎyào 新儀象法要 Trattato sull'essenziale degli strumenti astronomici, Su Song, https://ctext.org/wiki.pl?if=gb&res=671381

Yuanshǐ 元史- 卷四十八 志第一 天文一 Libro degli Yuan, Vol. 48 Astronomia, https://ctext.org/wiki.pl?if=gb&chapter=921921&remap=gb

Qīntiān Jiān Xīnfǎ 欽天監新法 Nuovo Metodo dell'Ufficio dell'Astronomia Imperiale, Von Bell, 1645, https://ctext.org/wiki.pl?if=gb&chapter=799064

Líng Tái Yí Xiàng Zhì 灵台仪象志 Registro delle osservazioni celesti della Piattaforma Celeste, Ferdinand Verbiest (Nan Huairen), 1675, https://ctext.org/wiki.pl?if=gb&chapter=510703&remap=gb#

Xīn Zhì Líng Yí Xiàng Zhì 新制灵仪象志 Trattato sugli Strumenti e Fenomeni Astronomici della Piattaforma Celeste, Ferdinand Verbiest (Nan Huairen), 1673, https://archive.wul.waseda.ac.jp/kosho/ni05/ni05_02683/

D.1.7 Altri scritti

Kaogongji 考工记 Registro dei lavori, Anonimo, Stati Combattenti, https://baike.baidu.com/item/考工记/1638816

Mèng Xī Bǐ Tán 夢溪筆談 Conversazioni a Pennello dal Ruscello dei Sogni, Shen Kuo, dinastia Song, https://ctext.org/wiki.pl?if=gb&res=13396, anche: https://zh.wikipedia.org/zh-hant/梦溪笔谈

Běn cǎo tú jīng 本草图经 Classico illustrato di erbe medicinali, Su Song, dinastia Song, https://zh.wikipedia.org/zh-hans/本草图经, https://ctext.org/wiki.pl?if=gb&res=297520&remap=gb

Yìwén Lèijù 艺文类聚. Raccolte di Arte e Letteratura. https://ctext.org/text.pl?node=539866&filter=606398&searchmode=showall&if=gb - result

Bibliografia

Bibliografia

Ade, N. (2020). "Mathematics Development in China." *Pasundan Journal of Mathematics Education* 10, no. 2: 1–22.

Apianus, Petrus. (1540). *Astronomicum Caesareum*. Ingolstadt: Apianus Petrus. Esemplare consultato: Biblioteca Apostolica Vaticana, Stamp. Barb. X.I.66.

Autori vari (2020). *Cina imperiale*. Traduzione italiana 2021. Milano: Gribaudo.

von Bertele, Hans. (1953). "Precision Timekeeping in the Pre-Huygens Era." *Horological Journal*, December, 795–816.

Berthoud, Ferdinand. (1802). *Histoire de la mesure du temps*, tome II. Paris: Imprimerie de la République.

Bertuccili, G. (2013). *La letteratura cinese*. Vol. 1 di Letterature. Roma: L'Asino d'Oro Edizioni. Edizione Kindle.

Bonnet-Bidaud J-M, Praderie F, Whitfield S (2009) The Dunhuang Chinese. Sky A Compr Study Oldest Know Star Atlas journal Astron Hist Heritage 12(1):39–59

Caire, L., e Cerruti U.. (2015). "Il teorema cinese dei resti." *OEIS.org*, febbraio. PDF disponibile su https://oeis.org/A255010/a255010.pdf, consultato in ottobre 2022.

Cardano, Girolamo. (1663). *Hieronymi Cardani Mediolanensis Philosophi ac Medici Celeberrimi Operum Tomus Quintus: quo continentur Astronomica, Astrologica, Onirocritica*. Lugduni: Ioannis Antonii Huguetan, & Marci Antonii Ravaud.

Casacchia G, Bai Y (2013) *Dizionario Cinese-Italiano*. Venezia: Libreria Editrice Cafoscarina

Casey J (1885) The First Six Books of Euclids. Elements (Dublin)

Celoria G (1855) Sulla Cometa dell'anno 1472. Astron Nachrichten 112(4):49–54

Chang J (2020) Le signore di Shanghai. Le tre sorelle che cambiarono la Cina. Longanesi, Milano

Chang C-F, Wang R, Sun X, Huang Y-L, Chen M (2001) "La scienza in Cina. Dai Qin-Han ai Tang. Il cielo." In *Storia della Scienza*, Treccani Enciclopedia. Consultato in novembre 2023. https://www.treccani.it/enciclopedia/la-scienza-in-cina-dai-qin-han-ai-tang-il-cielo_%28Storia-della-Scienza%29/.

Chapuis A (1919) *La Montre Chinoise*. Neuchatel: Attinger Freres

Chemla K, Shuchun G (2004) Les Neuf Chapitres. La Classique mathématique de la Chine ancienne e ses commentaires. Dunod, Paris

Chen JP (2010) The evolution of transformation media in spherical trigonometry in 17th- and 18th-century China, and its relation to "Western learning". Hist Math 37:62–109

Cheng A (2000) Storia del pensiero cinese. Einaudi, Torino.

Chéng Zhēnyī, Wǎng Jiànzhōng. (2011). Traduzione e annotazione del Zhoubi Suanjing 周髀算经译注. Shanghai: Shanghai Guji Chubanshe (上海古籍出版社).

von Collani, Claudia. (2013) "Astronomy versus Astrology: Adam Schall von Bell and His 'Superstitious' Chinese Calendar." *Archivium Historicum Societatis Iesu* 82 (164): 421–458.

Criveller, G. (2012). La Controversia dei Riti Cinesi, storia di una lunga incomprensione. *I Quaderni del Museo* (23), p. 5–39.

Cullen, Christopher. (1996). *Astronomy and Mathematics in Ancient China: The Zhoubi Suanjing*. Cambridge: Cambridge University Press.

Cullen C (2002) The first complete Chinese theory of the moon: the innovations of Liu Hong c. A.D. 200. J Hist Astron 33(110):21–39

Cullen C (2007) The Suàn shù shù 筭數書, "Writings on reckoning": Rewriting the history of early Chinese mathematics in the light of an excavated manuscript. Hist Math 34:10–44

Cullen C (2017) The Foundations of Celestial Reckoning. Three Ancient Chinese Astronomical Systems. Routledge, London

Cullen C (2021) La Scienza in Cina. Dai Qin-Han ai Tang. La cosmografia dall'Antichità alla dinastia Tang. Tratto il giorno. Dicembre, Bd. 2023. da Enciclopedia Treccani: https://www.treccani.it/enciclopedia/la-scienza-in-cina-dai-qin-han-ai-tang-la-cosmografia-dall-antichita-alla-dinastia-tang_(Storia-della-Scienza)

Dai, W. (2021). Kaogongji and Ancient Chinese Handicraft. In X. Ed. Jiang, & X. Jiang (A cura di), The Origins of Sciences in China, History of Science and Technology in China (Vol. 1). Singapore, 111–145: Springer.

De Saeger, D., & Weber, E. (2011). Needham's Grand Question Revisited: On the Meaning and Justification of Causal Claims in the History of Chinese Science. *EASTM,33:* 13–32.

Eco, Umberto. (2020). "Tempi." In *La forma del tempo*, a cura di Galli L, 23–29. Milano: Skira.

Erkes E (1958) Credenze religiose della Cina antica. *Cina*, S 3–97

Fontana M (1996) Matteo Ricci. Mondadori, Milano

Gingerich O (1977) The 1582 "Theorica Orbium" of Hieronimus Vulparius. J Hist Astron (8): 38–43

Golvers N (2003) *Ferdinand Verbiest, S.J. (1623–1688) and the Chinese Heaven*. Leuven: Leuven University Press.

Granet M (1971) Il Pensiero Cinese. Trad (*It. R. Cardona*. Milano: Adelphi)

Guan Z (2021) The Angle Concept and Angle Mesasurement in Ancient China. In *The Origins of Sciences in China*, vol. 1 of *History of Science and Technology in China*, a cura di Xinyuan Jiang, 327–346. Singapore: Springer.

Guo S (2021) "The Nine Chapters on the Mathematical Art and Liu Hui." In *The Origins of Sciences in China*, vol. 1 of *History of Science and Technology in China*, a cura di Xinyuan Jiang, 591–667. Singapore: Springer Nature.

Harrison P (2012) "Laws of Nature, Moral Order, and the Intelligibility of the Cosmos." In *The Impact of Astronomy on Chinese Society in the Days before the Telescope*, a cura di D. Graham York, 375–386. London: CRC Press.

Hart R (1999) "Beyond Science and Civilization: A Post-Needham Critique." *East Asian Science, Technology and Medicine* 16: 88–114.

Hayton D (2012) *An Introduction to the Astrolabe*. PDF, consultato in settembre 2022. http://dhayton.haverford.edu/wp-content/uploads/2012/02/Astrolabes.pdf

Hill DR (1979) The Book of Ingenious Devices by the Banu Musa bin Shakir. D. Reidel Publishing Company, Dordrecht

Ho, Peng Yoke. (2003). *Chinese Mathematical Astrology: Reaching Out to the Stars*. London: Routledge. Edizione Kindle.

Hong, Li. (2022). "The Discovery of the Library Cave." In *Stories of the Mogao Grottoes*, a cura di Fan Jinshi, 212–224. Beijing: Phoenix Fine Arts Publishing Ltd.

Huang, Chun-chieh. (2006). "Time and 'Supertime' in Chinese Historical Thinking." In *Notions of Time in Chinese Historical Thinking*, a cura di Chun-chieh Huang e John B. Henderson, 19–42. Hong Kong: The Chinese University Press.

Hui Y (2021) Cosmotecnica, la questione tecnologica in Cina. Produzioni Nero, Roma

Hwang ZH, Yan HS, Lin TY (2021) Historical development of water-powered mechanical clocks. Mech Sci (12):203–219

Iannaccone I (1991) Misurare il Cielo: l'Antica Astronomia Cinese. Istituto Universitario Orientale, Napoli

Igino. (2002). *Mitologia astrale*. A cura di Giulio Guidorizzi e Giovanni Chiarini. Milano: Adelphi.

Jia G (2019) "Principio celeste, fisica, logica, arte e morale nei principi della progettazione grafica — 'Nuove metodologie per la progettazione degli strumenti celesti' e il metodo di progettazione grafica della dinastia Song – 天理.物理.事理.艺理.道理寓于图理:《新仪象法要》与宋代设计 图学法式." Consultato in marzo 2024. https://www.sohu.com/a/501797504_772510

Jiang, Xiaoyuan. (2021a). "Ancient Chinese Astronomical Observation and Calendar." In *The Studies of Heaven and Earth in Ancient China*, vol. 2 of *History of Science and Technology in China*, a cura di Jiang Xiaoyuan, 1–17. Singapore: Springer.

Jiang, Xiaoyuan. (2021b). "The Astronomy in Ancient China: An Overview." In *The Origins of Sciences in China*, vol. 1 of *History of Science and Technology in China*, a cura di Jiang Xiaoyuan, 1–37. Singapore: Springer.

Kepler, Johannes. 1608. *Horoskope Sammlung*. In *Johannes Kepler Gesammelte Werke*, vol. XXI.2.2, a cura di Franz Bockmann e Daniela Di Liscia. München: C.H. Beck Verlag, 2009.
Kepler, Johannes. 1627/1630. *Commentariuncula in Epistolium ex regno Sinarum missum*. In *Johannes Kepler Gesammelte Werke*, vol. XI.2, a cura di Valker Bialas e Helmuth Grössing, 301–314. München: C.H. Beck Verlag, 1993.
King H (1955) *The History of the Telescope*. Bucks. Dover, Bd. 2003. Charles Griffin, Ristampa
Lalande J (1795) *Abrégé d'Astronomie*. Paris. Firmin Didot, II ed
Lam, Lee. (2023). "The Needham Question: A New Answer." Pubblicato a febbraio. Consultato in settembre 2024. https://www.researchgate.net/publication/368511680_The_Needham_Question_A_New_Answer
Legge, James, trad. (1865). *The Shu King, or Book of Historical Documents*. Versione digitale consultata in marzo 2024 da http://www.public-library.uk/ebooks/87/29.pdf
Leopardi G (1813) Storia dell'astronomia dalla sua origine fino all'anno MDCCCXIII. Zanichelli. Kindle Edition, Bologna
Li, Qibin, e Chen Meidong. (2002). "Recent Advances in the Studies of History of Astronomy in China." In *History of Oriental Astronomy*, a cura di S. M. Razaullah Ansari, 227–235. Dordrecht: Kluwer Academic Publishers.
Lippiello, T. (2014). "A settant'anni seguivo gli impulsi del mio cuore senza incorrere in trasgressioni". In M. Abbiati, & F. E. Greselin, *Il liuto e i libri Studi in onore di MarioSabattini* (p. 497–510). Venezia: Edizioni Ca' Foscari.
Mackerras, Colin. (2018). "Global History, the Role of Scientific Discovery and the 'Needham Question': Europe and China in the Sixteenth to Nineteenth Centuries." In *Global History and New Polycentric Approaches: Europe, Asia and the Americas in a World Network System*, a cura di Manuel Pérez García e Lucio De Sousa, 21–35. Singapore: Palgrave Macmillan.
Marini, Daniele L. R. (2024). *Imago Cosmi: Visioni del Cosmo e Storia delle Macchine Astronomiche*. Cham: Springer Nature Switzerland AG.
Martzloff, Jean-Claude. (1997). *A History of Chinese Mathematics*. New York: Springer.
Martzloff, Jean-Claude. (2016). *Astronomy and Calendars: The Other Chinese Mathematics 104 BC–AD 1644*. Berlin: Springer-Verlag.
de Maupertuis P (1739) La Figure de la Terre déterminée par les observation de Messieurs de Maupertuis et al. Paris
McNally, Derek. (1974). *Positional Astronomy*. London: Frederick Muller.
Morgan DP (2015) By Process of Elimination: Further Remarks on the Operation chú 除 in Early Imperial Mathematical Astronomy. *Early Imperial Mathematical Astronomy.Conference Mathematical Practices in relation to the Astral*. Sciences (Paris: ERC project SAW (CNRS – Université Paris Diderot))
Morgan DP (2016) Sphere Confusion: A Textual Reconstruction of Astronomical Instruments and Observational Practice in First-millennium CE China. Centaurus 58:87–103
Morigi M (2023) Islam in Cina, Storie, Etnie, Tradizioni, Questione dei Diritti Umani. L.A.D. Gruppo Editoriale, Roma

Nakayama, Shigeru. (1969). *A History of Japanese Astronomy: Chinese Background and Western Impact*. Cambridge, MA: Harvard University Press.
Needham, Joseph. (1956). *Science and Civilisation in China, Vol. 2: History of Scientific Thought*. Cambridge: Cambridge University Press.
Needham, Joseph. (1958). *Science and Civilisation in China, Vol. 1: Introductory Orientations*. Cambridge: Cambridge University Press.
Needham Joseph. (1959) *Science and Civilisation in China, Vol. 3: Mathematics and the Sciences of the Heavens and the Earth*. Cambridge: Cambridge University Press.
Needham, Joseph. (1965). *Science and Civilisation in China, Vol. 4, Part 2: Mechanical Engineering*. Cambridge: Cambridge University Press.
Needham, Joseph. (1971). *Science and Civilisation in China, Vol. 4, Part 3: Civil Engineering and Nautics*. Cambridge: Cambridge University Press.
Needham, Joseph. (1979). *The Grand Titration: Science and Society in East and West*. London: George Allen & Unwin.
Needham, Joseph. (2004). *Science and Civilisation in China, Vol. 7, Part 2: General Conclusions and Reflections*. Cambridge: Cambridge University Press.
Needham, Joseph, Wang, Ling, & de Solla Price, Derek J. (1960). *Heavenly Clockwork: The Great Astronomical Clocks of Medieval China*. Cambridge: Cambridge University Press.
Niu, Weixing. (2021a). "Observe the Celestial Phenomena and Provide the Time Service: The Ancient Chinese Calendars and Their Properties and Functions." In *The Studies of Heaven and Earth in Ancient China*, a cura di Xiaoyuan Jiang, 19–53. Singapore: Springer.
Niu, Weixing. (2021b). "The Outlook on the Universe of the Chinese in Ancient Period." In *The Origins of Sciences in China: History of Science and Technology in China Volume 1*, a cura di Xiaoyuan Jiang, 253–279. Singapore: Springer.
Niu, Weixing. (2021c). "Liu Xin and Ancient Astronomical Chronology." In *The Studies of Heaven and Earth in Ancient China*, a cura di Xiaoyuan Jiang, 55–93. Singapore: Springer.
Ohashi Y (1999) *Guo Shoujing and Shoushi-li*. Tratto il giorno Ottobre 2023 da Tokio Tech OCW. http://www.ocw.titech.ac.jp/index.php?module=General&action=-StaffInfo&id=79013&lang=ENThis
Peuerbach G (1562) *Novae Theoricae Planetarum*. Venetjis: Franciscum Rampazetum
Qian, Sima. *Memorie storiche*. 史记 (Shǐjì), ca. 91 a.C. Edizione integrale in 3 volumi. Traduzione e cura di Vincenzo Cannata. Milano: Luni Editrice, 2024.
Rossi P (2016) La nascita della scienza moderna in Europa. Laterza Kindle Edition, Bari Rufus CW, Tien H-C (1945) *The Soochow Astronomical Chart*. Ann Harbor. University of Michigan Press
de Saussure, Léopold. *Le Système astronomique des Chinois*. Archives des sciences physiques et naturelles, Série 5, Tome 1 (1919): 186–216, 561–588; Tome 2 (1920): 214–231, 325–350.
Schiaparelli G (1927) L'Astronomia nell'Antico Testamento. In G. Schiaparelli, *Scritti sulla storia dell'astronomia, Tomo I*. Zanichelli, Bologna

Sivin, Nathan. 1969. "Cosmos and Computation in Early Chinese Mathematical Astronomy." *T'oung Pao* 55 (1–3): 1–73.

Sivin, Nathan. 1974. Copernicus in China. *Journal for the History of Astronomy* 5(2): 204–215.

Sivin, Nathan. 1982. "Why the Scientific Revolution Did Not Take Place in China—or Didn't It?" *Chinese Science* 5: 45–66. Disponibile anche su: https://ccat.sas.upenn.edu/~nsivin/scirev.pdf.

Sivin, Nathan. 2009. *Granting the Seasons: The Chinese Astronomical Reform of 1280, With a Study of Its Many Dimensions and a Translation of Its Records*. New York: Springer.

Standen EA (1976) The story of the Emperor of China: A Beauvais Tapestry Series. Journal, Bd. 11. Metropolitan, S 103–117

Steele J (2013) A Comparison of Astronomical Terminology, Methods and Concepts in China and Mesopotamia, with Some Comments on Claims for the Transmission of Mesopotamian Astronomy to China. J Astron Hist Herit 16(3):250–260

Stephenson, F. Richard. 1994. "Chinese and Korean Star Maps and Catalogs." In *The History of Cartography*, vol. 2, book 2, a cura di J. B. Harley e David Woodward, 511–578. Chicago: University of Chicago Press.

Terrentius, Johannes. 1623. *Epistolium ex regno Sinarum ad Mathematicos Europeos missum*, cum commentariuncula Johannis Kepleri Mathematici. In *Johannes Kepler Gesammelte Werke*, vol. XI.2, a cura di Valker Bialas e Helmuth Grossing, 297–301. München: C.H. Beck Verlag, 1993.

Vogelsang, Kai. 2014. *Cina: Una storia millenaria*. Traduzione di Umberto Colla. Torino: Giulio Einaudi Editore. Edizione Kindle.

Wang, Qianjin. 2021. "Surveying and Drawing of Maps in Ancient China." In *The Studies of Heaven and Earth in Ancient China*, a cura di Xiaoyuan Jiang, 377–406. Singapore: Springer.

Wood M (2021) The story of China: a portrait of a civilisation and its people. Simon&-Schuster, London:

Xiao, Jun, e Rui Qi, a cura di. 2022. *Beijing Ancient Observatory: Chinese and English Text*. Pechino: Edizioni Mondo Contemporaneo.

Yip, Ching Fai. 2006. *Moving Stars, Changing Scenes: The History of Planetariums*. Hong Kong: Hong Kong Science Museum.

Zhang S (2007) a. c. Dizionario (*Cinese-Italiano Italiano-Cinese*. Milano: Ulrico Hoepli)

Zhang P, Chen M, Bo S and Hu T (2012) *Gli Antichi Calendari Cinesi* 中国古代历法. Vol. 2. 10 vols. Beijing: Casa Editrice della Scienza e Tecnologia della Cina.

Zhao T (2016) The Whirlpool that Produced China. Stag Hunting on the Central Plain. SUNY Press Kindle Ed, New York

Indice generale

A

Accademia
  Hanlin 95, 97
  Jixia 21
  Jixian Yuan 234
  Lincei 212
Adam Schall von Bell 159, 171, 194, 214, 215, 216, 218
afelio 164, 347
Afred N. Whitehead 121
A Hema 233
Ahmad Fanakati 233
Ai Rulüe 214
Aisin Gioro Dorgon (Dinastia Qing) 214
Albrecht Dürer 138
Albrecht von Wallenstein 196
Alfonso X di Castiglia 287
alidada 267, 276, 279, 283, 300
Almagesto 108, 149, 177, 200, 243, 287, 300, 308, 329
alt-azimutale 272, 279, 297, 328
altitudine 161, 269, 279, 291, 294, 298, 323, 326, 327, 346
Andrea Cellario 138
anni intercalari 165, 170

anno
  celeste 226
  lunare 164
  solare 180, 226, 346
  tropico 109, 128, 131, 164, 169, 179, 183, 188, 192, 222, 240, 265, 271, 346
anno siderale 164
anomalia 180, 182, 210, 287, 347
An Shigao 60
Antian lun Trattato sulla stabilità celeste 125, 225
apsidi 164, 347
AR 134, 300, 325
Arato di Soli 138, 229
Archimede 118, 237, 243
Aristotele 70, 286, 302, 308, 310, 313
armilla 188, 241, 244, 245, 257
  eclittica 277, 347
  equatoriale 245, 347
  nuova 270
  semplificata 265, 267, 273, 274, 299
  zodiacale o eclittica 300, 305
ascensione retta 118, 143, 146, 149, 204, 208, 269, 302, 325, 347
astrolabio 292, 296, 315

alidada   294
almucantarat   294
climates   294
limbo   294
mater   292
rete   294
timpano   294
trono   292
umbra   294
astrologia   59, 84, 165, 168, 230, 315
   naturale   215
astrologia giudiziale   195
Astrologia, metodi
   Liurenshu   197
   Qimen Dunjia   197
   Sanshi   196
   Taiyi   197
astrologia naturale   194
Astronomiae Instauratae
   Mechanica   304
Astronomia Nova   289
Astronomicum Caesareum   296
Atlante Farnese   149
Augustin-Louis Cauchy   121
Aurel Stein   146
azimut   269, 276, 279, 295, 298, 347

B

bagua   60, 177, 197
balestriglia   291
Banū Mūsā   251
bei dou   139
Bencao Tujing Manuale Illustrato di
   Erboristeria   255
Bian Gong   171, 186
Bian Xin   171, 179, 222
biao   240
Blaise Pascal   99
bussola geomantica   197
bussola magnetica   161, 249, 302, 319
Butian Ge Canto del Cammino
   Celeste   229

C

calendario   72, 76, 109, 123, 132, 133
   Chongxuan li   171, 186
   Chongzhen Lishu   214
   Daming li   171, 183, 187, 190, 231
   Datong li   171, 194
   Dayan li   171, 185
   Daye li   171, 184
   Gai Huang li   171, 184
   Gregoriano   74, 165, 170, 214, 331
   Guimao li   171, 194
   Gu Sifen li   169
   Huangji li   171, 184
   Jingqu li   171, 183
   Jiuzhi li   219
   Linde li   171, 185, 219
   lunisolare   4, 163, 170, 182
   Qianxiang li   171, 180, 224
   Santong li   104, 171, 172, 177, 203, 220, 221, 331
   Sanwu liji   124
   Shixian li   171, 194
   Shoushi li   166, 171, 188, 230, 234, 318
   Sifen li   171, 179, 222, 224
   Taichu li   131, 170, 171, 172, 173, 176, 184, 220, 244, 331
   Tianhe li   219
   Wuji li   171, 186
   Wuyin li   170, 171, 185
   Xuanming li   171, 186
   Yingda li   171, 318
   Yuanjia li   171, 183
   Zhengguang li   171
Callippo di Cizico   164, 170, 173, 287
Campani Giuseppe   304
canone astronomico   166, 318
Cao Shifang   186
case lunari   3, 4, 90, 139, 140, 145, 149, 152, 193, 208, 212
Ce Yuan Hai Jing Classico dello Specchio del Mare per la Misurazione Circolare   96

Chang'an   63, 227, 245
Chang'e   136
Charles de Constant   260
Chen Zhuo   145
Cheomseongdae   241
Chiang Kai-shek   318
Christiaan Huygens   260, 304
chronos   70, 72, 311
Ciclo di Concordanza   175
Ciclo di Saros   177, 213
Ciclo Epocale   175, 176
Claudio Tolomeo   108, 118, 200, 210, 240, 287, 297, 308, 313
clavicordo   260
clessidra loto   251
coluro   280, 301, 347
cometa
   changxing   208
   huixing   207
   zhuxing   208
Commentāriolus   288
Commentatiuncula   213
confucianesimo   52, 59, 71, 319
Confucio   42, 43, 72, 125, 168, 352
coordinate
   eclittiche   221, 314
   equatoriali   221, 314
cosmo   3
cosmogonia Hun Tian
   Mingzi   127
   Panghong   127
   Yuanqi   127
cosmogonia primitiva
   Xukuo   124
   Yuzhou   124
cosmologia   3, 60, 129, 140, 225
cosmotecnica   320
costellazione
   Aquila   221
   Bue   179
   Cigno   152
   Drago   179
   Grande Carro   139
   Jiao   152
   Orione   148
   Tartaruga Nera   138
culminazione   90, 302, 326, 347
Cultura Longshan   239

D

Dadu   231, 232, 264, 265, 267
Daming li   188
David Hume   310
declinazione   118, 126, 146, 149, 204, 325, 347
Dengfeng   263, 265, 310
Deng Ping   170, 171, 220
Deng Yuhan   212
De Sphaera Mundi   296
diottra   243
dizhi   73
Dizhong   263, 309, 310
dragone   59
du   106, 129, 131, 148, 152

E

eccentricità   164, 348
eclissi   201, 204
eclissi anulare   202
eclissi di sole, fasi
   fù yuan   203
   shi shen   203
   zhu hui   203
eclissi lunari   200
eclissi solari   200
eclittica   78, 106, 119, 135, 140, 145, 152, 164, 179, 180, 181, 193, 198, 203, 220, 240, 244, 253, 271, 300, 347
Édouard Bovet   262
efemeridi   166, 234
Elementi di Euclide   112
epiciclo   287
equante   287
equatore celeste   294, 348

equatorium   296
equinozio   142, 152, 164, 188, 348
Erasmus Habermel   295
Erasmus Reinhold   288
Erasums Habermel   279
Erligang   355, 370
Erlitou   355, 370
Erodoto   71
Erone di Alessandria   112
Eudosso di Cnido   209, 286

F

Fang Xuanling   180
Faxian   62
feng shui   197
fenice   59
fenye   157
Ferdinand Verbiest   37, 213, 269
Figlio del Cielo   166, 309
focalizzatore   192, 265, 268
Fu An   221
Fu Renjun   171, 185
Fuxi (Tre Sovrani)   137

G

Gai Tian   90, 125, 126, 130, 131, 219
Galileo   208, 211, 213, 214, 260, 287, 289, 303, 308, 313
Gan De   145, 158, 201, 209, 218, 220, 246
ganzhi   73, 162, 172, 176
Gaocheng   240, 263, 264
Gaozong (Dinastia Song Meridionali)   150
Gao Zu (Dinastia Han)   23, 78, 201
Gautama Siddha   219, 230
Geng Shouchang   244
Geng Xun   252
Georg Cantor   121
Georg von Peuerbach   288, 302
Gerardo da Cremona   287
Gerolamo Cardano   195
Gerolamo Della Volpaia   303

Gesuiti   93, 101, 106, 194, 210, 211, 318
Giacomo Leopardi   2
Giovanni Domenico Cassini   304
Giovanni Sacrobosco   296
Giulio Aleni   214, 215
globo armillare   228
globo celeste   245, 247, 256, 272, 273, 274
gnomone   90, 116, 131, 163, 188, 190, 216, 232, 239, 240, 241, 247, 254, 263, 267, 271, 272
Gobi   15
Gong Heng   245
Gongsun Qing   220
gougu   112, 119
Grande Carro   126, 138, 141, 149, 169
Grande Congiunzione Planetaria   178
Grande Muraglia   146
grotte di Magao   147
guibiao   90, 247
Guomindang   39
Guo Shoujing   93, 96, 118, 171, 188, 190, 193, 232, 247, 262, 264, 265, 269, 273, 299
Guo Xian   171, 186

H

Haidao suanjing Manuale del Calcolo dell'isola   94
Han Gong-Lian   255
Hangzhou   95, 100
Hanshu Libro degli Han   104, 173, 206, 218
Hans Lippershey   289, 303
Han Wu Di (Dinastia Han)   24, 73, 170
Harun al-Rashid   287
He Chengtian   171
H.H. Kung   318
Huainanzi Tianwen Xun Trattato di Astronomia del Maestro Huainan   128
Huang Shang   151
huangzhong   105

Hui Shi   53
huixing   207
Hun Tian   125, 127, 130, 309
Hún Tiānxiàng   268, 357, 374
huntianyi   222, 247

I

I-Ching   59
Ignatius Kögler   171, 194, 271
Immanuel Kant   310
Ipparco   118, 149, 163, 180, 243, 287, 292, 299, 324, 329
Isaac Newton   100, 112, 238, 289, 304, 308, 313

J

Jacob staff   291
Jamal al-Din   187, 232, 318
James Gregory   304
Jia Kui   221, 240, 244
Jialiang   105
Jia Xian   100
ji fa (regola dei periodi)   182
Jiheng Fuchen Yi   271
jingfu   192
Jing Tian   216
Jin Shu Libro dei Jin   129, 180, 218
jis uan   84
Jiuzhang suanshu Nove Capitoli   91
Johannes Hevelius   138
Johannes Kepler   164, 193, 195, 205, 207, 212, 287, 289, 308, 313
Johannes Müller da Königsberg   288
Johannes Terrentius   212
Johann Gabriel Doppelmeyer   138
Johann Schreck   212
Joseph von Fraunhofer   245
Jost Bürgi   138, 193, 260, 279, 289, 295, 305, 350
Juan Alcober   217
Julian Day   331

K

Kaifeng   96, 151, 256
kairos   70, 72, 311, 312
Kaiyuan Zhang Jing Classico di Astrologia del periodo Kaiyuan   139, 169, 173, 185
Kangxi (Dinastia Qing)   216, 260, 269, 270
Kaogongji Registro dei lavori   237, 238
Karl Weierstrass   121
ke   78, 80, 247
Kitab al-hiyal   251
Kublai Khan   33, 96, 187, 231

L

Landgravio Guglielmo IV di Kassel   289
Laozi   62
Leonardo da Vinci   251
Leonardo Pisano detto Fibonacci   88
Leon Battista Alberti   239
levata eliaca   4, 135, 145, 167, 169, 178, 209, 285, 289, 348
Levy Ben Gerson   291
Liang Lingzan   228
Liang Wu Di (Dinastia Liang)   78
Li Bo   229
Li Chunfeng   149, 171, 185, 219, 229, 244
Li Fan   171, 179, 221, 222, 225
Li-Fan   209
Ling Long Yi   246
Lingtai yi xiangzhi Registro delle osservazioni celesti della Torre Spirituale   269
Ling Xian Natura spirituale dell'Universo   127
li shu   165
Liu Bang   94
Liu Bingzhong   187, 230
Liu Hong   171, 180, 203, 224, 240
Liu Hui   107, 112, 118, 184

Liu Ji   171
Liu Xi   202
Liu Xiang   208
Liu Xiaosun   184
Liu Xin   94, 104, 171, 174, 175, 178, 203, 209, 220
Liu Zhuo   171, 184
Li Zhi   100, 110
Li Zhizhao   214
Lizong (Dinastia Song Meridionali)   150
Lodovico Buglio   215
longevità   71
longitudine   118, 164, 179, 265, 286, 294, 298, 300, 323
longitudine lunare   182, 186
Longshan   359, 371
Louxia Hong   170, 171, 244
Luca Pacioli   88
Lüli Zhi
   Trattato sulle leggi e i calendari   218
Lüli Zhi Trattato sulle leggi e i calendari   104, 174, 175
Lunyu Analecta   42
Luo Mingjian   211

M

macchie solari   201, 208
magnitudo   148, 247, 269
Mandato del Cielo   44, 53, 166, 217, 231, 309, 313, 320
Manoel Dias Furtado   215
Mappa stellare
   Changshu   158
   Dunhuang   146, 147, 273
   Suzhou   150, 157, 158
Matteo Ricci   93, 104, 212, 260, 289
Ma Yize   318
Menelao di Alessandria   118
Mengxi Bitan Conversazioni a Pennello dal Ruscello dei Sogni   204, 254
Mengzi Dialoghi di Mencio   360, 372
meridiana   269
   dittico   249
   scafo   248
meridiano   78, 90, 119, 131, 134, 145, 169, 188, 204, 226, 241, 264, 294, 298, 300, 302, 323, 349
meridiano eclittico   349
mese intercalare   163, 170, 175, 183
mese sidereo   180, 183, 349
mese sinodico   164, 169, 170, 180, 222
Metone di Atene   164, 169
Michele Ruggeri   211
Mo Jing Canone Mohista   104
montatura equatoriale   245, 295, 315
Monte Song   310
motore immobile   308, 310
moto retrogrado   209, 210, 220, 286, 349
Mozi   51, 87

N

nadir   325, 349
nakshatra   3
Nan Huairen   37
nei suan   84
neisuan   360, 372
Nestoriano   230, 318
Nicolò Copernico   193, 211, 288, 308
nirvana   61
nodi   180, 181, 346, 349
nodi lunari
   nodo ascendente   204
   nodo discendente   204
notturnale   294
Nove Capitoli   91, 94, 99, 100, 106, 112
nutazione   189, 349
Nüwa (Tre Sovrani)   137

O

Ole Rømer 299
opposizione 136, 286
orbarium 303
orologio lunare 249
ossa oracolari 18, 73, 87, 196, 200, 206

P

Pacifico di Verona 260
Padre Gaubil 254
Pappo Alessandrino 243, 316
parallasse 292, 305
parapegma 147
parsec 349
Paul Pelliot 147
Pedro Sanz 217
Pei Xiu 92
perielio 164, 347
periodo
    congiunzione 181
    di Saros 177
    metonico 175
    sidereo 178, 209, 220, 349, 350
    sinodico 175, 178, 209, 220, 253, 350
    tropico 350
Petrus Apianus 269, 296
Philosophiae Naturalis Principia Mathematica 289
pianure centrali 14
pianwen 98
Pierre Louis Moureau de Maupertuis 264
Platone 313
precessione degli apsidi 164, 180, 225, 303
precessione degli equinozi 163, 179, 212
Primavere e Autunni 20
prostaferesi 328
punto gamma d'Ariete γ 350

Q

qi 8, 58, 127, 129, 197, 203, 234, 308
qian fa (regola del Cielo) 182
Qian Lezhi 246
Qianlong (Dinastia Qing) 260
Qiantianjian 214
Qin Jiushao 84, 104, 107, 110
Qin Shu Storia della dinastia Shu 245
Qintian Jian Xinfa Nuovo metodo dell'Ufficio dell'Astronomia Imperiale 214
qi (strumento) 317
Qi Wu Lun Risoluzione delle Controversie 48
quadrante
    astronomico 229, 270, 290
    murale 304
    stellare 268

R

rami terreni 73, 74, 103, 157, 197, 198, 208
Ran Qiu 125
Regiomontano 195, 207, 291, 297
regula falsi 88, 91, 111
Riforma dei Cento Giorni 318
rigui 247
Rivolta dei Boxer 271
rivoluzione scientifica xiii, 4, 210, 307, 319
Robert Hooke 245
Rodolfo II di Asburgo 289

S

Sabbatino de Ursis 211
Śākyamuny 60
samsara 62
San Gerberto 259
scappamento 245, 254, 257, 258, 259, 316
sepdet 285
sestante 272, 292, 295, 305, 315

sfera armillare   185, 222, 232, 243, 244, 252, 256, 267, 268, 272, 300
shangyuan   109, 169, 172, 174
Shen Kuo   33, 96, 119, 203, 243, 254, 320
Shi Huangdi   218
Shijing Classico delle Odi   174
Shiji Registro Storico   143, 218
Shi Shen   145, 148, 158, 179, 201, 209, 218, 220, 246
Shujing Classico dei Documenti   132
shushu   84
Shu Shu Jiuzhang Nove Capitoli   84, 98
Shu (Tre Regni)   26
shuxue   84
Sidereus Nuncius   289
Sima Qian   73, 131, 143, 167, 199, 209, 218, 220
Sima Tan   218
sinogramma   xiv, 43
sismografo   222
Si Yuan Yu Jian Specchio di giada dei quattro elementi   99
solstizio   179, 186, 188, 190, 247, 255
   estate   118, 126, 132, 163, 239, 263
   inverno   76, 109, 126, 135, 163, 166, 170, 176, 181, 184, 221, 226, 234, 239
Song Huiyao Raccolta essenziale di ordinanze della dinastia Song   206
Song Wu Di (Dinastia Liu Song)   246
Soong
   Charlie   318, 377
Stati Combattenti   20
stazione planetaria   178
stella
   determinativa   143, 146
   nova   199, 207
   ospite   206
Stellarium   139, 145, 286
stelle circumpolari   134, 136, 139, 145
Strada Bianca   152
Strada Rossa   152

Suanfa tongzong Compendio dei metodi di calcolo   100
Suanjing Shi Shu Dieci Canoni Computazionali   92
Suan shushu Scritti sul calcolo   87, 90
Sui Wen Di (Dinastia Sui)   28
sui xing Stella dell'anno (Giove)   220
Sun Yat-sen   39, 318
Sun Zi   110
Sunzi suan jing Manuale di Calcolo di Sun Zi   95
Su Song   230, 243, 251, 255

T

Taiwu (Dinastia Wei Settentrionale)   62
Tang Gao Zu Di (Dinastia Tang)   184
Tao Hongjin   92
Taosì   239
Tartaglia (Nicolò Fontana)   88, 99
Tavole Alfonsine   287
Tavole Pruteniche   288
Tavole Rudolfine   213, 289
teorema cinese dei resti   95, 110
terminatore   134
termini solari   78, 109, 152, 172, 185, 224, 240, 244, 264
Test dei Quattro Mari   264
tiangan   73
Tianming   xiii
Tianwen tu   146, 151
Tianwen zhi Registro delle Osservazioni   219, 244
Tianzi   6
Tolomeo III   163
torquetum   269, 296, 297
   alidada   298
   basilica   298
   crista   298
Torre
   astronomica   241, 251, 256
   del Duca di Zhou   263
   della Campana   80, 140
   del Tamburo   80, 140

di Gaocheng 265
Senza Ombra 263
tramonto eliaco 135, 169, 285, 350
trigramma
  Ctonio 177
  Uranico 177
Triquetrum 292
tronchi celesti 73, 103, 152, 162, 197, 208
tubo di osservazione 90, 242, 253, 257, 267, 268, 315
Tycho Brahe 193, 207, 212, 262, 269, 274, 288, 295, 300, 304, 347

U

Uraniburg 262, 289

V

Vincenzo Coronelli 138
volvelle 296

W

wai suan 84
waisuan 364, 372
wang 309
Wang Chong 201
Wang Chune 171, 318
Wang Fan 245
Wang Mang (Dinastia Han Orientale) 220
Wang Xun 171, 188, 232
Wang Yuanlu 147
Wang Zhiyuan 151
Wei Pu 254
Wei (Tre Regni) 26
Wenzong Di (Dinastia Tang) 132
Wu (Tre Regni) 26
wu wei 61, 72, 312, 320
Wu Xian 146, 158, 201, 218, 246
wuxing 58, 197, 308
Wu Zetian 62, 228

X

Xiangjie jiuzhang suanfa Spiegazione dettagliata dei Nove Capitoli 100
xiang zhong 250
Xiaojing 390
Xiaojing Classico della pietà Filiale 364, 369
xiaoshun 43
Xia xiaozheng Piccolo Calendario della dinastia Xia 168
Xin Tang Shu Libro dei Tang 69, 133
Xiongnu 27
Xiong Sanba 211
xiu 3, 131, 140, 142, 146, 147, 152, 198, 212
Xu Ang 170, 171
Xuan Ye 125, 129, 225
Xuanzong Di (Dinastia Tang) 228
Xu Guangqi 159, 211, 212, 214
Xugu Zhaiqi suanfa Spiegazione dettagliata di antichi algoritmi 100
Xu Heng 188, 233
Xu Zheng 124

Y

Yang Gongyi 234
Yang Guangxian 216
Yang Wei 171, 183
Yang Ziqi 158
Yan Minchu 184
Yao Di (Cinque Imperatori) 132
Yelü Chucai 96, 187
Y-Hang 254
Yigu Yanduan Estensioni della vecchia matematica 97
Yijing Classico dei Mutamenti 59, 177, 196, 311
Yin e Yang 58, 66, 177, 197, 202, 308
Yi Xing 171, 185, 227, 264, 316
Yuan Shu Annali dei Yuan 267
Yu Hao 96
Yu Xi 125, 129, 163, 225

Z

Zhang Bin 171, 184
Zhang Di (Dinastia Han) 222
Zhang Heng 124, 127, 128, 131, 149, 202, 222, 245
Zhangjiashan 87
Zhang Longxiang 171
Zhang Qian 25
Zhang Wenqian 234
Zhang Zhouxuan 171, 184
Zhao Shuang 90, 113, 116, 219
Zheng He 161, 291
Zhen Luan 219
Zhongyong Dottrina della Via di Mezzo 72
Zhongyuan 14
Zhou Bingguan 218
Zhoubi Suan Jing Calcolo Gnomonico Zhou 90, 91, 112, 114, 115, 119, 126, 172, 219, 241, 315
Zhou li Riti di Zhou 132, 198, 237
Zhou occidentale 20
Zhou Orientale 20, 355, 376
Zhou Posteriori 31
Zhou You Wang (Dinastia Zhou) 20
Zhuanxu (Cinque Imperatori) 167
Zhu Xi 129
Zhu Yuanzhang 34
Zodiaco di Dendera 149
Zu Chongzhi 92, 118, 170, 171
Zuo zhuan Annali di Zuo 200

GPSR Compliance
The European Union's (EU) General Product Safety Regulation (GPSR) is a set of rules that requires consumer products to be safe and our obligations to ensure this.

If you have any concerns about our products, you can contact us on

ProductSafety@springernature.com

In case Publisher is established outside the EU, the EU authorized representative is:

Springer Nature Customer Service Center GmbH
Europaplatz 3
69115 Heidelberg, Germany

www.ingramcontent.com/pod-product-compliance
Lightning Source LLC
LaVergne TN
LVHW020326260326
834688LV00037B/891